21世纪高等学校网络空间安全专业系列教材

U0127587

网络安全与管理

微课视频版

◎ 王爱新 刘兴龙 王雷 编著

清华大学出版社

北京

内 容 简 介

本书共 12 章。第 1 章为网络安全概述，介绍网络安全现状及趋势、网络安全评估等基础理论知识；第 2～12 章分别介绍物理安全技术、攻击检测与系统恢复技术、访问控制技术、防火墙技术、病毒防治技术、数据库安全技术、密码体制与加密技术、VPN 技术、拒绝服务攻击、调查取证过程与技术、系统安全评估技术等内容。综观全书，既有理论讲解，也有实际应用；既介绍主流技术，也介绍新技术发展动向。

本书可作为大学本科计算机及信息相关专业的教材，也为管理人员提供了很好的参考。

图书在版编目(CIP)数据

网络安全与管理：微课视频版/王爱新，刘兴龙，王雷编著. —北京：清华大学出版社，2024.1
21 世纪高等学校网络空间安全专业系列教材
ISBN 978-7-302-65253-3

Ⅰ. ①网⋯　Ⅱ. ①王⋯ ②刘⋯ ③王⋯　Ⅲ. ①计算机网络—网络安全—高等学校—教材　Ⅳ. ①TP393.08

中国国家版本馆 CIP 数据核字(2024)第 034623 号

责任编辑：黄　芝　薛　阳
封面设计：刘　键
责任校对：王勤勤
责任印制：杨　艳

出版发行：清华大学出版社
　　　　网　　　址：https://www.tup.com.cn，https://www.wqxuetang.com
　　　　地　　　址：北京清华大学学研大厦 A 座　　　邮　　编：100084
　　　　社 总 机：010-83470000　　　　　　　　　　邮　　购：010-62786544
　　　　投稿与读者服务：010-62776969，c-service@tup.tsinghua.edu.cn
　　　　质量反馈：010-62772015，zhiliang@tup.tsinghua.edu.cn
　　　　课件下载：https://www.tup.com.cn，010-83470236
印 装 者：三河市铭诚印务有限公司
经　　销：全国新华书店
开　　本：185mm×260mm　　印　　张：19.25　　　　　字　　数：467 千字
版　　次：2024 年 3 月第 1 版　　　　　　　　　　　印　　次：2024 年 3 月第 1 次印刷
印　　数：1～1500
定　　价：59.80 元

产品编号：101013-01

前言

为何编写本书

随着网络的迅速发展,网络的开放性、互联性、共享程度不断提高,来自外部的黑客攻击和内部的威胁使网络安全和管理问题日益突出,网络安全正面临重大挑战。另外,网络的日益壮大给网络管理提出了更高的要求,完全依靠人员的管理已经行不通。

目前,网络安全和网络管理已自成体系。不仅有威胁网络安全的各种计算机病毒、木马、恶意软件,以及黑客变化多端的网络攻击行为,还有针对这些威胁的各种网络安全技术、设备和软件等。网络安全和管理已经带动了多个新兴产业的兴起和壮大。

网络安全和管理涉及面非常广泛,不但包括计算机科学、网络技术、通信技术、密码技术,还包括数论和信息论等内容,给学习者带来了很大的困难。本书立足于大学本科专业教材,同时也为网络管理人员提供参考。

本书内容特色

1. 内容丰富,知识全面实用

全书首先介绍网络安全的基础知识,然后介绍物理安全技术、攻击检测与系统恢复技术、访问控制技术、防火墙技术、病毒防治技术、数据库安全技术、密码体制与加密技术、VPN 技术、拒绝服务攻击、调查取证过程与技术、系统安全评估技术等内容。

本书内容由浅入深,从基础知识讲起,每个子部分的内容也是先理论后应用,理论联系实际。另外,在编写本书时联系当前技术的发展,加入了大量新技术和新应用的内容,既充分体现了时代特色,又实实在在地让读者领略到新技术所带来的实惠。

由于本书内容覆盖范围广泛,不可能介绍最基础的理论知识,因此对读者有一定的专业知识要求,读者应该具备基本的网络理论知识,学习过计算机网络课程。

2. 结构严谨、系统

本书除第 1 章的基础理论介绍外,各章基本上相互独立,内容无交叉,结构严谨,可单独构成系统,方便学习和查阅。这些相互独立的章节组合在一起,涵盖了网络安全的方方面面。

3. 重点突出,方便教学

书中内容重点突出,在各部分的介绍中,突出强调网络安全的防护机制、措施,或安全配置。这样就可以使读者全面系统地进行学习。

4. 更多专业、实用的经验和技巧

编者通过多年从事网络管理和教学,积累了许多专业、实用的经验技巧,也充分了解学生和管理人员的真正需求。这些积累都将在本书中得到全面体现。

总之,通过阅读本书,读者可以全面了解和掌握网络安全与管理的相关知识和技术,以便更好地进行学习和网络管理工作。

适用读者群

(1) 计算机或信息相关专业本科生,其他专业研究生。

(2) 从事网络管理的技术人员。

由于编者水平有限,加之时间紧迫,尽管花费了大量时间和精力校验,书中可能仍存在疏漏与不足,敬请各位读者批评指正,万分感谢!

编　者

2023 年 7 月

目 录

第 1 章

网络安全概述

观看视频

本章重点：

（1）网络安全现状及趋势。

（2）网络安全特征、研究内容及防护技术。

（3）网络安全评估。

计算机网络的出现给人们提供了一个全新的世界，它不断地发展壮大，改变了人们工作和生活的方式，可以和远在天涯的亲人视频联络，可以足不出户地浏览自己所需的信息。但网络给人们带来方便的同时，也带来了安全隐患，私人信息被公开，商业机密被窃取，安全事件频繁出现。

网络安全是一个系统，不是一种技术或者一个产品能解决的，它涉及网络的组成和通信系统、网络的层次结构、网络协议、互联设备、操作系统和网络服务等内容，相关内容会在以后章节介绍。

1.1 网络安全现状及趋势

网络安全正得到越来越多的关注，本节主要讲述网络安全的现状和发展趋势。

1.1.1 网络安全的主要威胁

随着信息化水平的不断提高，人们的生活、工作越来越依赖于网络，网络已经变成一个无处不在的基本工具，国家的经济、文化、军事和社会生活与网络也息息相关。然而在带来便利的同时，网络也带来了巨大的安全风险，加上信息安全规范标准不统一，且跟不上技术发展的问题，使得安全威胁越来越猖獗。

2006 年 7 月 31 日，湖北某市 17 岁黑客利用腾讯公司的系统漏洞，非法侵入该公司的 80 余台计算机系统，并通过这些计算机分析数据后逐步取得该公司的域密码及其他重要资料，进而取得多个系统数据库的超级用户权限，在 13 台服务器中植入木马程序。在获得大量网络虚拟财产后，该黑客通过打电话和发短信的方式，称已获取该公司的网络管理漏洞，向腾讯公司及其总裁进行敲诈勒索。事后，警方以涉嫌破坏计算机信息系统罪，将该名黑客刑拘。

此黑客在腾讯官方论坛发布一个帖子，声称发现该公司系统漏洞，并制作一木马程序压缩后上传至论坛，之后被腾讯论坛管理人员下载后并在本地执行，随之木马被运行，黑客即得到服务器的控制权。

其实道理很简单,如今黑客工具泛滥成灾,入侵随时都可能发生,浏览的网页可能被挂马,下载的文件可能含有恶意代码。本次入侵,究其原因在于腾讯工作人员安全防范意识不够,在面对狡猾的犯罪分子的时候缺乏应有的警惕性,同时对于安全防范技能也急需提高。

据统计,全球约 20s 就会发生一次网络入侵事件,约 1/4 的防火墙被攻破过,并且随着技术的不断进步,网络安全面临的威胁呈现多种多样的形式,如图 1-1 所示。

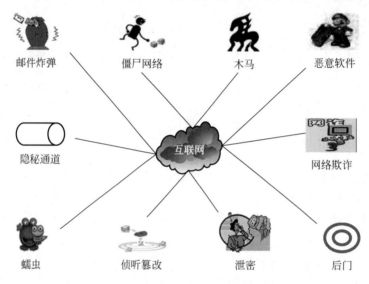

图 1-1   网络安全面临的各种威胁

计算机网络安全面临的主要威胁可以总结为以下几种情况。

1. 人为疏忽

人为疏忽主要是由于安全意识薄弱或者管理者责任心不足造成的,是可以尽力避免的。操作员由于安全配置不当,或者没有及时地打补丁而引发的攻击时有发生。另外,用户安全意识差、密码选择不慎,或者把自己的密码随意在网上发送给别人,也是信息失窃的主要原因之一。

2. 人为攻击

人为攻击包括主动攻击和被动攻击。主动攻击以各种方式有选择地破坏信息的有效性和完整性,很容易被发现。主动攻击包括拒绝服务攻击、信息篡改、资源使用和欺骗等攻击方法。

被动攻击的目的是收集信息而不是进行访问,在不影响网络正常工作的情况下,攻击者通过嗅探、信息收集等攻击方法截获、窃取、破译网络数据来获得重要机密信息。被动攻击不易被发现,对网络安全危害极大,尤其是近年来呈现出智能性、严重性、隐蔽性和多样性的特征。

虽然被动攻击的检测十分困难,然而阻止这些攻击是可行的,对被动攻击强调的是阻止而不是检测。

3. 软件漏洞

网络软件由于种种原因总是存在这样那样的漏洞和缺陷,成为黑客攻击的首选目标,软件的隐秘通道一旦被打开,后果不堪设想。

4．非授权访问

非授权访问主要是在没有预先经过同意的情况下，擅自使用网络或计算机资源，如故意避开身份认证或访问控制，对服务器或数据库资源进行非正常使用等。非授权访问主要包括假冒、身份攻击、非法用户进入网络系统进行违法操作、合法用户以未授权方式进行操作等。

5．信息泄露或丢失

信息泄露或丢失是指敏感数据被有意或无意地泄露出去或丢失，如在信息传输中丢失或泄露。最近几年，这种势头愈演愈烈，大量用户的个人信息被叫价出卖，行为十分恶劣。

针对以上网络安全的各种威胁中，主要的攻击方法有窃听、讹传、伪造、篡改、截获、拒绝服务攻击、行为否认、旁路控制、物理破坏、病毒、木马、窃取、服务欺骗、陷阱、消息重发和信息战等。

1.1.2　网络系统的脆弱性

除前面叙述的各种网络威胁外，网络本身也存在着一些固有的弱点，使得非法用户可以利用这些弱点入侵系统，破坏数据。网络系统的脆弱性主要表现在以下几方面。

1．操作系统的脆弱性

网络操作系统为了升级和维护方便提供了一些服务，这些服务虽然为厂商和用户提供了便利，但同时也为黑客和病毒提供了后门。例如，为了方便打补丁的动态链接，可以远程访问的 RPC，以及系统为方便维护而提供的空口令等。

网络操作系统允许在远程结点上创建和激活进程，加上超级用户的存在，给黑客提供了入侵的通道。例如，黑客将木马附到超级用户上，避开作业监视程序的检测。

2．计算机系统的脆弱性

计算机系统本身的软硬件故障也可能影响系统的正常运行。硬件故障包括电源故障、芯片故障、驱动器故障和存储介质故障等，存储介质尤其用于服务器时，使用频繁，很容易出现故障。另外，由于存有大量信息，也容易被盗窃或损坏。

软件故障指应用软件和驱动程序等，应用软件存在漏洞，又不能及时维护，给黑客以可乘之机。

3．数据库系统的脆弱性

数据库管理系统(DBMS)采用分级管理机制，且必须与操作系统的安全配套，攻击者攻破操作系统后，很容易侵入数据库。数据库是信息的主要载体，一旦被攻破，损失巨大，而对数据库中的数据加密又会影响数据库的运行效率。另外，B/S 架构的应用程序的某些缺陷也可能威胁数据库的安全。

4．网络通信的脆弱性

通信介质在应对这种威胁时，显得非常脆弱，非法用户可以对有线线路进行物理破坏、搭线窃取数据，对无线传输侦听、窃听等。各种通信介质还可能由于屏蔽不严造成电磁信息辐射，进而导致机密信息外泄。

通信协议也存在安全漏洞，按照 RFC793 实现的 TCP 存在安全漏洞，正常的 TCP 连接可以被非法第三方复位，因此，攻击者可以插入虚假数据到正常的 TCP 会话。SMTP 存在封装 SMTP 地址漏洞，导致攻击者能够绕过 RELAY 规则发送有害信息。ARP 漏洞导致

ARP 欺骗、FTP 的允许匿名服务等，都是通信协议脆弱性的表现。

1.1.3 网络安全现状

1998 年，Robert Morris Internet 蠕虫开始，到 2001 年蠕虫病毒全面暴发，造成了巨大的损失，病毒破坏计算机资源和数据信息，除了资源和财富的损失，还可能造成社会性的灾难。据统计，几乎每天都有新的病毒产生，目前全球存在至少上万种病毒，病毒技术也朝着智能化、网络化和可控制化方向发展。一些国家的军方试图利用病毒作为现代战争的攻击手段，正在大力开发攻击性计算机病毒。

黑客攻击的目标不但包括计算机和网络设备，还包括手机等无线终端，并开始向着获取利益方面转移。

正因为网络安全威胁无处不在，才导致对安全的相关研究越来越多。在安全协议理论和技术方面的研究经过一段时间的摸索和实践，已日趋成熟，包括协议的安全性分析方法和各种实用安全协议的设计。目前，大量的实用安全协议已经投入使用，例如，简单网络管理协议（SNMP）、IPSec 协议、S-HTTP 等。安全协议的总趋势是标准化，制定统一的协议规范。

在密码技术研究上，主要包括基于数学的密码技术和基于非数学的密码技术。对于公钥密码、认证码和序列密码这几项基于数学的密码技术的研究已经日趋成熟，并取得了一些成果。目前国际上对非数学的密码技术的讨论非常活跃，包括信息隐藏、量子密码、基于生物特征的识别技术等。信息隐藏中的数字水印技术已经应用在一些网站中，用以保护版权，基于生物特征的指纹识别和语音识别也已经被广泛使用，一些笔记本电脑增加了指纹识别功能，手机增加了语音识别功能等，极大地方便了用户。

安全产品方面，目前市场上比较流行的主要有：防火墙、安全路由器、虚拟专用网（VPN）安全服务器、电子签证机构 CA 和 PKI 产品、用户认证产品、安全管理中心、入侵检测系统（IDS）安全数据库和安全操作系统等。

1.1.4 网络安全的发展趋势

由于网络系统自身的脆弱性以及网络威胁不断发展升级，对网络安全提出了更高的要求，未来网络安全将呈现以下发展趋势。

1. 网络安全体系化

随着信息化程度的不断提高，网络安全变得更为复杂，不再是某个安全产品或某项安全技术能解决的，未来网络安全将会纵向横向全面发展，成为综合防御体系，更注重应用安全和安全管理。"三分技术，七分管理"，安全管理在网络安全中所占的比重会越来越大，国家十分重视网络和信息的安全性问题，将会逐步建立和完善信息安全保障体系。

2. 技术发展两极分化

技术发展的两极分化包括技术的专一和技术的融合。对于一些大的集团企业和对安全要求比较高的政府部门网络，要应对各种各样的安全威胁，对产品性能要求很高，因此像防火墙、入侵检测系统和防毒杀毒产品为了应对这种需求，越做越专。

目前市场上出现了融合两种或几种安全功能于一体的产品，用于一些规模较小的网络，既保证了功能，又节约了成本。另外，越来越多的网络设备都集成了防火墙的部分功能，用以提高设备自身和所辖区网络的安全性,像现在大部分三层交换机都具备防火墙的过滤功能。防毒防攻击的功能被集成到越来越多的软件系统中,大量网络管理软件都增加了防范恶意程序的功能。

3. 安全威胁利益化、产业化、职业化

黑客和病毒制作人员不再单纯追求个人"荣誉感",而更关注商业财富利益,甚至有些人已经变成了专业化程度很高、有组织的职业罪犯。电子商务成为热点后,针对网上银行和支付平台的攻击越来越多,病毒从开始的破坏系统、销毁数据到窃取隐私和财富,从早期的盗窃虚拟价值转向直接的金融犯罪,已经形成了一个专业化程度很高的产业链:专业的病毒木马的编写人员,专业的盗号人员,有组织的销售渠道和专业的玩家。最近,部分网站被爆用户信息被窃取的消息,有些网站给用户发邮件要求修改密码,以保护个人账户的安全。

另外,越来越多的恶意软件削弱了病毒特征,增加了钓鱼欺骗元素,目标直指商业利益。网页挂马成为木马传播的又一"帮凶",不但大量消耗了服务器的系统资源和带宽,也严重威胁着客户端用户的信息安全。

4. 网络威胁由静态转为动态

传统的网络威胁是静态的,目标多指向服务,现在很多威胁动态存在,不破坏服务的提供,反而把自己隐藏在网络数据和应用之中,利用服务来传播。例如,在通信流、文件和电子邮件中夹杂恶意代码,通过相应的网络服务达到传播的目的,这种威胁更难防御。自动邮件发送工具日趋成熟,垃圾邮件和病毒邮件势必更加猖狂。

5. 漏洞攻击更为迅猛

攻击者越来越关注系统漏洞和软件漏洞,有时在补丁发布之前,利用漏洞的攻击已经出炉,尤其在一些嵌入式系统中,漏洞难以修复。

6. Web 2.0 产品受到挑战

Web 2.0 注重用户的交互,用户既是网站内容的浏览者,也是网站内容的制造者,参与网站的建设,如博客、RSS、维基百科(Wikipedia)网摘、社会网络(SNS)P2P、即时消息(IM)等。Web 2.0 产品虽然提供了更丰富的信息和展现自我的机会,但也更容易被病毒利用,它们往往成为网络钓鱼首要的攻击目标。

黑客攻破一家网站服务器后,获得大量的用户信息包括常用邮箱和密码,大多数用户习惯用同一个密码登录多家网站,甚至使用相同的账号和邮箱,因此很容易导致网上支付等其他账号也一并丢失,黑客"托库"后试探盗号,导致更多网站信息被盗。

另外一些软件厂商在利益驱使下大量非法搜集潜在用户的行为,也起到了推波助澜的作用。

1.2 网络安全概述

本节主要讲述网络安全的含义、主要的技术特征、网络安全研究目标和内容等。

1.2.1 网络安全的含义及特征

1. 网络安全的含义

网络安全是一个系统,不是杀毒软件,不是防火墙,不是入侵检测,也不是认证和授权,不是单纯地依靠技术,依靠产品,虽然技术和产品扮演着很重要的角色。网络安全非常复杂,需要成熟的安全架构、统一的安全标准、管理者较强的安全意识、严密完善的安全策略、不断改进的安全管理、逐步提高和升级的安全技术和产品。所有这些因素结合在一起才能提高网络的安全性,缺一不可。另外,单纯就技术而言,网络安全涉及计算机科学、网络技术、通信技术、应用数学、密码技术和信息论等多个学科。

例如,对于80端口的蠕虫病毒来说,有很多方法可以减轻其对公共服务器和其他主机的危害。

(1) 在主机上正确配置防火墙,既可以阻止病毒入侵,也可以防止染毒者传染其他主机或网络。

(2) 利用私有虚拟局域网(PVLAN)有助于防止Web服务器感染相同网络中其他的主机系统。

(3) 利用入侵检测(IDS)阻止和检测对Web服务器的入侵企图。

(4) 及时升级杀毒软件特征库,使之能够检测到蠕虫病毒或其他恶意代码。

(5) 加强网络管理,及时打补丁,定期扫描漏洞,加强操作系统防范,完善Web服务安全策略等。

综合利用这些因素,可以大大提高服务器抵御80端口蠕虫病毒的能力。

因此,网络安全(Network Security)是指利用网络管理控制和技术措施,保证在网络环境中数据的保密性、完整性、网络服务可用性和可审查性受到保护,保证网络系统硬件和软件的连续运行,保证提供的服务免遭干扰和破坏,保证信息的完整性和保密性。

有时把网络安全分成两部分:系统安全和信息安全。保证信息安全是网络安全的最终目的。

同其他事物一样,网络没有绝对的安全,只要联网就存在威胁,管理者需要依据实际情况,在性能和安全上寻求一个平衡点。另外,网络安全最重要的是与时俱进,密切关注网络各种威胁、系统漏洞和安全技术产品的最新动向,做到新的威胁到来时的提前预防。

2. 网络安全的技术特征

网络安全主要的技术特征是:保密性、完整性、可用性、可靠性、可控性和不可否认性。

1) 保密性

保密性是指网络信息未经允许不泄露给其他用户或实体或供其利用的特性,信息只有授权用户才能够使用,并且用户必须按照指定的要求使用,不得超出约定的使用范围,未经允许不得转借他人,不得用于商业目的。

常用的保密技术有:防侦收、防辐射、信息加密、物理保密。

2) 完整性

完整性是指网络信息在存储、传输、交互和处理的过程中保证信息的原样性,未经授权不得修改、破坏和删除,是信息安全中最基本的特性。

保证完整性的主要方法有:协议、编码方法、密码校验、数字签名和公正。

3) 可用性

可用性是指网络和信息可以被授权实体正确使用,并且在非正常情况下能够恢复访问的特征。在系统正常运行时,实体能够正常使用网络,能够访问所需的信息,当网络和系统被攻击(例如拒绝服务攻击)和破坏时,能够迅速恢复使用。可用性一般用系统正常使用时间和整个工作时间之比来度量。

可用性应该满足以下要求：身份识别与确认、访问控制、业务流控制、路由选择控制、审计跟踪。

4）可靠性

可靠性是指网络和信息的抗毁性、生存性和有效性，即在人为破坏、随机破坏的情况下，能够保证网络和信息可放心使用和有效的特性，包括硬件可靠性、软件可靠性、人员可靠性和环境可靠性等。

5）可控性

信息可控性是指对流通在网络系统中的信息传播及具体内容能够有效控制的特性，授权机构可以随时控制信息的机密性，对网络信息实施严密的安全监控。而对于网络的可控性是指安全部门能够保证网络不被非法利用和控制的特性。

6）不可否认性

不可否认性也叫可审查性，是指网络通信双方在交互信息的过程中，确信参与者本身以及所提供信息的真实统一性。也就是参与者不可能否认自己的身份和完成的操作。利用信息源证据可以防止发信方不真实地否认已发送信息，利用递交接收证据可以防止收信方事后否认已经接收的信息。

这些技术特征是对网络和信息安全的基本要求，也是所有安全产品和安全管理人员的共同目标。

1.2.2　网络安全的研究目标和内容

1. 网络安全研究目标

网络安全的研究目标是：在网络信息的存储、传输、交互和处理的整个过程中，提供物理上、逻辑上的防护、监控、反应恢复和对抗的能力，以保护网络信息资源的保密性、完整性、可用性、可靠性、可控性和不可否认性。

2. 网络安全研究内容

网络安全是一门交叉学科，涉及内容广泛，除了上面提到的数学、通信、计算机等自然科学外，还包括法律和心理学等社会科学的内容。这里讲的网络安全主要从自然科学方面讨论，网络安全的最终目的是信息安全，信息安全研究的相关内容及相互关系如图 1-2 所示。

1）实体安全

网络实体安全是指保护计算机设备、设施（含网络）以及其他媒体免遭地震、水灾、火灾、有害气体和其他环境事故破坏的措施和过程，包括环境安全、设备安全和媒体安全三方面。对于实体安全方面国家制定了一些标准，如《电子信息系统机房设计规范》（GB 50174—2017）、《电子信息系统机房施工及验收规范》（GB 50462—2015）等。

2）运行安全

运行安全是网络安全的保障。在系统或网络运行时，为保护信息处理过程的安全而提供的一套安全措施称为运行安全，包括风险分析、审计跟踪、备份与恢复、应急处理、安全和运行检测、系统修复等。

3）系统安全

系统安全是指为保证操作系统、数据库系统和通信系统安全采取的一套安全措施。如

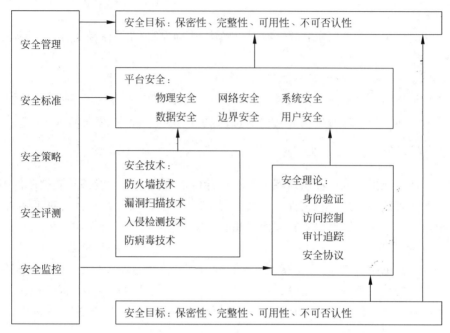

图 1-2　信息安全内容及相互关系

为操作系统安装防火墙和杀毒软件,为数据库系统设置访问控制,另外,还包括定期检查和评估、系统安全监测、灾难恢复机制、系统改造管理、跟踪最新安全漏洞、系统升级和补丁修复等措施。

4) 应用安全

应用安全是为了保护应用软件开发平台和应用系统的安全采取的安全措施。应用安全非常重要,网络的最终目的是应用,且各种应用是信息数据最直接的载体,应用系统的脆弱性是网络系统和信息最为致命的威胁之一。应用系统一旦被侵入,数据信息势必大量泄露,更为可怕的是,攻击者会以此为跳板,攻击操作系统以及其他与之相连的网络设备,后果严重。

应用系统在投入使用之前,必须经过严格的测试。针对应用安全提供的评估措施有:业务软件的程序安全性测试、业务交往的抗抵赖测试、业务资源的访问控制验证测试、业务实体的身份鉴别检测、业务现场的备份与恢复机制检查、业务数据的唯一性/一致性/防冲突检测、业务数据的保密性测试、业务系统的可靠性测试、业务系统的可用性测试。测试之后,开发人员应依据测试结果对系统进行修复。

5) 管理安全

管理安全主要指对人和网络系统安全管理的法规、政策、策略、规范、标准、技术手段、机制和措施等。如确定安全管理等级和安全管理范围,制定网络设备及服务器使用规程,建立网络事件记录机制,制定应急响应措施,制定系统和数据备份和恢复措施。还包括人员管理、培训管理、系统和软件管理、文档管理和机房管理等。

在制定各项措施的时候要充分考虑实际条件,要保证制定出切实可行的策略和规则,好的安全管理机制可以为用户综合控制风险,降低损失和消耗,促进安全生产效益。

1.2.3　网络安全防护技术

　　网络攻击行为日渐增加,攻击技术也越来越复杂,在与各种网络威胁斗争的过程中,网络安全防护技术也得到了长足发展。从被动防护到主动监测,提前预防,目前已经具备了一些有效的防护技术,这些技术的综合运用可以有效地抵御网络攻击,有些研究成果已经转化为产品,应用在各大网络中。

　　网络安全防护技术大体分为五类:加密技术、访问控制技术、网络安全检测与监控技术、网络安全审计技术,如图 1-3 所示。

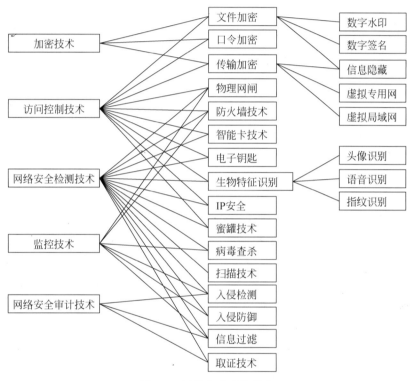

图 1-3　网络安全防护技术

1. 加密技术

　　加密技术的目的是把可读信息通过某种技术手段转变成不可理解的密文,起到信息保护的作用。可读信息不仅包括数据和文本,还包括程序代码、语音、图像和视频流以及各种形式和类型的文件。按照实施对象的不同,加密技术可分为文件加密、口令加密和传输加密。

　　加密技术包含两个重要元素:加密算法和密钥。加密算法是通过基于数学或物理变换,把信息从明文变为密文,或者将数据隐藏变得不可见。密钥是用来对数据进行编码和解码的一种算法,是加密算法的参数。

　　根据编码和解码是否采用同一密钥,加密技术分为对称加密技术和非对称加密技术。在传统的密码体制中,数据的加密和解密过程采用同一密钥,即私钥,这是对称加密技术。它的优点是能经受住时间的检验,保密性强,可以有效地抵御各种攻击。缺点是私钥的传送必须通过非常安全的途径,私钥管理非常关键。典型的对称加密算法有 DES、AES、IDEA

和 FEAL-N 等。

非对称加密技术的发送端和接收端使用互不相同的密钥,一个密钥公开,一个密钥保密,几乎不可能从加密密钥中推导出解密密钥,又称公钥密码技术。现在的密码体制中很多使用非对称加密技术,它的优点是可以适应网络的开放性要求,密钥的管理相对简单,可以方便地实现数字签名和认证。缺点是数据加密的速率较低,算法也比较复杂。典型的非对称加密算法有 RSA、ECC 和 Diffie-Hellman 等。

2. 访问控制技术

访问控制技术是对网络信息进行保护的最基础的安全措施,也是网络安全防御中重要的安全机制,它通过访问控制策略限制主体对客体的访问。网络访问控制技术以身份识别为基础,根据主体身份对资源访问请求加以限制。实现网络访问控制技术的方法多种多样,经常和其他安全防护技术混合使用,比较常用的有身份识别、防火墙技术和 IP 安全等。

用户使用合法的用户名和口令登录系统是最基本的身份识别方式,系统管理员创建用户时,可根据实际需求把用户分为不同的等级或者角色,同一等级的用户对资源有相同的访问权限,还可以为每个级别或角色指定不同的身份认证方式,例如,对管理员用户指定严格的认证机制,确保系统安全可靠。

3. 网络安全检测与监控技术

网络安全检测与监控技术包括安全监控技术和安全扫描技术。

安全监控技术利用软件或硬件对网络数据进行实时监控,一旦发现有被攻击的迹象,立即启动响应预警机制,根据用户的预定义采取相应的动作。可以切断网络连接,也可以过滤该入侵数据包。安全监控系统通常包括一个完备的系统入侵特征数据库,这是及时发现网络攻击的关键。入侵检测系统(IDS)是安全监控技术运用的成功典范,能够帮助管理员对付各种网络攻击和试探。

安全扫描技术是通过对局域网、服务器和网络设备进行定期扫描,来发现安全漏洞并及时修复的方法,是安全防御中常用的技术。蜜罐技术是另一种发现系统漏洞的方法,蜜罐也叫蜜网,它故意引诱黑客进行攻击,黑客入侵后,管理员就可以分析黑客所使用的攻击手段和方法。

4. 网络安全审计技术

网络安全审计是指在一个特定的网络环境下,为了保障网络系统和信息资源不受内外网用户的入侵和破坏,运用各种技术手段实时收集和监控网络环境中每一个组成部分的安全状态、安全事件,以便集中报警、分析和处理的一种技术手段。从部署上可分为内网安全审计和外网接入审计,上网行为管理和计算机取证均是采用安全审计技术的解决方案。

1.3 网络安全评估

网络安全评估是信息安全保障工作的基础性工作和重要环节,是信息安全等级保护制度建设的重要科学方法之一。

1.3.1 安全风险评估

网络安全风险评估就是从风险管理角度,运用科学的方法和手段,系统地分析网络和信息系统所面临的威胁及其存在的脆弱性,评估安全事件一旦发生可能造成的危害程度,提出有针对性地抵御威胁的防护对策和整改措施,防范和化解网络安全风险,将风险控制在可接受的水平,最大限度地保障网络的安全。

　　网络安全风险评估是一项复杂的系统工程,贯穿于网络系统的规划、设计、实施、运行维护以及废弃各个阶段,其评估体系受到多种主观和客观、确定和不确定的、自身和外界的等多种因素的影响。事实上,一个风险评估涉及诸多方面,主要包含风险分析、风险评估、安全决策和安全监测 4 个环节,如图 1-4 所示。

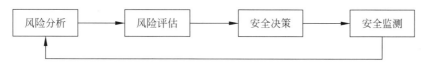

图 1-4　安全风险评估涉及的 4 个环节

1. 安全风险分析和风险评估

　　风险分析是安全风险评估的第一个环节。风险指丢失所需要保护资产的可能性,风险分析即估计网络威胁发生的可能性,以及因系统的脆弱性而引起的潜在损失。大多数风险分析在最初要对网络资产进行确认和评估,再用不同的方法进行损失计算。

　　风险分析中要涉及资产、威胁、脆弱性三个基本要素,如图 1-5 所示。每个要素有各自的属性,资产的属性是资产价值;威胁的属性可以是威胁主体、影响对象、出现频率、动机等;脆弱性的属性是资产弱点的严重程度。

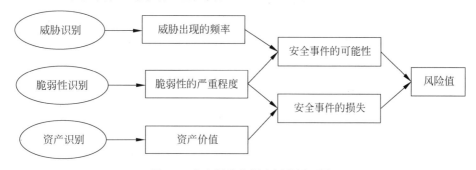

图 1-5　安全风险分析和评估原理图

风险分析的主要内容有以下几点。

- 对资产进行识别,并对资产的价值进行赋值。
- 对威胁进行识别,描述威胁的属性,并对威胁出现的频率赋值。
- 对脆弱性进行识别,并对具体资产的脆弱性的严重程度赋值。
- 根据威胁及威胁利用脆弱性的难易程度判断安全事件发生的可能性。
- 根据脆弱性的严重程度及安全事件所作用的资产价值计算安全事件的损失。
- 根据安全事件发生的可能性以及安全事件出现后的损失,计算安全事件一旦发生对组织的影响,即风险值。

　　风险评估所采用的方法直接影响到评估过程的每个环节,甚至左右最终的评估结果,影响评估的有效性。因此要根据网络的具体情况和要求,选择适当的风险评估方法。风险评估的方法有多种,概括起来可分为两大类:定量的风险评估方法和定性的风险评估方法。

　　定量的风险评估方法是指运用数量指标来对风险进行评估,对构成风险的各个要素和潜在的损失水平赋予数值。一般使用分布状态函数,并将风险定义为分布状态函数的某一函数。典型的定量分析方法有因子分析法、聚类分析法、时序模型、回归模型等。定量分析的结果科学、直观、便于理解。

定性的风险评估方法主要依据研究者的知识、经验、历史教训、政策走向及特殊实例等非量化资料,对系统风险状况做出判断。运用这类方法可以找出系统中存在的危险、有害因素,进一步根据这些因素从技术上、管理上、教育上提出对策措施,加以控制,达到系统安全的目的。目前应用较多的方法有安全检查表(SCL)、事故树分析(FTA)、事件树分析(ETA)、危险度评价法等。定性分析操作起来较为简单,但通常只关注威胁事件带来的损失而忽略事件发生的概率。

2. 安全决策

在完成对网络的安全风险分析和评估后,就要根据评估的结论决定下一步要采取的安全措施,制定有针对性的安全策略,使网络威胁得到有效控制。安全策略的制定要依据科学性、合理性、有效性、便于实施的原则。

3. 安全监测

网络运行期间,系统随时都有可能发生变化,例如,添加新的网络设备、软件升级、接入新的子网等都将导致系统结构和资产发生变化。此时先前的安全评估结论就失去了意义,需要重新进行风险分析、风险评估和安全决策,来适应网络系统的新变化。安全监测过程能够实时监视和判断网络系统中的各种资产在运行期间的状态信息,并及时记录和发现新的变化情况。

通过网络安全风险评估及早发现网络系统的安全隐患并采取加固方案已经成为网络安全保障体系建设必不可少的一个组成部分。风险评估的核心工作,是采用多种方法对网络系统可能存在的漏洞进行检测,找出可能被黑客利用的安全隐患,管理员依据检测结果进行安全分析,制定修补策略,以便尽早采取措施,保护网络资产免受侵害。

1.3.2 国外安全评估标准

网络安全保障体系的建设是一个极其庞大的复杂系统,必须具备配套安全标准。安全标准就是确保安全产品和系统在设计、研发、生产、建设、使用、测评过程中,解决产品和系统的一致性、可靠性、可控性、先进性和符合性的技术规范及依据。

1. 美国 TCSEC(橘皮书)

1983 年,美国国防部制定了 5200.28 安全标准——可信计算机系统评价准则(Trusted Computer System Evaluation Criteria,TCSEC),也称网络安全橘皮书,使用计算机安全级别来评价一个计算机系统的安全性。

该标准多年来一直是评估多用户主机和小型操作系统的主要标准。其他方面,如数据安全、网络安全也一直是通过该准则来评估,如可信任网络解释和可信任数据库解释。TCSEC 把安全级别从低到高划分为 4 个安全级别:D 类、C 类、B 类和 A 类,大类下面又分小类,如表 1-1 所示。

表 1-1　安全级别分类

类　别	级　别	名　称	主要特征
D	D	低级保护	没有安全保护
C	C1	自主安全保护	自主存储控制
	C2	受控存储控制	单独的可查性,安全标识

续表

类　　别	级　　别	名　　称	主　要　特　征
B	B1	标识的安全保护	强制存取控制,安全标识
	B2	结构化保护	面向安全体系结构,较好的抗渗透能力
	B3	安全区域	存取监控,高抗渗透能力
A	A	验证设计	形式化的最高级描述和验证

安全级别设计必须从数学角度上进行验证,而且必须进行秘密通道和可信任分布分析。可信任分布(Trusted Distribution)是指硬件和软件在物理传输过程中受到保护以防止破坏安全系统。橘皮书也存在不足之处,它针对孤立计算机系统,特别是小型计算机和主机系统。假设有一定的物理保障,该标准适合政府和军队,不适合企业,模型是静态的。

2. 欧洲标准 ITSEC

欧洲的安全评价标准(Information Technology Security Evaluation Criteria,ITSEC)是英国、法国、德国和荷兰制定的 IT 安全评估准则,是欧洲多国安全评价方法的综合产物。

ITSEC 与 TCSEC 不同,它不把保密措施与计算机功能直接联系,而是只叙述技术安全的要求,把保密作为安全增强功能。另外,TCSEC 把保密作为安全的重点,而 ITSEC 则认为完整性、可用性与保密性处于同等重要的位置。ITSEC 把安全概念分为功能和评估两部分,定义了从 E0 级到 E6 级共 7 个安全级别,对于每个系统,ITSEC 又定义了 10 种功能 F1~F10,其中前 5 种与 TCSEC 中 C1~B3 基本相似,F6~F10 级分别对应数据和程序的完整性、系统的可用性、数据通信的完整性、数据通信的保密性以及机密性和完整性等内容。

3. 加拿大标准 CTCPEC

加拿大可信任计算机产品评估标准(Canadian Trusted Computer Product Evaluation Criteria,CTCPEC)于 1989 年公布,1993 年推出 3.0 版本。CTCPEC 3.0 综合了美国 TCSEC 和欧洲 ITSEC 的优点。

CTCPEC 对开发的产品或评估过程强调功能和保证两部分。

(1)功能(Functionality):包括保密性、完整性、可用性和审核 4 方面的标准,这 4 方面标准可能存在一定的相互依赖关系,如果这些标准在不同服务之间存在相互依赖关系,这种关系称为约束。

(2)保证(Assurance):包含保证标准,是指产品用以实现组织的安全策略的可信度。保证标准评估对整个产品进行。

4. 美国联邦准则(FC)

美国联邦准则综合了欧洲的 ITSEC 和加拿大的 CTCPEC 的优点,用来提供 TCSEC 的升级版本,同时保护已有投资。该标准引入了保护轮廓的概念,保护轮廓是以通用要求为基础创建的一套独特的 IT 产品安全标准。保护轮廓需要对设计、实现和使用 IT 产品的要求进行详细说明。FC 是一个过渡标准,后来结合其他标准发展为共同标准。

5. 通用准则(CC)

1993 年,德国、法国、荷兰、英国、加拿大和美国联合在一起,把原有标准组合成一个单一的全球标准,即信息技术安全评估通用准则,简称通用准则。它强调将安全的功能与保障分离,并将功能需求分为 9 类 63 族,将保障分为 7 类 29 族。

6. ISO 安全体系结构标准

在安全体系结构方面,ISO 制定了国家标准 ISO 7498-2：1989《信息处理系统 开发系统互连 基本参考模型 第 2 部分：安全体系结构》。该标准在身份认证、访问控制、数据加密、数据完整性和不可否认性方面,提供了 5 种可选择的安全服务。

(1) 身份验证：证明用户级服务器身份的过程。

(2) 访问控制：用户身份一经验证就发生访问控制,这个过程决定用户可以使用、浏览或改变哪些系统资源。

(3) 数据加密：使用加密技术保护数据免于未授权的泄露,可避免被动威胁。

(4) 数据完整性：通过检验或维护信息的一致性,避免主动威胁。

(5) 不可否认性：提供关于服务、过程或部分信息的起源证明或发送证明。

1.3.3　国内安全评估标准

在我国,根据 GB 17859—1999《计算机信息系统 安全保护等级划分准则》等,1999 年 10 月,经过国家质量技术监督局批准发布的准则将计算机安全保护划分为 5 个级别。

1. 第一级

用户自主保护级,本级的计算机防护系统能够把用户和数据隔开,使用户具备自主的安全防护能力。用户可以根据需求采用系统提供的访问控制措施来保护自己的数据,避免其他用户对数据的非法读写与破坏。

2. 第二级

系统审计保护级,这一级除了具备第一级所有的安全保护功能外,还要求创建和维护访问的审计跟踪记录,使所有用户对自己行为的合法性负责。本级使计算机防护系统访问控制更加精细,允许对单个文件设置访问控制。

3. 第三极

安全标记保护级,除具备前一级所有的安全保护功能外,还要求以访问对象标记的安全级别限制访问者的权限,实现对访问对象的强制访问。该级别提供了安全策略模型、数据标记以及严格访问控制的非形式化描述。系统中的每个对象都有一个敏感性标签,每个用户都有一个许可级别。许可级别定义了用户可处理的敏感性标签,系统中每个文件都按内容分类并标有敏感性标签。任何对用户许可级别和成员分类的更改都受到严格控制。

4. 第四级

结构化保护级,除具备前一级所有安全保护功能外,还将安全保护机制划分为关键部分和非关键部分,对关键部分可直接控制访问者对访问对象的存取,从而加强系统的抗渗透能力。系统的设计和实现要经过彻底的测试和审查。必须对所有目标和实体实施访问控制策略,要有专职人员负责实施。要进行隐蔽信道分析,系统必须维护一个保护域,保护系统的完整性,防止外部干扰。

5. 第五级

访问验证保护级,除具备前一级所有的安全保护功能外,还特别增设了访问验证功能,负责仲裁访问对象的所有访问,也就是访问监控器。访问监控器本身是抗篡改的,且足够小,能够分析和测试。为了满足访问监控器的需求,计算机防护系统在构造时,排除了那些对实施安全策略来说并非必要的部件,在设计和实现时,从系统工程角度将其复杂性降到最低程度。

　　虽然国际上有很多标准化组织在信息安全方面制定了许多标准,但是信息安全标准关系到国家的安全利益,任何国家都不会轻易相信和依赖别人,都会制定自己的标准来保护本国利益。我国信息安全标准化工作虽然起步较晚,但近年来发展较快。加入世界贸易组织后,标准化工作在公开性、透明度等方面取得了实质性进展,制定了一批符合中国国情的信息安全标准,为信息安全的开展奠定了基础。

习　　题

　　1. 简述计算机网络安全的定义。

　　2. 计算机网络系统的脆弱性主要表现在哪几方面? 试举例说明。

观看视频

第2章
物理安全技术

本章重点：

（1）物理安全技术概述。

（2）计算机房场地环境的安全防护。

（3）电磁防护。

（4）物理隔离技术。

物理安全（Physical Security）是保护计算机设备、设施（含网络）免遭地震、水灾、火灾、有害气体和其他环境事故（如电磁干扰等）破坏的措施和过程，也称实体安全。物理安全技术主要是指对计算机及网络系统的环境、场地、设备和人员等采取的安全技术措施。

2.1　物理安全技术概述

保证计算机及网络系统机房的安全，以及保证所有设备及其场地的物理安全，是整个计算机网络系统安全的前提。如果物理安全得不到保证，则整个计算机网络系统的安全也就不可能实现。

物理安全的目的是保护计算机、网络服务器、交换机、路由器和打印机等硬件实体和通信设施免受自然灾害、人为失误、犯罪行为的破坏，确保系统有一个良好的电磁兼容工作环境，把有害的攻击隔离。

物理安全的内容主要包括环境安全、电磁防护和物理隔离。

1. 环境安全

计算机网络通信系统的运行环境应按照国家有关标准设计实施，应具备消防报警、安全照明、不间断供电、温湿度控制系统和防盗报警，以保护系统免受水、火、有害气体、地震、静电的危害。

2. 电磁防护

计算机网络系统工作时产生的电磁发射可被高灵敏度的接收设备接收并进行分析、还原，造成系统信息泄露。外界的电磁干扰也能使计算机网络系统工作不正常，甚至瘫痪。必须通过屏蔽、隔离、滤波、吸波、接地等措施，提高计算机网络系统的抗干扰能力，使之能抵抗强电磁干扰；同时将计算机的电磁泄漏发射降到最低。

3. 物理隔离

物理隔离技术就是把有害的攻击隔离，在可信网络之外和保证可信网络内部信息不外泄的前提下，完成网间数据的安全交换。

具体来说,物理安全包括如下几点。

(1) 计算机机房的场地、环境及各种因素对计算机设备的影响。

(2) 计算机机房的安全技术要求。

(3) 计算机的实体访问控制。

(4) 计算机设备及场地的防火与防水。

(5) 计算机系统的静电防护。

(6) 计算机设备及软件、数据的防盗、防破坏措施。

(7) 屏蔽、滤波技术、接地等电磁防护措施。

(8) 彻底的物理隔离、协议隔离、物理隔离网闸等物理隔离技术。

2.2　计算机机房场地环境的安全防护

2.2.1　计算机机房场地的安全要求

为保证物理安全,应对计算机及其网络系统的实体访问进行控制,即对内部或外部人员出入工作场所(主机房、数据处理区和辅助区等)进行限制。根据工作需要,对每个工作人员可进入的区域应予以规定,而各个区域应有明显的标记或派专人值守。

计算机机房的设计应考虑减少无关人员进入机房的机会。同时,计算机机房应避免靠近公共区域,避免窗户直接临街,应安排机房在内(室内靠中央位置)、辅助工作区域在外(室内周边位置)。在一个高大的建筑内,计算机机房最好不要建在潮湿的底层,也尽量避免建在顶层,因顶层可能会有漏雨和雷电穿窗而入的危险。在有多个办公室的楼层内,计算机机房应至少占据半层,或靠近一边。这样既便于防护,又利于发生火警时的撤离。

所有进出计算机机房的人都必须通过管理人员控制的地点。应有一个对外的接待室,访问人员一般不进入数据区或机房,而在接待室接待。有特殊需要进入控制区的,应办理手续。每个访问者和带入、带出的物品都应接受检查。

机房建筑和结构从安全的角度,还应该考虑如下几点。

(1) 电梯和楼梯不能直接进入机房。

(2) 建筑物周围应有足够亮度的照明设施和防止非法进入的设施。

(3) 外部容易接近的进出口,如风道口、排风口、窗户、应急门等应有栅栏或监控措施,而周边应有物理屏障(隔墙、带刺铁丝网等)和监视报警系统,窗口应采取防范措施,必要时安装自动报警设备。

(4) 机房进出口需设置应急电话。

(5) 机房供电系统应将动力照明用电与计算机系统供电线路分开,机房及疏散通道应配备应急照明装置。

(6) 计算机中心周围 100m 内不能有危险建筑物。危险建筑物指易燃、易爆、有害气体等存放场所,如加油站、煤气站、天然气与煤气管道和散发有强烈腐蚀气体的设施、工厂等。

(7) 进出机房时要更衣、换鞋,机房的门窗在建造时应考虑封闭性能。

(8) 照明应达到规定标准。

总之,计算机机房的安全是计算机物理安全的一个重要组成部分。计算机机房应该符合国家标准和国家有关规定。

2.2.2　设备防盗措施

众所周知,计算机主机及大部分外部设备是放在计算机机房中的,处理程序以及业务数据是存放在计算机磁盘上的。机房内的设备,有些是用来进行机密信息处理的设备。这类设备本身及其内部存储的信息非常重要,一旦丢失,将产生极其严重的后果。因此,对重要的设备和存储媒体(磁盘等)应采取防盗措施,加强机房的安全管理至关重要。

早期的防盗,采取增加质量和胶黏的方法,即将设备长久固定或黏接在一个地点。虽然增加了安全性,但对于移动或调整位置十分不便。之后,又出现了将设备与固定底盘用锁连接,打开锁才可搬运设备的方法。现在某些便携机也采用机壳加锁扣的方法。

国外一家公司发明了一种光纤电缆保护设备。这种方法是将光纤电缆连接到每台重要的设备上,光束沿光纤传输,如果通道受阻,则报警。这种保护装置比较简便,一套装置可保护机房内的所有重要设备,并且设备还可随意移动、搬运。

一种更方便的防护措施类似于图书馆、超级市场使用的保护系统。每台重要的设备、每个重要存储媒体和硬件都贴上特殊标签(如磁性标签),一旦被盗或未被授权携带外出,检测器就会发出报警信号。

视频监视系统是一种更为可靠的防护设备,能对系统运行的外围环境、操作环境实施监控(视)。对重要的机房,还应采取特别的防盗措施,如值班守卫,在出入口安装金属防护装置,如安全门、防护窗户。

2.2.3　机房的三度要求

机房内的空调系统、去湿机和除尘器是保证计算机系统正常运行的重要设备。通过这三种设备使机房的三度——温度、湿度和洁净度得到保证,从而使系统正常工作。重要的计算机系统安放处应有单独的空调系统,它比公用的空调系统在加湿、除尘方面有更高的要求。

1. 温度

计算机系统内有许多元器件,不仅发热量大而且对高温、低温敏感。机房温度一般应控制在 $18\sim22℃$。温度过低会导致硬盘无法启动,过高会使元器件性能发生变化,耐压降低,导致不能工作。总之,环境温度过高或过低都容易引起硬件损坏。统计数据表明:温度超过规定范围时,每升高 $10℃$,机器可靠性下降 25%。

2. 湿度

机房内相对湿度过高会使电气部分绝缘性降低,会加速金属器件的腐蚀,引起绝缘性能下降,灰尘的导电性能增强,耐潮性能不良和器件失效的可能性增大;而相对湿度过低、过于干燥会导致计算机中某些器件龟裂、印刷电路板变形,特别是静电感应增加,使计算机内信息丢失、损坏芯片,给计算机带来严重危害。机房内的相对湿度一般控制在 $40\%\sim60\%$ 为好。湿度控制与温度控制最好都与空调联系在一起,由空调系统集中控制。机房内应安装温、湿度显示仪,随时观察、监测。

3. 洁净度

洁净度要求机房尘埃颗粒直径小于 $0.5\mu m$,平均每升空气含尘量小于 1 万颗。灰尘会造成接插件的接触不良、发热元件的散热效率降低、绝缘被破坏,甚至造成电击穿;灰尘还会增加机械磨损,尤其对驱动器和盘片,灰尘不仅会使读出、写入信息出现错误,而且会划伤盘片,甚至损坏磁头。计算机及其外部设备是精密的设备,如磁头的缝隙、磁头与磁盘之间读/写时的间隙都非常小,一个小的尘埃相对这个间隙几乎是一座大山,如果灰尘吸附在磁盘、磁带机的读写头上,轻则发生数据读写错误,重则损坏磁头,划伤盘片,严重地影响计算机系统的正常工作。因此,计算机机房必须有除尘、防尘的设备和措施,保持清洁卫生,以保证设备的正常工作。

人员进出应有门帘,并应安装吹尘、吸尘设备,排除进入人员所带的灰尘。空调系统进风口应安装空气滤清器,并应定期清洁和更换过滤材料,以防灰尘进入。同时进风压力要大,房间要密封,使室内空气压力高于室外,灰尘自然不会进入室内。

2.2.4 防静电措施

静电是由物体间的相互摩擦、接触而产生的。静电产生后,由于它不能泄放而保留在物体内,会产生很高的电位(能量不大),而静电放电时发生火花,会造成火灾或损坏芯片。计算机信息系统的各个关键电路,如 CPU、ROM、RAM 等大都采用 MOS 工艺的大规模集成电路,对静电极为敏感,容易因静电而损坏。这种损坏可能是不知不觉造成的。

机房内一般应采用乙烯材料装修,避免使用挂毯、地毯等容易吸尘、容易产生静电的材料。为了防静电,机房一般安装防静电地板,并将地板和设备接地以便将物体积聚的静电迅速排泄到大地。机房内的专用工作台或重要的操作台应有接地平板。此外,工作人员的服装和鞋最好用低阻值的材料制作,机房内应保持一定湿度,在北方干燥季节应适当加湿,以免因干燥而产生静电。

2.2.5 电源

电源是计算机网络系统正常工作的重要因素。供电设备容量应有一定的富余量,所提供的功率一般应是全部设备负载的 125%。计算机机房设备最好是采取专线供电,应与其他电感设备(如马达),以及空调、照明、动力等分开;至少应从变压器单独输出一路给计算机使用。

为保证设备用电质量和用电安全,电源应至少有两路供电,并应有自动转换开关,当一路供电有问题时,可迅速切换到备用线路供电。应安装备用电源,如长时间不间断电源(UPS),停电后可供电 8h 或更长时间。关键的设备应有备用发电机组和应急电源。同时为防止、限制瞬态过电压和引导浪涌电流,应配备电涌保护器(过电压保护器)。为防止保护器的老化、寿命终止或雷击时造成的短路,在电涌保护器的前端应有诸如熔断器等过电流保护装置。

1. 电源线干扰

有 6 类电源线干扰:中断、异常状态、电压瞬变、冲击、噪声,以及突然失效事件。

1)中断

三相线中任何一相或多相因故障而停止供电为中断,长时间中断即为关闭。

2)异常状态

异常状态是指电压连续过载或连续低电压。在一段时间内连续电压不足可能是因为个别负载过大而形成的压降。

3) 电压瞬变

瞬变浪涌是指电压幅值在几个正弦波范围内快速增加或降低。

4) 冲击

冲击又称瞬变脉冲或尖峰电压,它是指在 $0.5\sim100\mu s$ 内过高或过低的电压。尖峰一般指瞬时电压超过 $400\mathrm{V}$,而下垂电压指瞬时向下的窄脉冲。

5) 噪声

电磁干扰(Electro Magnetic Interference,EMI)是由电源线辐射产生的电磁噪声干扰,射频干扰(RFI)是发射频率 $\geqslant30\mathrm{kHz}$ 时的电磁干扰。

6) 突然失效事件

突然失效事件指由雷击等引起的快速升起的电磁脉冲冲击,致使设备失效。

2. 保护装置

电源保护装置有金属氧化物可变电阻(MOV)、硅雪崩二极管(SAZD)、气体放电管(GDT)、滤波器、电压调整变压器(VRT)和不间断电源(UPS)等。金属氧化物可变电阻可吸收尖峰和冲击电压,工作时间为 $5\mathrm{ns}\sim1\mu s$。SAZD 和 GDT 可使浪涌和尖峰电压分流,从而保护电路。SAZD 的工作速度快($10\sim12\mathrm{s}$),但不能处理大的浪涌;GDT 能处理大的浪涌,但工作速度较慢(只能达到 $6\sim10\mathrm{s}$)。滤波器通过保护电路使噪声分流并使浪涌衰减。VRT 可在秒级进行异常状态保护。UPS 可保护系统,避免断电、下跌、下垂、电源故障、供电不足和其他低电压状态的影响。连续工作的 UPS 可使计算机不受电源线耦合的影响,保护它们避免灾难的干扰。避雷针和浪涌滤波器可帮助抵抗强电磁脉冲。此外,安装设备时应远离建筑的金属结构,以避免雷击影响。

3. 紧急情况供电

重要的计算机机房应配置防御电压不足(电源下跌)的设备,这种设备有如下两种。

1) UPS

正常供电时,UPS 可使交流电源整流并不间断地使电池充电。在断电时,由电池组通过逆变器向机房设备提供交流电,从而有效地保护系统及数据。在特别重要的场合,应考虑此种措施。

2) 应急电源

应急电源主要通过汽油机或柴油机带动发电机,在断电时启动,为系统提供较长时间的紧急供电。它需要有自己的燃料支持。应急发电机只对最重要的设备提供支持,包括空调、最必需的计算机、照明灯、报警系统、通信设备等。

4. 调整电压和紧急开关

电源电压波动超过设备安全操作允许的范围时,需要进行电压调整。允许波动的范围通常在 $\pm5\%$ 的范围内。当供电减少或不正常工作时,电压调整设备应能响应 $1\mu s$ 的电压波动,自动调整电压并连续工作。如果机房设备直接与电网连接,则要有一个电压调节变压器,以保持电压稳定。这个变压器安装在机房附近时,需要在机房周围设置防火隔离带。计算机系统的电源开关(主控开关)应安装在计算机主控制开关柜附近。这些开关要清楚地标注出它们的功能。操作者应进行在紧急情况下如何操作它们的训练。

2.2.6　接地与防雷

计算机系统和工作场所的接地与防雷是非常重要的安全措施。接地是指系统中各处电位均以大地为参考点,地为零电位。接地可以为计算机系统的数字电路提供一个稳定的低电位(0V),可以保证设备和人身的安全,同时也是避免电磁信息泄露必不可少的措施。

1．地线种类

1）保护地

计算机系统内的所有电气设备,包括辅助设备、外壳均应接地。如果电子设备的电源线绝缘层损坏而漏电时,设备的外壳可能带电,将造成人身和设备事故。因而必须将外壳接地,以使外壳上积聚的电荷迅速排放到大地。

要求良好接地的设备有：各种计算机外围设备、多相位变压器的中性线、电缆外套管、电子报警系统、隔离变压器、电源和信号滤波器、通信设备等。

配电室的变压器中点要求接大地。但从配电室到计算机机房如果有较长的输电距离,则应在计算机机房附近将中性线重复接地。因为零线上过高的电动势会影响设备的正常工作。保护地一般是为大电流泄放而接地。一般机房内保护地的接地电阻≤4Ω。保护地在插头上有专门的一条芯线,由电缆线连接到设备外壳,插座上对应的芯线(地)引出与大地相连。

保护地线应连接可靠,一般不用焊接,而采用机械压紧连接。地线导线应足够粗,至少应为 4 号 AWG 铜线,或为金属带线。

2）直流地

直流地,又称逻辑地,是计算机系统的逻辑参考地,即计算机中数字电路的低电位参考地。数字电路只有"1"和"0"两种状态,其电位差一般为 3～5V。随着超大规模集成电路技术的发展,电位差越来越小,对逻辑地的接地要求也越来越高。因为逻辑地(0)的电位变化直接影响到数据的准确。直流地的接地电阻一般要求≤2Ω。

3）屏蔽地

为避免信息处理设备的电磁干扰,防止电磁信息泄露,重要的设备和重要的机房要采取屏蔽措施,即用金属体来屏蔽设备和整个机房。金属体称为屏蔽机桌(柜)或屏蔽室。屏蔽体需与大地相连,形成电气通路,为屏蔽体上的电荷提供一条低阻抗的泄放通路。屏蔽效果的好坏与屏蔽体的接地密切相关,一般屏蔽地的接地电阻要求≤4Ω。

4）静电地

机房内人体本身、人体在机房内的运动、设备的运行等均可能产生静电。人体静电有时可达千伏以上,人体与设备或元器件导电部分直接接触极易造成设备损坏。而设备运行中产生的静电干扰则会引起机械故障、读写错误等。为避免静电的影响,除采取管理方面的措施,如测试人体静电、接触设备前先触摸地线、泄放电荷、保持室内一定的温度和湿度等,还应采取防静电地板等措施。即将地板金属基体与地线相连,以使设备运行中产生的静电随时泄放掉。

5）雷击地

雷电具有很大的能量,雷击产生的瞬态电压可高达 10MV 以上。单独建设的机房或机房所在的建筑物,必须设置专门的雷击保护地(简称雷击地),以防雷击产生的设备和人身事故。

应将具有良好导电性能和一定机械强度的避雷针安置在建筑物的最高处,引下导线接到地网或地桩上,形成一条最短的、牢固的对地通路,即雷击地线。雷击电位在大地中沿辐射状分布,当雷电袭击时,雷电进入入地点附近的土壤中,可泄放很大的电流并形成一个电压梯度,随着距离的增大而逐渐降低。在此范围内的人员会遇到危险,设备会被干扰,甚至损坏。为避免上述问题,防雷击地线应远离计算机机房。防雷击地线地网和接地桩应与其他地线系统保持一定的距离,至少应为10m。

2. 接地系统

计算机机房的接地系统是指计算机系统本身和场地的各种接地的设计和具体实施。

1) 各自独立的接地系统

这种接地系统主要考虑直流地、交流地、保护地、屏蔽地、雷击地等的各自作用,为避免相互干扰,分别单独通过地网或接地桩接到大地。这种方案虽然理论上可行,但实施起来难度很大。在理想的情况下,各种地线系统之间要有一段距离。如果远离机房,引线太长,不仅会造成地阻太大,而且会引入干扰。而围绕机房四周埋设几个地网,因有道路、建筑、地下水管等,很难满足要求,而且建几个地网投资很大,在实际工程中很难做到。

2) 交、直流分开的接地系统

这种接地系统将计算机的逻辑地和雷击地单独接地,其他地共地。这样既可以使计算机工作可靠,又可以减少一些地线。但这样仍需3个单独的接地体,无论从接地体的埋设场地考虑,还是从投资和施工难度考虑,都是很难承受的。这种方案在国内一些大型计算中心建设中曾采用过,而一般微机机房很少采用。

3) 共地接地系统

共地接地系统的出发点是除雷击地外,另建一个接地体,此接地体的地阻要小,以保证泄放电荷迅速排放到大地。而计算机系统的直流地、保护地、屏蔽地等在机房内单独接到各自的接地母线,自成系统,再分别接到室外的接地体上。这种接地的优点是减少了接地体的建设,各地之间独立,不会产生相互干扰。缺点是直流地(逻辑地)与其他地线共用,易受其他信号干扰影响。目前这种接地系统广泛应用于微机机房,国外已推广到小型机房。

4) 直流地、保护地共用地线系统

这种接地系统的直流地和保护地共用接地体,屏蔽地、交流地、雷击地单独埋设。它主要考虑,许多计算机系统内部已将直流地和保护地连在一起,对外只有一条引线,在这种情况下,直流地与保护地分开无实际意义。由于直流地与交流地分开,使计算机系统仍具有较好的抗干扰能力。这种接地方式在国内外均有广泛应用。

5) 建筑物内共地系统

随着城市高层建筑群的不断增多,建筑物内各种设备和供电系统、通信系统的接地问题越来越突出。一方面,建筑高层化、密集化,接地设备多、要求高;另一方面,高层建筑附近又不可能有足够的场地构造地线接地体。这就使建筑物内共地系统的方案应运而生。

高层建筑目前基础施工都是先打桩,整栋建筑从下到上都有钢筋基础。由于这些钢筋基础很多,且连成一体,深入到地下漏水层,同时各楼层钢筋均与地下钢筋相连,作为地线地阻很小(经实际测量可小于0.2Ω)。由于地阻很小,可将计算机机房及各种设备的地线共用建筑地,从理论上讲不会产生相互干扰,从实际应用看也是可行的。它具有投资少、占地少、阻值稳定等特点,符合城市建筑的发展趋势。

目前我国某些部门标准已将建筑物内的共用地线列为首选的通信设备接地方案。按照要求,各楼层均有多处接地点,直接与建筑钢筋相连。这种接地系统是否需要一个防雷击地,还有不同意见。有人认为,建筑地的地阻足够小,发生反击的可能性不大。但安全起见,将雷击地单独分开似乎更好些。

3．接地体

接地体的埋设是接地系统好坏的关键。通常采用的接地体有地桩、水平栅网、金属接地板、建筑物基础钢筋等。

1）地桩

垂直打入地下的接地金属棒或金属管,是常用的接地体。它用在土壤层超过 3m 厚的地方。金属棒的材料为钢或铜,直径一般应为 15mm 以上。为防止腐蚀、增大接触面积并承受打击力,地桩通常采用较粗的镀锌钢管。

金属棒作地桩形成的地阻主要与金属棒的长度和土壤情况有关,受直径的影响不大。金属棒的长度一般选择 3m 以上。由于单根接地桩地阻较大,在实际使用中常将多根接地桩连成环形或网格形,每两根地桩间的距离一般要大于地桩长度的两倍。土壤的含水率和含盐量的多少决定了土壤的电阻率,而土壤电阻率是决定地线地阻的重要因素。为降低大地电阻率常需采取水分保持和化学盐化措施。

在地网表层土壤适当种植草类或豆类植物,可保持土壤中的水分,又不致出现盐分流失的现象。此外,在接地桩周围土壤中要添加一些产生离子的化学物品,以提高土壤的电导率。这些化学物品有硫酸镁($MgSO_4$)、硝酸钾(KNO_3)、氯化钠($NaCl$)等。其中,硫酸镁是一种较好的降阻材料,它成本低、电导率高,对接地电极和附近的金属物体腐蚀作用弱。在土壤中添加硫酸镁,可采用在地桩周围挖一个 0.3m 深的壕沟,在沟内填满硫酸镁,用土覆盖的方法。这样硫酸镁不与地桩直接接触,以使其分布最佳而腐蚀作用又最小。另一种方法是用一个 0.6m 长的套管套在地桩外面,套管内填充硫酸镁至距地面 0.3m,套管与地面持平并用木盖盖住管口。这样,套管内的硫酸镁会随着雨水均匀地渗入地桩周围。

化学盐化并不能永久地改变接地电阻。化学材料会随着雨水逐渐流失,一般有效期为 3 年,随着时间的延长应适当补充化学材料。

2）水平栅网

在土质情况较差,特别是岩层接近地表面无法打桩的情况下,可采用水平埋设金属条带、电缆的方法。金属条带应埋在地下 0.5～1m 深处,水平方向构成星状或栅格网状,在每个交叉处,条带应焊接在一起,且带间距离≥1m。水平铺设金属条带的方法,同样要求采取保持水平和增加化学盐分的方法,使土壤的电阻率降低。

3）金属接地板

这种方法是将金属板与地面垂直埋在地下,与土壤形成至少 $0.2m^2$ 的双面接触。深度要求在永久性潮土壤以下 30cm,一般至少在地下埋 1.5m 深。金属板的材料通常为铜板,也可分为铁板或钢板。

这种方法占地面积小,但为获得较好的效果,需埋设多个金属板,使埋设难度和造价增高。因此,除特殊情况外,近年来已逐渐为地桩所代替。

4）建筑物基础钢筋

如前述,现代高层建筑的基础桩深入地下几十米,基础钢筋在地下形成很大的地网并从地下延伸至顶层,每层均可接地线。这种接地体节省场地、经济、适用,是城市建设机房地线的发展方向。

4. 防雷措施

机房的外部防雷应使用接闪器、引下线和接地装置,吸引雷电流,并为其泄放提供一条低阻值通道。机器设备应有专用地线,机房本身有避雷设施,设备(包括通信设备和电源设备)有防雷击的技术设施,机房的内部防雷主要采取屏蔽、等电位连接、合理布线或防闪器、过电压保护等技术措施以及拦截、屏蔽、均压、分流、接地等方法,达到防雷的目的。机房的设备本身也应有避雷装置和设施。

一个远程计算机信息网络场地应在电力线路、通信线路、天馈线线路、接地引线上做好防雷电的入侵。

2.2.7 计算机机房场地的防火、防水措施

计算机机房的火灾一般是由电气、人为事故或外部火灾蔓延引起的。电气主要是电气设备和线路的短路、过载、接触不良、绝缘层破损或静电等原因导致电打火而引起火灾。人为事故是由于工作人员操作不慎、吸烟、乱扔烟头等,使充满易燃物质(如纸片、磁带、胶片等)的机房起火。外部火灾蔓延是因外部房间或其他建筑物起火而蔓延到机房而引起机房起火。计算机机房的水灾一般是由机房内有渗水、漏水等原因引起的。

机房内应有防火、防水措施。如机房内应有火灾、水灾自动报警系统,如果机房上层有用水设施需加防水层;机房内应放置适用于计算机机房的灭火器,并建立应急预案和防火制度等。为避免火灾、水灾,应采取如下具体措施。

1. 隔离

建筑内的计算机机房四周应设计一个隔离带,以使外部的火灾至少可隔离一个小时。系统中特别重要的设备,应尽量与人员频繁出入的地区和堆积易燃物(如打印纸)的区域隔离。所有机房门应为防火门,外层应有金属蒙皮。计算机机房内部应用阻燃材料装修。机房内应有排水装置,机房上部应有防水层,下部应有防漏层,以避免渗水、漏水现象。

2. 火灾报警系统

火灾报警系统的作用是在火灾初期就能检测到并及时发出警报。火灾报警系统按传感器的不同,分为烟报警和温度报警两种类型。烟报警器可在火灾开始的发烟阶段就被检测出,并发出警报。它的动作快,可使火灾及时被发觉。而热敏式温度报警器是在火焰发生、温度升高后发出报警信号。近年来还开发出一种新型的 CO 探测报警器,它在发烟初期即可探测到火灾的发生,避免损失,且可避免人员因缺氧而窒息。

为安全起见,机房应配备多种火灾自动报警系统,并保证在断电后 24h 之内仍发出警报。报警器为音响或灯光报警,一般安放在值班室或人员集中处,以便工作人员及时发现并向消防部门报告,组织人员疏散等。

3. 灭火设施

机房应有适用于计算机机房的灭火器材,机房所在楼层应有防火栓和必要的灭火器材和工具,这些物品应具有明显的标记,且需定期检查。这些器材和工具主要包括:

(1) 灭火器。虽然机房建筑内要求有自动喷水、供水系统和各种灭火器,但并不是任何机房火灾都要自动喷水,因为有时对设备的二次破坏比火灾本身造成的损坏更为严重。因

此,灭火器材最好使用气体灭火器,推荐使用不会造成二次污染的卤代烷 1211 或 1301 灭火器,如无条件,也可使用 CO_2 灭火器。一般每 $4m^2$ 至少应配置一个灭火器,还应有手持式灭火器,用于大设备灭火。

（2）灭火工具及辅助设备,如液压千斤顶、手提式锯、铁锹、镐、榔头、应急灯等。

4. 管理措施

机房应有应急预案及相关制度,要严格执行计算机机房环境和设备维护的各项规章制度,加强对火灾隐患部位的检查。如电源线路要经常检查是否有短路处,防止出现火花引起火灾。要制定灭火的应急预案并对所属人员进行培训。此外,还应定期对防火设施和工作人员的掌握情况进行测试。

实体发生重大事故时,为尽可能减少损失,应提前制定应急预案。建立应急预案时应考虑到对实体的各种威胁,以及每种威胁可能造成的损失等。在此基础上,制定对各种灾害事件的响应程序,规定应急措施,使损失降到最低程度。

2.3　电磁防护

一方面,计算机及网络系统和其他电子设备一样,工作时会产生电磁发射,电磁发射可被高灵敏度的接收设备接收并进行分析、还原,造成系统信息泄露。另一方面,计算机及网络系统又处在复杂的电磁干扰的环境中,这种电磁干扰有时很强（如电子战中的强电磁干扰或核辐射脉冲干扰）,使计算机及网络系统不能正常工作,甚至被摧毁。

电磁防护的主要目的是通过屏蔽、隔离、滤波、吸波、接地等措施,提高计算机及网络系统、其他电子设备的抗干扰能力,使之能抵抗强电磁干扰,同时将计算机的电磁泄漏发射降到最低,从而在未来的电子战、信息战和商战中立于不败之地。

2.3.1　电磁干扰

1. 电磁干扰的分类

在一个系统内,两个或两个以上电子元器件处于同一环境时,就会产生电磁干扰。电磁干扰是电子设备或通信设备中最主要的干扰。按干扰的耦合方式不同,可将电磁干扰分为传导干扰和辐射干扰两类。

1）传导干扰

传导干扰是通过干扰源和被干扰电路之间存在的一个公共阻抗而产生的干扰。传导发射是通过电源线或信号线向外发射,在此过程中,电路中存在的公共阻抗可以将发射干扰转换为传导干扰,电磁场以感性、容性耦合方式也可以将发射干扰转换为传导干扰。公共阻抗有各种形式,一般可分为阻性干扰、感性和容性干扰。如图 2-1（a）所示,两台设备（R_1 和 R_2）采用共用电源供电,每台设备负载的变化都会引起电流的变化,进而引起另一台设备供电的变化,相当于通过阻抗将干扰传至另一台设备。

例如,两条平行导线 a、b 相距很近时,如图 2-1（b）所示,一条导线上的电流变化会产生交变磁场,交变磁场又会在另一条导线上产生感应电流,这是通过互感耦合引起的干扰,也称为感性干扰。同样,两根导线间有容抗存在,由于电位差的影响,经电容耦合到另一条导线而产生的干扰,称为容性干扰。由此可见,一个电路对另一个电路产生的干扰,既可通过电路间的电感耦合产生,也可通过电容耦合产生。一般情况下,电感耦合明显,随着频率的增加,两根导线间的电容耦合逐渐增大。

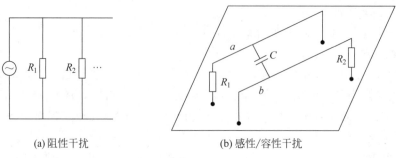

(a)阻性干扰   (b)感性/容性干扰

图 2-1　传导干扰的形式

2) 辐射干扰

辐射干扰是通过介质以电磁场的形式传播的干扰。辐射电磁场从辐射源通过天线效应向空间辐射电磁波,按照波的规律向空间传播,被干扰电路经耦合将干扰引入到电路中来。辐射干扰源可以是载流导线,如信号线、电源线等,也可以是芯片、电路等。

当干扰源靠近被干扰电路,两者的距离为小于 $\lambda/2\pi$(λ 为干扰波长)的近场时,干扰通过电感或电容耦合而引入。这时可以通过上述的感性、容性传导耦合干扰来分析,分析时可忽略相位差的影响。

当干扰源与被干扰电路相距较远,两者距离为大于 2λ 的远场时,电磁能量通过空间传播,称为电磁辐射。在分析时要考虑相位差的影响。

总之,传导干扰和辐射干扰主要取决于干扰源的频率(频率对应着波长)。低频时,$\lambda/2\pi$ 较大,干扰往往属于传导耦合;高频时,$\lambda/2\pi$ 较小,干扰往往属于电磁辐射。例如,频率为 30MHz,距离大于 2m 时,其干扰均为电磁辐射。

2. 电磁干扰的危害

1) 计算机电磁辐射的危害

计算机作为一台电子设备,它自身的电磁辐射可造成两种危害:电磁干扰和信息泄露。计算机主要是由数字电路组成,所产生的数字信号多为低电压、大电流的脉冲信号。

这些信号对外的辐射强度很大。它们一方面通过电源线、信号线对其他设备形成传导干扰,另一方面又向空间发射很强的电磁波,其频率范围从几千赫兹直至几百兆赫兹,不仅对其他电子设备产生电磁干扰,而且对信息安全造成威胁。因为这些电磁波是带有信息的发射频谱,被敌方窃收并还原后,可导致信息泄露。如计算机的视频显示器,它的电路板、阴极射线管(CRT)驱动电路、数据线等都会产生很强的电磁发射。这些电磁发射包括时钟信息、数据信息和视频信息等,它们可被从空间截收并复现。

1985 年,在法国举办的"计算机与通信安全"国际会议上,荷兰的一位工程师现场演示了用一套稍加改装的设备和黑白电视机,还原了 1km 以外的机房内计算机显示屏上的信息。这说明计算机电磁辐射造成信息泄露的危险是经常存在的。尤其是在微电子技术和卫星通信技术飞速发展的今天,信号分析与处理技术越来越先进,微弱电磁信号接收、解调、放大、处理等功能越来越强,甚至可接收、处理、还原来自遥远星球上发来的,经强宇宙射线干扰后的微弱电磁信号。此外,各种窃收手段也日趋先进,计算机电磁辐射泄密的危险越来越大。因此,逐渐发展成一种专门的技术——抑制信息处理设备的噪声泄露技术,简称信息泄露防护技术。

TEMPEST 技术是综合性的技术,包括泄露信息的分析、预测、接收、识别、复原、防护、测试、安全评估等技术,涉及多个学科领域。它基本上是在传统的电磁兼容理论基础上发展起来的,但比传统的抑制电磁干扰的要求要高得多,技术实现上也更为复杂。抑制和防止电磁泄漏现已成为物理安全策略的一个主要问题。

2) 外部电磁场对计算机正常工作的影响

除了计算机对外的电磁辐射造成信息泄露的危害外,外部强电磁场通过辐射、传导、耦合等方式也对计算机的正常工作产生很多危害。辐射干扰是电磁波通过空间传播到计算机的一种干扰,计算机的电源线、信号线和接口、印制电路板、芯片等都会受到这种干扰的影响。传导干扰主要是由电源线、公共地线、信号线等引入的干扰。耦合干扰是干扰源通过近场空间对电路板和设备产生的电磁干扰。

在高技术条件下进行的电子战所采取的强电磁干扰和核爆炸产生的瞬态强电磁脉冲辐值高,上升时间快,频谱很宽,可以从很低的频率一直扩展到超高频。强电磁脉冲产生的电磁场可直接摧毁计算机,也可在外部导体,如信号电缆或电源线上感应出一个强浪涌电压,直接或通过变压器将浪涌电压耦合到室内的电气装置上,造成设备损坏。因此,若不采取防护措施,在强电磁干扰和核打击面前,计算机系统一定会被摧毁。强电磁干扰在现代战争中已经作为一种重要的作战手段用于实战中。例如,在 20 世纪 90 年代的海湾战争中,美国在开战前几个月就开始截获伊拉克的电磁波,分析出雷达和通信系统的各种参数。空袭前,电子干扰飞机和地面部队开始实施强电磁干扰,使伊军雷达瘫痪,通信中断,指挥失灵,接着进行空中打击和地面部队的行动,很快就结束了战斗。实际上,在地面部队行动前,美国部队已确定了胜局。

(1) 磁场感应。

对于磁场,根据法拉第电磁感应定律,感应环在变化的磁场中产生的感应电压正比于通过导体环路中总磁通量的时间变化速率。假设有一个圆形环路,电磁脉冲为均匀的平面波,其变化磁场的方向相对于环路平面成夹角,则环中产生的等效电压为

$$V = \frac{\mathrm{d}\varphi}{\mathrm{d}t} = \mu \cdot A \sin\theta \frac{\mathrm{d}h(t)}{\mathrm{d}t}$$

式中：V 表示感应电压(V);μ 表示介质的磁导率;A 表示环路面积(m^2);θ 表示磁场矢量与环路平面的夹角;$h(t)$ 表示磁场强度对时间的函数。其中,磁场强度对时间的变化率 $\mathrm{d}h(t)/\mathrm{d}t$ 一经确定,在负载电阻确定的情况下,就可近似求出感应电压值。例如,假设有一个 $0.1\mathrm{m}^2$ 截面积的环路,具有较大负载 R,强电磁脉冲前沿近似地为在 $10^{-8}\mathrm{s}$ 时间内从 0 变化到 50 000V/m,那么其磁场强度 $h(t)$ 将在 $10^{-8}\mathrm{s}$ 内从 0 变化到 50 000/377(对于自由空间的平面波,电场强度与磁场强度比值为 77),则 $h(t)/\mathrm{d}t = 133 \times 10^8 \mathrm{A}/(\mathrm{m} \cdot \mathrm{s})$。

假设磁场垂直于环路,则感应电压近似为

$$V = (4\pi \times 10^{-7}) \times 0.1 \times 1 \times (133 \times 10^8) = 1671(\mathrm{V})$$

虽然该电压持续时间很短,但某些器件可能会被永久性地损坏,因此,必须予以保护。若采取屏蔽保护措施,每屏蔽 20dB,感应电压可降低到 1/10。

（2）电场感应。

对于电场,一个小的电偶极子对辐射的电磁脉冲的响应与磁环路类似,如图 2-2 所示。对于一个长度为 l 的阻性负载电偶极子(导线),电场与它的夹角为 θ,则对于大负载电阻,近似的感应电压为

$$V(t) = -lE(t)\sin\theta$$

式中:$V(t)$ 表示随时间变化的感应电压;$E(t)$ 表示随时间变化的辐射电场强度;l 表示导体长度。

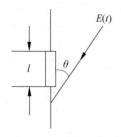

图 2-2 对电偶极子的
电场感应

除电磁辐射外,强电磁脉冲还会通过暴露在电磁脉冲波经过处的电源线、信号电缆等传播到建筑物内的设备中,产生大于电源电压 10 倍以上的尖峰电压,引起设备损坏。可能引起功能损坏的器件有有源或无源的电子元器件(如晶体管、集成电路芯片)、可控硅整流器、射频电缆等。可能会引起工作不正常的设备有数字处理系统、存储器、控制系统等。

2.3.2 电磁防护的措施

目前主要的电磁防护措施有两类:一类是对传导发射的防护,主要采取对电源线和信号线加装性能良好的滤波器,减小传输阻抗和导线间的交叉耦合;另一类是对辐射的防护。第二类防护措施又可分为以下两种:一种是采用各种电磁屏蔽措施,如对设备的金属屏蔽和各种接插件的屏蔽,同时对机房的下水管、暖气管和金属门窗进行屏蔽和隔离;第二种是干扰的防护措施,即在计算机系统工作的同时,利用干扰装置产生一种与计算机系统辐射相关的伪噪声向空间辐射来掩盖计算机系统的工作频率和信息特征。

为提高电子设备的抗干扰能力,除在芯片、部件上提高抗干扰能力外,主要的措施有屏蔽、隔离、滤波、吸波、接地等。其中,屏蔽是应用最多的方法。

1. 屏蔽

屏蔽可以有效地抑制电磁信息向外泄露,衰减外界强电磁干扰,保护内部的设备、器件或电路,使其能在恶劣的电磁环境下正常工作。屏蔽体一般是用导电和导磁性能较好的金属板制成。正确设计的屏蔽体,配合滤吸、隔离、接地等技术措施,可以达到 80dB 以上的屏蔽效能(频率范围为 10kHz～10 000MHz)。

1) 屏蔽的类型

屏蔽主要有电屏蔽、磁屏蔽和电磁屏蔽 3 种类型。

（1）电屏蔽。

电屏蔽是将电子元器件或设备用金属屏蔽层包封起来,避免它们之间通过耦合引起干扰而采取的措施。

（2）磁屏蔽。

磁屏蔽是采用导磁性好的材料包封起被屏蔽物,为屏蔽体内外的磁场提供低磁阻的通路来分流磁场,避免磁场干扰,抑制磁场辐射。低频磁场辐射的屏蔽较困难,需要采用特殊的磁屏蔽材料。

（3）电磁屏蔽。

电磁屏蔽是对电磁场进行屏蔽。因为电场和磁场一般不孤立存在,所以这也是主要的

屏蔽措施。平时所说的屏蔽,一般指电磁屏蔽。

2) 屏蔽效能

屏蔽体的屏蔽效能可用屏蔽前后空间同一点处电磁场的衰减程度确定。如图 2-3 所示,空间中的 P 点在屏蔽前电场强度为 E_1(或磁场强度 H_1),采用屏蔽后,对同一点的测量值为 E_2(或 H_2),则屏蔽效能 SE 为

$$SE = E_1/E_2$$

或

$$SE = H_1/H_2$$

由于这个比值范围很大,表达很不方便,故实际应用中常采用分贝(dB)来表示屏蔽效能:

$$SE = 20\lg(E_1/E_2)$$

或

$$SE = 20\lg(H_1/H_2)$$

式中: SE 表示 P 点的屏蔽效能(dB); E_1 表示 P 点无屏蔽时的电场强度; E_2 表示 P 点屏蔽后的电场强度; H_1 表示 P 点无屏蔽时的磁场强度; H_2 表示 P 点屏蔽后的磁场强度。

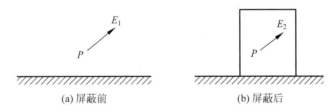

(a) 屏蔽前　　　　　　　　(b) 屏蔽后

图 2-3　屏蔽效能示意

3) 几种特殊的屏蔽措施

(1) 金属板屏蔽。

当电磁波 E 垂直穿过金属板屏蔽体时(如图 2-4 所示),金属板屏蔽体的屏蔽效能与屏蔽体的结构、屏蔽材料的电导率、磁导率、电磁场频率、场源性质和距场源距离等有关。

若金属板两侧的介质均为空气,在第一个界面上(E_1 所遇到的第一个金属面),由于阻抗的突变,电磁波的一部分就反射到空气中,其余部分进入金属板内。电磁波在板内传播时,能量会衰减,达到第二个界面时,又要产生反射,只剩下

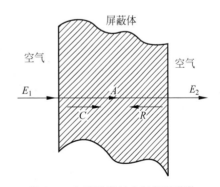

图 2-4　电磁波穿过金属板屏蔽体

一小部分穿透金属板到屏蔽体外(E_2)。电磁波在金属板内的衰减能量称为吸收损耗(A),而在两个金属界面上反射掉的能量称为反射损耗(R),在第二个界面上反射回到金属板内的电磁波到达第一个界面时,又将再次反射。反射波返回到第二个界面时,除一部分穿透金属板外,还要反射。这样反复进行,直至全部能量衰减完。这种多次反射的能量,称为多次反射修正项(C)。

其屏蔽效能 SE 可表示为

$$SE = A + R + C(dB)$$

式中：SE 表示金属屏蔽体的屏蔽效能(dB)；A 表示电磁波在屏蔽板内的吸收损耗；R 表示电磁波在屏蔽板上的反射损耗；C 表示电磁波在屏蔽板内的多次反射修正项。其中，A 与屏蔽层的厚度和传播常数有关，R、C 与传输系数、反射系数和波阻抗等有关。此外，不同金属材料有不同的 A、R、C 值，即 A、R、C 值与材料的电导率、磁导率和介电常数有关。

(2) 金属栅网屏蔽。

金属板制作的屏蔽体可以获得理想的屏蔽效能，但许多场合不能用金属板作屏蔽材料，如需要透光、通风和柔性安装、折叠运输的特殊场合，需要采用柔性金属栅网作屏蔽体。

一般来说，金属栅网作屏蔽体对电磁波的衰减作用比金属板要差得多。因为金属丝很细，又充满孔洞，金属网的屏蔽作用主要是反射损耗。实验表明，孔越多，孔的面积越大，所起的屏蔽作用越小。如果开孔面积小于 50%，且波长内有超过 60 条金属线，则它的反射损耗接近同种材料金属板的反射损耗。

金属栅网的屏蔽效果除与整体金属板屏蔽类似吸收损耗 A、反射损耗 R、多次反射修正项 C 外，还要考虑开孔面积、相邻孔间耦合等因素。其表达式为

$$SE = A_1 + R_1 + C_1 + D_1 + D_2 + D_3(dB)$$

式中：SE 表示金属栅网的屏蔽效能(dB)；A_1 表示网眼的吸收损耗；R_1 表示网眼的反射损耗；C_1 表示网眼多次反射修正项；D_1 表示与单位面积上孔数有关的修正系数；D_2 表示导体穿透深度修正系数；D_3 表示邻近孔间耦合修正系数。

(3) 多层屏蔽。

多层屏蔽是为了得到更好的屏蔽效能而采取的措施。有时需要对电场和磁场两者都有较好的防护，有时需要柔性屏蔽，但单层金属栅网的屏蔽效能又不能满足要求。在这些特殊情况下，采用双层或多层屏蔽材料作屏蔽体，可得到更好的效果。

多层屏蔽特别适合于以反射损耗为主的屏蔽体。隔开的材料可形成多次反射，比同样厚度的金属板能产生更高的屏蔽效能。例如，国外某特殊屏蔽体通风处就采用了 7 层铜网屏蔽，每层之间以空气隔离，穿透深度和反射损耗各层叠加，可满足很高的屏蔽要求。这样的通风口，加上采用引风机，对屏蔽体内部空气流通和散热起到很好的效果。

(4) 薄膜屏蔽。

薄膜屏蔽是另一种特殊的屏蔽方式。在不便构造屏蔽室的场合可采用金属箔粘贴方式屏蔽；还可采用喷涂的方式在基体上覆盖一层薄金属涂层起到吸波、屏蔽作用；为防射频辐射，可采用金属薄膜包装材料，在运输和储存期间保护重要的电子媒体和电子器件等。金属涂层是通过金属化涂敷的方法，在非导电的基体(如塑料)上形成一层完整的导电层，以达到吸收和屏蔽电磁波的目的。形成表面导电涂层的方法有：热喷涂、电镀、涂敷金属涂料等。涂料的种类有铜、银和石墨等。金属涂料的厚度一般为 $60 \sim 100 \mu m$。这种薄膜屏蔽层吸收损耗相当小，反射损耗较大，多次反射修正项大(负数)，抵消掉一部分反射损耗。这可理解为反射损耗有相当一部分又反射出去，从而降低了屏蔽效能。

当因种种原因不能采用一个全焊接式的钢板屏蔽间时，采用装饰性的金属箔粘贴到房间内的墙、地板和天花板上，再与窗户上的屏蔽玻璃、屏蔽门、滤波器等紧密连接，形成一个

屏蔽整体,则成为一个简易屏蔽室。它对电场有较高的屏蔽效能,且简单、价格低、重量轻。若只要求对较高频率的电场屏蔽,也可采用铝箔。在相邻箔片间留有 5cm 左右的重叠,并用铝基的密封胶片固定,其屏蔽效能很高。

2. 滤波

屏蔽是抑制电磁干扰(主要是辐射干扰)和防电磁泄漏的一种常用的结构措施。被屏蔽的设备和元器件并不能完全密封在屏蔽体内,需要有电源线、信号线和公共地线与外界联系。因此,电磁波还是可以通过传导或辐射从外部传到屏蔽体内或从屏蔽体内传到外部。采用滤波技术,可以有效地抑制传导干扰和传导泄漏,使屏蔽室更好地发挥作用。

滤波器是由电阻、电容、电感等器件构成的一种无源网络,它可使一定频率范围内的电信号通过而阻止其他频率的电信号,从而起到滤波作用。在有导线连接或阻抗耦合的情况下,进出线采用滤波器可阻止强干扰。从限制带宽的种类看,滤波器可分为低通、带通和高通滤波器,其中使用较多的是低通滤波器。

最简单的低通滤波器是由电感或电容组成的。将电阻、电容、电感一起使用,可构成性能更好的 Γ 形、π 形和 T 形低通滤波器。

滤波器的主要特性是插入损耗。它定义为在源与负载之间,因滤波器(无源网络)的插入,而引起负载上电压(功率)的减少,如图 2-5 所示。

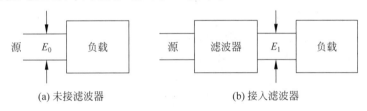

(a) 未接滤波器　　　　　　(b) 接入滤波器

图 2-5　滤波器接入前后负载电压的变化

无滤波器插入时,电位为 E_0,而插入滤波器后,电位降为 E_1,则插入损耗表示为

$$插入损耗＝20\lg(E_0/E_1)$$

式中,E_0 为不接滤波器时负载上产生的电压;E_1 为接滤波器后在同一负载上产生的电压。

滤波器的主要技术指标有:频率特性、额定电压、额定电流和绝缘电阻。

1) 频率特性

插入损耗具有随频率而变化的特性。如图 2-6 所示为某型号滤波器的频率特性曲线,从中可看出该型号允许频率为 20kHz 以下的信号通过,而几乎完全阻止 100kHz 以上的信号(衰减≥80dB)通过。此外还可看出,如果需要抑制的信号频率和有用信号的频率非常接近,则要求滤波器的频率特性曲线非常陡峭,这样才能把两种频率分隔开来。这种滤波器需要元器件的参数非常精确,制造成本也较高。

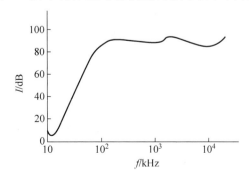

图 2-6　滤波器的频率特性曲线

2) 额定电压

额定电压是指滤波器能承受的电压值。

该值足够大时,才能使滤波器可靠地工作而不致损坏。这就要求滤波器所选用的电容、电阻等额定电压要高并且需经过筛选,否则遇到尖峰电压时,器件将被击穿或烧毁,造成滤波器不能工作。

3) 额定电流

额定电流是指连续工作时滤波器内的电感、电阻不出故障的最大允许电流。

4) 绝缘电阻

绝缘电阻是指滤波器电源线对外壳(地)的绝缘电阻。此电阻在使用中可能有所下降,但为了保证电路的安全,应规定一个允许值。

与屏蔽室配套使用的滤波器主要有两种:一种是电源线滤波器,另一种是通信线滤波器。通信线滤波器近年来逐渐被光电转换器所取代,所以应用较多的是电源线滤波器。电源线滤波器一般是低通滤波器,它既可以防止外部电磁干扰的影响,又可以抑制信息通过电源线的泄露。通信线滤波器通常是带通滤波器,它保证信息在传输过程中一定频率范围内的信号能通过,此频段以外的信号被抑制,从而保证信息的安全。

此外,计算机与外部的信号连接一般是通过多芯电缆和插座连接,在采用设备级屏蔽时,每根信号线和使用的地线都需要滤波。但由于插座的插针很密,一般的滤波器体积大,不能适应这种要求,为此专门设计了吸波滤波器(或称插座式滤波器)。这种滤波器与屏蔽插座做成一体,每根信号线(或地线)外面都有一个专门抑制电磁干扰的铁氧体环。低频时,这种铁氧体线圈产生的阻抗不大;频率较高时,这种铁氧体线圈可看作是电阻。这种滤波器正是利用这种特性,达到抑制电磁干扰的目的。

3. 接地

接地对电磁兼容来说十分重要,它不仅可以起到保护作用,而且可以使屏蔽体、滤波器等集聚的电荷迅速排放到大地,从而减小干扰。作为电磁兼容要求的地线最好单独埋放,对其地阻、接地点等均有很高的要求。

4. 其他措施

可在电缆入口处增加一个浪涌抑制器。这种浪涌抑制器与地线直接连接,平时阻抗很高,与大地绝缘,电缆通过它正常地向计算机传输动力或信号。一旦强电磁脉冲到来,浪涌抑制器自动变为低阻抗,使电磁能量泄放到大地。

除此之外,还应尽量减小天线和连接电缆长度,尽量减少感应环路面积,从而降低感应电压。可采取绞扭信号线、导线贴近地面等措施。由于电子性能灵敏的器件更易受瞬时感应电压的影响,在电路设计时,如果不灵敏的器件可满足功能要求,就尽量采用不太灵敏的器件,而必须采用的灵敏器件要采取屏蔽、浪涌保护等措施。

电磁防护层主要是通过上述种种措施,提高计算机的电磁兼容性,提高设备的抗干扰能力,使计算机能抵抗强电磁干扰;同时将计算机的电磁泄漏发射降到最低,使之不致将有用的信息泄露出去。

2.4　物理隔离技术

我国 2000 年 1 月 1 日起施行的《计算机信息系统国际联网保密管理规定》的第二章第六条规定:"涉及国家秘密的计算机信息系统,不得直接或间接地与国际互联网或其它公共信息网络相联接,必须实行物理隔离。"因此,"物理隔离技术"应运而生。

物理隔离技术的目标是确保将有害的攻击隔离,在可信网络之外和保证可信网络内部信息不外泄的前提下,完成网间数据的安全交换。物理隔离技术是在原有安全技术的基础上发展起来的、一种全新的安全防护技术。

2.4.1　物理隔离的安全要求

物理隔离,在安全上的要求主要有下面 3 点。

(1) 在物理传导上使内外网络隔断,确保外部网不能通过网络连接而侵入内部网;同时防止内部网信息通过网络连接泄露到外部网。

(2) 在物理辐射上隔断内部网与外部网,确保内部网信息不会通过电磁辐射或耦合方式泄露到外部网。

(3) 在物理存储上隔断两个网络环境,对于断电后会遗失信息的部件,如内存、处理器等暂存部件,要在网络转换时做清除处理,防止残留信息出网;对于断电非遗失性设备,如磁带机、硬盘等存储设备,内部网与外部网信息要分开存储。

2.4.2　物理隔离技术的发展历程

物理隔离技术经历了彻底的物理隔离、协议隔离,以及物理隔离网闸技术三个阶段。物理隔离技术的发展历程是网络应用对安全需求变化的真实写照。

1. 第一阶段:彻底的物理隔离

实际上,隔离的概念从产生至今一直处于不断的发展之中。最早从国家党政军相关部门的规定要求来看,隔离就是实实在在的物理隔离,各个专用网络自成体系,它们之间完全隔开互不相连。这一点至今仍适用于一些专用网络,在没有解决安全问题或没有解决问题的技术手段之前,先断开再说。此时的隔离,处于彻底的物理隔离阶段,网络处于信息孤岛状态,是最原始、最简单的。此方法的最大缺点是信息交流、维护和使用极不方便,成本高。于是,出现了将同一台计算机连入两个完全物理隔离的网络,同时又保证两个网络不会因此而产生任何连接的技术:物理隔离卡、安全隔离计算机和隔离集线器(交换机)等。

1) 物理隔离卡

物理隔离卡是一个数据安全装置,一个基于 PCI 的硬件插卡,一般分为双网口隔离卡和单网口隔离卡两种。

(1) 双网口隔离卡上一般有三个电源接口,分别与主机电源、内网硬盘电源接口和外网硬盘电源接口相连接。内外网硬盘各自安装独立的操作系统,分别与内外网相对应。在同一时间内只有一个硬盘供电并与相应的网络接通,另外一个硬盘不供电,其对应的网络也切断,从而实现内外网络彻底的物理隔离。双网口隔离卡也有利用一块硬盘的不同分区来分别连接内外网络的情况。

(2) 单网口隔离卡的内外网络利用同一个网络接口,需要隔离集线器(或交换机)这些配套设施来隔离内外网络。单网口隔离卡简化了用户终端到集线器(或交换机)之间的布线,使得不会因用户失误而错误连接了网络。

通过使用物理隔离卡,用户可根据需要自如方便地进行内部网和外部网之间的转换。

而且,物理隔离卡不依赖于操作系统。

2) 安全隔离计算机

安全隔离计算机是一种产品形态。早期有的隔离计算机其实就是两台计算机装在一个机箱里,它们分别有自己的主板、内存、硬盘、显示卡和网卡等,除了显示器、键盘和鼠标,基本上是彻底的两套系统。这种方式是实实在在的物理隔离,但是成本太高,目前已经逐渐退出市场。现在的安全隔离计算机一般都通过物理隔离卡来实现,在主板的 BIOS 中做一些定制修改,将内外网络转换功能植入 BIOS 中。主板的 BIOS 控制由双网卡和双硬盘构成的内网和外网,网络环境各自独立,并只能在相应的网络环境下工作,不可能在一种网络环境下使用在另一环境才使用的设备。这使得安全隔离计算机的集成度较高,使用起来更加方便简单,也更安全。

3) 隔离集线器

隔离集线器(交换机)是一种配套设备,它简化了用户终端到集线器(交换机)之间的布线,使得用户端无须双网线布线。例如,隔离集线器(交换机)两侧分别有一组 8 端口和两组 8 端口;其中一侧的 8 端口用于与用户终端计算机连接;另一侧的一组 8 端口与内网连接,另一组 8 端口与外网连接。隔离集线器(交换机)根据数据包包头的标记信息来决定数据包是走内网还是外网。

利用物理隔离卡、安全隔离计算机和隔离集线器(交换机)所产生的网络隔离,是彻底的物理隔离,两个网络之间没有信息交流,所以也就可以抵御所有的网络攻击,它们适用于一台终端(或一个用户)需要分时访问两个不同的、物理隔离的网络的应用环境。

此类隔离产品很多,例如,中孚网络安全隔离卡、和升达物理隔离卡 HDPIII、深圳利谱 TP901 网络安全物理隔离卡、京东方物理隔离网络计算机、伟思网络安全隔离集线器和四川高星网络安全隔离集线器(SGJWJ1)等。

2. 第二阶段:协议隔离

彻底的物理隔离,阻断了两个网络间的信息交流,但其实大多数的专用网络,仍然需要与外部网络特别是 Internet 进行信息交流或获取信息。既要保证安全(隔离),又要进行数据交换,这对隔离提出了更高的要求,变成了满足适度信息交换要求的隔离,在某种程度上可以理解为更高安全要求的网络连接,即同一台计算机需要连入两个物理上完全隔离的网络。例如,银行、证券、税务、海关、民航等行业部门,就要求在物理隔离的条件下实现安全的数据库数据交换。协议隔离(Protocol Isolation)就是在这样的要求下产生的。

协议隔离通常指两个网络之间存在着直接的物理连接,但通过专用(或私有)协议来连接两个网络。基于协议隔离的安全隔离系统实际上是两台主机的结合体,在网络中充当网关的作用。隔离系统中两台主机之间的连接或利用网络,或利用串口、并口,还可利用 USB 接口等,并绑定专用协议。这些绑定专用协议的连接在有的资料中被称为安全通道。有了这样的安全通道,入侵者无法通过直接的网络连接进入内网,从而达到对内网的保护。数据转播隔离系统就是这样的一个实例,它利用转播系统分时复制文件的途径来实现隔离。

协议隔离的好处是阻断了直接通过常规协议的攻击方式。例如,后门程序攻击和网络扫描,即使后门程序不慎被安装到了内网,外网的入侵者也无法发现并控制它去做非法活动,网络扫描更是无法从外网对内网进行扫描来获取信息。

但是,此类隔离系统的双主机之间仍是通过数据包来转发的,无论双主机之间采用了多么严格的安全检查,只要有数据包转发,就可能存在基于数据包的安全漏洞,就存在对数据包的攻击方法。所以它不是物理隔离,两端的机器在链路层上是互通的,许多链路层协议如PPP 和 SLIP 等都可以穿过隔离,而且,它在逻辑上也不是隔离的,入侵者仍可通过串口隔离程序与链路层协议实现入侵的目的。因此,协议隔离仍然不够安全,同时,切换时间太久甚至需要手工完成、不支持有些常见的网络应用等缺陷,使之逐渐被淘汰。

协议隔离的典型产品有京泰安全信息交流系统 2.0、IBNPS300 网络物理隔离数据交换系统和东方 DF-NS 310 物理隔离网关。

3. 第三阶段:物理隔离网闸技术

协议隔离是采用专用协议(非公共协议)来对两个网络进行隔离,并在此基础上实现两个网络之间的信息交换。协议隔离技术由于存在直接的物理和逻辑连接,仍然是数据包的转发,一些攻击依然出现。

既要在物理上断开,又能够进行适度的信息交换,这样的应用需求越来越迫切。物理隔离网闸技术,就是在这样的条件下产生的。它能够实现高速的网络隔离,高效的内外网数据交换,且应用支持做到全透明。它创建一个这样的环境:内、外网络在物理上断开,但却逻辑地相连,通过分时操作来实现两个网络之间更安全的信息交换。该技术在国外称为 Gap Technology,意为物理隔离。

物理隔离网闸技术使用带有多种控制功能的固态开关读写介质,来连接两个独立主机系统的信息安全设备。由于物理隔离网闸所连接的两个独立主机系统之间,不存在通信的物理连接、信息传输命令和信息传输协议,不存在依据协议的数据包转发,只有数据文件的无协议"摆渡",且对固态存储介质只有"读"和"写"两个命令。通常,读写采用 SCSI 技术,开关效率达到纳秒级,由于 SCSI 控制系统本身具有不可编程的特性和冲突机制,形成简单的开关原理,使网闸开关的安全性得到保证。

纯数据交换是该技术的特点。数据必须是可存储的数据文件,这才能保证在网络断开的情况下不丢失数据,才可以通过非网络方式来进行适度交换。中间的固态存储介质,也不是采用文件系统方式,而是采用块方式。每一次数据交换,只经历数据写入、数据读出两个过程。内网与外网永不连接,在同一时刻只有一个网络同物理隔离网闸建立无协议的数据连接。

在任何最坏的情况下,物理隔离网闸能够保证网络是断开的,因为其基本思路是如果不安全就隔离。在自身安全上,它也确保了任何外部人员都不能访问和改变其安全策略,因为安全策略被放在可信网络端的计算机上。物理隔离网闸技术为信息网络提供了更高层次的安全防护能力,不仅使得信息网络的抗攻击能力大大增强,而且有效地防范了信息外泄事件的发生,至今已发展到了第二代。

(1) 第一代网闸的技术原理是利用空气开关隔离。它是通过使用单刀双掷开关,使得内外部网络分时访问临时缓存器来完成数据交换的,其安全原理是通过应用层数据提取与安全审查达到杜绝基于协议层的攻击和增强应用层安全的效果。但在安全和性能上仍存在一些问题。

(2) 第二代物理隔离网闸是利用全新理念的专用交换通道(Private Exchange Tunnel,PET)技术,在不降低安全性的前提下完成内、外网之间高速的数据交换。它的安全数据交换过程由专用硬件通信卡、私有通信协议加密签名机制来实现,仍通过应用层数据提取与安全审查来杜绝基于协议层的攻击并增强应用层安全,并透明地支持多种网络应用。其采用的是专用高速硬件通信卡,使得数据处理能力大大提高。而且,私有通信协议和加密签名机制保证了内、外处理单元之间数据交换的机密性、完整性和可信性,从而在保证安全性的同时,提供更好的处理性能,能够适应复杂网络对隔离应用的需求,成为当前隔离技术的发展方向。

物理隔离网闸在两个网络之间创建了一个物理隔断,从物理上阻断了具有潜在攻击可能的一切连接。而且它没有网络连接,把通信协议全部剥离,以原始数据方式进行"摆渡"。因此,它能够抵御互联网目前存在的几乎所有攻击,例如,基于操作系统漏洞的入侵、基于TCP/IP漏洞的攻击、特洛伊木马和基于隧道的攻击等。安全操作系统、内容过滤、数字签名、病毒查杀、访问控制和安全审计等多种安全功能,通常被集成到物理隔离网闸产品中,从而可对传输数据的类型和内容等进行检查与过滤,对用户身份进行认证。

国内典型的隔离网闸产品有伟思 ViGap、天行安全隔离网闸(Topwalk-GAP)和联想网御 SIS 3000 系列安全隔离网闸等。国际上有名的产品是 SpearheadTechaologies 公司的 NETGAP 和 WhaleCommunication 公司的 E-Gap。

物理隔离技术的发展历程见表 2-1。

表 2-1　物理隔离技术的发展历程

技 术 手 段	优　　点	缺　　点	典 型 产 品
彻底的物理隔离	能够抵御所有的网络攻击	两个网络之间没有信息交流	中孚网络安全隔离卡、伟思网络安全隔离集线器
协议隔离	能抵御基于 TCP/IP 的网络扫描与攻击等行为	有些攻击可穿越网络	京泰安全信息交流系统 2.0、东方 DF-NS 310 物理隔离网关
物理隔离网闸	不但实现了高速的数据交换,还有效地杜绝了基于网络的攻击行为	应用种类受到限制	伟思 ViGap 天行安全隔离网闸(Topwalk-GAP)和联想网御 SIS 3000 系列安全隔离网闸

2.4.3　物理隔离的性能要求

任何安全都是有代价的,由物理隔离导致的使用不方便、内外数据交换不方便是难以避免的。但物理隔离技术应该做到以下几点,才能满足市场的需求。

(1) 高度安全:物理隔离要从物理链路上切断网络连接,才能有别于"软"安全技术,达到一个更高的安全层次。

(2) 较低成本:如果物理隔离的成本超过了两套网络的建设费用,那么在相当程度上就失去了意义。

(3) 容易部署:这和降低成本是相辅相成的。

(4) 操作简单:物理隔离技术应用的对象是普通的工作人员,因此,客户端的操作要简单,用户才能方便地使用。

2.5　物理安全管理

安全从来就不是只靠技术就可以实现的,它是一种把技术和管理结合在一起才能实现的目标。在安全领域一直流传着一种观点:"三分技术,七分管理"。只有合适的管理才能实现目标程度的安全,所有的安全技术都是辅助安全管理实现的手段。如果只有各种安全设备、安全技术,而没有相应的管理,那么这些手段都将形同虚设,就会给恶意破坏者以破坏的机会。所以,要达到预定的安全目的,一定要有相应的管理措施。

2.5.1　人员管理

所有相关人员都必须进行相应的培训,明确个人工作职责,可以进行的操作和禁止进行的行为,各项操作的正确流程和规范,对于前面提到的各种物理安全都要有相应的培训教育。例如,在直接接触设备前,工作人员要先进行静电消除处理;所有人员都必须清楚紧急情况发生时的处理办法和灭火设施的正确使用方法。制定严格的值班和考勤制度,安排人员定期检查各种设备的运行情况。

2.5.2　监视设备

在安全性要求比较高的地方,要安装各种监视设备。对重要场所的进出口安装监视器,并对进出情况进行录像,对录像资料妥善存储保管,以备事后追查取证。

习　　题

1. 简述物理安全的定义、目的与内容。
2. 计算机机房场地的安全要求有哪些?
3. 简述机房的三度要求。
4. 机房内应采取哪些防静电措施? 常用的电源保护装置有哪些?
5. 计算机机房的地线、接地系统、接地体各有哪些种类?
6. 简述机房的防雷、防火,以及防水措施。
7. 简述电磁干扰的分类及危害。
8. 电磁防护的措施有哪些?
9. 简述物理隔离的安全要求。
10. 简述物理隔离技术经历的三个阶段,每个阶段各有什么技术特点?

第 3 章

攻击检测与系统恢复技术

观看视频

本章重点：

（1）网络攻击的原理、步骤，以及黑客攻击企业内部局域网的典型流程。

（2）网络攻击的防范措施及处理对策。

（3）入侵检测系统的组成、内容、特点及其数学模型。

（4）入侵检测的过程。

（5）异常检测、误用检测、特征检测，基于主机和基于网络的 IDS 各自的特点。

（6）系统恢复技术。

计算机网络在不断更新换代的同时，安全漏洞也不断地被发现，即使旧的安全漏洞补上了，新的安全漏洞又出现了。网络攻击正是利用这些存在的安全漏洞和缺陷对系统和资源进行攻击。利用入侵检测系统可以检测出攻击者的入侵行为。如果发生了入侵，系统恢复就是必不可少的了。

入侵检测和系统恢复技术都已成为网络安全体系结构中的重要环节。

3.1　网络攻击技术

网络攻击的方法十分丰富，令人防不胜防。分析和研究网络攻击活动的方法和采用的技术，对加强网络安全建设、防止网络犯罪有很好的借鉴作用。

3.1.1　网络攻击概述

1. 攻击的分类

从攻击的行为来分，网络攻击可分为主动攻击和被动攻击。

（1）主动攻击。包括窃取、篡改、假冒和破坏。字典式口令猜测、IP 地址欺骗和服务拒绝攻击等都属于主动攻击。一个好的身份认证系统（包括数据加密、数据完整性校验、数字签名和访问控制等安全机制）可以用于防范主动攻击，但要想杜绝主动攻击很困难，因此对付主动攻击的另一措施是及时发现并及时恢复所造成的破坏，现在有很多实用的攻击检测工具。

（2）被动攻击。被动攻击就是网络窃听，截取数据包并进行分析，从中窃取重要的敏感信息。被动攻击很难被发现，因此预防很重要，防止被动攻击的主要手段是数据加密传输。

从攻击的位置来分，网络攻击可分为远程攻击、本地攻击和伪远程攻击。

（1）远程攻击。指外部攻击者通过各种手段，从该子网以外的地方向该子网或者该子网内的系统发动攻击。远程攻击一般发生在目标系统当地时间的晚上或者凌晨时分，远程攻击发起者一般不会用自己的机器直接发动攻击,而是通过跳板的方式,对目标进行迂回攻击,以迷惑系统管理员,避免暴露真实身份。

(2) 本地攻击。指本单位的内部人员,通过所在的局域网,向本单位的其他系统发动攻击。在本机上进行非法越权访问,也是本地攻击。本地攻击也可能使用跳板攻击本地系统。

(3) 伪远程攻击。指内部人员为了掩盖攻击者的身份,从本地获取目标的一些必要信息后,攻击过程从外部远程发起,造成外部入侵的现象,从而使追查者误以为攻击者来自外单位。

2. 攻击者与目的

(1) 黑客与破坏者:主要出于挑战、自负、反叛等心理,目的是获取访问权限。

(2) 间谍:主要为了获取政治、军事等情报信息。

(3) 恐怖主义者:主要为了勒索、破坏、复仇、宣传等政治与经济目的,制造恐怖。

(4) 公司雇佣者:主要为了竞争经济利益,也可看作是工业间谍。

(5) 计算机犯罪:主要为了个人的经济利益。

(6) 内部人员:主要因为好奇、挑战、报复、经济利益等原因。

攻击的目的主要包括:进程的执行、获取文件和传输中的数据、获得超级用户权限、对系统的非法访问、进行不许可的操作、拒绝服务、涂改信息、暴露信息、挑战、政治意图、经济利益、破坏等。

3. 攻击者常用的攻击工具

1) DOS 攻击工具

如 WinNuke 通过发送 OOB 漏洞导致系统蓝屏;Bonk 通过发送大量伪造的 UDP 数据包导致系统重启;TearDrop 通过发送重叠的 IP 碎片导致系统的 TCP/IP 协议栈崩溃;WinArp 通过发送特殊数据包在对方机器上产生大量的窗口;Land 通过发送大量伪造源 IP 的基于 SYN 的 TCP 请求导致系统重启动;Flushot 通过发送特定 IP 数据包导致系统凝固;Bloo 通过发送大量的 ICMP 数据包导致系统变慢甚至死机;PIMP 通过 IGMP 漏洞导致系统蓝屏甚至重新启动;Jolt 通过大量伪造的 ICMP 和 UDP 导致系统变得非常慢甚至重新启动。

2) 木马程序

(1) BO2000(BackOrifice)。它是功能最全的 TCP/IP 构架的攻击工具,可以搜集信息,执行系统命令,重新设置机器,重新定向网络的客户端/服务器应用程序。感染 BO2000 后机器就完全在别人的控制之下,黑客成了超级用户,用户的所有操作都由 BO2000 自带的"秘密摄像机"录制成"录像带"。

(2)"冰河"。冰河是一个国产木马程序,具有简单的中文使用界面,且只有少数流行的反病毒、防火墙才能查出冰河的存在。它可以自动跟踪目标机器的屏幕变化,可以完全模拟键盘及鼠标输入,使在被控端屏幕发生变化且监控端同步时,被监控端的一切键盘及鼠标操作将反映在监控端的屏幕上。它可以记录各种口令信息,包括开机口令、屏幕保护口令、共享资源口令以及绝大多数在对话框中出现过的口令信息;还可以进行注册表操作,包括对主键的浏览、增删、复制、重命名和对键值的读写等所有注册表操作。

(3) NetSpy。可以运行于 Windows 95/98/NT/2000 等多种平台上,它是一个基于 TCP/IP 的简单的文件传送软件,但实际上可以将它看作一个没有权限控制的增强型 FTP

服务器。通过它,攻击者可以悄悄地下载和上传目标机器上的任意文件,并可以执行一些特殊的操作。

(4) Glacier。该程序可以自动跟踪目标计算机的屏幕变化、获取目标计算机登录口令及各种密码类信息、获取目标计算机系统信息、限制目标计算机系统功能、任意操作目标计算机文件及目录、远程关机、发送信息等。类似于 BO2000。

(5) 键盘幽灵(KeyboardGhost)。Windows 操作系统的核心区保留了一定的字节作为键盘输入的缓冲区,其数据结构形式是队列。键盘幽灵正是通过直接访问这一队列,使键盘上输入用户的电子邮箱、账号、密码(显示在屏幕上的是星号)得以记录,一切涉及以星号形式显示出来的密码窗口的所有符号都会被记录下来,并在系统根目录下生成一文件名为 KGDAT 的隐含文件。

(6) ExeBind。这个程序可以将指定的攻击程序捆绑到任何一个广为传播的热门软件上,使宿主程序执行时,寄生程序也在后台被执行,且支持多重捆绑。实际上是通过多次分割文件,多次从父进程中调用子进程来实现的。

3) 分布式工具

攻击者分发攻击工具到多台主机,通过协作方式攻击特定的目标。

3.1.2 网络攻击的原理

随着 Internet 的发展,现代攻击已从以系统为主的攻击转变到以网络为主的攻击。攻击者为了实现其目的,会使用各种各样的工具,采用多种多样的攻击方法,甚至由软件程序自动完成目标攻击。攻击的方法不同,其原理也不相同。

1. 口令入侵

口令入侵是指使用某些合法用户的账号和口令登录到目标主机,然后再实施攻击活动。这种方法的前提是必须先得到该主机上的某个合法用户的账号,然后再进行合法用户口令的破译。

1) 获取用户账号的方法

获取用户账号的方法很多,有如下几种。

(1) 利用目标主机的 Finger 功能。当用 Finger 命令查询时,主机系统会将保存的用户资料(如用户名、登录时间等)显示在终端或计算机上。

(2) 利用目标主机的 X500 服务。有些主机没有关闭 X500 的目录查询服务,也给攻击者提供了获得信息的一条简易途径。

(3) 从电子邮件地址中收集。有些用户电子邮件地址常会透露其在目标主机上的账号。

(4) 查看主机是否有习惯性的账号。有经验的用户都知道,很多系统会使用一些习惯性的账号,造成账号的泄露。

2) 获取用户口令的方法

被用来窃取口令的服务包括 FTP、TFTP、邮件系统、Finger 和 Telnet 等。所以,系统管理员对口令的使用应十分小心、谨慎。下面简要介绍获取用户口令的三种方法。

(1) 通过网络监听非法得到用户口令。目前很多协议根本就没有采用任何加密或身份认证技术,如在 Telnet、FTP、HTTP、SMTP 等传输协议中,用户账号和口令都是以明文格式传输的,攻击者利用数据包截取工具便可很容易地收集到用户的账号和口令。

还有一种中途截击攻击方法更为厉害,它可以在用户同服务器端完成"三次握手"建立连接之后,在通信过程中扮演"第三者"的角色,假冒服务器身份欺骗用户,再假冒用户向服务器发出恶意请求,其造成的后果不堪设想。

另外,攻击者有时还会利用假的登录程序来骗取其他人的账号和口令,若是在这个假的登录程序上输入账号和口令,它就会记下所骗到的账号和口令,然后提示输入错误,要求再试一次。接下来假的登录程序便自动结束,将控制权还给操作系统。

现在网络上出现了一个专门用来探测 NT 口令的程序 L0pht Crack,它能利用各种可能的口令,反复模拟 NT 的编码过程:利用单向散列(Hash)函数编码处理,并将所编出来的口令与存放在 SAM 数据库内的口令比较,如果两者相同,就表示得到了正确的口令。

(2) 在知道用户的账号后(如电子邮件@前面的部分),利用一些专门软件强行破解用户口令,这种方法不受网段限制。例如,采用字典攻击法来破解用户的口令时,攻击者可以通过一些工具程序,自动地从黑客字典中取出一个单词,作为用户的口令,然后用与原系统中一样的加密算法(加密算法是公开的)来加密此口令,将加密的结果与文件中的加密口令比较,若相同则猜对了。因为很少有用户使用随机组合的数字和字母作为口令,许多用户使用的口令都可在一个特殊的黑客字典中找到。在字典攻击中,入侵者并不穷举所有字母、数字的排列组合来猜测口令,而仅用黑客字典中的单词来尝试。攻击者已经构造了这样的字典,不仅包括英语或其他语言中的常见单词,还包括黑客词语、拼写有误的单词和一些人名。已有的黑客字典中包括大约 20 万个单词,用来猜测口令非常成功,而对现代的计算机来说,几个小时就可以把字典里的所有单词都尝试一遍。LetMein Version 2.0 是这类程序的典型代表。

(3) 利用系统安全漏洞。

在 Windows/UNIX 操作系统中,用户的基本信息、口令分别存放在某些固定的文件中,攻击者获取口令文件后,就会使用专门的破解程序来解口令。同时,由于为数不少的操作系统都存在许多安全漏洞、Bug 或一些其他设计缺陷,这些缺陷一旦被找出,攻击者就可以长驱直入。

常见的"密码/口令文件"有如下三种。

① *.pw1:Windows 系统中的使用者的口令文件。一个 PW1 口令文件存放一个使用者的口令,这个口令可能是用户的电子邮件密码、企业内部网络(Intranet)密码、注册登录密码。只要用系统配置编辑程序查看目标计算机 C:\WINDOWS\System.ini 文件中的 PasswordLists 字段,即可知道目标计算机有哪些 PW1 口令文件。再将这些 PW1 口令文件下载到攻击者的计算机中,然后可以用 CAIN、Cracking 等软件来破解口令文件。

② Tree.dat、Smdata.dat、Sm.dat:不同版本的 CuteFTP 有不同的 DAT 口令文件。其中,Tree.dat 是 3.x 版以前的 CuteFTP 所使用的口令文件,Smdata.dat 是 3.x 版 CuteFTP 所使用的口令文件,Sm.dat 是 4.x 版 CuteFTP 所使用的口令文件。破解 Tree.dat 口令文件的方法:用 FireFTP 破解软件即可破解出 Tree.dat 口令,再将口令文件输出到文本文件(例如 passout.txt)中,就可以用文本编辑器(例如记事本)查看结果了。

破解 Smdata.dat、Sm.dat 口令文件的方法:必须用手动方式破解口令。首先进入 MS-DOS 模式,再用 LIST 查看口令文件。可以看出 1 表示 FTP 站名(明文),2 表示 IP 地址

(明文),3 表示用户名(明文),4 表示口令(密文)。其中,口令的编码原理很简单,只要使用 ASCII 对照表,例如,a＝┌,b＝┐,c＝V2,以此类推,攻击者只要找出每个字符(a~z)和数字(0~9)所对应的 ASCII 字符,就可以破解口令文件了。

③ system. dat 和 user. dat:Windows 登录文件里面包含攻击者感兴趣的重要资料,如某软件的注册序号等。当攻击者下载了目标计算机的 system. dat 和 user. dat 文件后,可以使用专门分析 system. dat 和 user. dat 等 Windows 登录文件的软件 RegistryAnalyzer 来分析登录文件。

RegistryAnalyzer 的分析步骤:运行 RegistryAnalyzer,选择 Open Registry file,选择所下载的登录文件,分析登录文件。

2. 放置特洛伊木马程序

特洛伊木马程序可以直接侵入用户的计算机并进行破坏,它常被伪装成工具程序或者游戏等诱使用户打开带有特洛伊木马程序的邮件附件或从网上直接下载,一旦用户打开了这些邮件的附件或者执行了这些程序之后,它们就会像古特洛伊人在敌人城外留下的藏满士兵的木马一样留在自己的计算机中,并在自己的计算机系统中隐藏一个可以在 Windows 启动时悄悄执行的程序。当用户连接到因特网上时,这个程序就会通知攻击者,并报告用户的 IP 地址以及预先设定的端口。攻击者在收到这些信息后,再利用这个潜伏在其中的程序,就可以任意地修改用户计算机的参数设定、复制文件、窥视用户整个硬盘中的内容等,从而达到控制用户计算机的目的。

3. WWW 的欺骗技术

一般 Web 欺骗使用两种技术手段,即 URL 地址重写技术和相关信息掩盖技术。攻击者修改网页的 URL 地址,即攻击者可以将自己的 Web 地址加在所有 URL 地址的前面。当用户浏览目标网页的时候,实际上是向攻击者的服务器发出请求,于是用户的所有信息便处于攻击者的监视之下,攻击者就达到欺骗的目的了。但由于浏览器一般均设有地址栏和状态栏,当浏览器与某个站点链接时,用户可以在地址栏和状态栏中获得连接中的 Web 站点地址及其相关的传输信息,由此发现已出了问题。所以攻击者往往在 URL 地址重写的同时,利用相关信息掩盖技术(一般用 JavaScript 程序来重写地址栏和状态栏),以掩盖欺骗。

4. 电子邮件攻击

电子邮件是 Internet 上运用得十分广泛的一种通信方式。攻击者可以使用一些邮件炸弹软件或 CGI 程序向目标邮箱发送大量内容重复、无用的垃圾邮件,从而使目标邮箱被撑爆而无法使用。当垃圾邮件的发送流量特别大时,还有可能造成邮件系统对于正常的工作反应缓慢,甚至瘫痪。相对于其他的攻击手段来说,这种攻击方法具有简单、见效快等优点。

电子邮件攻击主要表现为以下两种方式。

(1)邮件炸弹:指的是用伪造的 IP 地址和电子邮件地址向同一信箱发送数以千计、万计甚至无穷多次的内容相同的垃圾邮件,致使受害人邮箱被"炸",严重者可能会给电子邮件服务器操作系统带来危险,甚至瘫痪。

(2)电子邮件欺骗:攻击者佯称自己为系统管理员,给用户发送邮件要求用户修改口令(口令可能为指定字符串)或在貌似正常的附件中加载病毒或其他木马程序。

5．通过一个结点来攻击其他结点

攻击者在突破一台主机后，往往以此主机作为根据地，攻击其他主机，以隐蔽其入侵路径，避免留下蛛丝马迹。他们可以使用网络监听方法，尝试攻破同一网络内的其他主机；也可以通过 IP 欺骗和主机信任关系，攻击其他主机。

这类攻击很狡猾，但由于某些技术很难掌握，如 TCP/IP 欺骗攻击，攻击者通过外部计算机伪装成另一台合法机器来实现。它能破坏两台计算机间通信链路上的数据，其伪装的目的在于哄骗网络中的其他机器误将其攻击者作为合法机器加以接受，诱使其他机器向它发送数据或允许它修改数据。TCP/IP 欺骗可以发生在 TCP/IP 系统的所有层次上，包括数据链路层、网络层、运输层及应用层均容易受到影响。如果底层受到损害，则应用层的所有协议都将处于危险之中。另外，由于用户本身不直接与底层相互交流，因而对底层的攻击更具有欺骗性。

6．网络监听

网络监听是主机的一种工作模式，在这种模式下，主机可以接收到本网段在同一条物理通道上传输的所有信息，而不管这些信息的发送方和接收方是谁。因为系统在进行密码校验时，用户输入的密码需要从用户端传送到服务器端，而攻击者就能在两端之间进行数据监听。此时若两台主机进行通信的信息没有加密，只要使用某些网络监听工具如 NetXRay、Sniffer 等就可轻而易举地截取包括口令和账号在内的信息资料。虽然网络监听获得的用户账号和口令具有一定的局限性，但监听者往往能够获得其所在网段的所有用户账号及口令。

7．利用黑客软件攻击

利用黑客软件攻击是 Internet 上比较多的一种攻击手法。例如，利用特洛伊木马程序可以非法地取得用户计算机的超级用户级权限，除了可以进行完全的控制操作外，还可以进行对方桌面抓图、取得密码等操作。这些黑客软件分为服务器端和用户端，当黑客进行攻击时，会使用用户端程序登录已安装好服务器端程序的计算机，这些服务器端程序都比较小，一般会附带于某些软件上。因此当用户下载了一个小游戏并运行时，黑客软件的服务器端有可能就安装完成了，而且大部分黑客软件的重生能力比较强，给用户进行清除造成一定的麻烦。特别是最近出现了一种 TXT 文件欺骗手法，表面看上去是一个 TXT 文本文件，但实际上却是一个附带黑客程序的可执行程序，另外有些程序也会伪装成图片和其他格式的文件。

8．安全漏洞攻击

许多系统都有这样那样的安全漏洞（Bugs）。其中一些是操作系统或应用软件本身具有的，如缓冲区溢出攻击。由于很多系统在不检查程序与缓冲之间变化的情况下，就任意接受任意长度的数据输入，把溢出的数据放在堆栈里，系统还照常执行命令。这样攻击者只要发送超出缓冲区所能处理的长度的指令，系统便进入不稳定状态。若攻击者特别配置一串准备用作攻击的字符，甚至可以访问根目录，从而拥有对整个网络的绝对控制权。

另一些是利用协议漏洞进行攻击。如攻击者利用 POP3 一定要在根目录下运行的这一漏洞发动攻击，破坏根目录，从而获得超级用户的权限。

又如，ICMP 也经常被用于发动拒绝服务攻击。它的具体手法就是向目标服务器发送大量的数据包，几乎占取该服务器所有的网络宽带，从而使其无法对正常的服务请求进行处理,而导致网站无法进入、网站响应速度大大降低或服务器瘫痪。现在常见的蠕虫病毒或与其同类的病毒都可以对服务器进行拒绝服务攻击。拒绝服务的目的在于瘫痪系统,并可能取得伪装系统的身份。拒绝服务通常是利用系统提供特定服务时的设计缺陷,消耗掉大量服务能力,若系统设计不良,也可能造成系统崩溃。而分布式的拒绝服务,则进一步利用其他遭侵入的系统同时要求大量的服务。拒绝服务攻击发生时,系统通常并不会遭到破解,但该服务会丧失有效性。尽管主动过滤可以在一定程度上保护用户,但是由于拒绝服务攻击不容易识别,往往让人防不胜防。

9. 端口扫描攻击

端口扫描,就是利用 Socket 编程与目标主机的某些端口建立 TCP 连接、进行传输协议的验证等,从而侦知目标主机的扫描端口是否处于激活状态、主机提供了哪些服务、提供的服务中是否含有某些缺陷等。常用的扫描方式有 Connect 扫描、Fragmentation 扫描。

3.1.3　网络攻击的步骤

攻击者在一次攻击过程中的通常做法是:首先隐藏位置,接着进行网络探测和资料收集、对系统弱点进行挖掘、获得系统控制权、隐藏行踪,最后实施攻击、开辟后门等,如图 3-1 所示。

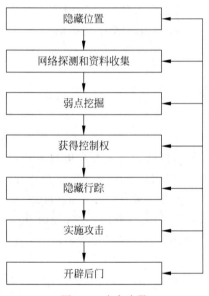

图 3-1　攻击步骤

1. 隐藏位置

在 Internet 上的网络主机均有自己的网络地址,若没有采取保护措施,很容易反查到某台网络主机的位置,如 IP 地址和域名。因此,有经验的黑客在实施攻击活动时的首要步骤是设法隐藏自己所在的网络位置,包括自己的网络域及 IP 地址,这样使调查者难以发现真正的攻击者来源。

隐藏位置就是有效地保护自己。Internet 以松散方式构成,容易隐藏攻击者的踪迹。攻击者经常使用如下技术隐藏其真实的 IP 地址或者域名。

(1)利用被侵入的主机作为跳板,如在安装 Windows 的计算机内利用 WinGate 软件作为跳板,利用配置不当的 Proxy 作为跳板。

(2) 使用电话转接技术隐蔽自己,如利用 800 电话的无人转接服务连接 ISP。

(3) 盗用他人的账号上网,通过电话连接一台主机,再经由主机进入 Internet。

(4) 免费代理网关。

(5) 伪造 IP 地址。

(6) 假冒用户账号。

2. 网络探测和资料收集

网络探测和资料收集主要是为了寻找目标主机和收集目标信息。

攻击者首先要寻找目标主机并分析目标主机。在 Internet 上能真正标识主机的是 IP 地址,域名是为了便于记忆主机的 IP 地址而另起的名字,只要利用域名和 IP 地址就可以顺利地找到目标主机。当然,知道了要攻击目标的位置还是远远不够的,还必须对主机的操作系统类型及其所提供的服务等资料做全面的了解,为攻击做好充分的准备。攻击者感兴趣的信息主要包括:操作系统信息、开放的服务端口号、系统默认账号和口令、邮件账号、IP 地址分配情况、域名信息、网络设备类型、网络通信协议、应用服务器软件类型等。

1) 锁定目标

攻击者首先要寻找目标主机。DNS 协议不对转换或信息性的更新进行身份认证,只需实施一次域转换操作就能得到所有主机的名称以及内部 IP 地址。攻击者会利用下列公开协议或工具,收集留在网络系统中的各个主机系统的相关信息。

SNMP:用来查阅网络系统路由器路由表,从而了解目标主机所在网络的拓扑结构及其内部细节。

TraceRoute 程序:能够用该程序获得到达目标主机所要经过的网络数和路由器数。

Whois 协议:该协议的服务信息能提供所有有关的 DNS 域和相关的管理参数。

DNS 服务器:该服务器提供了系统中可以访问的主机的 IP 地址表和它们所对应的主机名。

Finger 协议:可以用 Finger 来获取一个指定主机上所有用户的详细信息,如用户注册名、电话号码、最后注册时间以及他们有没有读邮件等。

Ping 实用程序:可以用来确定一个指定的主机的位置。

自动 Wardialing 软件:可以向目标站点一次连续拨出大批电话号码,直到遇到某一正确的号码使其 MODEM 响应。

向主机发送虚假消息,然后根据返回“Host Unreachable”这一消息特征判断出哪些主机是存在的。

2) 服务分析

一是使用不同应用程序测试。例如,使用 Telnet、FTP 等用户软件向目标主机申请服务,如果主机有应答就说明主机提供了这个服务,开放了这个端口的服务,这种方法比较麻烦并且获取的资料不全。

二是使用一些端口扫描工具软件,对目标主机一定范围的端口进行扫描,这样可以全部掌握目标主机的端口情况。

3) 系统分析

使用具有已知响应类型的数据库的自动工具,对来自目标主机做出的响应进行检查,确

定目标主机的操作系统。例如,打开 Windows 的"运行"窗口,输入命令:

Telnet x x x x x x x(目标主机)

然后单击"确定"按钮,可以发现如下响应:

Digital Unix(x x x x x x x) (ttyp1)
Login:

4) 获取账号信息

对于陌生的目标主机可能只知道它有一个 ROOT 用户,至于其他账号一无所知,而攻击者要想登录目标主机至少要知道一个普通用户,一般会进行以下尝试。

(1) 利用目标主机的 Finger 功能。Finger 很可能暴露入侵者的行为,为了避免 Finger 查询产生标记,可以使用 Finger 网关。

(2) 利用电子邮件地址。有些用户电子邮件地址(指@符号前面的部分)与其取邮件的账号是一致的。

(3) 利用目录服务。有些主机提供了 X500 的目录查询服务。如何知道是否提供 X500 的功能,可扫描目标主机的端口,如果端口 105 的状态已经被"激活",则在自己的机器上安装一个 X500 的客户查询工具,选择目标主机,可以获得意想不到的信息。

(4) 尝试习惯性常用账号。根据平时的经验,一些系统总有一些习惯性的常用账号,这些账号都是系统中因为某种应用而设置的。例如,制作 WWW 网站的账号可能是 HTML、WWW、Web 等,安装 Oracle 数据库的可能有 Oracle 的账号,用户培训或教学而设置的 user1、user2、student1、student2、Client1、Client2 等账号,一些常用的英文名字也经常会使用,如 Tom、John 等,因此可以根据系统所提供的服务和在其主页得到的工作人员的名字信息进行猜测。

5) 获得管理员信息

使用查询命令 host,入侵者可获得保存在目标域服务器中的所有信息。Whois 查询可识别出技术管理人员。

使用搜索引擎查询 Usenet 和 Web。系统管理员的职责是维护站点的安全,当他们遇到各种问题时,许多管理员会迫不及待地将这些问题发到 Usenet 或邮件列表上以寻求答案,他们常常指明组织结构、网络的拓扑结构和面临的问题。

可以使用各种方法来识别在目标网络上使用的操作系统的类型及版本。首先判断出目标网络上的操作系统和结构,下一步列出每个操作系统和机器的类型,然后对每个平台进行研究并找出它们中的漏洞。

3. 弱点挖掘

系统中漏洞的存在是系统受到各种安全威胁的根源。外部攻击者的攻击主要利用了系统提供的网络服务中的漏洞;内部人员作案则利用了系统内部服务及其配置上的漏洞;而拒绝服务攻击主要是利用资源分配上的漏洞,长期占用有限资源不释放,使其他用户得不到应得的服务,或者是利用服务处理中的漏洞,使该服务崩溃。攻击者攻击的重要步骤就是尽量挖掘出系统的弱点/漏洞,并针对具体的漏洞研究相应的攻击方法。常见的漏洞如下。

(1) 系统或应用服务软件漏洞。攻击者根据系统提供的不同服务用不同的方法以获取系统的访问权限。如果攻击者发现系统提供了 UUCP 服务,就可以利用 UUCP 的安全漏洞来获取系统的访问权；如果系统还提供其他一些远程网络服务，如邮件服务、WWW 服务、匿名 FTP 服务、TFTP 服务，攻击者就可以利用这些远程服务中的弱点获取系统的访问权。

（2）主机信任关系漏洞。攻击者寻找那些被信任的主机，这些主机可能是管理员使用的机器，或是一台被认为很安全的服务器。例如，他可以利用 CGI 的漏洞，读取/etc/host sallow 文件等。通过这个文件，就可以大致了解主机间的信任关系。接下来，就是探测这些被信任的主机哪些存在漏洞。

（3）寻找有漏洞的网络成员。尽量去发现有漏洞的网络成员对攻击者往往起到事半功倍的效果，堡垒最容易从内部攻破就是这个缘故。用户网络安全防范意识弱，选取弱口令，使得攻击者很容易从远程直接控制主机。

（4）安全策略配置漏洞。主机的网络服务配置不当，开放有漏洞的网络服务。

（5）通信协议漏洞。通过分析目标网络所采用的协议信息，寻找漏洞，如 TCP/IP 就存在漏洞。

（6）网络业务系统漏洞。通过掌握目标网络的业务流程信息，发现漏洞，例如，在 WWW 服务中，允许普通用户远程上传文件。

扫描工具能找出目标主机上各种各样的漏洞，许多网络入侵首先是用扫描程序开始的。常用扫描工具有撒旦（SATAN）ISS 等。典型的端口扫描程序的工作原理如下。

Internet 上任何软件的通信都基于 TCP/IP，它是计算机的门户。TCP/IP 规定，计算机可以有 256×256 个端口，通过这些端口进行数据传输。例如，当发送电子邮件的时候，信件被送到邮件服务器的 25 号端口；当接收邮件时，是从邮件服务器的 110 号端口取信；通过 80 号端口，访问某一个服务器；个人计算机的默认端口为 139 号，上网的时候就是通过这个端口与外界联系的。端口扫描程序会自动扫描这些端口，并记录哪些端口是开放的。一般除了 139 号端口外，其他端口最好不要开放，攻击者入侵就不那么容易了。

4. 获得控制权

攻击者要想入侵一台主机，首先要有该主机的一个账号和口令，再想办法去获得更高的权限，如系统管理账户的权限。获取系统管理权限通常有以下途径。

（1）获得系统管理员的口令，如专门针对 ROOT 用户的口令攻击。

（2）利用系统管理上的漏洞，如错误的文件许可权、错误的系统配置、某些 SUID 程序中存在的缓冲区溢出问题等。

（3）让系统管理员运行一些特洛伊木马程序，使计算机内的某一端口开放，再通过这一端口进入用户的计算机。例如，如果不小心运行了特洛伊木马程序 netspy 的 Server 端软件，那么它会强制 Windows 在以后每次打开计算机时都要运行它，并开放 7306 号端口。

攻击者进入目标主机系统并获得控制权之后，主要做两件事：清除记录和留下后门。如更改某些系统设置、在系统中置入特洛伊木马或其他一些远程操纵程序，以便日后可以不被觉察地再次进入系统。大多数后门程序是预先编译好的，只需要想办法修改时间和权限就可以使用了，甚至新文件的大小都和原文件一模一样。在用清除日志、删除复制的文件等手段来隐藏自己的踪迹之后，攻击者就开始下一步的行动。

5. 隐藏行踪

作为一个入侵者，攻击者总是担心自己的行踪被发现，所以在进入系统之后，聪明的攻击者要做的第一件事就是隐藏自己的行踪，攻击者隐藏自己的行踪通常要用到如下技术。

（1）连接隐藏，如冒充其他用户、修改 LOGNAME 环境变量、修改 utmp 日志文件、使用 IPSPOOF 技术等。

（2）进程隐藏，如使用重定向技术减少 PS 给出的信息量、用特洛伊木马代替 PS 程序等。

（3）篡改日志文件中的审计信息。

（4）改变系统时间，造成日志文件数据紊乱，以迷惑系统管理员。

6. 实施攻击

不同的攻击者有不同的攻击目的，可能是为了获得机密文件的访问权，或者是为了破坏系统数据的完整性，也可能是为了获得整个系统的控制权（系统管理权限）等。一般说来，可归结为以下几种方式。

（1）下载敏感信息。

（2）在目标系统中安装探测器软件，以便进一步收集攻击者感兴趣的信息，或进一步发现受损系统在网络中的信任等级。

（3）攻击其他被信任的主机和网络。

（4）使网络瘫痪。

（5）修改或删除重要数据。

7. 开辟后门

一次成功的入侵通常要耗费攻击者大量的时间与精力，所以精于算计的攻击者在退出系统之前会在系统中制造一些后门，以方便自己的下次入侵。攻击者设计后门时通常会考虑采用以下方法。

（1）放宽文件许可权。

（2）重新开放不安全的服务，如 REXD、TFTP 等。

（3）修改系统的配置，如系统启动文件、网络服务配置文件等。

（4）替换系统本身的共享库文件。

（5）安装各种特洛伊木马程序，修改系统的源代码。

（6）安装 Sniffer。

通过分析可以得出以下结论。

第一，一次完整的攻击过程可以划分为三个阶段，分别为：获取系统访问权前的攻击过程，获得系统控制权的攻击过程，获得系统访问权或控制权之后的攻击活动。完成第一阶段的攻击过程，获得了系统的访问权，攻击者就已成功了一半，而完成第二阶段的攻击过程，获得系统的管理权限之后，攻击者已近于完全成功。此时，管理员已经很难阻止攻击者的破坏活动，但可以尽早地采取一些补救措施，如备份系统、关掉系统的网络连接、关机等。备份系统是为了便于事后进行系统重建；失掉系统的网络连接或者关机可以驱赶外部或内部的攻击者，但很多关键应用系统是不容许断掉网络连接或关机的，所以这两种措施只能作为在万不得已情况下的选择，而且采取以上三种措施时，攻击者可能已经完成了他的攻击目标。第二阶段的攻击成功之后，第三阶段中的活动只是有经验攻击者的例行公事。

第二，攻击者攻击成功的关键在于第一、第二阶段的成功，在于尽早地发现或者利用目标系统的安全漏洞或弱点的能力。

第三，由于内部用户已经拥有了系统的一般访问权，而且更容易知道系统提供了哪些服务及服务软件的版本、系统的安全状况如系统配置或权限设置上的弱点、管理员的管理水平等,因此,内部攻击者不用像外部攻击者那样花费额外的时间去搜集信息、挖掘弱点,花费精力去突破系统的访问控制,可以减少攻击步骤,只要找到系统的漏洞、弱点或缺陷,想办法获取系统管理权限,就可以随心所欲地进行破坏活动了,如图 3-2 所示。

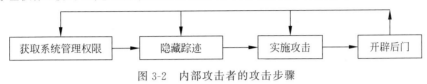

图 3-2　内部攻击者的攻击步骤

3.1.4　黑客攻击实例

黑客攻击拨号上网计算机和攻击局域网计算机的流程是不一样的,下面分别讲述。

1. 黑客攻击拨号上网计算机实例

攻击拨号上网计算机的流程如图 3-3(a)所示。

1) 用 Winipcfg 查询拨号上网用户计算机的 IP

Winipcfg 可以用来查询目前拨号上网用户的 IP 地址,而这个地址也就是拨号上网用户的 ISP 公司所使用的接入账号地址。

2) 用 Legion 扫描 IP

因为同一时间应该有很多用户同时上网,黑客可以用刚才查询到的拨号上网用户的 IP 地址来查询整个 C 类或 B 类的其他上网用户计算机的 IP 地址,以获得"共享资源"。

典型的 Legion 入侵的具体步骤如下。

(1) 只要是已安装了 Legion 的计算机,都可通过"开始"|"程序"|Legion,运行 Legion 扫描器程序。

(2) 屏幕出现 Legion 主画面。根据步骤(1)查询到的拨号上网用户的 IP 地址,输入所要扫描的 IP 地址范围,然后单击 Scan 按钮开始扫描。

(3) 稍等片刻,在右边方框中会出现很多扫描到的硬盘、文件或文件夹。选中任一感兴趣的硬盘、文件或文件夹,单击鼠标右键,在弹出的快捷菜单中选择"复制"命令。

(4) 打开 IE 浏览器,在地址栏中单击鼠标右键,在弹出的快捷菜单中选择"粘贴"命令。也可以通过"开始"|"运行",打开"运行"对话框,在"打开"栏内单击鼠标右键,在弹出的快捷菜单中选择"粘贴"命令,然后单击"确定"按钮。

(5) 被选中的硬盘、文件或文件夹的资料全部被显示出来。

如果黑客用上述方法扫描到的目标计算机提供完全的资源共享,黑客就可以随意地查看、复制、修改、删除文件或文件夹。如果目标计算机提供只读状态的资源共享,黑客就只能随意查看、复制,但不能修改、删除文件或文件夹,但黑客可以进入下一步,尝试破解密码,进而完全控制目标计算机。

3) 盗取他人账号和口令

当使用 Legion 查询到某个 IP 的"资源共享"后,可以进一步盗取他人密码文件(将密码文件复制到本地计算机中),然后再加以破解,得到账号和口令。

4) 植入特洛伊木马

植入特洛伊木马,以便进一步管控该计算机。

2. 黑客攻击企业内部局域网实例

入侵企业内部局域网计算机的流程如图 3-3(b)所示。

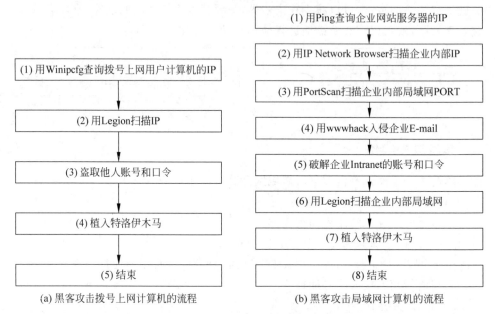

(a) 黑客攻击拨号上网计算机的流程　　　　(b) 黑客攻击局域网计算机的流程

图 3-3　黑客攻击实例的流程图

（1）用 Ping 查询企业网站服务器的 IP。企业通常有 WWW 网站和 E-mail 服务器地址，可以用 Ping 命令来查询得知企业的 IP 地址。

（2）用 IP Network Browser 扫描企业内部 IP。得知企业的 WWW 网址和 E-mail 服务器地址，接着可以用 IP Network Browser 扫描整个企业 C 级的 IP 地址，从而获得企业 Intranet 内部网络的网址。

（3）用 PortScan 扫描企业内部局域网 PORT。用 PortScan 可以扫描企业内部 Intranet 地址，得知有哪些 PORT 端口服务，PORT 端口服务越多，入侵的渠道越多。

（4）用 wwwhack 入侵企业 E-mail。用 wwwhack 可以获取企业内部 E-mail 的账号和口令。

（5）破解企业 Intranet 的账号和口令。用各种方法（如 NAT）来破解企业 Intranet 账号和口令。如果破解了 Intranet 的账号和口令，就可以入侵内部 Intranet 了。

（6）用 Legion 扫描企业内部局域网。借助 Ping 命令和 IP Network Browser 软件查询公司内部的 IP 之后，就可以使用 Legion 软件来扫描企业内部局域网以取得公司内部的"资源共享"。

（7）植入特洛伊木马。同样地，如果碰到企业内部某台计算机可以"写入"就会植入特洛伊木马，以便进一步管控该计算机。

3.1.5　网络攻击的防范措施及处理对策

在对网络攻击进行分析与识别的基础上，用户应当认真制定有针对性的策略。明确安全对象，设置强有力的安全保障体系。有的放矢，在网络中层层设防，发挥网络中每个层的作用，使每一层都成为一道关卡，才能全方位地抗拒各种不同的威胁和脆弱性，确保网络信息的保密性、完整性、可用性。

1．防范措施

1）提高安全意识

（1）不要随意打开来历不明的电子邮件及文件，不要运行来历不明的软件和盗版软件。

（2）不要随便从 Internet 上下载软件，尤其是不可靠的 FTP 站点和非授权的软件分发点。即使从知名网站上下载的软件也要及时用最新的杀病毒软件进行扫描。

（3）防字典攻击和口令保护。选择 12～15 个字符组成口令，尽可能使用字母数字混排，并且在任何字典上都查不到，那么口令就不能被轻易窃取了。不要使用个人信息（如生日、名字等），口令中要有一些非字母（数字、标点符号、控制字符等），还要好记一些，不能写在纸上或计算机中的文件中，选择口令的一个好方法是将两个相关的词用一个数字或控制字符相连。重要的口令最好经常更换。

（4）及时下载安装系统补丁程序。

（5）不要随便运行黑客程序，许多此类程序运行时会发出用户的个人信息。

（6）在支持 HTML 的 BBS 上，如发现提交警告，先要查看源代码，因为这很可能是骗取密码的陷阱。

（7）经常运行专门的反黑客软件，必要时应在系统中安装具有实时检测、拦截、查找黑客攻击程序的工具。经常采用扫描工具软件进行扫描，以发现漏洞并及早采取弥补措施。

2）使用能防病毒、防黑客的防火墙软件

防火墙是一个用以阻止网络中的黑客访问某个机构网络的屏障，也可称之为控制进/出两个方向通信的门槛。在网络边界上通过建立起来的相应网络通信监控系统来隔离内部和外部网络，以阻挡外部网络的侵入。

将防毒、防黑客当成日常例行工作，定时更新防毒组件，将防毒软件保持在常驻状态，以彻底防毒。由于黑客经常会针对特定的日期发动攻击，用户在此期间应特别提高警戒。

3）设置代理服务器，隐藏自己的 IP 地址

保护自己的 IP 地址很重要。事实上，即便用户的计算机上被安装了木马程序，若没有用户的 IP 地址，攻击者也是没有办法的，而保护 IP 地址的最好方法就是设置代理服务器。代理服务器能起到外部网络申请访问内部网络的中间转接作用，其功能类似于一个数据转发器，它主要控制哪些用户能访问哪些服务类型。当外部网络向内部网络申请某种网络服务时，代理服务器接受申请，然后它根据其服务类型、服务内容、被服务的对象、服务者申请的时间、申请者的域名范围等来决定是否接受此项服务，如果接受，它就向内部网络转发这项请求。

4）安装过滤器路由器，防止 IP 欺骗

防止 IP 欺骗站点的最好办法是安装一台过滤器路由器，该路由器限制对本站点外部接口的输入，监视数据包，可发现 IP 欺骗。不允许那些以本站点内部网为源地址的包通过，还应当滤去那些以不同于内部网为源地址的包输出，以防止从本站点进行 IP 欺骗。

5）建立完善的访问控制策略

访问控制是网络安全防范和保护的主要策略，它的主要任务是保证网络资源不被非法使用和非常访问，也是维护网络系统安全、保护网络资源的重要手段。要正确地设置入网访问控制、网络权限控制、目录等级控制、属性安全控制、网络服务的安全控制，设置网络端口

和结点的安全控制、防火墙控制等安全机制。各种安全访问控制互相配合,可以达到保护系统的最佳效果。

6) 采用加密技术

不要在网络上传输未经加密的口令和重要文件、信息。

7) 做好备份工作

经常检查系统注册表,做好数据备份工作。

2. 处理对策

1) 发现攻击者

一般很难发现网络系统是否被人入侵。即便系统上有攻击者入侵,也可能永远不被发现。如果攻击者破坏了网络系统的安全性,则可以追踪他们。借助下面一些途径可以发现攻击者。

(1) 攻击者正在行动时,捉住攻击者。例如,当管理员正在工作时,发现有人使用超级用户的账号通过拨号终端登录,而超级用户口令只有管理员本人知道。

(2) 根据系统发生的一些改变推断系统已被入侵。

(3) 从其他站点的管理员那里收到邮件,称有人从本站点对"他"的站点大肆活动。

(4) 根据网络系统中一些奇怪的现象,发现攻击者。例如,不正常的主机连接及连接次数、系统崩溃、突然的磁盘存储活动或者系统突然变得非常缓慢等。

(5) 经常注意登录文件并对可疑行为进行快速检查,检查访问及错误登录文件,检查系统命令如 login 等的使用情况。在 Windows NT 平台上,可以定期检查 EventLog 中的 SecurityLog,以寻找可疑行为。

(6) 使用一些工具软件可以帮助发现攻击者。

2) 处理原则

(1) 不要惊慌。发现攻击者后,会有许多选择。但是不管发生什么事,没有慎重地思考就去行动,只会使事情变得更糟。

(2) 记录每一件事情,甚至包括日期和时间。

(3) 估计形势。估计入侵造成的破坏程度,攻击者是否还滞留在系统中?威胁是否来自内部? 攻击者的身份及目的是什么?若关闭服务器,是否能承受得起失去有用系统信息的损失?

(4) 采取相应措施。一旦了解形势之后,就应着手做出决定并采取相应的措施:能否关闭服务器? 若不能,也可关闭一些服务或至少拒绝一些人。是否追踪攻击者? 若打算如此,则不要关闭 Internet 连接,因为这会失去攻击者的踪迹。

3) 发现攻击者后的处理对策

发现攻击者后,网络管理员的主要目的不是抓住他们,而应把保护用户、保护网络系统的文件和资源放在首位。因此,可采取下面的某些对策。

(1) 不理睬。

(2) 使用 write 或者 talk 工具询问他们究竟想要做什么。

(3) 跟踪这个连接,找出攻击者的来路和身份。这时候,nslookup、Finger、rusers 等工具很有用。

(4) 管理员可以使用一些工具来监视攻击者,观察他们正在做什么。这些工具包括

snoop、ps、lastcomm、ttywatch 等。

（5）杀死这个进程来切断攻击者与系统的连接。断开调制解调器与网络线的连接,或者关闭服务器。

（6）找出安全漏洞并修补漏洞,再恢复系统。

（7）最后,根据记录的整个文件的发生发展过程,编档保存,并从中吸取经验教训。

3.1.6　网络攻击技术的发展趋势

尽管网络安全的研究已经得到越来越多的关注,但网络安全问题并没有因此而减少;相反,随着网络规模飞速扩展、结构日益复杂和应用领域的不断扩大,网络安全事件呈迅速增长的趋势,造成的损失也越来越大。最近几年,新发现的安全漏洞每年都要增加一倍,发现安全漏洞越来越快,网络攻击技术和攻击工具也日新月异,其变化趋势如下。

1. 攻击技术越来越先进

随着网络新技术的不断涌现,入侵者的网络背景知识、技术能力也随之提升,攻击技术越来越先进。

（1）网络攻击自动化。网络攻击者能够利用现有攻击技术编制自动攻击工具软件。

（2）网络攻击组织化。网络攻击工具的传播,使得越来越多的人掌握了攻击方法,出现了有组织的网络攻击行为。

（3）网络攻击目标扩大化。网络攻击从以往的以 UNIX 主机为主转向网络的各个层面,网络通信协议、密码协议、网络域名服务、网络的路由服务系统和网络应用服务系统,甚至网络安全保障系统均成为攻击对象。例如,防火墙渗透攻击。

（4）网络攻击协同化。攻击者利用 Internet 的巨大计算资源,开发特殊的程序实现将分布在不同地域的计算机协同起来,向特定的目标发起攻击。2000 年 2 月,黑客就曾以 DDoS(Distributed Denial Of Service)攻击 Yahoo!、CNN 新闻网等著名网站,导致其服务瘫痪。http://www.distributed.net 提供了一个协同攻击密码算法的典型实例。

（5）网络攻击智能化。网络攻击与病毒程序相结合,病毒的复制传播特点使得攻击程序如虎添翼。

（6）网络攻击主动化。网络攻击者掌握主动权,而防御者被动应对。攻击者处于暗处,而攻击目标则在明处。网络中的弱点往往是入侵者先发现,这样网络安全防御就处于被动局面。如果网络安全防御者未消除新公布的弱点,则网络攻击者就有机可乘。

2. 攻击工具越来越复杂

有了攻击工具,使得攻击的技术门槛降低,攻击变得更加容易了,即使在完全不了解一个系统类型的情形下,都可能破解这套系统。与以前相比,现在攻击工具的特征更难被发现,更难利用特征进行检测。主要表现在以下四方面。

（1）反侦破。攻击者采用隐蔽攻击工具特性的技术,使安全专家分析新攻击工具和了解新攻击行为所耗费的时间增多。

（2）动态行为。早期的攻击工具是以单一确定的顺序执行攻击步骤,现在的自动攻击工具可以根据随机选择、预先定义的决策路径或通过入侵者直接管理,来改变它们的模式和行为。

（3）攻击工具的成熟性。与早期的攻击工具不同,目前的攻击工具可以通过升级或更换工具的一部分,发动迅速变化的攻击,且在每一次攻击中会出现多种不同形态的攻击工具。

(4) 跨平台。攻击工具越来越普遍地被开发,使其可在多种操作系统平台上执行。许多常见攻击工具使用 IRC 或 HTTP 等协议,从入侵者那里向受攻击的计算机发送数据或命令,使得人们将攻击特性与正常、合法的网络传输流区别开变得越来越困难。

3. 发现安全漏洞越来越快

新发现的安全漏洞每年都要增加一倍,管理人员不断用最新的补丁修补这些漏洞,而且每年都会发现安全漏洞的新类型。入侵者经常能够在厂商修补这些漏洞前发现攻击目标。

4. 越来越高的防火墙渗透率

防火墙是人们用来防范入侵者的主要保护措施。但是越来越多的攻击技术都可以绕过防火墙实施攻击。例如,IPP(Internet 打印协议)和 WebDAV(基于 Web 的分布式创作与翻译)都可以被攻击者利用来绕过防火墙。

5. 越来越不对称的威胁

Internet 上的安全是相互依赖的。每个 Internet 系统遭受攻击的可能性取决于连接到全球 Internet 上其他系统的安全状态。由于攻击技术的进步,一个攻击者可以比较容易地利用分布式系统,对一个受害者发动破坏性的攻击。随着部署自动化程度和攻击工具管理技巧的提高,威胁的不对称性将继续增加。

3.2 入侵检测系统

只要允许内部网络与 Internet 相连,攻击者入侵的危险就会存在。由于入侵行为与正常的访问或多或少有些差别,通过收集和分析这种差别可以发现绝大部分入侵行为,入侵检测系统(Intrusion Detection System,IDS)应运而生。

3.2.1 入侵检测系统概述

入侵检测系统是一个比较复杂和难度较大的研究领域。首先,入侵检测系统是网络安全与管理和信息处理技术的结合,为了了解入侵检测系统,必须同时具备这两方面的知识,入侵检测系统的检测效果依赖于对这些知识的掌握和融合。其次,入侵事件往往是人为的入侵,由黑客主动实现,黑客对网络安全以及入侵检测系统本身有一定的了解。最后,入侵检测系统是一个计算机网络安全产品或工具,是一个实实在在的计算机程序,所以它的运行效率和检测效果也与程序编写的技术有关。

1. 入侵检测及其内容

入侵检测是对入侵行为的发觉,是一种试图通过观察行为、安全日志或审计数据来检测入侵的技术。

入侵检测的内容包括:检测试图闯入、成功闯入、冒充其他用户、违反安全策略、合法用户的泄露、独占资源以及恶意使用等破坏系统安全性的行为。

2. 入侵检测系统

入侵检测系统从计算机网络或计算机系统的关键点收集信息并进行分析,从中发现网络或系统中是否有违反安全策略的行为和被攻击的迹象,使安全管理员能够及时地处理入侵警报,尽可能减少入侵对系统造成的损害。

入侵检测系统实际上是一种使监控和分析过程自动化的产品,可以是软件,也可以是硬件,最常见的是软件与硬件的组合。所以,通常把负责入侵检测的软/硬件组合体称为入侵检测系统。

一个成功的入侵检测系统至少要满足以下 5 个要求。

(1) 实时性要求。如果攻击或者攻击的企图能够被尽快发现,就有可能查出攻击者的位置,阻止进一步的攻击活动,就有可能把破坏控制在最小限度,并记录下攻击过程,可作为证据回放。实时入侵检测可以避免管理员通过对系统日志进行审计以查找入侵者或入侵行为线索时的种种不便与技术限制。

(2) 可扩展性要求。攻击手段多而复杂,攻击行为特征也各不相同。所以必须建立一种机制,把入侵检测系统的体系结构与使用策略区分开。入侵检测系统必须能够在新的攻击类型出现时,通过某种机制在无须对入侵检测系统本身体系进行改动的情况下,使系统能够检测到新的攻击行为。在入侵检测系统的整体功能设计上,也必须建立一种可以扩展的结构,以便适应扩展要求。

(3) 适应性要求。入侵检测系统必须能够适用于多种不同的环境,如高速大容量的计算机网络环境,并且在系统环境发生改变,如增加环境中的计算机系统数量、改变计算机系统类型时,入侵检测系统应当依然能够正常工作。适应性也包括入侵检测系统本身对其宿主平台的适应性,即跨平台工作的能力,适应其宿主平台软、硬件配置的不同情况。

(4) 安全性与可用性要求。入侵检测系统必须尽可能地完善与健壮,不能向其宿主计算机系统及其所属的计算机环境引入新的安全问题及安全隐患,并且入侵检测系统在设计和实现时,应该考虑可以预见的、针对该入侵检测系统类型与工作原理的攻击威胁及其相应的抵御方法,确保该入侵检测系统的安全性与可用性。

(5) 有效性要求。能够证明根据某一设计所建立的入侵检测系统是切实有效的。即对于攻击事件的错报与漏报能够控制在一定范围内;入侵检测系统在发现入侵后,能够及时做出响应,有些响应是自动的,如通过控制台、电子邮件等方式通知网络安全管理员,中止入侵进程、关闭系统、断开与 Internet 的连接,使该用户无效,或者执行一个准备好的命令等。

另外,入侵检测系统还应该能够使系统管理员时刻了解网络系统(包括程序、文件和硬件设备等)的任何变更;为网络安全策略的制定提供指南;它应该管理、配置简单,从而使非专业人员能够非常容易地获得网络安全;规模应根据网络威胁、系统构造和安全需求的改变而改变。

3. 入侵检测系统的组成

入侵检测系统通常由两部分组成:传感器(Sensor)与控制台(Console)。传感器负责采集数据(网络包、系统日志等)、分析数据并生成安全事件。控制台主要起到中央管理的作用,商品化的 IDS 通常提供图形界面的控制台。

4. 入侵检测系统的特点

入侵检测系统的主要特点如下。

1) 入侵检测技术是动态安全技术的最核心技术之一

传统的操作系统加固技术和防火墙隔离技术等都是静态安全防御技术,对网络环境下日新月异的攻击手段缺乏主动的反应。入侵检测技术通过对入侵行为的过程与特征的研究,使安全系统对入侵事件和入侵过程能做出实时响应。

2) 入侵检测是防火墙的合理补充

防火墙是计算机网络安全策略中一个很重要的方面,能够在内外网之间提供安全的网络保护,可以限制一些地址(例如攻击者的地址)不能访问用户的机器或者限制攻击者不能访问用户机器的某些服务,这样尽管用户的机器上存在安全漏洞,攻击者也不能进行攻击,降低了网络安全风险。但是,仅使用防火墙还远远不够。入侵者可寻找防火墙背后可能敞开的后门;入侵者可能就在防火墙内,甚至来自本地(这样的入侵防火墙阻止不了);由于性能的限制,防火墙通常不能提供实时的入侵检测能力。

入侵检测是防火墙的合理补充,帮助系统对抗网络攻击,扩展了系统管理员的安全管理能力(包括安全审计、监视、进攻识别和响应),提高了信息安全基础结构的完整性。

入侵检测被认为是防火墙之后的第二道安全闸门,提供对内部攻击、外部攻击和误操作的实时保护。这些都通过它执行以下任务来实现。

(1) 监视、分析用户及系统活动,查找非法用户和合法用户的越权操作。

(2) 系统构造和弱点的审计,并提示管理员修补漏洞。

(3) 识别反映已知进攻的活动模式并向相关人士报警,能够实时对检测到的入侵行为产生反应。

(4) 异常行为模式的统计分析,发现入侵行为的规律。

(5) 评估重要系统和数据文件的完整性,如计算和比较文件系统的校验和。

(6) 操作系统的审计跟踪管理,并识别用户违反安全策略的行为。

3) 入侵检测系统是黑客的克星

入侵检测和安全防护有根本性的区别:安全防护和黑客的关系是"防护在明,黑客在暗",入侵检测和黑客的关系则是"黑客在明,检测在暗"。安全防护主要修补系统和网络的缺陷,增加系统的安全性能,从而消除攻击和入侵的条件;入侵检测并不是根据网络和系统的缺陷,而是根据入侵事件的特征去检测(入侵事件的特征一般与系统缺陷有逻辑关系),所以入侵检测系统是黑客的克星。

3.2.2　入侵检测系统的数学模型

1. 通用模型

入侵检测的概念最早由 Anderson 在 1980 年提出。随后,Denning 对 Anderson 的工作进行了扩展,并于 1987 年提出了一种通用的入侵检测模型。数学模型的建立有助于更精确地描述入侵问题,特别是异常入侵检测。

通用模型采用的是一个混合结构,包含一个异常检测器和一个专家系统,如图 3-4 所示。异常检测器采用统计技术描述异常行为,专家系统采用基于规则的方法检测已知的危害行为。异常检测器对行为的渐变是自适应的,因此引入专家系统能有效防止逐步改变的入侵行为,提高准确率。该模型由以下 6 个主要部分构成。

(1) 主体(Subjects):在目标系统上活动的实体,如用户。

(2) 对象(Objects):系统资源,如文件、设备、命令等。

(3) 审计记录(Audit Records):由六元组(Subject、Action、Object、Exception Condition、

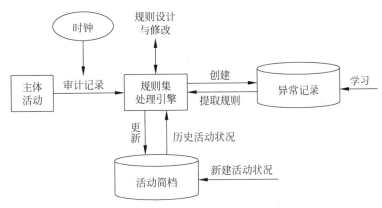

图 3-4　Denning 的通用入侵检测模型

Resource Usage、Time Stamp)构成。其中,活动(Action)是主体对目标的操作,对操作系统而言,这些操作包括读、写、登录、退出等;异常条件(Exception Condition)是指系统对主体的该活动的异常报告,如违反系统读写权限;资源使用状况(Resource Usage)是系统的资源消耗情况,如 CPU、内存使用率等;时间戳(Time Stamp)是活动发生时间。

(4) 活动简档(Activity Profile):用以保存主体正常活动的有关信息,具体实现依赖于检测方法,在统计方法中从事件数量、频度、资源消耗等方面度量,可以使用方差、马尔可夫模型等方法实现。

(5) 异常记录(Anomaly Record):由(Event,Time Stamp,Profile)组成,用以表示异常事件的发生情况。

(6) 活动规则:规则集是检查入侵是否发生的处理引擎,结合活动简档用专家系统或统计方法等分析接收到的审计记录,调整内部规则或统计信息,在判断有入侵发生时采取相应的措施。

Denning 模型基于这样一个假设:由于袭击者使用系统的模式不同于正常用户的使用模式,通过监控系统的跟踪记录,可以识别袭击者异常使用系统的模式,从而检测出袭击者违反系统安全性的情况。

Denning 模型独立于特定的系统平台、应用环境、系统弱点以及入侵类型,为构建入侵检测系统提供了一个通用的框架,为后来各种模型的发展奠定了基础,导致了随后几年内一系列系统原型的研究,如 Discovery、Haystack、MIDS、NADIR、NSM、WisdomandSense 等。

2. 统一模型

入侵检测系统统一模型由 5 个主要部分(信息收集器、分析器、响应、数据库以及目录服务器)组成,如图 3-5 所示。

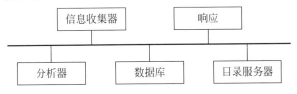

图 3-5　入侵检测统一模型

(1) 信息收集器:用于收集事件的信息。收集的信息将被用来分析、确定是否发生入侵。信息收集器可以被划分成不同级别,通常分为网络级别、主机级别和应用程序级别。对于网络级别,它的处理对象是网络数据包。对于主机级别,它的处理对象一般是系统的审计记录。对于应用程序级别,它的处理对象一般是程序运行的日志文件。被收集的信息可以送到分析器处理,或者存放在数据库中待处理。

(2)分析器:对由信息源生成的事件做实际分析处理,确定哪些事件与正在发生或者已发生的入侵有关。两个最常用的分析方法是误用检测和异常检测。分析器的结果可以被响应,或者保存在数据库中做统计。

(3)响应:响应就是当入侵事件发生时,系统采取的一系列动作。这些动作常被分为主动响应和被动响应两类。主动响应能自动干涉系统;被动响应向管理员提供信息,再由管理员采取行动。

(4)数据库:保存事件信息,包括正常和入侵事件。数据库还可以用来临时处理数据,扮演各个组件之间的数据交换中心。

(5)目录服务器:保存入侵检测系统各个组件及其功能的目录信息。在一个比较大的入侵检测系统中,这部分会起到很重要的作用,可以改进系统的维护和可扩展性。

3.2.3　入侵检测的过程

1. 入侵信息的收集

入侵检测的第一步是信息收集,收集的内容包括系统、网络、数据及用户活动的状态和行为。通常需要在计算机网络系统中的若干不同关键点(不同网段和不同主机)收集信息,这除了尽可能扩大检测范围的因素外,还有一个重要的因素就是:从一个源来的信息有可能看不出疑点,但从几个源来的信息的不一致性却是可疑行为或入侵的最好标识。

入侵检测很大程度上依赖于收集信息的可靠性和正确性,因此,有必要利用所知道的真正的和精确的软件来报告这些信息。因为入侵者经常替换软件以搞混和移走这些信息,例如,替换被程序调用的子程序、库和其他工具。入侵者对系统的修改可能使系统功能失常但看起来仍跟正常的一样,这就需要保证用来检测网络系统的软件的完整性,特别是入侵检测系统软件本身应具有相当强的坚固性,防止因被篡改而收集到错误的信息。

入侵检测利用的信息一般来自以下四方面。

1)系统和网络日志

如果不知道入侵者在系统上都做了什么,是不可能发现入侵的。日志提供了当前系统的细节,哪些系统被攻击了,哪些系统被攻破了。因此,充分利用系统和网络日志文件信息是检测入侵的必要条件。日志中包含发生在系统和网络上的不寻常和不期望活动的证据,这些证据可以指出有人正在入侵或已成功侵入了系统。通过查看日志文件,能够发现成功的入侵或入侵企图,并很快地启动相应的应急响应程序。日志文件中记录了各种行为类型,每种类型又包含不同的信息,例如,记录"用户活动"类型的日志,就包含登录、用户 ID 改变、用户对文件的访问、授权和认证信息等内容。很显然,对用户活动来讲,不正常的或不期望的行为就是重复登录失败、登录到不期望的位置以及非授权地企图访问重要文件等。

由于日志的重要性,所有重要的系统都应定期做日志,而且日志应被定期保存和备份,因为随时都可能会需要它。许多专家建议定期向一个中央日志服务器上发送所有日志,而这个服务器使用一次性写入的介质来保存数据,这样就避免了攻击者篡改日志。系统本地日志与发到一个远端系统保存的日志提供了冗余和一个额外的安全保护层。现在两个日志可以互相比较,任何不同都显示了系统的异常。

2)目录和文件中的不期望的改变

网络环境中的文件系统包含很多软件和数据文件,而包含重要信息的文件和私有数据文件经常是攻击者修改或破坏的目标。目录和文件中的不期望的改变(包括修改、创建和删除),特别是那些正常情况下限制访问的,很可能就是一种入侵产生的指示和信号。攻击者经常替换、修改和破坏他们获得访问权的系统上的文件,同时为了隐藏他们在系统中的表现及活动痕迹,都会尽力去替换系统程序或修改系统日志文件。

3)程序执行中的不期望行为

网络系统上的程序执行一般包括操作系统、网络服务、用户起动的程序和特定目的的应用,如数据库服务器。每个在系统上执行的程序由一到多个进程来实现。每个进程执行在具有不同权限的环境中,这种环境控制着进程可访问的系统资源、程序和数据文件等。

一个进程的执行行为由它运行时执行的操作来表现,操作执行的方式不同,它利用的系统资源也就不同。操作包括计算、文件传输、设备和其他进程,以及与网络间其他进程的通信。

一个进程出现了不期望的行为可能表明攻击者正在入侵系统。攻击者可能会将程序或服务的运行分解,从而导致它失败,或者是以非用户或管理员意图的方式操作。

4)物理形式的入侵信息

这包括两方面的内容:一是未授权的对网络硬件的连接,二是对物理资源的未授权访问。入侵者会想方设法去突破网络的周边防卫,如果他们能够在物理上访问内部网,就能安装他们自己的设备和软件,也就可以了解和掌握网上由用户加上去的不安全(未授权)设备,然后利用这些设备访问网络。

2. 信号分析

对上述四类收集到的有关系统、网络、数据及用户活动的状态和行为等信息,一般通过四种技术手段进行分析,即模式匹配、统计分析、专家系统和完整性分析。其中前三种方法用于实时的入侵检测,而完整性分析则用于事后分析。目前在入侵检测系统中绝大多数属于模式匹配的特征检测系统,其他少量是采用概率统计的统计检测系统与基于日志的专家知识库系统。

1)模式匹配

模式匹配又称特征检测,就是先对已知的攻击或入侵的方式做出确定性的描述,形成相应的事件模式。当收集到的信息与已知的入侵事件模式相匹配时,即报警。其原理与专家系统相仿,检测方法与计算机病毒的检测方式类似。目前,基于对包特征描述的模式匹配应用较为广泛。该方法预报检测的准确率较高,但是对于无经验知识的入侵与攻击行为无能为力,需要不断地升级以对付不断出现的黑客攻击手法。

2)统计分析

统计分析方法首先为系统对象(如用户、文件、目录和设备等)创建一个统计描述,统计正常使用时的一些测量属性(如访问次数、操作失败次数、间隔时间、资源消耗情况等)的平均值。即基于对系统对象历史行为的建模系统要根据每个对象以前的历史行为,生成每个对象的历史行为记录库。

测量属性将被用来与网络、系统的目前行为进行比较,任何观察值在正常值范围之外时，就认为有入侵发生。例如，统计分析可能标识如下不正常行为：一个在晚八点至早六点从不登录的账号却在深夜两点试图登录。其优点是可检测到未知的入侵和更为复杂的入侵；缺点是误报、漏报率高，且不适应系统对象正常行为的突然改变。

常用的入侵检测统计模型如下。

（1）操作模型。该模型假设异常可通过测量结果与一些固定指标相比较得到，固定指标可以根据经验值或一段时间内的统计平均得到。例如，在短时间内的多次失败的登录很有可能是口令尝试攻击。

（2）方差。计算参数的方差，设定其置信区间，当测量值超过置信区间的范围时表明有可能是异常。

（3）多元模型。操作模型的扩展，通过同时分析多个参数实现检测。

（4）马尔可夫过程模型。将每种类型的事件定义为系统状态，用状态转移矩阵来表示状态的变化，当一个事件发生时，若状态矩阵该转移的概率较小则可能是异常事件。

（5）时间序列分析。将事件计数与资源耗用根据时间排成序列，如果一个新事件在该时间发生的概率较低，则该事件可能是入侵。

3）专家系统

专家系统是在统计分析的基础上进一步发展起来的。用专家系统对入侵进行检测，经常是针对有特征的入侵行为。规则即知识，不同的系统与设备具有不同的规则，且规则之间往往无通用性。专家系统的建立依赖于知识库的完备性，知识库的完备性又取决于审计记录的完备性与实时性。入侵的特征抽取与表达，是入侵检测专家系统的关键。在系统实现中，将有关入侵的知识转换为 if-then 结构（也可以是复合结构），if 部分为入侵特征，then 部分是系统防范措施。运用专家系统防范有特征入侵行为的有效性完全取决于专家系统知识库的完备性。

该技术根据安全专家对可疑行为的分析经验来形成一套推理规则，然后在此基础上建立相应的专家系统，由此专家系统自动进行对所涉及的入侵行为的分析工作。该系统应当能够随着经验的积累而利用其自学习能力进行规则的扩充和修正。

4）完整性分析

完整性分析主要关注某个文件或对象是否被更改，包括文件和目录的内容及属性，它在发现被更改的、被特洛伊化的应用程序方面特别有效。完整性分析使用消息摘要函数（如MD5），它能识别哪怕是微小的变化。其优点是不管模式匹配方法和统计分析方法能否发现入侵，只要是成功的攻击导致了文件或其他对象的任何改变，它都能够发现；缺点是一般以批处理方式实现，不用于实时响应。尽管如此，完整性检测方法还应该是网络安全产品的必要手段之一。例如，可以在每一天的某个特定时间内开启完整性分析模块，对网络系统进行全面的扫描检查。

3. 响应

入侵检测响应方式分为被动响应和主动响应。

（1）被动响应系统只会发出告警通知，将发生的不正常情况报告给管理员，本身并不试图降低所造成的破坏，更不会主动对攻击者采取反击行动。

（2）主动响应系统可以分为对被攻击系统实施控制的系统和对攻击系统实施控制的系统。

对被攻击系统实施控制(防护),是通过调整被攻击系统的状态,阻止或减轻攻击影响,如断开网络连接、增加安全日志、杀死可疑进程等;对攻击系统实施控制(反击),这种系统多被军方所重视和采用。

目前,主动响应系统还比较少,即使做出主动响应,一般也都是断开可疑攻击的网络连接,或是阻塞可疑的系统调用,若失败,则中止该进程。但由于系统暴露于拒绝服务攻击下,这种防御一般也难以实施。

3.2.4　入侵检测系统的分类

1. 根据采用的技术和原理分类

根据入侵检测系统采用的技术和原理不同,可以分为异常检测、误用检测和特征检测三种。现有的入侵检测工具大都是使用误用检测方法。异常检测方法虽然还没有得到广泛的应用,但在未来的入侵检测系统中肯定会有更大的发展。

1) 异常检测

基于异常的检测技术有一个假设,就是入侵事件的行为不同于一般正常用户或者系统的行为。通过多种方法可以建立正常或者有效行为的模型。入侵检测系统在检测的时候就把当前行为和正常模型相比较,如果比较结果有一定的偏离,则报警异常。换句话说,所有不符合正常模型的行为都被认为是入侵。如果系统错误地将异常活动定义为入侵,称为错报;如果系统未能检测出真正的入侵行为,则称为漏报。

错报、漏报是衡量入侵检测系统性能很重要的两个指标。

基于异常检测的优点就是它能够检测出新的入侵或者从未发生过的入侵,还可以检测出属于权限滥用类型的入侵。它对操作系统的依赖性较小。

异常检测方法的查全率很高但是查准率很低。过多误警是该方法的主要缺陷,这是因为系统的所有行为不可能用一些有限的训练数据来描述,并且因为系统行为随时改变,所以必须要有一种在线的训练机制,实时地学会被认为误警的行为,使得系统模型尽量覆盖不被认为是入侵的行为。但随着检测模型的逐步精确,异常检测会消耗更多的系统资源。

常见的异常检测方法包括统计异常检测、基于特征选择的异常检测、基于贝叶斯推理的异常检测、基于贝叶斯网络的异常检测、基于模式预测的异常检测、基于神经网络的异常检测、基于贝叶斯聚类的异常检测、基于机器学习的异常检测等。目前一种比较流行的方法就是采用数据挖掘技术,来发现各种异常行为之间的关联性,包括源 IP 关联、目的 IP 关联、特征关联、时间关联等。

2) 误用检测

进行误用检测的前提是所有的入侵行为都有可被检测到的特征。误用检测系统提供攻击特征库,当检测的用户或系统行为与库中的记录相匹配时,系统就认为这种行为是入侵。如果入侵特征与正常的用户行为匹配,则系统会发生错报;如果没有特征能与某种新的攻击行为匹配,则系统会发生漏报。误用检测模型如图 3-6 所示。

采用特征匹配,误用检测能明显降低错报率,并且对每一种入侵都能提出详细资料,使得使用者能够更方便地做出响应,但漏报率随之增加。攻击特征的细微变化,会使得误用检测无能为力。

这种方法的缺陷是入侵信息的收集和更新比较困难,需要很多的时间和很大的工作量,

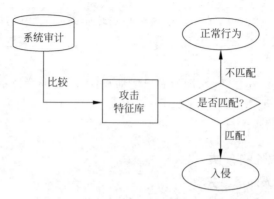

图 3-6 误用检测模型

以及很强的安全知识,如网络攻击、操作系统、系统平台、应用程序等方面的知识。所以,这种方法适用于特殊环境下的检测工具。另外,这种方法难以检测本地入侵(例如权限滥用),因为没有一个确定规则可以描述这些入侵事件。

常见的误用检测方法包括基于条件概率的误用入侵检测、基于专家系统的误用入侵检测、基于状态迁移的误用入侵检测、基于键盘监控的误用入侵检测、基于模型的误用入侵检测等。

以基于条件概率的误用入侵检测方法为例,该方法将入侵方式对应于一个事件序列,然后通过观测事件发生情况来推测入侵出现。这种方法的依据是外部事件序列。根据贝叶斯定理进行推理检测入侵。令 ES 表示事件序列,先验概率为 $P(\text{Intrusion})$,后验概率为 $P(\text{ES}|\text{Intrusion})$,事件出现的概率为 $P(\text{ES})$,则:

$$P(\text{Intrusion} \mid \text{ES}) = P(\text{ES} \mid \text{Intrusion}) \frac{P(\text{Intrusion})}{P(\text{ES})}$$

通常可以给出先验概率 $P(\text{Intrusion})$,对入侵报告数据进行统计处理得出 $P(\text{ES}|\text{Intrusion})$ 和 $P(\text{ES}|-\text{Intrusion})$,于是可以计算出:

$$P(\text{ES}) = ((P(\text{ES} \mid \text{Intrusion} - P(\text{ES}) \mid - \text{Intrusion})) \times P(\text{Intrusion}) + P(\text{ES} \mid - \text{Intrusion})$$

因此可以通过对事件序列的观测,推算出 $P(\text{Intrusion} \mid \text{ES})$。基于条件概率的误用入侵检测方法是在概率理论基础上的一个普遍的方法。它是对贝叶斯方法的改进,其缺点就是先验概率难以给出,而且事件的独立性难以满足。

3) 特征检测

和以上两种检测方法不同,特征检测关注的是系统本身的行为。定义系统行为轮廓,并将系统行为与轮廓进行比较,对未指明为正常行为的事件定义为入侵。特征检测系统常采用某种特征语言定义系统的安全策略。

这种检测方法的错报与行为特征定义准确度有关,当系统特征不能囊括所有的状态时就会产生漏报。

特征检测最大的优点是可以通过提高行为特征定义的准确度和覆盖范围,大幅度降低漏报和错报率;最大的不足是要求严格定义安全策略,这需要经验和技巧,另外,维护动态系统的特征库通常是很耗时的事情。

由于这些检测各有优缺点,许多实际的入侵检测系统通常同时采用两种以上的方法实现。

4）其他检测技术

一些检测技术不能简单地归类为误用检测或是异常检测,而是提供了一种有别于传统入侵检测视角的技术层次,例如,免疫系统、基因算法、数据挖掘、基于代理的检测等,它们或者提供了更具普遍意义的分析技术,或者提出了新的检测系统架构,因此无论是对于误用检测还是异常检测来说,都可以得到很好的应用。

作为人工智能的一个重要分支,神经网络在入侵检测领域得到了很好的应用,它使用自适应学习技术来提取异常行为的特征,需要对训练数据集进行学习以得出正常的行为模式,并且要求保证训练数据的纯洁性,即不包含任何入侵或异常的用户行为。神经网络由大量的处理元件组成,这些处理元件称为“单元”,单元之间通过带有权值的“连接”进行交互。神经网络所包含的知识体现在网络的结构(单元之间的连接、连接的权值)中,学习过程也就表现为权值的改变和连接的添加或阐述。神经网络的处理包含两个阶段:第一阶段的目的是构造入侵分析模型的检测器,使用代表用户行为的历史数据进行训练,完成网络的构建和组装;第二阶段则是入侵分析模型的实际运作阶段,网络接收输入的事件神经,与参考的历史行为相比较,判断出两者的相似度或偏离度。神经网络使用以下方法来标识异常的事件:改变单元的状态,改变连接的权值,添加连接或删除连接。同时也提供对所定义的正常模式进行逐步修正的功能。神经网络方法对异常检测来说,具有很多优势:由于不使用固定的系统属性集来定义用户行为,因此属性的选择是无关的;神经网络对所选择系统的量度也不要求满足某种统计分布条件,因此与传统的统计分析相比,具备了非参量化统计分析的优点。将神经网络应用在入侵检测中,也存在一些问题。例如,在很多情况下,系统趋向于形成某种不稳定的网络结构,不能从训练数据中学习到特定的知识,目前尚不能完全确定这种情况产生的原因。另外,神经网络对判断为异常的事件不会提供任何解释或说明信息,这导致了用户无法确认入侵的责任人,也无法判定究竟是系统哪方面存在的问题导致了攻击者得以成功地入侵。神经网络应用于入侵检测领域最大的问题在于检测的效率问题。最早提出使用神经网络来构造系统/用户行为模式的是 Fox,他使用 Kohonen 的 Self Organizing Map(SOM)自主学习算法来发现数据中隐藏的结构。杜兰大学的 David Endler 针对 Solaris 系统的 BSM 模块所产生的系统调用审计数据使用神经网络进行机器学习。Anup K. Ghosh 也采用针对特定程序的异常检测,建立软件程序的进程级行为模式,通过区分正常软件行为和恶意软件行为来发现异常。使用预先分类的输入资料对神经网络进行训练,学习区分正常和非正常的程序行为。Ghosh 还对简单的系统调用序列匹配、后向传播网络和 Elman 网络进行了比较。

新墨西哥大学的 Stephanie Forrest 提出了将生物免疫机制引入计算机系统的安全保护框架中。免疫系统最基本也是最重要的能力是识别“自我/非自我”,换句话讲,它能够识别哪些组织是属于正常机体的,不属于正常的就认为是异常,这个概念和入侵检测中异常检测的概念非常相似。研究人员通过大量的实验发现:对一个特定的程序来说,其系统调用序列是相当稳定的,使用系统调用序列来识别“自我”,应该可以满足系统的要求。在这个假设的前提下,该研究小组提出了基于系统调用的短序列匹配算法,并做了大量开创性的工作。

哥伦比亚大学的 Wenke Lee 在完成的博士论文中,提出了将数据挖掘技术应用到入侵检测中,通过对网络数据和主机系统调用数据的分析挖掘,发现误用检测规则或异常检测模型。具体的工作包括利用数据挖掘中的关联算法和序列挖掘算法提取用户的行为模式,利用分类算法对用户行为和特权程序的系统调用进行分类预测。实验结果表明,这种方法在入侵检测领域有很好的应用前景。Wenke Lee 另一个突出的贡献是提出并验证了将信息论中"熵"的概念引入安全领域,用于解决入侵检测系统中的特性选择问题,构建检测模型。哥伦比亚大学数据挖掘实验室的 Leonid Portnoy 则使用了数据挖掘中的聚类算法,通过计算和比较记录间的矢量距离,对网络连接记录、用户登录记录进行自动聚类,从而完成对审计记录是否正常的判断工作。

基因算法是另外一种较为新颖的分析手段。基因算法是进化算法的一种,引入了达尔文在进化论中提出的自然选择的概念(优胜劣汰、适者生存)对系统进行优化。基因算法利用对"染色体"的编码和相应的变异及组合,形成新的个体。算法通常针对需要进行优化的系统变量进行编码,作为构成个体的"染色体",因此对于处理多维系统的优化是非常有效的。在基因算法的研究人员看来,入侵检测的过程可以抽象为:为审计事件记录定义一种向量表示形式,这种向量或者对应于攻击行为,或者代表正常行为。通过对所定义向量进行的测试,提出改进的向量表示形式,不断重复这个过程直到得到令人满意的结果。在这种方法中,将不同的向量表示形式作为需要进行选择的个体。基因算法的任务是使用"适者生存"的概念,得出最佳的向量表示形式。通常分为两个步骤来完成:首先使用一串比特对所有的个体(向量表示形式)进行编码;然后找出最佳选择函数,根据某些评估准则对系统个体进行测试,得出最为合适的向量表示形式。基因算法的典型代表是 GASSATA 系统。

近年来,一种基于代理的检测技术逐渐引起研究者的重视。所谓代理,实际上可以看作是在网络中执行某项特定监视任务的软件实体。代理通常以自治的方式在目标主机上运行,本身只受操作系统的控制,因此不会受到其他进程的影响。代理的独立性和自治性为系统提供了良好的扩展性和发展潜力。一个代理可以简单到仅对一段时间内某条命令被调用的次数进行计数,也可以复杂到利用数学模型对特定应用环境中的入侵做出判断,这完全取决于开发者的主观意愿。基于代理的入侵检测系统的灵活性保证它可以为保障系统的安全提供混合式的架构,综合运用误用检测和异常检测,从而弥补两者各自的缺陷。例如,可以将一个代理设置成通过模式匹配的算法来检测某种特定类型的攻击行为,同时可以将另一个代理设置为对某项服务程序异常行为的监视器,甚至将入侵检测的响应模块也作为系统的一个代理运行。Purdue 大学的研究人员为基于代理的入侵检测系统提出了一个基本原型,称为入侵检测自治代理(Autonomous Agents For Intrusion Detection,AAFID)。

针对基于代理的检测技术,Purdue 大学的 Terran Lane 提出了一种基于用户行为等级模型的异常检测引擎代理生成方法。等级模型的叶结点表示用户行为的临时结构,较高层次的结点则代表其子结点所表示结构间的相互关系。Lane 采用基于事例学习(IBL)和隐马尔可夫模型(HMM)的方法,通过基于时间的序列数据来学习实体的正常行为模式。对于利用隐马尔可夫模型(HMM)为用户行为建模,用于异常检测方面,Terran Lane 进行了深入的研究。

亚利桑那州大学的 Nong Ye 使用随机过程中的马尔可夫链模型来表示主机系统中的正常模式,通过对系统实际观察到的行为的分析,推导出正常模式的马尔可夫链模型对实际行为的支持程度,从而判断异常。处理的对象是系统中的特权程序所产生的系统调用序列。Nong Ye 还使用贝叶斯概率网络进行异常检测,提出了采用结点间无向连接的对称结构,取代传统贝叶斯网络中的有向连接。采用接合点概率表取代原先的条件概率表,并修正了证据推论算法。

还有许多国内外的研究人员对入侵检测系统所使用的检测技术做了大量的研究工作,提出并实现了其他一些检测方法和原型系统,例如,基于流量分析的检测、基于入侵策略分析的检测等,在此不再一一介绍。

2. 根据检测的数据源分类

入侵检测系统的一个重要概念是从什么样的数据源检测入侵。根据数据来源的不同,入侵检测系统常被分为基于主机的入侵检测系统、基于网络的入侵检测系统和分布式入侵检测系统。

1) 基于主机的入侵检测系统

基于主机的入侵检测系统(HIDS)通常是安装在被重点检测的主机之上,其数据源来自主机,如日志文件、审计记录等。通过监视与分析主机中的上述文件就能够检测到入侵。能否及时采集到上述文件是这些系统的弱点之一,因为入侵者会将主机的审计子系统作为攻击目标以避开入侵检测系统。

尽管基于主机的入侵检测系统不如基于网络的入侵检测系统快捷,但它确实具有基于网络的 IDS 无法比拟的优点。

(1) 主要优点。

① 确定攻击是否成功。由于基于主机的 IDS 使用含有已发生事件信息,可以确定攻击是否成功。因此,基于主机的 IDS 是基于网络的 IDS 的完美补充;基于网络的 IDS 可以尽早提供警告,基于主机的 IDS 可以确定攻击成功与否。

② 能够检查到基于网络的入侵检测系统检查不出的攻击。例如,来自主要服务器键盘的攻击不经过网络,可以躲开基于网络的入侵检测系统,但躲不开基于主机的入侵检测系统。

③ 能够监视特定的系统活动。基于主机的 IDS 可以监视主要系统文件和可执行文件的改变,监视用户和访问文件的活动,包括文件访问、改变文件权限,试图建立新的可执行文件以及每位用户在网络中的行为;可以监视只有管理员才能实施的非正常行为,如有关用户账号的增加、删除、更改的情况;还可审计能影响系统记录的校验措施的改变;能够查出那些欲改写重要系统文件或者安装特洛伊木马或后门的尝试并将它们中断。而基于网络的 IDS 要做到这种程度是非常困难的,有时甚至查不到这些行为。

④ 适用被加密的和交换的环境。交换设备可将大型网络分成许多小型网络部件加以管理,所以从覆盖足够大的网络范围的角度出发,很难确定配置基于网络的 IDS 的最佳位置。基于主机的 IDS 可安装在所需的重要主机上,在交换的环境中具有更高的能见度。某些加密方式也向基于网络的 IDS 发出了挑战。由于加密方式位于协议堆栈内,所以基于网络的系统可能对某些攻击没有反应,基于主机的 IDS 则没有这方面的限制,当操作系统及基于主机的 IDS 看到即将到来的业务时,数据流已经被解密了。

⑤ 近于实时的检测和响应。尽管基于主机的 IDS 不能提供真正实时的反应,但如果应用正确,反应速度可以非常接近实时。

⑥ 不要求额外的硬件设备。基于主机的 IDS 存在于现行网络结构之中,包括文件服务器、Web 服务器及其他共享资源,不需要在网络上另外安装登记、维护及管理的硬件设备,

使得基于主机的 IDS 效率很高。

⑦ 低廉的成本。基于网络的入侵检测系统比基于主机的入侵检测系统要昂贵得多。

(2) 主要弱点。

① 基于主机的 IDS 安装在需要保护的设备上,如当一个数据库服务器需要保护时,就要在服务器本身安装入侵检测系统,这会降低应用系统的效率。此外,它也会带来一些额外的安全问题:安装了基于主机的 IDS 后,将本来安全管理员无权访问的服务器变成可以访问了。

② 基于主机的 IDS 依赖于服务器固有的日志与监视能力。如果服务器没有配置日志功能,则必须重新配置,这将会给运行中的业务系统带来不可预见的性能影响。

③ 全面部署基于主机的 IDS 代价较大,用户很难将所有主机用基于主机的 IDS 保护起来,只能选择保护部分重要主机。那些未安装基于主机的 IDS 的主机将成为保护的盲点,入侵者可利用这些机器达到攻击目标。

④ 基于主机的 IDS 除了监测自身的主机以外,根本不监测网络上的情况。对入侵行为的分析的工作量将随着主机数目的增加而增加。

2) 基于网络的入侵检测系统

基于网络的入侵检测系统(NIDS)放置在比较重要的网段内,其数据源是网络上规范的 TCP/IP 数据包,即通过在共享网段上对通信数据的侦听采集数据,对每一个数据包进行特征分析。如果数据包与系统内置的某些规则吻合,NIDS 的响应模块就提供多种选项实现通知、报警并对攻击采取相应的反应。反应因系统而异,但通常都包括通知管理员、中断网络连接、为法庭分析和证据收集而做好会话记录。NIDS 不需要主机提供严格的日志文件、审计记录,对主机资源消耗少,并可以提供对网络通用的保护而无须顾及异构主机的不同架构。目前,大部分入侵检测系统都是基于网络的。

基于网络的 IDS 如图 3-7 所示。第一个入侵检测系统放在防火墙的外面,以探查来自 Internet 的攻击,它不但能检测对内部网的攻击,还能检测对防火墙的攻击,但检测不到来自内部网的攻击。另一个传感器安装在网络内部以检测成功地穿过防火墙的数据包以及内部网络入侵和威胁,这个位置是基于网络的入侵检测系统常放的位置。

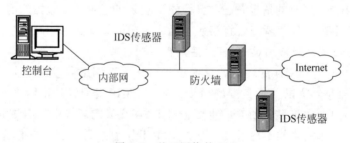

图 3-7 基于网络的 IDS

基于网络的 IDS 已经成为安全策略的实施中的重要组件,其主要特点如下。

(1) 主要优点。

① 成本较低。基于网络的 IDS 可在几个关键访问点上进行策略配置,以观察发往多个系统的网络通信,所以不要求在许多主机上装载并管理软件。由于需监测的点较少,因此成本较低。

② 可检测基于主机的 IDS 漏掉的攻击。基于网络的 IDS 检查所有包的头部从而发现恶意的和可疑的行动迹象。基于主机的 IDS 无法查看包的头部,所以它无法检测到这一类型的攻击。例如,许多来自于 IP 地址的拒绝服务型和碎片型攻击只要经过网络,都会在基于网络的 IDS 中被发现。

③ 攻击者不易转移证据。基于网络的 IDS 使用正在发生的网络通信进行实时攻击的检测,所以攻击者无法转移证据。被捕获的数据不仅包括攻击的方法,而且包括可识别的入侵者身份及对其进行起诉的信息。

④ 实时检测和响应。基于网络的 IDS 可以在恶意及可疑的攻击发生的同时将其检测出来,并做出更快的通知和响应。

⑤ 检测未成功的攻击和不良意图。基于网络的 IDS 增加了许多有价值的数据,以判别不良意图。

⑥ 操作系统无关性。基于网络的 IDS 作为安全检测资源,与主机的操作系统无关。与之相比,基于主机的系统必须在特定的、没有遭到破坏的操作系统中才能正常工作,生成有用的结果。

⑦ 安装简便。基于网络的 IDS 有向专门的设备发展的趋势,安装这样一个网络入侵检测系统非常方便,只需将定制的设备接上电源,做少量配置,将其连到网络上即可。

(2) 主要弱点。

① 检测范围的局限性。基于网络的 IDS 只检查它直接连接网段的通信,不能检测在不同网段的网络数据包,而安装多台基于网络的 IDS 将会使整个成本大大增加。

② 基于网络的 IDS 为了性能目标通常采用特征检测的方法,它可以检测出普通的一些攻击,而很难实现一些复杂的需要大量计算与分析时间的攻击检测。

③ 基于网络的 IDS 可能会将大量的数据传回分析系统中,影响系统性能和响应速度。

④ 基于网络的 IDS 处理加密的会话过程较困难,目前通过加密通道的攻击尚不多,但随着 IPv6 的普及,这个问题会越来越突出。

基于主机的入侵检测系统的检测范围小,只限于一台主机内,而基于网络的入侵检测系统的检测范围是整个网段。基于主机的入侵检测系统不但可以检测出系统的远程入侵,还可以检测出本地入侵。但是由于主机的信息多种多样,不同的操作系统信息源的格式就不同,使得基于主机的入侵检测系统比较难做。基于网络的入侵检测系统只能检测出远程入侵,对于本地入侵它是看不到的。可是由于网络数据一般都是规范的 TCP/IP 的数据包,所以基于网络的入侵检测系统比较易于实现。目前,大多数入侵检测的商业产品都是基于网络的入侵检测系统,基于主机的入侵检测系统只限于系统的安全工具。一个真正有效的入侵检测系统应该是基于主机和基于网络的混合,两种方法互为补充。

3) 分布式入侵检测系统

分布式入侵检测系统的数据也是来源于网络中的数据包,不同的是,它采用了分布式检测、集中管理的方法。即在每个网段安装一个黑匣子,该黑匣子相当于基于网络的入侵检测系统,只是没有用户操作界面。黑匣子用来检测其所在网段上的数据流,根据集中安全管理中心制定的安全策略、响应规则等来分析检测网络数据,同时向集中安全管理中心发回安全事件信息。集中安全管理中心是整个分布式入侵检测系统面向用户的界面。它的特点是对数据保护的范围比较大,但对网络流量有一定的影响。目前这种技术在 ISS 的 RealSecure

等产品中已经有了应用。

3. 根据工作方式分类

根据工作方式可以分为离线检测系统与在线检测系统。

1) 离线检测系统

离线检测系统是非实时工作的系统,它在事后分析审计事件,从中检查入侵活动。事后入侵检测由网络管理人员进行,他们具有网络安全的专业知识,根据计算机系统对用户操作所做的历史审计记录判断是否存在入侵行为,如果有就断开连接,并记录入侵证据和进行数据恢复。事后入侵检测是由管理员定期或不定期进行的,不具有实时性。

2) 在线检测系统

在线检测系统是实时联机的检测系统,它包含对实时网络数据包的分析和实时主机审计分析。其工作过程是:实时入侵检测在网络连接过程中进行,系统根据用户的历史行为模型、存储在计算机中的专家知识以及神经网络模型对用户当前的操作进行判断,一旦发现入侵迹象,立即断开入侵者与主机的连接,并收集证据和实施数据恢复。这个检测过程是不断循环进行的。

3.3 系统恢复技术

在系统被入侵之后,就要面临系统的恢复过程。在此过程中应当注意的是,所有步骤都应该与组织的网络安全策略中所描述的相符。如果安全策略中没有描述如何进行系统的恢复,那么可以先和管理人员协商,这样做的好处在于,当管理人员得知系统被入侵后,可以从更高的角度判别出这一入侵事件的重要性,从而系统的恢复过程可以得到更多部门的支持和配合。另外一个重要的用处在于,组织可以因此决定是否进行法律相关的调查,系统在被入侵后,是否要进行法律调查诉讼等问题。

系统的恢复主要有重建系统、通过软件和程序恢复系统等方法。重建系统相对要容易一些,只要考虑到所得的结果,或者抹掉入侵者的痕迹、途径和其他安全隐患,重新试运行系统,或者是重新安装系统之后进行安全配置。一般说来,在系统重建之后,往往要经历一个试运行阶段,以判断目前的系统是否已经足够安全。

3.3.1 系统恢复和信息恢复

通过软件和程序恢复系统可以分为两方面:系统恢复和信息恢复。

(1) 系统恢复:是指根据检测和响应环节提供有关事件的资料修补该事件所利用的系统缺陷,不让黑客再次利用这样的缺陷入侵。一般系统恢复包括系统升级、软件升级、打补丁和除去后门等。

注意:打补丁和除去后门是不同的概念。一般来说,黑客在第一次入侵的时候都是利用系统的缺陷。在第一次成功入侵之后,黑客就会在系统中打开一些后门,如安装一个特洛伊木马。所以,尽管系统缺陷已经被打补丁,黑客下一次还可以通过后门进入系统。

(2) 信息恢复:是指恢复丢失的数据。信息恢复就是从备份的数据恢复原来的数据,其过程有一个显著特点,就是有优先级别。直接影响日常生活和工作的信息必须先恢复,这样可以提高信息恢复的效率。

3.3.2　系统恢复的过程

1. 切断被入侵系统的入侵者访问途径

为了夺回对被侵入系统的控制权,首先需要避免入侵者造成更严重的破坏。如果在恢复过程中,没有断开被侵入系统的入侵者访问途径,入侵者就可能破坏恢复工作。曾经发生过这样的事情,在恢复过程中,系统管理员发现自己所进行的修改完全没有起到预想中的作用,事后才发现当自己修改配置的时候,入侵者同时也在进行操作。切断入侵系统的入侵者访问途径,可以有多种选择。如果入侵者来自于网络,可以将其从网络上断开。如果确认入侵者来自于外部网络,可以在边界防火墙上进行恰当的设置,以确保入侵者无法再进行访问。断开以后,可以进入 UNIX 系统的单用户模式或者 NT 的本地管理者模式进行操作,以夺回系统控制权。不过,这样做的代价是,可能会丢失一些有用的信息,例如,入侵者正在运行的扫描进程或监听进程。另外,如果决定要追踪入侵者,那么也可以不采取这些措施,以避免被入侵者察觉,但是这时应当采取其他措施保护那些内部网络中尚未被入侵的机器,以避免入侵的蔓延。

在对系统进行恢复的过程中,如果系统处于 UNIX 单用户模式下,会阻止用户、入侵者和入侵进程对系统的访问或者对主机的运行状态的意外改变。

2. 复制一份被侵入系统

在进行入侵分析之前,最好先备份被侵入的系统,这些原始的数据和记录,会起到很多的重要作用。如果将来决定进行法律诉讼,那么这些数据也将会成为有力的证据。在必要的时候,可以将这些数据保存为档案。可以使用 UNIX 命令 dd 将被侵入系统复制到另外一个硬盘。

例如,在一个有两个 SCSI 硬盘的 Linux 系统中,以下命令将在相同大小和类型的备份硬盘(/dev/sdb)上复制被侵入系统(在/dev/sda 盘上)的一个副本:

```
♯ dd if = /dev/sda of = /dev/sdb
```

还有一些其他的方法可以备份被侵入的系统。在 NT 系统中没有类似的内置命令,但可以使用一些第三方的程序复制被侵入系统的整个硬盘。在记录下备份的卷标、标志和日期后,将其保存到一个安全的地方以避免损坏。

3. 入侵途径分析

分析入侵途径,重要的在于分析入侵者提升自己权限的手段;否则,即使重新安装了系统,也无法保证系统会是安全的。入侵途径的分析,还有助于发现入侵者留下的后门和对系统的改动。这些信息对于评估系统的受损程度,有着重要的意义。

1) 分析日志文件、显示器输出及新增的文件

对系统情况进行分析并特别注意日志文件、显示器输出以及新增的文件,可以发现入侵者进入的途径。

日志文件是发现入侵者最有力的工具,很多入侵程序都利用了系统或服务程序运行时的异常情况,这些异常情况往往会留下一些记录。有的时候,聪明的入侵者会把这些记录抹去,但是显示器上的输出却仍然留了下来。另外,入侵者所留下的文件有时也可以显示出他所使用的攻击手段。同时,入侵检测系统和防火墙也能够提供最可信的证据。

2) 详细地审查系统日志文件

审查日志,最基本的一条就是检查异常现象。详细地审查系统日志文件,可以了解到系统是如何被侵入的,在入侵过程中,攻击者执行了哪些操作,以及哪些远程主机访问了系统等信息。

(1) UNIX 系统日志。

以下是一个通常使用的 UNIX 系统日志文件列表。由于系统配置的不同,它们在系统中的位置可能有所不同。可以查看/etc/Syslogconf 文件确定日志文件的具体位置。

① Messages:Messages 日志文件保存了大量的信息。可以从这个文件中发现异常信息,检查入侵过程中发生了哪些事情。

② Xferlog:如果被侵入系统提供 FTP 服务,Xferlog 文件就会记录下所有的 FTP 传输。这些信息可以帮助确定入侵者向系统上传了哪些工具,以及从系统下载了哪些东西。

③ Utmp:保存当前登录每个用户的信息,使用二进制格式。这个文件只能确定当前登录用户。使用 who 命令可以读出其中的信息。

④ Wtmp:每次用户成功的登录、退出以及系统重启,都会在 Wtmp 文件中留下记录。

⑤ Syslogconf 文件也使用二进制格式,需要使用工具程序从中获取有用的信息。last 就是一个这样的工具,它输出一个表,包括用户名、登录时间、发起连接的主机名等信息,检查在这个文件中记录的可疑连接,有助于确定牵扯到这起入侵事件的主机,并找出系统中可能被侵入的账号。

⑥ Secure:某些版本的 UNIX 系统(例如 Red Hat Linux)会将 TCP_wrappers 信息记录到 Secure 文件中。如果系统的 inetd 使用 TCP_wrappers,每当有连接请求超出了 inetd 提供的服务范围,就会在这个文件中加入一条日志信息。通过检查这个日志文件,可以发现一些异常服务请求,或者从陌生的主机发起的连接。

(2) Windows 日志。

Windows NT 或者 Windows 2000 通常使用三个日志文件,记录所有的 NT 事件,每个 NT 事件都会被记录到其中的一个文件中,可以使用 Event Viewer 查看日志文件。其他一些 NT 应用程序可能会把自己的日志放到其他的地方,例如,ISS 服务器默认的日志目录是 c:\winnt\system32\logfiles。

3) 检查入侵检测系统和防火墙

很多入侵者会把所有相关的日志记录全部抹掉,这时,如果系统外部运行有入侵检测系统和防火墙,往往可以提供更宝贵的信息。好的入侵检测系统不仅可以发现有什么样的攻击,还可以判断出这一攻击是否已经成功。而且,入侵者在入侵前所运行的扫描软件,一般也可以被入侵检测系统发觉。检查入侵检测系统,通常就足以发现有关此次入侵途径的足够的信息。

除了这些方法之外,对入侵者遗留物的分析也是一个发现线索的重要内容。遗留物的分析还关系到后门的清除,下面就详细介绍这方面的内容。

4. 遗留物分析

1) 检查入侵者对系统软件和配置文件的修改

(1) 校验系统中所有的二进制文件。

在检查入侵者对系统软件和配置文件的修改时,一定要记住:所使用的校验工具本身可能已经被修改过,操作系统的内核也有可能被修改了,这在目前来说,已经越来越普遍了。因此,建议用一个可信的内核启动系统,然后使用一个静态连接的干净的系统来进行检查。对于 UNIX 系统,可以通过建立一个启动盘,然后对其写保护来获得一个可信的操作系统内核。

彻底检查所有的系统二进制文件往往是十分必要的,可以把它们与原始发布介质(例如光盘)做比较,以确保攻击者没有在系统中安装特洛伊木马。在 NT 系统上,特洛伊木马通常会传播病毒,或者所谓的“远程管理程序”,如 BackOrifice 和 NetBus,特洛伊木马会取代处理网络连接的一些系统文件。

目前,由于一些工具的流行,一些木马程序具有和原始二进制文件相同的时间戳和 sum 校验值,通过简单的校验和无法判断文件是否被修改。因此,通常可以采用两种方法进行比较:一种是使用 cmp 程序直接把系统中的二进制文件和原始发布介质上对应的文件进行比较,另外一种则是比较二者的 md5 校验值。

(2) 校验系统配置文件。

在 UNIX 系统中,应该进行如下检查。

① 检查/etc/passwd 文件中是否有可疑的用户。

② 检查/etc/inetconf 文件是否被修改过。

③ 如果系统允许使用 r 命令,如 rlogin、rsh、rexec,则需要检查/etc/host sequiv 或者 rhosts 文件。检查新的 SUID 和 SGID 文件。通过下面的命令会打印出系统中的所有 SUID 和 SGID 文件。

对于 NT 系统,通常需要进行如下检查。

① 检查不成对的用户和组成员。

② 检查启动登录或者服务的程序的注册表入口是否被修改。

③ 检查“netshare”命令和服务器管理工具共有的非验证隐藏文件。

④ 检查 pulistexe 程序无法识别的进程。

2) 检查被修改的数据

入侵者经常会修改系统中的数据,所以建议对 Web 页面文件、FTP 存档文件、用户目录下的文件以及其他的文件进行校验。

3) 检查入侵者留下的工具和数据

入侵者通常会在系统中安装一些工具,以便继续监视被侵入的系统。入侵者一般会在系统中留下如下种类的文件。

(1) 网络监听工具。网络监听工具就是监视和记录网络行动的一种工具程序。入侵者通常会使用网络监听工具获得在网络上以明文进行传输的用户名和密码。

(2) 特洛伊木马程序。特洛伊木马程序能够在表面上执行某种功能,而实际上执行另外的功能。因此,入侵者可以使用特洛伊木马程序隐藏自己的行为,获得用户名和密码数据,建立后门以便将来再次访问被侵入系统。

(3) 安全缺陷攻击程序。系统运行存在安全缺陷的软件是其被侵入的一个主要原因。入侵者经常会使用一些针对已知安全缺陷的攻击工具,以此获得对系统的非法访问权限。这些工具通常会留在系统中,保存在一个隐蔽的目录中。

(4) 后门。后门程序将自己隐藏在被侵入的系统中,入侵者通过它就能够不通过正常的系统验证,不必使用安全缺陷攻击程序就可以进入系统。

由于后门会给系统的安全带来极大的影响,因此在系统被入侵后,后门的清除就成了一个重要的问题。常用的后门检测和清除工具软件有 lsof、Tripwire、chkrootkit 等。

① lsof:一个用于查看进程所打开文件的工具。在系统恢复过程中使用这个工具,最常用的功能是定位端口和进程的关系。通常可以发现一个正在运行的进程所打开的文件,这样,有助于通过可疑进程发现那些入侵者遗留物的具体位置;还可以用来发现某个端口所对应的进程,在系统恢复过程中,常常会用外部扫描程序来发现系统是否有木马存在,如果发现提供后门的端口,那么就需要确定这一端口是由哪个程序所占用,这时使用 lsof 程序,就能够达到这个目的。

② Tripwire:一个完整性检测工具,用来检测对文件系统的未授权修改。

③ chkrootkit:专门为发现系统中的 chkrootkit 而设计的,基本上可以发现所有著名的后门程序(但并不能清除)。chkrootkit 由 7 个小程序组成,主程序是 chkrootkit,用于发现各种后门。其余的几个分别是 ifpromisc,用于检测某个网络接口是否处于混杂模式;chklastlog、chkwtmp、chkwtmpx,用于检测系统的 3 个日志文件是否曾经遭到过破坏;chkproc,用于发现 LKM 隐藏的进程;strings 与 UNIX 自带的 strings 类似。

(5) 入侵者使用的其他工具。以上所列无法包括全部的入侵工具,攻击者在系统中可能还会留下其他入侵工具,包括系统安全缺陷探测工具、对其他站点发起大规模探测的脚本、发起拒绝服务攻击的工具、使用被侵入主机计算网络资源的程序、入侵工具的输出。

还有可能会发现入侵工具程序留下的一些日志文件,其中包含着其他相关站点,例如,攻击者的“大本营”站点,或者是入侵者利用这一系统攻破的其他站点。

因此,建议对系统进行彻底的搜索,找出上面列出的工具及其输出文件。一定要注意:在搜索过程中,要使用没有被攻击者修改过的搜索工具。主要搜索下面的内容。

① 检查 UNIX 系统/dev 下以外的 ASCII 文件。一些特洛伊木马二进制文件使用的配置文件通常在/dev 目录中。

② 仔细检查系统中的隐藏文件和隐藏目录。如果入侵者在系统中建立一个新的账户,那么这个新账户的起始目录及其使用的文件可能是隐藏的。

③ 检查一些名字非常奇怪的目录和文件。例如,(三个点)(两个点)以及空白(在 UNIX 系统中)。入侵者通常会在这样的目录中隐藏文件。对于 NT 系统,应该检查那些名字和一些系统文件名非常接近的目录和文件。

4) 检查网络监听工具

入侵者侵入一个 UNIX 系统后,为了获得用户名和密码信息,一般会在系统上安装一个网络监听程序。对于 NT 系统,入侵者则通常使用远程管理程序实现上述目的。判断系统是否被安装了监听工具,首先要看当前是否有网络接口处于混杂(Promiscuous)模式下。如果任何网络接口处于混杂模式下,就表示系统可能被安装了网络监听程序。使用 ifconfig 命令就可以知道系统网络接口是否处于混杂模式(注意一定使用没有被入侵者修改的 ifconfig):

```
ifconfig -a
```

有一些工具程序如 cpm、ifstatus、nepedc 等可以用来检测系统内的监听程序。

不过一些合法的网络监听程序和协议分析程序也会把网络接口设置为混杂模式,因此,检测到系统处于混杂模式后,还应当找出使用该设备的系统进程。在 UNIX 下,可以使用

lsof 来找出。根据相应的进程名字,才可以断定是否这是一个入侵者建立的监听程序。

还有一个应该注意的问题,监听程序的日志文件通常会增加较快。使用 df 或者 find 程序来发现变化过快的文件或者比较大的文件,有时也可以发现监听程序的蛛丝马迹。使用 lsof 程序发现进程打开文件、设备的情况,也可以起到一定的作用。一旦在系统中发现了监听程序,建议检查监听程序的输出文件以确定哪些主机可能会面临攻击威胁。不过,一些监听程序会给日志文件加密以增加检查的难度。

5. 检查网络上的其他系统和涉及的运送站点

除了已知被侵入的系统外,还应该对网络上所有的系统进行检查。主要检查和被侵入主机的共享网络服务(例如:NIS、NFS)或者通过一些机制(例如:hostsequiv、rhosts 文件,或者 kerberos 服务器)和被侵入主机相互信任的系统,以发现这些系统是否也被入侵了。可以使用 CERT 的入侵检测检查列表进行这一步检查工作。

在审查日志文件、入侵程序的输出文件和系统被侵入以来被修改的和新建立的文件时,要注意哪些站点可能会连接到被侵入的系统。根据经验,那些连接到被侵入主机的站点,通常已经被侵入了。所以要尽快找出其他可能遭到入侵的系统,通知其管理人员。

6. 评估入侵事件的影响,恢复系统

以上所有对入侵的分析,都是为了对入侵所造成的影响进行恰当的评估,借以决定所应采取的措施,同时恢复系统。对入侵所造成的影响进行评估,是一件相当困难的过程。入侵所造成的损害,可以有以下几方面。

(1) 对数据保密性的损害。发生入侵之后,需要判断哪些保密的数据有可能已经泄露,这些信息的泄露造成多大的影响,需要采取的应对措施造成的开销。

(2) 对数据完整性造成的损害。这些数据的损害、丢失所造成的影响。这些数据是否已经被传给了第三方,是否会因此承受其他损失。

(3) 声誉、信任度、媒体报道所造成的影响。这些影响所造成的潜在损失。

当然,影响不仅限于这些方面,尤其是当一次入侵事件广为人知时,所造成的损害更难于评估。

在评估出影响后,根据事件处理当中所得到的资料,组织可以决定出对此次事件是否采取一些追加措施。例如,是否进行入侵追踪,是否借助于媒体进行一些公告,是否向入侵者来源地报告,是否提起法律诉讼等。恰当的追加措施往往能够削减一部分由于入侵产生的不利影响。由于进一步措施的采取涉及很多的法律问题,因此可以向组织的法律顾问进行咨询,在此就不进行详细论述了。

习　　题

1. 攻击者常用的攻击工具有哪些?
2. 简述口令入侵的原理。
3. 简述网络攻击的步骤。画出黑客攻击企业内部局域网的典型流程。
4. 攻击者隐藏自己的行踪时通常采用哪些技术?
5. 简述网络攻击的防范措施。
6. 简述网络攻击的处理对策。

7. 一个成熟的入侵检测系统至少要满足哪 5 个要求？

8. 简述入侵检测系统的组成、特点。

9. 分别说明入侵检测系统的通用模型和统一模型。

10. 简述入侵检测的过程。

11. 什么是异常检测、误用检测、特征检测？

12. 基于主机的 IDS 和基于网络的 IDS 各有什么特点？

13. 你曾遇到过何种类型的网络攻击？采取了哪些措施保护你的计算机网络系统？

14. 攻击者入侵系统后通过更改系统中的可执行文件、库文件或日志文件来隐藏其活动,如果你是系统安全管理员,你将通过何种方法检测出这种活动？

15. 系统恢复过程中应对哪些遗留物进行分析？

16. 简述系统的恢复过程。

17. 上机练习：利用端口扫描程序,查看网络上的一台主机,这台主机运行的是什么操作系统？该主机提供了哪些服务？

18. 上机练习：安装并运行 SATAN,查找网上 FTP 站点的漏洞。

第4章

访问控制技术

观看视频

本章重点：

（1）访问控制的三个要素、七种策略、内容、模型。

（2）访问控制的安全策略与安全级别。

（3）安全审计的类型、与实施有关的问题。

（4）日志的审计。

（5）Windows NT 操作系统中的访问控制与安全审计。

访问控制是在保障授权用户能获取所需资源的同时拒绝非授权用户的安全机制。网络的访问控制技术是通过对访问的申请、批准和撤销的全过程进行有效的控制，从而确保只有合法用户的合法访问才能给予批准，而且相应的访问只能执行授权的操作。

访问控制是计算机网络系统的安全防范和保护的重要手段，是保证网络安全最重要的核心策略之一，也是计算机网络安全理论基础的重要组成部分。

4.1 访问控制概述

4.1.1 访问控制的定义

访问控制是指主体依据某些控制策略或权限对客体本身或其资源进行的不同授权访问。访问控制包括三个要素：主体、客体和控制策略。

1. 主体

主体 S(Subject)是指一个提出请求或要求的实体，是动作的发起者，但不一定是动作的执行者。主体可以是某个用户，也可以是用户启动的进程、服务和设备。

2. 客体

客体 O(Object)是接受其他实体访问的被动实体。客体的概念也很广泛，凡是可以被操作的信息、资源、对象都可以被认为是客体。在信息社会中，客体可以是信息、文件、记录等的集合体，也可以是网络上的硬件设施、无线通信中的终端，甚至一个客体可以包含另外一个客体。

3. 控制策略

控制策略 A(Attribution)是主体对客体的访问规则集，即属性集合。访问策略实际上体现了一种授权行为，也就是客体对主体的权限允许。所以，访问控制的目的是限制访问主体对访问客体的访问权限，从而使计算机网络系统在合法范围内使用；它决定用户能做什么，也决定代表一定用户身份的进程能做什么。为达到上述目的，访问控制需要完成以下两个任务。

(1) 识别和确认访问系统的用户。

(2) 决定该用户可以对某一系统资源进行何种类型的访问。

具体的访问控制策略有如下 7 种。

1) 入网访问控制

入网访问控制为网络访问提供了第一层访问控制。它控制哪些用户能够登录到服务器并获取网络资源,控制准许用户入网的时间和准许用户在哪台工作站入网。

用户的入网访问控制可分为三个步骤:用户名的识别与验证,用户口令的识别与验证,用户账号的默认限制检查。三道关卡中只要任何一关未过,该用户便不能进入该网络。

2) 网络的权限控制

网络的权限控制是针对网络非法操作所提出的一种安全保护措施。用户和用户组被赋予一定的权限。网络控制用户和用户组可以访问哪些目录、子目录、文件和其他资源。可以指定用户对这些文件、目录、设备能够执行哪些操作。受托者指派和继承权限屏蔽(IRM)可作为其两种实现方式。受托者指派控制用户和用户组如何使用网络服务器的目录、文件和设备。继承权限屏蔽相当于一个过滤器,可以限制子目录从父目录那里继承哪些权限。可以根据访问权限将用户分为以下几类。

(1) 特殊用户(系统管理员)。

(2) 一般用户,系统管理员根据他们的实际需要分配操作权限。

(3) 审计用户,负责网络的安全控制与资源使用情况的审计。

用户对网络资源的访问权限可以用一个访问控制表来描述。

3) 目录级安全控制

网络应允许控制用户对目录、文件、设备的访问权限。用户在目录一级被指定的权限对所有文件和子目录有效,用户还可被进一步指定对目录下的子目录和文件的权限。对目录和文件的访问权限一般有 8 种:系统管理员权限(Supervisor)、读权限(Read)、写权限(Write)、创建权限(Create)、删除权限(Erase)、修改权限(Modify)、文件查找权限(File Scan)、存取控制权限(Access Control)。一个网络系统管理员应当为用户指定适当的访问权限,这些访问权限控制着用户对服务器的访问。8 种访问权限的有效组合可以让用户有效地完成工作,同时又能有效地控制用户对服务器资源的访问,从而加强了网络和服务器的安全性。

4) 属性安全控制

当使用文件、目录和网络设备时,网络系统管理员应给文件、目录等指定访问属性。属性安全控制可以将给定的属性与网络服务器的文件、目录和网络设备联系起来。属性安全在权限安全的基础上提供更进一步的安全性。网络上的资源都应预先标出一组安全属性。用户对网络资源的访问权限对应一张访问控制表,用以表明用户对网络资源的访问能力。属性往往能控制以下几方面的权限:向某个文件写数据、复制一个文件、删除目录或文件、查看目录和文件、执行文件、隐含文件、共享和系统属性等。网络的属性可以保护重要的目录和文件,防止用户对目录和文件的误删除,执行修改、显示等。

5) 网络服务器安全控制

网络允许在服务器控制台上执行一系列操作。用户使用控制台可以装载和卸载模块,可以安装和删除软件等。网络服务器的安全控制包括可以设置口令锁定服务器控制台,以防止非法用户修改、删除重要信息或破坏数据;可以设定服务器登录时间限制、非法访问者检测和关闭的时间间隔。

6) 网络监测和锁定控制

网络管理员应对网络实施监控,服务器应记录用户对网络资源的访问,对非法的网络访问,服务器应以图形、文字或声音等形式报警,以引起网络管理员的注意。如果不法之徒试图进入网络,网络服务器应会自动记录企图尝试进入网络的次数,如果非法访问的次数达到设定数值,那么该账户将被自动锁定。

7) 网络端口和结点的安全控制

网络中服务器的端口往往使用自动回呼设备、静默调制解调器加以保护,并以加密的形式来识别结点的身份。自动回呼设备用于防止假冒合法用户,静默调制解调器用以防范黑客用自动拨号程序对计算机进行攻击。网络还常对服务器端和用户端采取控制,用户必须携带证实身份的验证器(如智能卡、磁卡、安全密码发生器),在对用户的身份进行验证之后,才允许进入用户端。然后,用户端和服务器端再进行相互验证。

4.1.2　访问控制矩阵

访问控制系统三个要素之间的行为关系可以用一个访问控制矩阵来表示。对于任意一个 $s_i \in S, o_j \in O$,都存在相应的一个 $a_{ij} \in A$,且 $a_{ij} = P(s_i, o)$,其中,P 是访问权限的函数。a_{ij} 就代表了 s_i 可以对 o_j 执行什么样的操作。访问控制矩阵如下。

$$\mathbf{A} = \begin{bmatrix} a_{00} & a_{01} & \cdots & a_{0n} \\ a_{10} & a_{11} & \cdots & a_{1n} \\ \vdots & \vdots & & \vdots \\ a_{m0} & a_{m1} & \cdots & a_{mn} \end{bmatrix} \begin{bmatrix} s_0 \\ s_1 \\ \vdots \\ s_m \end{bmatrix} = \begin{bmatrix} o_0 & o_1 & \cdots & o_n \end{bmatrix}$$

其中,$s_i(i = 0, 1, \cdots, m)$ 是主体对所有客体的权限集合;$o_j(j = 0, 1, \cdots, n)$ 是客体对所有主体的访问权限集合。

4.1.3　访问控制的内容

访问控制的实现首先要考虑对合法用户进行验证,然后是对控制策略的选用与管理,最后要对非法用户或越权操作进行管理。所以,访问控制包括认证、控制策略的具体实现和安全审计三方面的内容。

1. 认证

认证包括主体对客体的识别认证和客体对主体的检验认证。主体和客体的认证关系是相互的,当一个主体受到另外一个客体的访问时,这个主体也就变成了客体。一个实体可以在某一时刻是主体,而在另一时刻是客体,这取决于当前实体的功能是动作的执行者还是动作的被执行者。

2. 控制策略的具体实现

如何设定规则集合从而确保正常用户对信息资源的合法使用?既要防止非法用户,也要考虑敏感资源的泄露。对于合法用户而言,更不能越权行使控制策略所赋予其权利以外的功能。

3. 安全审计

安全审计使系统自动记录网络中的"正常"操作、"非正常"操作以及使用时间、敏感信息等。审计类似于飞机上的"黑匣子",它为系统进行事故原因查询、定位、事故发生前的预测、报警以及为事故发生后的实时处理提供详细可靠的依据或支持。

必须对各级管理员的行为进行审计,查看其是否滥用权利,从而达到威慑的目的以及保证访问控制的正常实现。

4.2　访问控制模型

访问控制模型是一种从访问控制的角度出发,描述安全系统、建立安全模型的方法。

4.2.1　自主访问控制模型

自主访问控制(Discretionary Access Control,DAC)模型是根据自主访问控制策略建立的一种模型,它基于对主体或主体所属的主体组的识别来限制对客体的访问,也就是由拥有资源的用户自己来决定其他一个或一些主体可以在什么程度上访问哪些资源。

自主访问控制又称为任意访问控制,一个主体的访问权限具有传递性。例如,大多数交互系统的工作流程是这样的:用户首先登录,然后启动某个进程为该用户做某项工作,这个进程就继承了该用户的属性,包括访问权限。这种权限的传递可能会给系统带来安全隐患,某个主体通过继承其他主体的权限而得到了它本身不应具有的访问权限,就可能破坏系统的安全性。这是自主访问控制方式的缺点。

具体实现时,为了实现完整的自主访问系统,DAC 模型一般采用访问控制表来表达访问控制信息。

访问控制表(ACL)是基于访问控制矩阵中列的自主访问控制。

它在一个客体上附加一个主体明细表,来表示各个主体对这个客体的访问权限。明细表中的每一项都包括主体的身份和主体对这个客体的访问权限。对系统中一个需要保护的客体 o_j 附加的访问控制表的结构如图 4-1 所示。

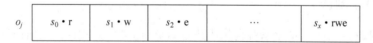

图 4-1　访问控制表举例

在图 4-1 的例子中,对于客体 o_j,主体 s_0 只有读的权限;主体 s_1 只有写的权限;主体 s_2 只有执行的权限;主体 s_x 具有读、写和执行的权限。

但是在一个很大的系统中,可能会有非常多的主体和客体,这就导致访问控制表非常长,占用很多的存储空间,而且访问时效率下降。使用组(group)或者通配符可以有效地缩短表的长度。

在实际的多用户系统中,用户可以根据部门结构或者工作性质被分为有限的几类。一般来说,同一类用户使用的资源基本上是相同的。因此,可以把一类用户作为一个组,分配一个组名,简称 GN,访问时可以按照组名判断。通配符"＊"可以代替任何组名或者主体标识符。这时,访问控制表中的主体标识为:

主体标识＝ID·GN

其中,ID 是主体标识符,GN 是主体所在组的组名。图 4-2 是带有组和通配符的访问控制表示例。

| o_j | Cai·TEACH·rwe | *·TEACH·rw | Li·*·r | *·*·n |

图 4-2　带有组和通配符的访问控制表示例

图 4-2 的第二列表示,属于 TEACH 组的所有主体都对客体 o_j 具有读和写的权限;但是只有 TEACH 组中的主体 Cai 才额外具有执行的权限(第一列);无论是哪一组中的 Li 都可以读客体 o_j(第三列);最后一个表项(第四列)说明所有其他的主体,无论属于哪个组,对 o_j 都不具备任何访问权限。

4.2.2　强制访问控制模型

自主访问控制的最大特点是自主,即资源的拥有者对资源的访问策略具有决策权,因此是一种限制比较弱的访问控制策略。这种方式给用户带来灵活性的同时,也带来了安全隐患。

和 DAC 模型不同的是,强制访问控制(Mandatory Access Control,MAC)模型是一种多级访问控制策略,它的主要特点是系统对主体和客体实行强制访问控制:系统事先给所有的主体和客体指定不同的安全级别,如绝密级、机密级、秘密级和无密级。在实施访问控制时,系统先对主体和客体的安全级别进行比较,再决定访问主体能否访问该客体。所以,不同级别的主体对不同级别的客体的访问是在强制的安全策略下实现的。

在强制访问控制模型中,将安全级别进行排序,如按照从高到低排列,规定高级别可以单向访问低级别,也可以规定低级别可以单向访问高级别。这种访问可以是读,也可以是写或修改。主体对客体的访问主要有 4 种方式。

(1) 向下读(Read Down):主体安全级别高于客体信息资源的安全级别时允许的读操作。

(2) 向上读(Read Up):主体安全级别低于客体信息资源的安全级别时允许的读操作。

(3) 向下写(Write Down):主体安全级别高于客体信息资源的安全级别时允许执行的动作或写操作。

(4) 向上写(Write Up):主体安全级别低于客体信息资源的安全级别时允许执行的动作或写操作。

由于 MAC 通过将安全级别进行排序实现了信息的单向流通,因此它一直被军方采用。在 MAC 模型中最主要的三种模型为:Lattice 模型、Bell Lapadula 模型和 Biba 模型。在这些模型中,信息的完整性和保密性是分别考虑的,因而对读、写的方向进行了反向规定,如图 4-3 所示。

(1) 保障信息完整性策略。为了保障信息的完整性,低级别的主体可以读高级别客体的信息(不保密),但低级别的主体不能写高级别的客体(保障信息完整),因此采用的是上读/下写策略。即属于某一个安全级的主体可以读本级和本级以上的客体,可以写本级和本级以下的客体。例如,机密级主体可以读绝密级、机密级的客体,可以写机密级、秘密级、无

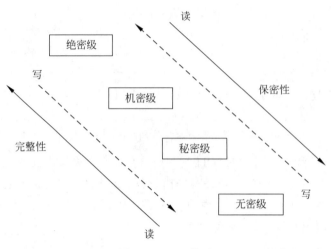

图 4-3　MAC 模型

密级的客体。这样,低密级的用户可以看到高密级的信息,因此,信息内容可以无限扩散,从而使信息的保密性无法保障;但低密级的用户永远无法修改高密级的信息,从而保障信息的完整性。Biba 模型不允许向下读、向上写,可以有效地保护信息的完整性。

(2) 保障信息保密性策略。与保障信息完整性策略相反,为了保障信息的保密性,低级别的主体不可以读高级别的信息(保密),但低级别的主体可以写高级别的客体(完整性可能破坏),因此采用的是下读/上写策略,即属于某一个安全级的主体可以写本级和本级以上的客体,可以读本级和本级以下的客体。例如,机密级主体可以写绝密级、机密级的客体,可以读机密级、秘密级、无密级的客体。这样,低密级的用户可以修改高密级的信息,因此,信息完整性得不到保障;但低密级的用户永远无法看到高密级的信息,从而保障信息的保密性。Bell Lapadula 模型只允许向下读、向上写,可以有效地防止机密信息向下级泄露。

自主访问控制较弱,而强制访问控制又太强,会给用户带来许多不便。因此,实际应用中,往往将自主访问控制和强制访问控制结合在一起使用。自主访问控制作为基础的、常用的控制手段;强制访问控制作为增强的、更加严格的控制手段。某些客体可以通过自主访问控制保护,重要信息必须通过强制访问控制保护。

4.2.3　基于角色的访问控制模型

在上述两种访问控制模型中,用户的权限可以变更,但必须在系统管理员的授权下才能进行。然而在具体实现时,往往不能满足实际需求。主要问题在于以下几点。

(1) 同一用户在不同的场合需要以不同的权限访问系统,而变更权限必须经系统管理员授权修改,因此很不方便。

(2) 当用户大量增加时,系统管理将变得复杂,工作量急剧增加,容易出错。

(3) 不容易实现系统的层次化分权管理,尤其是当同一用户在不同场合处在不同的权限层次时,系统管理很难实现。除非同一用户以多个用户名注册。

但是如果企业的组织结构或系统的安全需求处于变化的过程中时,那么就需要进行大量烦琐的授权变动,系统管理员的工作将变得非常繁重,更主要的是容易发生错误造成一些意想不到的安全漏洞。考虑到上述因素,在此引入新的机制加以解决。基于角色的访问控制模式就是为克服以上问题而提出来的。

1．角色的概念

在基于角色的访问控制模式中,用户不是自始至终以同样的注册身份和权限访问系统,而是以一定的角色访问。不同的角色被赋予不同的访问权限,系统的访问控制机制只看到角色,而看不到用户。用户在访问系统前,经过角色认证而充当相应的角色。用户获得特定角色后,系统依然可以按照自主访问控制或强制访问控制机制控制角色的访问能力。在基于角色的访问控制模型中,角色定义为与一个特定活动相关联的一组动作和责任。系统中的主体担任角色,完成角色规定的责任,具有角色拥有的权限。一个主体可以同时担任多个角色,它的权限就是多个角色权限的总和。基于角色的访问控制就是通过各种角色的不同搭配授权来尽可能实现主体的最小权限。最小权限指主体在能够完成所有必需的访问工作基础上的最小权限。

2．基于角色的访问控制原理

基于角色的访问控制(Role-Based Access Control,RBAC)就是通过定义角色的权限,为系统中的主体分配角色来实现访问控制的,其一般模型如图 4-4 所示。用户先经认证后获得一定角色,该角色被分派了一定的权限,用户以特定角色访问系统资源,访问控制机制检查角色的权限,并决定是否允许访问。

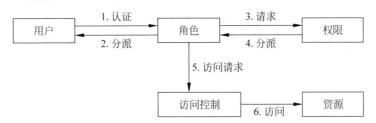

图 4-4　基于角色的访问控制模型

这种访问控制方法具有如下特点。

(1) 提供了三种授权管理的控制途径。

① 改变客体的访问权限,即修改客体可以由哪些角色访问以及具体的访问方式。

② 改变角色的访问权限。

③ 改变主体所担任的角色。

(2) 系统中所有角色的关系结构可以是层次化的,便于管理。角色的定义是从现实出发,所以可以用面向对象的方法来实现,运用类和继承等概念表示角色之间的层次关系非常自然而且实用。

(3) 具有较好的提供最小权利的能力,提高了安全性。由于对主体的授权是通过角色定义,因此调整角色的权限粒度可以做到更有针对性,不容易出现多余权限。

(4) 具有责任分离的能力。

4.2.4　其他访问控制模型

1．基于任务的访问控制模型

随着数据库、网络和分布式计算的发展,组织任务进一步自动化,促使人们将安全问题方面的注意力从独立的计算机系统中静态的主体和客体保护,转移到随着任务的执行而进行动态授权的保护上。由于上述几个访问控制模型都是从系统的角度出发去保护资源,其控制环境是静态的,在进行权限的控制时既没有考虑执行的上下文环境,又不能记录主体对客体权限的使用,使用权限也没有时间、次数的限制。所以,出现了基于任务的访问控制(Task Based Access Control,TBAC)模型。

TBAC 模型是从应用和企业层角度来解决安全问题,以面向任务的观点,从任务(活动)的角度来建立安全模型和实现安全机制,在任务处理的过程中提供动态实时的安全管理。其访问控制策略及其内部组件关系一般由系统管理员直接配置,支持最小特权原则和最小泄漏原则,在执行任务时只给用户分配所需的权限,未执行任务或任务终止后用户不再拥有所分配的权限;而且在执行任务过程中,当某一权限不再使用时,将自动收回该权限。

2. 基于对象的访问控制模型

DAC 或 MAC 模型的主要任务都是对系统中的主体和客体进行一维的权限管理,当用户数量多、处理的信息数据量巨大时,用户权限的管理、维护任务将变得十分繁重,并将降低系统的安全性和可靠性。如果采用 RBAC 模型,安全管理员除了要维护用户和角色的关联关系外,还需要将庞大的信息资源访问权限赋予有限个角色。当信息资源的种类增加或减少时,安全管理员必须更新所有角色的访问权限设置;如果客体的属性发生变化,就必须增加新的角色,并且更新原来所有角色的访问权限设置以及访问主体的角色分配设置,同时需要将客体不同属性的数据分配给不同的主体处理,这样的访问控制需求变化往往是不可预知的,造成访问控制管理的难度和工作量巨大。在这种情况下,有必要引入基于对象的访问控制(Object Based Access Control,OBAC)模型。

OBAC 模型从受控对象的角度出发,将主体的访问权限直接与受控对象相关联,一方面定义对象的访问控制表,增、删、修改访问控制项易于操作;另一方面,当受控对象的属性发生改变,或者受控对象发生继承和派生行为时,无须更新访问主体的权限,只需要修改受控对象的相应访问控制项即可,从而减少了主体的权限管理,减轻了由于信息资源的派生、演化和重组等带来的分配、设定角色权限等的工作量。

4.3　访问控制的安全策略与安全级别

4.3.1　安全策略

访问控制的安全策略有两种实现方式:基于身份的安全策略和基于规则的安全策略。这两种安全策略建立的基础都是授权行为。就其形式而言,基于身份的安全策略等同于DAC 安全策略,基于规则的安全策略等同于 MAC 安全策略。

1. 实施原则

访问控制安全策略的实施原则围绕主体、客体和安全控制规则集三者之间的关系展开。具体原则有如下三点。

(1) 最小特权原则。

最小特权原则是指主体执行操作时,按照主体所需权利的最小化原则分配给主体权利。最小特权原则的优点是最大限度地限制了主体实施授权行为,可以避免来自突发事件、错误和未授权主体的危险。也就是说,为了达到一定目的,主体必须执行一定操作,但只能做他所被允许做的,其他除外。

（2）最小泄漏原则。

最小泄漏原则是指主体执行任务时,按照主体所需要知道的信息最小化的原则分配给主体权利。

（3）多级安全策略。

多级安全策略是指主体和客体间的数据流向和权限控制按照安全级别的绝密（TS）、机密（C）、秘密（S）、限制（RS）和无密级（U）五级来划分。多级安全策略的优点是避免敏感信息的扩散。具有安全级别的信息资源,只有安全级别比它高的主体才能够访问。

2. 基于身份的安全策略

基于身份的安全策略是过滤对数据或资源的访问,只有能通过认证的那些主体才有可能正常使用客体的资源。基于身份的安全策略包括基于个人的策略和基于组的策略,主要有两种基本的实现方法,分别为能力表和访问控制表。

（1）基于个人的策略。基于个人的策略是指以用户个人为中心建立的一种策略,由一些列表组成。这些列表针对特定的客体,限定了哪些用户可以实现何种安全策略的操作行为。

（2）基于组的策略。基于组的策略是基于个人的策略的扩充,指一些用户被允许使用同样的访问控制规则访问同样的客体。

3. 基于规则的安全策略

基于规则的安全策略中的授权通常依赖于敏感性。在一个安全系统中,数据或资源应该标注安全标记。代表用户进行活动的进程可以得到与其原发者相应的安全标记。在实现上,由系统通过比较用户的安全级别和客体资源的安全级别来判断是否允许用户进行访问。

4.3.2　安全级别

安全级别有两个含义：一个是主、客体系统资源的安全级别,分为有层次的安全级别和无层次的安全级别两种；另一个是访问控制系统实现的安全级别,这和《可信计算机系统评估标准》的安全级别是一样的,分为 D、C（C1，C2）、B（B1，B2，B3）和 A 共四类 7 级,由低到高。

1. D 级

D 级别是最低的安全级别,对系统提供最小的安全防护。系统的访问控制没有限制,无须登录系统就可以访问数据。

2. C 级

C 级别属于自由选择性安全保护,在设计上有自我保护和审计功能,可对主体行为进行审计与约束。C 级别的安全策略主要是自主存取控制,可以实现：

（1）保护数据确保非授权用户无法访问。

（2）对存取权限的传播进行控制。

（3）个人用户数据的安全管理。

C 级别的用户必须提供身份证明,如口令机制,才能够正常实现访问控制,因此用户的操作与审计自动关联。C 级别的审计能够针对实现访问控制的授权用户和非授权用户,建立、维护以及保护审计记录不被更改、破坏或受到非授权存取。这个级别的审计能够实现对所要审计的事件、事件发生的日期与时间、涉及的用户、事件类型、事件成功或失败等进行记录,同时能通过对个体的识别,有选择地审计任何一个或多个用户。C级的另一个重要特点是有对于审计生命周期保证的验证,这样可以检查是否有明显的旁路可绕过或欺骗系统,检查是否存在明显的漏路。

3. B级

B级可以实现自主存取控制和强制存取控制,保持标记的完整性,信息资源的拥有者不能更改自身的权限,系统数据完全处于访问控制管理的监督下。通常包括以下几点。

(1) 所有敏感标识控制下的主体和客体都有标识。

(2) 安全标识对普通用户是不可变更的。

(3) 可以审计:

① 任何试图违反可读输出标记的行为。

② 授权用户提供的无标识数据的安全级别和与之相关的动作。

③ 信道和I/O设备的安全级别的改变。

④ 用户身份和相应的操作。

(4) 维护认证数据和授权信息。

(5) 通过控制独立地址空间来维护进程的隔离。

B组安全级别应该保证以下几点。

(1) 在设计阶段,应该提供设计文档、源代码以及目标代码,以供分析和测试。

(2) 有明确的漏洞清除和补救缺陷的措施。

(3) 无论是形式化的还是非形式化的模型,都能被证明可以满足安全策略的需求。监控对象在不同安全环境下的移动过程,例如,两进程间的数据传递。

4. A级

A级安全的设计必须给出形式化设计说明和验证,需要有严格的数学推导过程,同时应该包含秘密通道和可信任分布的分析。

4.4　安　全　审　计

计算机网络安全审计是通过一定的策略,利用记录分析系统活动和用户活动的历史操作事件,按照顺序检查、审查和检验每个事件的环境及活动,其中,系统活动包括操作系统和应用程序进程的活动,用户活动包括用户在操作系统和应用程序中的活动,如用户使用何种资源、使用的时间、执行何种操作等方面,发现系统的漏洞并改进系统的性能和安全。审计是计算机网络安全的重要组成部分。

4.4.1　安全审计概述

1. 安全审计的目标

安全审计应达到如下目标:对潜在的攻击者起到震慑和警告的作用;对于已经发生的系统破坏行为,提供有效的追究责任的证据,评估损失,提供有效的灾难恢复依据;为系统管理员提供有价值的系统使用日志,帮助系统管理员及时发现系统入侵行为或潜在的系统漏洞。

2. 安全审计的类型

安全审计的类型有三种,分别为系统级审计、应用级审计和用户级审计。

(1) 系统级审计。系统级审计的内容主要包括登录(成功和失败)、登录识别号、每次登录尝试的日期和时间、每次退出的日期和时间、所使用的设备、登录后运行的内容(如用户启动应用的尝试,无论成功或失败)。典型的系统级日志还包括与安全无关的信息,如系统操作、费用记账和网络性能。

(2) 应用级审计。系统级审计可能无法跟踪和记录应用中的事件,也可能无法提供数据拥有者所需要的足够的细节信息。通常,应用级审计的内容包括打开和关闭数据文件,读取、编辑和删除记录或字段的特定操作以及打印报告之类的用户活动。

(3) 用户级审计。用户级审计的内容通常包括用户直接启动的所有命令、用户所有的鉴别和认证尝试、用户所访问的文件和资源等方面。

3. 安全审计系统的基本结构

安全审计是通过对所关心的事件进行记录和分析来实现的,因此审计过程包括审计发生器、日志记录器、日志分析器和审计分析报告几部分,如图 4-5 所示。

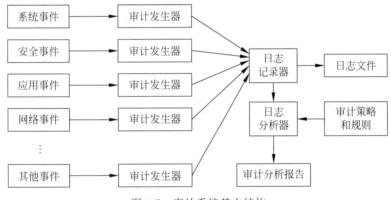

图 4-5　审计系统基本结构

审计发生器的作用是在信息系统中各种事件如系统事件、安全事件、应用事件、网络事件等产生时将这些事件的关键要素进行抽取并形成可记录的素材。日志记录器将审计发生器抽取的事件素材记录到指定的位置(如本机硬盘、磁带或专用记录主机)上,从而形成日志文件。日志分析器根据审计策略和规则对已形成的日志文件进行分析,得出某种事件发生的事实和规律,并形成日志审计分析报告。

4.4.2　日志的审计

日志就像飞机上的黑匣子,记录着非常重要的信息,发生安全事件之后,一般应对其进行详细分析。

1. 日志的内容

在理想情况下,日志应该记录每一个可能的事件,以便分析发生的所有事件,并恢复任何时刻进行的历史情况。然而,这样做显然是不现实的,因为要记录每一个数据包、每一条命令和每一次存取操作,需要的存储量将远远大于业务系统,并且将严重影响系统的性能。因此,日志的内容应该是有选择的。一般情况下,日志记录的内容应该满足以下原则。

(1) 日志应该记录任何必要的事件,以检测已知的攻击模式。

(2) 日志应该记录任何必要的事件,以检测异常的攻击模式。

(3) 日志应该记录关于系统连续可靠工作的信息。

在这些原则的指导下,日志系统可根据安全要求的强度选择记录下列事件的部分或全部。

(1) 审计功能的启动和关闭。

(2) 使用身份鉴别机制。

(3) 将客体引入主体的地址空间。

(4) 管理员、安全员、审计员和一般操作人员的操作。

(5) 其他专门定义的可审计事件。

通常,对于一个事件,日志应包括事件发生的日期和时间、引发事件的用户(地址)、事件的源和目的位置、事件类型、事件成败等。

2. 安全审计的记录机制

不同的系统可采用不同的机制记录日志。日志的记录可以由操作系统完成,也可以由应用系统或其他专用记录系统完成。但是,大部分情况都可用系统调用 Syslog 来记录日志,也可以用 SNMP 记录。下面简单介绍 Syslog。

Syslog 由 Syslog 守护程序、Syslog 规则集及 Syslog 系统调用三部分组成,如图 4-6 所示。

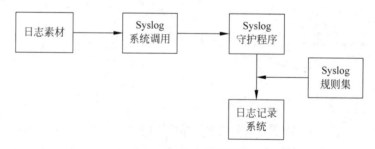

图 4-6　Syslog 记录机制

记录日志时,系统调用 Syslog 将日志素材发送给 Syslog 守护程序,Syslog 守护程序监听 Syslog 调用或 Syslog 端口(UPD 514)的消息,然后根据 Syslog 规则集对收到的日志素材进行处理。如果日志记录在其他计算机上,则 Syslog 守护程序将日志转发到相应的日志服务器上。Syslog 规则集(对于 UNIX,常放在文件/etc/Syslog. conf 中)是用来配置 Syslog 守护程序如何处理日志的规则。通常的规则如下。

(1) 将日志放进文件中。

(2) 通过 UDP 将日志记录到另一台计算机上。

(3) 将日志写入系统控制台。

(4) 将日志发给所有注册的用户。

在记录日志时,为了便于管理,一般将一定时段的日志存为一个文件,通常是将 1 天、1 周、半个月或 1 个月的日志存为一个文件。这样,就需要在 0:00 时刻切换日志文件。现在假设将 1 天的日志存为一个文件,日志文件在 2005 年 2 月 1 日零点切换,此前的日志文件名为 logfile. 20050131,那么在 2005 年 2 月 1 日 0:00 时刻日志监护程序会关闭旧日志文件 logfile.20050131,生成新日志文件 logfile.20050201,同时将新日志写入到这个新日志文件中。

在日志文件切换时,一种适合切换的算法是每次写文件之前打开文件,写完后关闭。程序如下。

```
While (okToRun) {
Message = getlogmessage () ;
FILE = openForAppending (logfile) ;
Append (FILE, message) ;
Close (FILE)
}
```

值得注意的是,由于文件的打开和关闭时间较写的时间慢得多,因此可能会导致有些事件丢失。为此,可以将一个文件永久打开,供日志读写。程序如下。

```
FILE = openFor Appending (logfile) ;
While (okToRun) {
Message = getlogmessage () ;
Append (FILE, message) ;
Close (FILE) ;
```

但这样又会影响日志文件的切换,因此比较好的做法是将 Syslog 监护程序打开的文件作为原始日志文件,另外增加一个日志整理进程,专门负责日志的整理和归档。

3. 日志分析

通过对日志进行分析,发现所需事件信息和规律是安全审计的根本目的。因此,审计分析十分重要。日志分析就是在日志中寻找模式,主要内容如下。

(1)潜在侵害分析。日志分析应能用一些规则去监控审计事件,并根据规则发现潜在的入侵,这种规则可以是由已定义的可审计事件的子集所指示的潜在安全攻击的积累或组合,或者其他规则。

(2)基于异常检测的轮廓。日志分析应确定用户正常行为的轮廓,当日志中的事件违反正常访问行为的轮廓,或超出正常轮廓一定的门限时,能指出将要发生的威胁。

(3)简单攻击探测。日志分析应对重大威胁事件的特征有明确的描述,当这些攻击现象出现时,能及时指出。

(4)复杂攻击探测。要求高的日志分析系统还应能检测到多步入侵序列,当攻击序列出现时,能预测其发生的步骤。

4. 审计事件查阅

由于审计系统是追踪、恢复的直接依据,甚至是司法依据,因此其自身的安全性十分重要。审计系统的安全主要是查阅和存储的安全。

审计事件的查阅应该受到严格的限制,不能篡改日志。通常通过以下不同的层次保证查阅的安全。

(1)审计查阅。审计系统以可理解的方式为授权用户提供查阅日志和分析结果的功能。

(2)有限审计查阅。审计系统只能提供对内容的读权限,因此应拒绝具有读以外权限的用户访问审计系统。

(3)可选审计查阅。在有限审计查阅的基础上限制查阅的范围。

5. 审计事件存储

审计事件的存储也有安全要求,具体有如下几种情况。

(1) 受保护的审计踪迹存储。即要求存储系统对日志事件具有保护功能,防止未授权的修改和删除,并具有检测修改/删除的能力。

(2) 审计数据的可用性保证。在审计存储系统遭受意外时,能防止或检测审计记录的修改,在存储介质存满或存储失败时,能确保记录不被破坏。

(3) 防止审计数据丢失。在审计踪迹超过预定的门限或记满时,应采取相应的措施防止数据丢失。这种措施可以是忽略可审计事件、只允许记录有特殊权限的事件、覆盖以前的记录、停止工作等。

4.4.3　安全审计的实施

为了确保审计数据的可用性和正确性,审计数据需要受到保护,因为不正确的数据也是没用的。而且,如果不对日志数据进行及时审查,规划和实施得再好的审计也会失去价值。审计应该根据需要(经常由安全事件触发)定期审查、自动实时审查,或两者兼而有之。系统管理员应该根据计算机安全管理的要求确定需要维护多长时间的审计数据,其中包括系统内保存的和归档保存的数据。

与实施有关的问题包括:保护审计数据、审查审计数据和审计工具。

1. 保护审计数据

访问在线审计日志必须受到严格限制。计算机安全管理人员和系统管理员或职能部门经理出于检查的目的可以访问,但是维护逻辑访问功能的安全和管理人员没有必要访问审计日志。

防止非法修改以确保审计跟踪数据的完整性尤其重要。使用数字签名是实现这一目标的一种途径。另一类方法是使用只读设备。入侵者会试图修改审计跟踪记录以掩盖自己的踪迹是审计跟踪文件需要保护的原因之一。使用强访问控制是保护审计跟踪记录免受非法访问的有效措施。当牵涉到法律问题时,审计跟踪信息的完整性尤为重要(这可能需要每天打印和签署日志)。此类法律问题应该直接咨询相关法律顾问。

审计跟踪信息的机密性也需要受到保护,例如,审计跟踪所记录的用户信息可能包含诸如交易记录等不宜披露的个人信息。强访问控制和加密在保护机密性方面非常有效。

2. 审查审计数据

审计跟踪的审查和分析可以分为事后检查、定期检查或实时检查。审查人员应该知道如何发现异常活动。他们应该知道怎么算是正常活动。如果可以通过用户识别码、终端识别码、应用程序名、日期时间或其他参数组来检索审计跟踪记录并生成所需的报告,那么审计跟踪检查就会比较容易。

(1) 事后检查。当系统或应用软件发生了故障、用户违反了操作规范或发现了系统或用户的异常问题时,系统级或应用级的管理员就会检查审计跟踪。应用或数据的拥有者在检查审计跟踪数据后会生成一个独立的报告以评估他们的资源是否遭受损失。

(2) 定期检查。应用的拥有者、数据的拥有者、系统管理员、数据处理管理员和计算机安全管理员应该根据非法活动的严重程度确定检查审计跟踪的频率。

(3) 实时检查。通常,审计跟踪分析是在批处理模式下定时执行的。审计记录会定时归档用于以后的分析。审计分析工具可用于实时和准实时模式下。此类入侵检测工具基于审计数据精选、攻击特征识别和差异分析技术。由于数据量过大,所以在大型多用户系统中使用人工方式对审计数据进行实时检查是不切实际的。但是,对于特定用户和应用的审计记录进行实时检查还是可能的。这类似于按键监控,不过这可能会涉及法律是否允许的问题。

3. 审计工具

审计精选工具是审计工具中的一种,用于从大量粗糙原始的审计数据中精选出有用信息。尤其是在大系统中,审计跟踪软件产生的数据文件非常庞大,用人工方式分析非常困难。使用自动化工具就是从审计信息中将无用的信息剔除。其他工具还有趋势差别探测工具和攻击特征探测工具。

(1) 审计精选工具。此类工具用于从大量的数据中精选出有用的信息以协助人工检查。在安全检查前,此类工具可以剔除大量对安全影响不大的信息。这类工具通常可以剔除由特定类型事件产生的记录,例如,由夜间备份产生的记录将被剔除。

(2) 趋势/差别探测工具。此类工具用于发现系统或用户的异常活动。可以建立较复杂的处理机制以监控系统使用趋势和探测各种异常活动。例如,如果用户通常在上午 9 点登录,但却有一天在凌晨 4 点半登录,这可能是一件值得调查的安全事件。

(3) 攻击特征探测工具。此类工具用于查找攻击特征,通常一系列特定的事件表明有可能发生了非法访问尝试。一个简单的例子是反复进行失败的登录尝试。

4.5　Windows 中的访问控制技术

4.5.1　Windows 中的访问控制

Windows 分为服务器版和工作站版,其核心特性、安全系统和网络设计都非常相似。主要区别在于:服务器版的用户账户数据库可以用于整个域;而工作站版的用户账户只能用于本地。本节主要介绍服务器版的访问控制,工作站版的访问控制大体相同。

Windows 的安全等级为 C2 级。其主要特点就是自主访问控制,要求资源的所有者必须能够控制对资源的访问。

1. Windows 的安全模型

Windows 采用的是微内核(Microkernel)结构和模块化的系统设计。有的模块运行在底层的内核模式上,有的模块则运行在受内核保护的用户模式上。Windows 的安全模型由四部分构成。

(1) 登录过程(Logon Process,LP):接受本地用户或者远程用户的登录请求,处理用户信息,为用户做一些初始化工作。

(2) 本地安全授权机构(Local Security Authority,LSA):根据安全账号管理器中的数据处理本地或者远程用户的登录信息,并控制审计和日志。这是整个安全子系统的核心。

(3) 安全账号管理器(Security Account Manager,SAM):维护账号的安全性管理的数据库。

(4) 安全引用监视器(Security Reference Monitor,SRM): 检查存取合法性,防止非法存取和修改。

这四部分在访问控制的不同阶段发挥各自不同的作用。

2. Windows 的访问控制过程

1) 创建账号

当一个账号被创建时,Windows 系统为它分配一个安全标识(SID)。安全标识和账号唯一对应,在账号创建时创建,账号删除时删除,而且永不再用。安全标识与对应的用户和组的账号信息一起存储在 SAM 数据库中。

2) 登录过程控制

每次登录时,用户应输入用户名、口令和希望登录的服务器/域等信息,登录主机把这些信息传送给系统的安全账号管理器,由安全账号管理器将这些信息与 SAM 数据库中的信息进行比较,如果匹配,服务器发给客户机或工作站允许访问的信息,记录用户账号的特权、主目录位置、工作站参数等信息,并返回用户的安全标识和用户所在组的安全标识。工作站为用户生成一个进程。

3) 创建访问令牌

当用户登录成功后,本地安全授权机构(LSA)为用户创建一个访问令牌,包括用户名、所在组、安全标识等信息。以后用户每新建一个进程,都将访问令牌复制作为该进程的访问令牌。

4) 访问对象控制

当用户或者用户生成的进程要访问某个对象时,安全引用监视器(SRM)将用户/进程的访问令牌中的安全标识(SID)与对象安全描述符(是 NT 为共享资源创建的一组安全属性,包括所有者安全标识、组安全标识、自主访问控制表、系统访问控制表和访问控制项)中的自主访问控制表进行比较,从而决定用户是否有权访问该对象。

在这个过程中应该注意: 安全标识(SID)对应账号的整个有效期,而访问令牌只对应某一次账号登录。

4.5.2 Windows 中的安全审计

1. Windows 的三个日志文件的物理位置

Windows 的三个日志文件的物理位置如下。

(1) 系统日志: %system root%\system32\config\sysevent. evt。

(2) 安全日志: %system root%\system32\config\secevent. evt。

(3) 应用程序日志: %system root%\system32\config\appevent. evt。

2. XP 审计子系统结构

几乎 Windows 系统中的每一项事务都可以在一定程度上被审计,在 Windows 中可以在 Explorer 和用户管理两个地方打开审计。在 Explorer 中,选择 Security,再选择 Auditing 以激活 Directory Auditing 对话框,系统管理员可以在此选择跟踪有效和无效的文件访问。在 Usermanager 中,系统管理员可以根据各种用户事件的成功和失败选择审计策略,如登录和退出、文件访问、权限非法和关闭系统等。Windows 使用一种特殊的格式存放它的日志文件,这种格式的文件可以被事件查看器 Event Viewer 读取。事件查看器可以在 Administrative tool 程序组中找到。系统管理员可以使用事件查看器的 Filter 选项根据一定条件选择要查看的日志条目。查看条件包括类别、用户和消息类型。

Windows 的日志文件很多,但主要是系统日志、安全日志和应用日志,这三个审计日志是审计一个 Windows 系统的核心。默认安装时,安全日志不打开。Windows 中所有可被审计的事件都存入了其中的一个日志。

(1) Application Log:包括用 NT Security authority 注册的应用程序产生的信息。

(2) Security Log:包括有关通过 NT 可识别安全提供者和客户的系统访问信息。

(3) System Log:包含所有系统相关事件的信息。

不幸的是,Windows 中的审计缺乏足够的深度和广度。系统或安全管理员用于浏览审计日志的工具——事件浏览器(Event Viewer)只有非常有限的灵活性,并且对大型日志的浏览速度很慢。这些日志并不能以域作为中心存储。每个服务器和工作站都有自己的日志集。这些日志分散在 Windows 网络的成千上万个服务器上,没有复杂的自动操作工具和数据转储工具,管理和利用这些日志是非常困难的。

3. 审计日志的记录格式

Windows 的审计日志由一系列的事件记录组成。每一个事件记录分为三个功能部分:头、事件描述和可选的附加数据项。

(1) 日期:事件的日期标识。

(2) 时间:事件的时间标识。

(3) 用户名:标识事件是由谁触发的。这个标识可以是初始用户 ID、某个客户 ID 或两者同时具有。具体是哪一个用户 ID,由 Windows 的扮演功能是否触发来决定。当操作系统允许一个进程继承另一个进程的安全属性时,扮演被触发。当扮演发生时,安全日志机制将同时反映用户 ID 和扮演 ID。

(4) 计算机名:事件所在的计算机名。当用户在整个企业范围内集中安全管理时,该信息大大简化了审计信息的回顾。

(5) 事件 ID:事件类型的数字标识。在事件记录描述中,这个域通常被映射成一个文本标识(事件名)。

(6) 源:用来响应产生事件记录的软件。源可以是一个应用程序、一个系统服务或一个设备驱动程序。

(7) 类型:事件严重性指示器。在系统和应用日志中,类型可以是错误、警告或信息,按重要性降序排列。在安全日志中,类型可能是成功审计或失败审计。

(8) 种类:触发事件类型,主要用在安全日志中指示该类事件的成功或失败审计已经被许可。

4. XP 事件日志管理特征

Windows 提供了大量特征给系统管理员去管理操作系统事件日志机制。例如,管理员能限制日志的大小并规定当文件达到容量上限时,如何去处理这些文件。处理的方法包括:用新记录去冲掉最老的记录,停止系统直到事件日志被手工清除。

当系统开始运行时,系统和应用事件日志也自动开始。当日志文件满且系统配置规定它们必须被手工清除时,日志停止。另外,安全事件日志必须由具有管理者权限的人启动。利用 NT 的用户管理器,可以设置安全审计规则。要启用安全审计的功能,只需在"规则"菜单下选择"审计",然后通过查看 NT 记录的安全事件日志中的安全性事件,即可以跟踪所选用户的操作。

5. XP 安全日志的审计策略

XP 安全日志由审计策略支配。审计策略可以通过配置"审计策略"对话框中的选项来建立。审计策略规定日志的事件类型并可以根据动作、用户和目标进一步具体化。安全事件记录包括动作的时间和日期、已执行的动作和执行响应的动作。成功和失败的动作都能在安全日志中产生条目。日志条目也记录企图执行被策略禁止的动作的活动。XP 的审计规则如下(既可以审计成功的操作,又可以审计失败的操作)。

(1)登录及注销:登录及注销或连接到网络。

(2)用户及组管理:创建、更改或删除用户账号或组,重命名、禁止或启用用户号,设置和更改密码。

(3)文件及对象访问:访问设置用于文件或目录审计的目录或文件的用户,以及向设置用于打印机审计的打印机发送打印作业的用户。

(4)安全性规则更改:对用户权利、审计或委托关系规则的改动。

(5)重新启动、关机及系统级事件:用户重新启动或关闭计算机,或者发生了一个影响系统安全性或安全日志的事件。

(6)进程追踪:这些事件提供了关于事件的详细跟踪信息,如程序活动、某些形式句柄的复制、间接对象的访问和退出进程。对于"文件及对象访问"中的文件和目录的审计,还需要在资源管理器中对要审计的目录或文件进行具体设置。

(7)文件和目录审计:允许跟踪目录和文件的用法。对于一个具体的文件或目录,可以指定要审计的组、用户或操作。既可以审计成功的操作,又可以审计失败的操作。审计目录可以选择读、写、执行、删除、更改权限或者获得所有权等事件。审计文件也可以选择读、写、可执行、删除、更改权限、获得所有权等事件。

6. 管理和维护审计

通常情况下,Windows 不是将所有的事件都记录日志,而需要手动启动审计的功能。这时需要选择"开始"|"管理工具"|"用户管理器",打开"用户管理器"窗口。然后从用户管理器的菜单中单击策略|审计,打开"审计策略"对话框,在此选择"审计这些事件"单选框,选择需要启动的事件,单击 OK 按钮,然后关闭用户管理器。值得注意的是,在启动 Windows 的审计功能时,需要仔细选择审计的内容。审计日志将产生大量的数据,因此较为合理的方法是首先设置进行简单的审计,然后在监视系统性能的情况下逐步增加复杂的审计要求。当需要审查审计日志以跟踪网络或机器上的异常事件时,采用一些第三方提供的工具是一个较有效率的选择。

习　　题

1. 简述访问控制的三个要素、七种策略。
2. 简述访问控制的内容。
3. 简述自主访问控制模型、强制访问控制模型、基于角色的访问控制模型。
4. 试述访问控制的安全策略以及实施原则。

5. 简述安全审计的类型。

6. 简述日志的内容。日志分析的主要内容是什么?

7. 简述 Windows 的访问控制过程。

8. Windows 的审计系统是如何实现的? 采用什么策略?

9. 基于角色的访问控制是如何实现的? 有什么优点?

第 5 章

防火墙技术

本章重点:

(1) 防火墙的定义、发展简史、目的、功能、局限性。

(2) 包过滤防火墙和代理防火墙的实现原理、技术特点以及实现方式。

(3) 防火墙的常见体系结构。

(4) 分布式防火墙的体系结构、特点。

5.1 防火墙技术概述

防火墙(Firewall)是一种将内部网和公众网如 Internet 分开的方法。它能限制被保护的网络与 Internet 或者其他网络之间进行的信息存取、传递操作,可以作为不同网络或网络安全域之间信息的出入口,能根据企业的安全策略控制出入网络的信息流,且本身具有较强的抗攻击能力。在逻辑上,防火墙是一个分离器,一个限制器,也是一个分析器,可以有效地监控内部网与 Internet 之间的任何活动,保证了内部网络的安全。

防火墙是提供信息安全服务,实现网络和信息安全的基础设施。在构建安全的网络环境的过程中,防火墙作为第一道安全防线,正受到越来越多用户的关注。通常一个单位在购买网络安全设备时,总是把防火墙放在首位。目前,防火墙已经成为世界上用得最多的网络安全产品之一。本章主要讲述防火墙是如何保证网络系统的安全的。

5.1.1 防火墙的定义

《辞海》上说:"防火墙:用非燃烧材料砌筑的墙。设在建筑物的两端或在建筑物内将建筑物分割成区段,以防止火灾蔓延。"在 IT 这个变革一切、改造一切的世界里,人们借助了这个概念,"防火墙是设置在被保护网络与外部网络之间的一道屏障,以防止发生不可预测的、潜在破坏性的入侵。"如果说,只要用户使用了计算机,就应该使用杀毒软件;那么,只要用户联上了 Internet,就应该构建防火墙。

简单地说,防火墙是位于内部网络与外部网络之间或两个信任程度不同的网络之间(如企业内部网络和 Internet 之间)的软件或硬件设备的组合,它对两个网络之间的通信进行控制,通过强制实施统一的安全策略,限制外界用户对内部网络的访问及管理内部用户访问外部网络的权限,防止对重要信息资源的非法存取和访问,以达到保护系统安全的目的。

防火墙是设置在被保护网络与外部网络之间的一道屏障,是不同网络或网络安全域之间信息的唯一出入口,能根据受保护的网络的安全政策控制(允许、拒绝、监测)出入网络的信息流,尽可能地对外部屏蔽网络内部的信息、结构和运行状况,以此来实现网络的安全保护,以防止发生不可预测的、潜在破坏性的侵入。防火墙本身具有较强的抗攻击能力,它是提供信息安全服务、实现网络和信息安全的基础设施。图 5-1 为防火墙示意图。

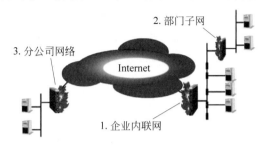

图 5-1   防火墙示意图

5.1.2   防火墙的发展简史

第一代防火墙:第一代防火墙技术几乎与路由器同时出现,采用了包过滤(Packet Filter)技术。

第二、三代防火墙:1989 年,贝尔实验室的 Dave Presotto 和 Howard Trickey 推出了第二代防火墙,即电路层防火墙,同时提出了第三代防火墙,即应用层防火墙(代理防火墙)的初步结构。

第四代防火墙:1992 年,USC 信息科学院的 Bob Braden 开发出了基于动态包过滤技术的第四代防火墙,后来演变为目前所说的状态监视技术。1994 年,以色列的 Checkpoint 公司开发出第一个基于这种技术的商业化产品。

第五代防火墙:1998 年,NAI 公司推出了一种自适应代理技术,并在其产品中得以实现,为代理类型的防火墙赋予了全新的意义,可以称之为第五代防火墙。

第六代防火墙:一体化安全网关 UTM 防火墙。统一威胁管理(Unified Threat Management, UTM),是在防火墙基础上发展起来的,具备防火墙、IPS、防病毒、防垃圾邮件等综合功能的设备。由于同时开启多项功能会大大降低 UTM 的处理性能,因此主要用于对性能要求不高的中低端领域。在该领域,已经出现了 UTM 代替防火墙的趋势,因为在不开启附加功能的情况下,UTM 本身就是一个防火墙,而附加功能又为用户的应用提供了更多选择。在高端应用领域,如电信、金融等行业,仍然以专用的高性能防火墙、IPS 为主流。

5.1.3   设置防火墙的目的和功能

通常应用防火墙的目的有以下几方面:限制他人进入内部网络,过滤不安全的服务和非法用户,防止入侵者接近用户的防御设施,限定人们访问特殊站点,为监视局域网安全提供方便。

无论何种类型的防火墙,从总体上看,都应具有以下五大基本功能:过滤进出网络的数据;管理进出网络的访问行为;封堵某些禁止的业务;记录通过防火墙的信息内容和活动;对网络攻击的检测和告警。防火墙的主要功能就是控制对受保护网络的非法访问,它通过监视、限制、更改通过网络的数据流,一方面尽可能屏蔽内部网的拓扑结构,另一方面对内屏蔽外部危险站点,用以防范外对内、内对外的非法访问。其功能具体表现在以下四方面。

1. 防火墙是网络安全的屏障

防火墙作为阻塞点、控制点,能极大地提高一个内部网络的安全性,并通过过滤不安全的服务而降低风险。由于只有经过精心选择的应用协议才能通过防火墙,所以内部网络环境变得更安全。例如,防火墙可以禁止诸如众所周知的不安全的 NFS 协议进出受保护的网络,这样外部的攻击者就不可能利用这些脆弱的协议来攻击内部网络。防火墙同时可以保护网络免受基于路由的攻击,如 IP 选项中的源路由攻击和 ICMP 重定向中的重定向路径。防火墙应该可以拒绝所有以上类型攻击的报文并通知防火墙管理员。

2. 防火墙可以强化网络安全策略

通过以防火墙为中心的安全方案配置,能将所有安全软件如口令、加密、身份认证和审计等配置在防火墙上。与将网络安全问题分散到各个主机上相比,防火墙的集中安全管理更经济。

3. 对网络存取和访问进行监控审计

如果所有的访问都经过防火墙,那么,防火墙就能记录下这些访问并做出日志记录,同时也能提供网络使用情况的统计数据。当发生可疑动作时,防火墙能进行适当地报警,并提供网络是否受到监测和攻击的详细信息。另外,收集一个网络的使用和误用情况也是非常重要的,其理由是可以了解防火墙是否能够抵挡攻击者的探测和攻击、防火墙的控制是否充足。而网络使用统计对网络需求分析和威胁分析等而言也是非常重要的。

4. 防止内部信息的外泄

通过利用防火墙对内部网络的划分,可实现内部网重点网段的隔离,从而限制了局部重点或敏感网络安全问题对全局网络造成的影响。再者,隐私是内部网络非常关心的问题,一个内部网络中不引人注意的细节可能包含有关安全的线索而引起外部攻击者的兴趣,甚至因此暴露了内部网络的某些安全漏洞。使用防火墙就可以隐蔽那些透漏内部细节的服务,如 Finger、DNS 等。Finger 可显示主机所有用户的注册名、真名,最后登录时间和使用的 Shell 类型等,但是 Finger 显示的信息非常容易被攻击者所获悉。攻击者可以知道一个系统使用的频繁程度,这个系统是否有用户正在连线上网,这个系统是否在被攻击时引起注意等。防火墙可以同样阻塞有关内部网络中的 DNS 信息。这样,内部主机的域名和 IP 地址就不会被外界所了解。

除了安全作用,防火墙还支持具有 Internet 服务特性的企业内部网络技术体系 VPN。通过 VPN,将企事业单位在地域上分布在全世界各地的 LAN 或专用子网,有机地连成一个整体。不仅省去了专用通信线路,而且为信息共享提供了技术保障。

总之,防火墙允许网络管理员定义一个中心点来防止非法用户进入内部网络;可以很方便地监视网络的安全性,并报警;可以作为部署 NAT(Network Address Translation,网络地址变换)的地点,利用 NAT 技术,将有限的 IP 地址动态或静态地与内部的 IP 地址对应起来,用来缓解地址空间短缺的问题;防火墙还是审计和记录 Internet 使用费用的一个最佳地点,网络管理员可以在此向管理部门提供 Internet 连接的费用情况,查出潜在的带宽瓶颈位置,并能够依据本机构的核算模式提供部门级的计费;防火墙可以连接到一个单独的网段上(从技术角度来讲,这就是所谓的停火区——DMZ),从物理上和内部网段隔开,并在此部署 WWW 服务器和 FTP 服务器,将其作为向外部发布内部信息的地点。

5.1.4 防火墙的局限性

防火墙技术是内部网络最重要的安全技术之一,但防火墙也有其明显的局限性。

1. 防火墙防外不防内

防火墙的安全控制只能作用于外对内或内对外,对外可屏蔽内部网的拓扑结构,封锁外部网上的用户连接内部网上的重要站点或某些端口;对内可屏蔽外部危险站点,但它很难解决内部网控制内部人员的安全问题,即防外不防内。而据权威部门统计表明,网络上的安全攻击事件有 70%以上来自内部。

2. 网络应用受到结构性限制

传统的边界式防火墙依赖于物理上的拓扑结构,它从物理上将网络划分为内部网络和外部网络。而根据 VPN 的概念,它对内部网络和外部网络的划分是基于逻辑上的,逻辑上同处内部网络的主机可能在物理上分处内部和外部两个网络。传统的防火墙在此类网络环境的应用受到了结构性限制。

基于以上原因,传统防火墙不能在有两个内部网络之间通信需求的 VPN 网络中使用,否则 VPN 通信将被中断。虽然目前有一种 SSL VPN 技术可以绕过企业边界的防火墙进入内部网络 VPN 通信,但是应用更广泛的传统 IPSec VPN 通信中还是不能使用,除非是专门的 VPN 防火墙。

3. 防火墙难于管理和配置,易造成安全漏洞

防火墙的管理及配置相当复杂,要想成功维护防火墙,就要求防火墙管理员对网络安全攻击的手段及其与系统配置的关系有相当深刻的了解;防火墙的安全策略无法进行集中管理,一般来说,由多个系统(路由器、过滤器、代理服务器、网关、堡垒主机)组成的防火墙,管理上有所疏忽是在所难免的。

4. 效率较低、故障率高

由于防火墙把检查机制集中在网络边界处的单点上,产成了网络的瓶颈和单点故障隐患。从性能的角度来说,防火墙极易成为网络流量的瓶颈。

5. 很难为用户在防火墙内外提供一致的安全策略

许多防火墙对用户的安全控制主要是基于用户所用机器的 IP 地址而不是用户身份,这样就很难为同一用户在防火墙内外提供一致的安全控制策略,限制了网络的物理范围。

6. 防火墙只实现了粗粒度的访问控制

防火墙只实现了粗粒度的访问控制,且不能与网络内部使用的其他安全(如访问控制)集中使用。这样,就必须为网络内部的身份验证和访问控制管理维护单独的数据库。

5.1.5 防火墙技术发展动态和趋势

考虑到 Internet 发展的凶猛势头和防火墙产品的更新步伐,要全面展望防火墙技术的发展几乎是不可能的,但是,从产品及功能上,却可以看出一些动向和趋势,防火墙产品正向以下趋势发展。

1. 优良的性能

新一代防火墙系统不仅应该能更好地保护防火墙后面内部网络的安全,而且应该具有更为优良的整体性能。数据通过率越高,防火墙性能越好。传统的代理型防火墙虽然可以提供较高级别的安全保护,但同时也成为限制网络带宽的瓶颈,这极大地制约了它在网络中的实际应用。现在大多数的防火墙产品都支持 NAT 功能,它可以让受防火墙保护一边的 IP 地址不至于暴露在没有保护的另一边,但启用 NAT 后,势必会对防火墙系统性能有所影响,如何尽量减少这种影响也成为目前防火墙产品的卖点之一。另外,防火墙系统中集成的 VPN 解决方案必须是真正的线速运行,否则将成为网络通信的瓶颈。特别是采用复杂的加密算法时,防火墙性能尤为重要。总之,未来的防火墙系统将会把高速的性能和最大限度的安全性有机结合在一起,有效地消除制约传统防火墙的性能瓶颈。

2. 可扩展的结构和功能

选择哪种防火墙,除了应考虑它的基本性能外,毫无疑问,还应考虑用户的实际需求与未来网络的升级。因此,防火墙除了具有保护网络安全的基本功能外,还提供对 VPN 的支持,同时还应该具有可扩展的内驻应用层代理。除了支持常见的网络服务以外,还应该能够按照用户的需求提供相应的代理服务,例如,如果用户需要 NNTP、X Window、HTTP 和 Gopher 等服务,防火墙就应该包含相应的代理服务程序。未来的防火墙系统应是一个可随意伸缩的模块化解决方案,从最为基本的包过滤到带加密功能的 VPN 型包过滤,直至一个独立的应用网关,使用户有充分的余地构建自己所需要的防火墙体系。

3. 简化的安装与管理

防火墙产品配置和管理的难易程度是防火墙能否达到目的的主要考虑因素之一。若防火墙的配置和管理过于困难,则可能会造成设置上的错误,反而不能达到其功能。未来的防火墙将具有非常易于配置的图形用户界面,NT 防火墙市场的发展证明了这种趋势。

4. 主动过滤

许多防火墙都包括对过滤产品的支持,并可以与第三方过滤服务连接,这些服务提供了不受欢迎的 Internet 站点的分类清单。防火墙还在它们的 Web 代理中包括时间限制功能,允许非工作时间的冲浪和登录,并提供冲浪活动的报告。

5. 防病毒与防黑客

许多防火墙具有内置防病毒与防黑客的功能。下面几点可能是防火墙技术下一步的走向和选择。

(1)防火墙将从目前对子网或内部网络管理的方式向远程上网集中管理的方式发展。

(2)过滤深度不断加强,从目前的地址、服务过滤,发展到 URL(页面)过滤、关键字过滤和对 ActiveX、Java 等,并逐渐拥有病毒扫除功能。

(3)利用防火墙建立专用网(VPN)是较长一段时间的主流,IP 的加密需求越来越强,安全协议的开发是一大热点。

(4)对网络攻击的检测和告警将成为防火墙的重要功能。

(5)安全管理工具不断完善,特别是可疑活动的日志分析工具等将成为防火墙的一部分。

综上所述,未来防火墙技术会全面考虑网络的安全、操作系统的安全、应用程序的安全、用户的安全和数据的安全五方面。此外,防火墙产品还将把网络前沿技术,如 Web 页面超高速缓存、虚拟网络和带宽管理等与其自身结合起来。

5.2　防火墙技术

5.2.1　防火墙的技术分类

根据防范的方式和侧重点的不同,防火墙技术可分为很多种类型。按照防火墙对内外来往数据的处理方法,大致可以将防火墙分为两大体系:包过滤防火墙和代理防火墙。

前者以以色列的 Checkpoint 防火墙和 Cisco 公司的 PIX 以及 ASA 防火墙为代表,后者以美国 NAI 公司的 Gauntlet 防火墙为代表。

1. 包过滤防火墙

数据包过滤技术是防火墙为系统提供安全保障的主要技术,它通过设备对进出网络的数据流进行有选择的控制与操作。包过滤操作一般都是在选择路由的同时在网络层对数据包进行选择或过滤(通常是对从 Internet 进入到内部网络的包进行过滤)。选择的依据是系统内设置的过滤逻辑,被称为访问控制表或规则表。规则表指定允许哪些类型的数据包可以流入或流出内部网络,例如,只接收来自某些指定的 IP 地址的数据包或者内部网络的数据包可以流向某些指定的端口等;哪些类型的数据包的传输应该被拦截。防火墙的 IP 包过滤规则以 IP 包信息为基础,对 IP 包源地址、目标地址、传输方向、分包、IP 包封装协议(TCP/UDP/ICMP/IP Tunnel)TCP/UDP 目标端口号等进行筛选、过滤。通过检查数据流中每个数据包的源地址、目标地址、所用的端口号、协议状态等因素,或它们的组合来确定是否允许该数据包通过。包过滤处理如图 5-2 所示。

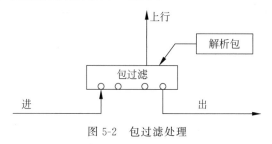

图 5-2　包过滤处理

包过滤操作可以在路由器上进行,也可以在网桥,甚至在一个单独的主机上进行。

数据包过滤是一个网络安全保护机制,用来控制流出和流入网络的数据。不符合网络安全的那些服务将被严格限制。基于包中的协议类型和协议字段值,过滤路由器能够区分网络流量;基于协议特定的标准,路由器在其端口能够区分包和限制包,这种能力称作包过滤。正是因为这种原因,过滤路由器也可以称作包过滤路由器。

1) 包过滤技术的发展

包过滤类型的防火墙遵循的一条最基本原则是"最小特权原则",即明确允许那些管理员希望通过的数据包通过,而禁止其他的数据包通过。有两种数据包过滤技术,分别为静态包过滤和动态包过滤技术。

(1) 静态包过滤。

一般防火墙的包过滤的过滤规则是在启动时配置好的,只有系统管理员才可以修改,是静态存在的,称为静态规则。利用静态包过滤规则建立的防火墙就叫静态包过滤防火墙,如图 5-3 所示。这种类型的防火墙根据定义好的过滤规则审查每个数据包,即与规则表进行比较,以便确定其是否与某一条包过滤规则匹配。

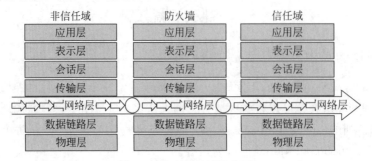

图 5-3　静态包过滤防火墙

(2) 动态包过滤。

采用这种技术的防火墙对通过其建立的每一个连接都进行跟踪,并且可根据需要动态地在过滤规则中增加或更新条目。即采用了基于连接状态的检查和动态设置包过滤规则的方法,将属于同一连接的所有包作为一个整体的数据流看待,通过规则表与连接状态表的共同配合进行检查。动态过滤规则技术避免了静态包过滤所具有的问题,使防火墙弥补了许多不安全的隐患,在最大程度上降低了黑客攻击的成功率,从而大大提高了系统的性能和安全性,如图 5-4 所示。

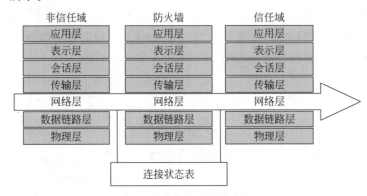

图 5-4　动态包过滤防火墙

2) 包过滤的优点

数据包过滤防火墙逻辑简单,价格便宜,易于安装和使用,网络性能和透明性好,它通常安装在路由器上,而路由器是内部网络与 Internet 连接必不可少的设备,因此在原有网络上增加这样的防火墙几乎不需要任何额外的费用。包过滤防火墙的优点具体体现在下面几点。

(1) 不用改动应用程序。包过滤不用改动客户机和主机上的应用程序,因为它工作在网络层和传输层,与应用层无关。

(2) 一个过滤路由器能协助保护整个网络。一个单个的、恰当放置的包过滤路由器有助于保护整个网络。如果仅有一个路由器连接内部与外部网络,不论内部网络的大小、内部拓扑结构如何,通过那个路由器进行数据包过滤,在网络安全保护上就能取得较好的效果。

(3) 数据包过滤对用户透明。数据包过滤是在 IP 层实现的,Internet 根本感觉不到它的存在；包过滤不要求任何自定义软件或者客户机配置；它也不要求用户任何特殊的训练或者操作，使用起来很方便。较强的"透明度"是包过滤的一大优势。

（4）过滤路由器速度快、效率高。较 Proxy 而言，过滤路由器只检查报头相应的字段，一般不查看数据包的内容，而且某些核心部分是由专用硬件实现的，故其转发速度快、效率较高。

总之，包过滤技术是一种通用、廉价、有效的安全手段。之所以通用，是因为它不针对各个具体的网络服务采取特殊的处理方式；之所以廉价，是因为大多数路由器都提供分组过滤功能；之所以有效，是因为它能很大程度地满足企业的安全要求。

3）包过滤的缺点

（1）不能彻底防止地址欺骗。

大多数包过滤路由器都是基于源 IP 地址、目标 IP 地址而进行过滤的。而数据包的源地址、目标地址以及 IP 的端口号都在数据包的头部，很有可能被窃听或假冒（IP 地址的伪造是很容易、很普遍的），如果攻击者把自己主机的 IP 地址设成一个合法主机的 IP 地址，就可以很轻易地通过报文过滤器。所以，包过滤最主要的弱点是不能在用户级别上进行过滤，即不能识别不同的用户和防止 IP 地址的盗用。

包过滤路由器在这点上大都无能为力。即使按 MAC 地址进行绑定，也是不可信的。对于一些安全性要求较高的网络，过滤路由器是不能胜任的。

（2）一些应用协议不适合于数据包过滤，如 Telnet、SMTP 和 DNS。

（3）正常的数据包过滤路由器无法执行某些安全策略。

数据包过滤路由器上的信息不能完全满足用户对安全策略的需求。例如，数据包的报头信息只能说明数据包来自什么主机，而不知道是什么用户；只知道数据包发送到什么端口，而不知道是发送到什么应用程序。这就存在着很大的安全隐患和管理控制漏洞。

（4）安全性较差。

过滤判别的只有网络层和传输层的有限信息，因而各种安全要求不可能充分满足；在许多过滤器中，过滤规则的数目是有限制的，且随着规则数目的增加，性能会受到很大影响；由于缺少上下文关联信息，不能有效地过滤如 UDP、RPC 一类的协议；非法访问一旦突破防火墙，即可对主机上的软件和配置漏洞进行攻击；大多数过滤器中缺少审计和报警机制，通常没有用户的使用记录，这样，管理员就不能从访问记录中发现黑客的攻击记录。而攻击一个单纯的包过滤式的防火墙对黑客来说是比较容易的，他们在这一方面已经积累了大量的经验。

（5）数据包工具存在很多局限性。

例如，数据包过滤规则难以配置，管理方式和用户界面较差；对安全管理人员素质要求高；建立安全规则时，必须对协议本身及其在不同应用程序中的作用有较深入的理解。

从以上分析可以看出，包过滤防火墙技术虽然能确保一定的安全保护，且也有许多优点，但是包过滤毕竟是第一代防火墙技术，本身存在较多缺陷，不能提供较高的安全性。因此，在实际应用中，很少把包过滤技术当作单独的安全解决方案，通常是把它与应用网关配合使用或与其他防火墙技术糅合在一起使用，共同组成防火墙系统。

2．代理防火墙

代理防火墙是一种较新型的防火墙技术，分为应用层网关和电路层网关。

1) 代理防火墙的原理

代理服务器,是指代表客户处理服务器连接请求的程序。当代理服务器得到一个客户的连接意图时,它将核实客户请求,并用特定的安全化的 Proxy 应用程序来处理连接请求,将处理后的请求传递到真实的服务器上,然后接收服务器应答,并做进一步处理后,将答复交给发出请求的最终客户。代理服务器在外部网络向内部网络申请服务时发挥了中间转接和隔离内、外部网络的作用,所以又叫代理防火墙。代理防火墙工作于应用层,且针对特定的应用层协议。代理防火墙通过编程来弄清用户应用层的流量,并能在用户层和应用协议层间提供访问控制;而且,还可用来保持一个所有应用程序使用的记录。记录和控制所有进出流量的能力是应用层网关的主要优点之一。代理防火墙的工作原理如图 5-5 所示。

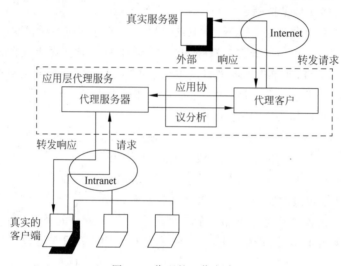

图 5-5　代理的工作方式

从图 5-5 中可以看出,代理服务器作为内部网络客户端的服务器,拦截住所有要求,也向客户端转发响应。代理客户负责代表内部客户端向外部服务器发出请求,当然也向代理服务器转发响应。

2) 应用层网关防火墙

(1) 原理。

应用层网关防火墙是传统代理型防火墙,其核心技术就是代理服务器技术,它是基于软件的,通常安装在专用工作站系统上。这种防火墙通过代理技术参与一个 TCP 连接的全过程,并在网络应用层建立协议过滤和转发功能,所以称作应用层网关。当某用户(不管是远程的还是本地的)想和一个运行代理的网络建立联系时,此代理(应用层网关)会阻塞这个连接,然后在过滤的同时,对数据包进行必要的分析、登记和统计,形成检查报告。如果此连接请求符合预定的安全策略或规则,代理防火墙便会在用户与服务器之间建立一个"桥",从而保证其通信。对不符合预定的安全规则的,则阻塞或抛弃。换句话说,"桥"上设置了很多控制。同时,应用层网关将内部用户的请求确认后送到外部服务器,再将外部服务器的响应回送给用户。这种技术对 ISP 很常见,被用于在 Web 服务器上高速缓存信息,并且扮演 Web 客户与 Web 服务器之间的中介角色。它主要保存 Internet 上那些最常用和最近访问过的内容:在 Web 上,代理首先试图在本地寻找数据,如果没有,再到远程服务器上去查找。它

为用户提供了更快的访问速度,并且提高了网络安全性。应用层网关的工作原理如图 5-6
所示。

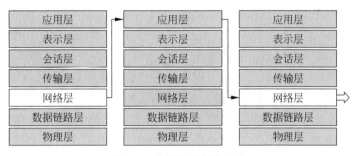

图 5-6 应用层网关防火墙

(2) 优点。

应用层网关防火墙最突出的优点就是安全,这种类型的防火墙被网络安全专家和媒体
公认为是最安全的防火墙。由于每一个内外网络之间的连接都要通过 Proxy 的介入和转
换,通过专门为特定服务如 HTTP 编写的安全化的应用程序进行处理,然后由防火墙本身
提交请求和应答,没有给内外网络的计算机以任何直接会话的机会,从而避免了入侵者使用
数据驱动类型的攻击方式入侵内部网络。从内部发出的数据包经过这样的防火墙处理后,
就好像是源于防火墙外部网卡一样,从而可以达到隐藏内部网结构的作用。包过滤类型的
防火墙是很难彻底避免这一漏洞的。

应用层网关防火墙同时也是内部网与外部网的隔离点,起着监视和隔绝应用层通信流
的作用,它工作在 OSI 模型的最高层,掌握着应用系统中可用作安全决策的全部信息。

(3) 缺点。

代理防火墙的最大缺点就是速度相对较慢,当用户对内外网络网关的吞吐量要求比较
高时(例如要求达到 75~100Mb/s),代理防火墙就会成为内外网络之间的瓶颈。所幸的
是,目前用户接入 Internet 的速度一般都远低于这个数字。在现实环境中,要考虑使用包过
滤类型防火墙来满足速度要求的情况,大部分是高速网之间的防火墙。

3) 电路层网关防火墙

另一种类型的代理技术称为电路层网关或 TCP 通道。在电路层网关中,包被提交用户
应用层处理。电路层网关用来在两个通信的终点之间转换包,如图 5-7 所示。

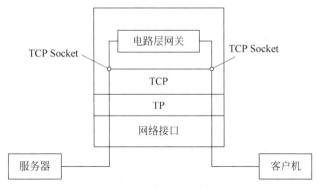

图 5-7 电路层网关

电路层网关是建立应用层网关的一个更加灵活的方法。它是针对数据包过滤和应用网关技术存在的缺点而引入的,一般采用自适应代理技术,也称为自适应代理防火墙。在电路层网关中,需要安装特殊的客户机软件。组成这种类型防火墙的基本要素有两个:自适应代理服务器与动态包过滤器。在自适应代理与动态包过滤器之间存在一个控制通道。在对防火墙进行配置时,用户仅将所需要的服务类型、安全级别等信息通过相应 Proxy 的管理界面进行设置即可。然后,自适应代理就可以根据用户的配置信息,决定是使用代理服务从应用层代理请求还是从网络层转发数据包。如果是后者,它将动态地通知包过滤器增减过滤规则,满足用户对速度和安全性的双重要求。所以,它结合了应用层网关型防火墙的安全性和包过滤防火墙的高速度等优点,在毫不损失安全性的基础之上将代理型防火墙的性能提高 10 倍以上。电路层网关防火墙的工作原理如图 5-8 所示。

图 5-8　电路层网关防火墙

电路层网关防火墙的特点是将所有跨越防火墙的网络通信链路分为两段。防火墙内外计算机系统间应用层的"链接",由两个终止代理服务器上的"链接"来实现,外部计算机的网络链路只能到达代理服务器,从而起到了隔离防火墙内外计算机系统的作用。此外,代理服务也对过往的数据包进行分析、注册登记,形成报告,同时当发现被攻击迹象时会向网络管理员发出警报,并保留攻击痕迹。

4) 代理技术的优点

(1) 代理易于配置。因为代理是一个软件,所以它较过滤路由器更易配置,配置界面十分友好。如果代理实现得好,可以对配置协议要求较低,从而避免了配置错误。

(2) 代理能生成各项记录。因代理工作在应用层,它检查各项数据,所以可以按一定准则,让代理生成各项日志、记录。这些日志、记录对于流量分析、安全检验是十分重要和宝贵的。当然,也可以用于计费等。

(3) 代理能灵活、完全地控制进出流量、内容。通过采取一定的措施,按照一定的规则,用户可以借助代理实现一整套的安全策略,例如,可以控制"谁"和"什么",以及"时间"和"地点"。

(4) 代理能过滤数据内容。用户可以把一些过滤规则应用于代理,让它在高层实现过滤功能,如文本过滤、图像过滤(目前还未实现,但这是一个热点研究领域),预防病毒或扫描病毒等。

(5) 代理能为用户提供透明的加密机制。用户通过代理控制数据的输入/输出,从而可以让代理完成对数据加/解密的功能,方便了用户,确保了数据的机密性。这点在虚拟专用网中特别重要。代理可以广泛地用于企业外部网中,提供较高安全性的数据通信。

(6) 代理可以方便地与其他安全手段集成。目前的安全问题解决方案很多,如认证、授权、账号、数据加密、安全协议等。如果把代理与这些手段联合使用,将大大增加网络安全性。这也是近期网络安全的发展方向。

5) 代理技术的缺点

(1) 代理速度较路由器慢。

路由器只是简单查看 TCP/IP 报头,检查特定的几个域,不做详细分析、记录。而代理工作于应用层,要检查数据包的内容,按特定的应用协议(如 HTTP)进行审查、扫描数据包内容,并进行代理(转发请求或响应),故其速度较慢。

(2) 代理对用户不透明。

许多代理要求客户端做相应改动或安装定制客户端软件,这给用户增加了不透明度。由于硬件平台和操作系统都存在差异,要为庞大的互异网络的每一台内部主机安装和配置特定的应用程序既耗费时间,又容易出错。

(3) 对于每项服务,代理可能要求不同的服务器。

可能需要为每项协议设置一个不同的代理服务器,因为代理服务器不得不理解协议以便判断什么是允许的和不允许的,并且还扮演一个对真实服务器来说是客户、对代理客户来说是服务器的角色。挑选、安装和配置所有这些不同的服务器也可能是一项规模较大的工作。

(4) 代理服务不能保证免受所有协议弱点的限制。

作为一个安全问题的解决方法,代理取决于对协议中哪些是安全操作的判断能力。每个应用层协议,都或多或少存在一些安全问题,对于一个代理服务器来说,要彻底避免这些安全隐患几乎是不可能的,除非关掉这些服务。代理取决于在客户端与真实服务器之间插入代理服务器的能力,这要求两者之间交流的相对直接性,而且有些服务的代理是相当复杂的。

(5) 代理不能改进底层协议的安全性。

因为代理工作于 TCP/IP 之上,属于应用层,所以不能改善底层通信协议的能力。如 IP 欺骗,伪造 ICMP 消息和一些拒绝服务的攻击。而这些方面,对于一个网络的健壮性是相当重要的。

3. 两种防火墙技术的比较

两种防火墙技术的比较见表 5-1。

表 5-1　两种防火墙技术比较

优缺点		包过滤防火墙	代理防火墙
优点		价格较低	内置了专门为了提高安全性而编制的 Play 应用程序,能够透彻地理解相关服务的命令,对来往的数据包进行安全化处理
		性能开销小,处理速度较快	安全,不允许数据包通过防火墙,避免了数据驱动式攻击的发生
缺点		定义复杂,容易出现因配置不当带来的问题	速度较慢,不太适用于高速网(ATM 或千兆位 Intranet 等)之间的应用
		允许数据包直接通过,容易造成数据驱动式攻击的潜在危险	
		不能理解特定服务的上下文环境,相应控制只能在高层由代理服务和应用层网关来完成	

5.2.2 防火墙的主要技术及实现方式

防火墙的安全技术包括包过滤技术、代理、网络地址转换等多种技术。实现防火墙的方式也多种多样。先进的防火墙产品功能越来越强大,正逐渐将网关与安全系统合二为一。

1. 双端口或三端口的结构

新一代防火墙产品具有两个或三个独立的网卡,内外两个网卡可不做 IP 转换而串接于内部网与外部网之间,另一个网卡可专用于对服务器的安全保护。

2. 透明的访问方式

以前的防火墙在访问方式上要么要求用户做系统登录,要么需要通过 SOCKS 等库路径修改客户机的应用。新一代防火墙利用了透明的代理系统技术,从而降低了系统登录固有的安全风险和出错概率。

3. 灵活的代理系统

代理系统是一种将信息从防火墙的一侧传送到另一侧的软件模块。新一代防火墙采用了两种代理机制,一种用于代理从内部网络到外部网络的连接;另一种用于代理从外部网络到内部网络的连接。前者采用网络地址转换技术来解决;后者采用非保密的用户定制代理或保密的代理系统技术来解决。

4. 多级的过滤技术

为保证系统的安全性和防护水平,新一代防火墙采用了三级过滤措施,并辅以鉴别手段。在分组过滤一级,能过滤掉所有的源路由分组和假冒的 IP 源地址;在应用级网关一级,能利用 FTP、SMTP 等各种网关,控制和监测 Internet 提供的所用通用服务;在电路网关一级,实现内部主机与外部站点的透明连接,并对服务的通行实行严格控制。

5. 网络地址转换技术

网络地址转换是一种用于把内部 IP 地址转换成临时的、外部的 IP 地址的技术。在内部网络通过安全网卡访问外部网络时,将产生一个映射记录。系统将外出的源地址和源端口映射为一个伪装的地址和端口,让这个伪装的地址和端口通过非安全网卡与外部网络连接,这样对外就隐藏了真实的内部网络地址,同时还意味着用户不需要为其网络中每台机器取得注册的 IP 地址。在外部网络通过非安全网卡访问内部网络时,它并不知道内部网络的连接情况,而只是通过一个开放的 IP 地址和端口来请求访问,防火墙则根据预先定义好的映射规则来判断这个访问是否安全,并确定是否接受这个访问请求。网络地址转换的过程对于用户来说是透明的,不需要用户进行设置,用户只要进行常规操作即可。

有些防火墙提供了"内部网到外部网""外部网到内部网"的双向 NAT 功能。同时支持两种方式的网络地址转换,一种为静态地址映射,即外部地址和内部地址一对一的映射,使内部地址的主机既可以访问外部网络,也可以接受外部网络提供的服务。另一种是更灵活的方式,可以支持多对一的映射,即内部的多个机器可以通过一个外部有效地址访问外部网络。让多个内部 IP 地址共享一个外部 IP 地址,就必须转换端口地址,这样内部不同 IP 地址的数据包就能转换为同一个 IP 地址而端口地址不同,通过这些端口对外部提供服务,这就意味着用户不需要为其网络中每台机器取得注册的 IP 地址。利用 NAT 转换功能不仅可以更有效地利用 IP 地址资源,解决 IP 地址短缺的问题,而且可以使系统管理员自行设置内部的地址而不必对外公开,隐藏了内部网络的真实地址,从而使外来的黑客无法探知内部网络的结构；同时使用 NAT 的网络，与外部网络的连接只能由内部网络发起，极大地提高了内部网络的安全性。

6. 网络状态监视器

现在广泛使用的 Intranet 均采用共享信道的方法，即把发给指定主机的信息广播到整个网络上。尽管在普通方式下，某台主机只能收到发给它的信息，然而只要这台主机将网络接口的方式设成"杂乱"模式，就可以接收到整个网络上的信息包。利用 Intranet 的这个特性，将监视器接在用户网络环境某个特定的位置，如 Intranet 与 Internet 连接出口处，则监视器可以接收整个网络上的信息包。

状态监视器作为防火墙技术其安全特性最佳，它采用了一个在网关上执行网络安全策略的软件引擎，称为检测模块。检测模块在不影响网络正常工作的前提下，采用抽取相关数据的方法对网络通信的各层实施监测，抽取部分数据，即状态信息，并动态地保存起来作为以后制定安全决策的参考。检测模块支持多种协议和应用程序，并可以很容易地实现应用和服务的扩充。

与其他安全方案不同，当用户访问到达网关的操作系统前，状态监视器要抽取有关数据进行分析，结合网络配置和安全规定做出接纳、拒绝、鉴定或给该通信加密等决定。一旦某个访问违反安全规定，安全报警器就会拒绝该访问，记录并向系统管理器报告网络状态。状态监视器还可以监测 Remote Procedure Call 类的端口信息。状态监视器的主要缺点是配置非常复杂，而且会降低网络的速度。

1）网络状态监视器的基本功能

（1）可以按照指定的 IP 地址、特定域名或特定用户截取 Internet 上指定出口处流出的信息，或者截取全部数据包。

（2）把截获的数据包重组，还原成用户传递的文件和明文（电子邮件、FTP 文件或 HTTP 文件等）。

（3）分析、处理截获的信息。

（4）用户可查询监控的最终结果，也可实时监视。

（5）具有系统操作数据访问安全控制的能力，并且有自动转储的备份机制和智能卡存取访问控制。

2）网络状态监视器的作用

担当了网络安全审计员，有利于事后分析、追查网络的攻击、破坏、涉密等犯罪行为，便于检查网络运行状态和安全状况；同时可作为网络安全报警器和保密检查员。

7. Internet 网关技术

由于是直接串联在网络之中，新一代防火墙必须支持用户在 Internet 互连的所有服务，同时还要防止与 Internet 服务有关的安全漏洞。故它要能以多种安全的应用服务器（包括 FTP、Finger、Mail、Telnet、News 和 WWW 等）来实现网关功能。为确保服务器安全性，对所有的文件和命令均要利用"改变根系统调用"做物理上的隔离。

在域名服务方面，新一代防火墙采用两种独立的域名服务器，一种是内部 DNS 服务器，主要处理内部网络的 DNS 信息；另一种是外部 DNS 服务器，专门用于处理机构内部 Internet 提供的部分 DNS 信息。

在匿名 FTP 方面，服务器只提供对有限的受保护的部分目录的只读访问。在 WWW

服务器中,只支持静态的网页,而不允许图形或 CGI 代码等在防火墙内运行;在 Finger 服务器中,对外部访问,防火墙只提供可由内部用户配置的基本文本信息,而不提供任何攻击有关的系统信息。SMTP 与 POP 邮件服务器要对所有进、出防火墙的邮件进行处理,利用邮件映射与标头剥除的方法隐除内部的邮件环境,Ident 服务器对用户连接的识别专门处理,网络新闻服务则为接收来自 ISP 的新闻开设了专门的磁盘空间。

8. 安全服务器网络

为适应越来越多的用户向 Internet 上提供服务时对服务器保护的需要,新一代防火墙用分别保护的策略对用户上网的对外服务器实施保护,它利用一张网卡将对外服务器作为一个独立网络处理,对外服务器既是内部网的一部分,又与内部网关完全隔离,这就是全服务器网络(SSN)技术。对 SSN 上的主机既可单独管理,也可设置成通过 FTP、NET 等方式从内部网上管理。SSN 技术提供的安全性要比传统的隔离区(DMZ)方法好得多,因为 SSN 与外部网间有防火墙保护,SSN 与内部网之间也有防火墙的保护,而 DMZ 只是一种在内、外部络网关之间存在的防火墙方式。换言之,一旦 SSN 受破坏,内部网络仍会处于防火墙保护之下,而一旦 DMZ 受到破坏,内部网络便暴露于攻击之下。

9. 用户鉴别与加密

为了降低防火墙产品在 Telnet、FTP 等服务和远程管理上的安全风险,鉴别功能必不可少,新一代防火墙采用一次性使用的口令字系统来作为用户的鉴别手段,并实现了对邮件的加密。

10. 用户定制服务

为满足特定用户的特定需求,新一代防火墙在提供众多服务的同时,还为用户定制提供支持,这类选项有:通用 TCP,出站 UDP、FTP、SMTP 等类,如果某一用户需要建立多个数据库的代理,便可利用这些支持,方便设置。

11. 审计和告警

新一代防火墙产品的审计和告警功能十分健全,日志文件包括:一般信息、内核信息、核心信息、接收邮件、邮件路径、发送邮件、已收消息、已发消息、连接需求、已鉴别的访问、告警条件、管理日志、进站代理、FTP 代理、出站代理、邮件服务器、域名服务器等。告警功能会守住每一个 TCP 或 UDP 探寻,并能以发出邮件、声响等多种方式报警。此外,新一代防火墙还在网络诊断、数据备份与保全等方面具有特色。

下面分别介绍几种应用防火墙的设计实现方式。

1) 应用网关代理

这种防火墙在网络应用层提供授权检查及代理服务。当外部某台主机试图访问(如 Telnet)受保护网时,它必须先在防火墙上经过身份认证。通过身份认证后,防火墙运行一个专门为 Telnet 设计的程序,把外部主机与内部主机连接。在这个过程中,防火墙可以限制用户访问的主机、访问的时间及访问的方式。同样,受保护网络的内部用户访问外部网时也需先登录到防火墙上,通过验证后才可使用 Telnet 或 FTP 等有效命令。

应用网关代理的优点是既可以隐藏内部 IP 地址,也可以给单个用户授权,即使攻击者盗用了一个合法的 IP 地址,也通不过严格的身份认证。

其缺点是这种认证使得应用网关不透明,用户每次连接都要受到"盘问",这给用户带来许多不便;而且这种代理技术需要为每个应用网关编写专门的程序。

2) 回路级代理服务器

回路级代理服务器也称为一般代理服务器,适用于多个协议,但无法解释应用协议,需要通过其他方式来获得信息。所以,回路级代理服务器通常要求修改用户程序。其中,套接字服务器就是回路级代理服务器。套接字是一种网络应用层的国际标准。当受保护网络客户机需要与外部网交互信息时,在防火墙上的套接字服务器检查客户的 User ID、IP 源地址和 IP 目的地址,经过确认后,套接字服务器才与外部的段服务器建立连接。对用户来说,受保护网与外部网的信息交换是透明的,感觉不到防火墙的存在,那是因为 Internet 的用户不需要登录到防火墙上。但是客户端的应用软件必须支持"Socket Sifide API",受保护网络用户访问公共网络所使用的 IP 地址也都是防火墙的 IP 地址。

3) 代管服务器

顾名思义,代管服务器技术是把不安全的服务(如 FTP、Telnet 等)放到防火墙上,使它同时充当服务器,对外部的请示做出回答。与应用层代理实现相比,代管服务器技术不必为每种服务专门写程序。而且,受保护网内部用户想访问外部网时,也需要先登录到防火墙上,再向外提出请求,这样从外部网向内就只能看到防火墙,从而隐藏了内部地址,提高了安全性。

4) IP 隧道

经常会出现这种情况,一个大公司的两个子公司相隔较远,需通过 Internet 通信。在这种情况下,可以采用 IP Tunnels 来防止 Internet 上的黑客截取信息,从而在 Internet 上形成一个虚构的企业网。

假如子网 A 中一主机(IP 地址为 X. X. X. X)欲向子网 B 中某主机(IP 地址为 Y. Y. Y. Y)发送报文,该报文经过本网防火墙 FW1(IP 地址为 N. N. N. 1)时,防火墙判断该报文是否发往子网 B,若是,则再增加一报头,变成从此防火墙到子网 B 防火墙 FW2(IP 地址为 N. N. N. 2)的 IP 报文,而原 IP 地址封装在数据区内,同原数据一起加密后经 Internet 发往 FW2。FW2 接收到报文后,若发现源 IP 地址是 FW1 的,则去掉附加报头,解密,在本网上传送。从 Internet 上看,就只是两个防火墙的通信。即使黑客伪装了从 FW1 发往 FW2 的报文,由于 FW2 在去掉报头后不能解密,所以仍会抛弃报文。

5) 隔离域名服务器

这种技术是通过防火墙将受保护网络的域名服务器与外部网络的城名服务器隔离,使外部网络的域名服务器只能看到防火墙的 IP 地址,无法了解受保护网络的具体情况,这样可以保证受保护网络的 IP 地址不被外部网络知悉。

6) 邮件转发技术

当防火墙采用上面所提到的几种技术使得外部网络只知道防火墙的 IP 地址和域名时,从外部网络发来的邮件,就只能送到防火墙上,这时防火墙对邮件进行检查,只有当发送邮件的源主机是被允许通过的,防火墙才对邮件的目标地址进行转换,送到内部的邮件服务器,由其进行转发。

5.2.3　防火墙的常见体系结构

一个防火墙系统通常由屏蔽路由器和代理服务器组成。屏蔽路由器是一个多端口的 IP 路由器,它通过对每一个到来的 IP 包依据一组规则进行检查来判断是否对其进行转发。

屏蔽路由器从包头取得信息,例如,协议号、收发报文的 IP 地址和端口号、连接标志及另外一些 IP 选项,对 IP 包进行过滤。屏蔽路由器的优点是简单和低(硬件)成本。其缺点在于正确建立包过滤规则比较困难,屏蔽路由器的管理成本高,缺乏用户级身份认证等。

屏蔽路由器又叫包过滤路由器,是最简单、最常见的防火墙,屏蔽路由器作为内外连接的唯一通道,要求所有的报文都必须在此通过检查。除具有路由功能外,再装上包过滤软件,利用包过滤规则完成基本的防火墙功能,如图 5-9 所示。屏蔽路由器可以由厂家专门生产的路由器实现,也可以用主机来实现。这种配置的缺点有以下几点。

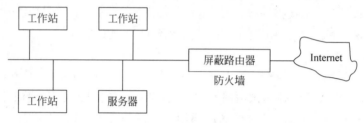

图 5-9　屏蔽路由器示意图

(1) 没有或有很少的日志记录能力,因此网络管理员很难确定系统是否正在被入侵或已经被入侵了。

(2) 规则表随着应用的深化会很快变得很大而且复杂。

(3) 这种防火墙的最大弱点是依靠一个单一的部件来保护系统,一旦部件出现问题,会使网络的大门敞开,而用户可能还不知道。

代理服务器是防火墙系统中的一个服务器进程,它能够代替网络用户完成特定的 TCP/IP 功能。一个代理服务器本质上是一个应用层的网关,一个为特定网络应用而连接两个网络的网关。

由于对更高安全性的要求,屏蔽路由器和代理服务器通常组合在一起构成混合系统,形成复合型防火墙产品。其中,屏蔽路由器主要用来防止 IP 欺骗攻击。目前最广泛采用的配置是双宿主机网关防火墙、屏蔽主机型防火墙以及被屏蔽子网型防火墙。

1. 双宿主机网关

这种配置是用一台装有两块网卡的计算机作堡垒主机,两块网卡各自与受保护网络和外部网络相连,每一块网卡都有一个 IP 地址。堡垒主机上运行着防火墙软件——代理服务器软件(应用层网关),可以转发应用程序、提供服务等,所以叫作双宿主机网关(Dual Homed Gateway)防火墙,如图 5-10 所示。

图 5-10　双宿主机网关示意图

应该指出的是,在建立双宿主机时,应该关闭操作系统的路由能力,否则从一块网卡到另一块网卡的通信会绕过代理服务器软件,而使双宿主机网关失去防火墙的作用。

双宿主机网关优于屏蔽路由器的地方是:堡垒主机的系统软件可用于维护系统日志、硬件复制日志或远程日志。这对于日后的检查很有用,但这不能帮助网络管理者确认内部网中哪些主机可能已被黑客入侵。

双宿主机网关的一个致命弱点是:一旦入侵者侵入堡垒主机并使其只具有路由功能,则任何网上用户均可以随便访问内部网。

2. 屏蔽主机网关

屏蔽主机网关由屏蔽路由器和应用网关组成,屏蔽路由器的作用是包过滤,应用网关的作用是代理服务,即在内部网络和外部网络之间建立了两道安全屏障,既实现了网络层安全(包过滤),又实现了应用层安全(代理服务)。屏蔽主机网关很容易实现:在内部网络与Internet 的交汇点,安装一台屏蔽路由器,同时在内部网络上安装一个堡垒主机(应用层网关)即可,如图 5-11 所示。

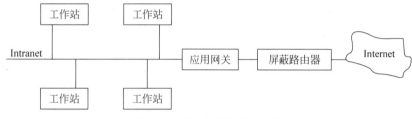

图 5-11　屏蔽主机网关示意图

注意:应用网关只有一块网卡,因此它不是双宿主机网关。

屏蔽主机网关防火墙具有双重保护,比双宿主机网关防火墙更灵活,安全性更高。但由于要求对两个部件配置以便能协同工作,所以防火墙的配置工作很复杂。

3. 被屏蔽子网

被屏蔽子网防火墙是在屏蔽主机网关防火墙的基础上再加一个路由器,两个屏蔽路由器放在子网的两端,形成一个被称为非军事区(DMZ)的子网,即在内部网络和外部网络之间建立一个被隔离的子网,如图 5-12 所示。

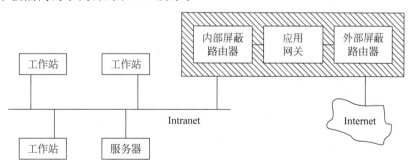

图 5-12　被屏蔽子网防火墙示意图

内部网络和外部网络均可访问被屏蔽子网,但禁止它们穿过被屏蔽子网通信,如WWW 和 FTP 服务器可放在 DMZ 中。有的屏蔽子网中还设有一堡垒主机作为唯一可访问点,支持终端交互或作为应用网关代理。这种配置的危险带仅包括堡垒主机、子网主机及所有连接内网、外网和屏蔽子网的路由器。外部屏蔽路由器和应用网关与在屏蔽主机网关防火墙中的功能相同。内部屏蔽路由器在应用网关与受保护网络之间提供附加保护,从而形成三道防线。因此,一个入侵者要进入受保护的网络比主机过滤防火墙更加困难。但是,它要求的设备和软件模块最多,其配置最贵且相当复杂。

5.3　防火墙的主要性能指标

防火墙的主要性能指标包括如下 9 方面。

1. 支持的局域网接口类型、数量及服务器平台

- 支持的 LAN 接口类型:防火墙所能保护的网络类型,如以太网、快速以太网、千兆以太网、ATM、令牌环网及 FDDI 等。
- 支持的最大 LAN 接口数:指防火墙所支持的局域网络接口数目,也是其能够保护的不同内网数目。
- 服务器平台:防火墙所运行的操作系统平台,如 Linux、UNIX、Windows NT、专用安全操作系统等。

2. 支持的协议

- 支持的非 IP 协议:除支持 IP 协议之外,又支持 AppleTalk、DECnet、IPX 及 NETBUI 等协议。
- 建立 VPN 通道的协议:构建 VPN 通道所使用的协议,如密钥分配等,主要分为 IPSec、PPTP、专用协议等。
- 可以在 VPN 中使用的协议:在 VPN 中使用的协议一般是指 TCP/IP 协议。

3. 对加密技术的支持

- 支持的 VPN 加密标准:VPN 中支持的加密算法,如数据加密标准 DES、3DES、RC$ 以及国内专用的加密算法。
- 提供基于硬件的加密:是否提供硬件加密方法。硬件加密可以提供更快的加密速度和更高的加密强度。

4. 对认证技术的支持

- 支持的认证类型:是指防火墙支持的身份认证协议。一般情况下具有一个或多个认证方案,如 RADIUS、Kerberos、TACACS/TACACS＋、口令方式、数字证书等。防火墙能够为本地或远程用户提供经过认证与授权的对网络资源的访问,防火墙管理员必须决定客户以何种方式通过认证。
- 支持的认证标准和 CA 互操作性:厂商可以选择自己的认证方案,但应符合相应的国际标准,该项指所支持的标准认证协议,以及实现的认证协议是否与其他 CA 产品兼容互通。支持数字证书。

5. 对访问控制技术的支持

通过防火墙的 IP 数据包的过滤规则应易于理解,易于编辑修改;同时应具备一致性检测机制,防止冲突。应用层协议过滤要求主要包括 FTP 过滤、基于 RPC 的应用服务过滤、基于 UDP 的应用服务过滤要求以及动态包过滤技术等。

- 在应用层提供代理支持,如 HTTP、FTP、Telnet、SNMP 等。
- 在传输层提供代理支持。
- 支持 FTP 文件类型过滤。

- 用户操作的代理类型：应用层高级代理功能，如 HTTP、POP3 等。
- 支持网络地址转换（NAT）。
- 支持硬件口令、智能卡等，这是一种比较安全的身份认证技术。

6．对各种防御功能的支持

支持病毒扫描，提供内容过滤，能防御拒绝服务攻击（Dos），能阻止 ActiveX、Java、Cookies、Javascrip 入侵。能够过滤用户上传的 CGI、ASP 等程序，当发现危险代码时，向服务器报警。

7．对安全特性的支持

- 支持转发和跟踪网间控制报文协议（ICMP 协议/ICMP 代理）。
- 提供入侵实时警告：提供实时入侵告警功能，当发生危险事件时，是否能够及时报警，报警的方式可能是邮件、呼机、手机等。
- 提供实时入侵防范：提供实时入侵响应功能，当发生入侵事件时，防火墙能够动态响应，调整安全策略，阻挡恶意报文。
- 识别/记录/防止企图进行 IP 地址欺骗：IP 地址欺骗指使用伪装的 IP 地址作为 IP 包的源地址对受保护网络进行攻击，防火墙应该能够禁止来自外部网络而源地址是内部 IP 地址的数据包通过。

8．管理功能

通过集成策略集中管理多个防火墙：是否支持集中管理，防火墙管理是指对防火墙具有管理权限的管理员行为和防火墙运行状态的管理。管理员的行为主要包括：通过防火墙的身份鉴别，编写防火墙的安全规则，配置防火墙的安全参数，查看防火墙的日志等。防火墙的管理一般分为本地管理、远程管理和集中管理等。

- 提供基于时间的访问控制：是否提供基于时间的访问控制。
- 支持 SNMP 监视和配置：SNMP 是 Simple Network Management Protocol（简单网络管理协议）的缩写。
- 本地管理：管理员通过防火墙的 Console 口或防火墙提供的键盘和显示器对防火墙进行配置管理。
- 远程管理：管理员通过以太网或防火墙提供的广域网接口对防火墙进行管理，管理的通信协议可以基于 FTP、Telnet、HTTP 等。
- 支持带宽管理：防火墙能够根据当前的流量动态调整某些客户端占用的带宽。
- 负载均衡特性：负载均衡可以看成动态的端口映射，它将一个外部地址的某一 TCP 或 UDP 端口映射到一组内部地址的某一端口。负载均衡主要用于将某项服务（如 HTTP）分摊到一组内部服务器上以平衡负载。
- 失败恢复特性：指支持容错技术，如双机热备份、故障恢复，双电源备份等。

9．记录和报表功能

防火墙处理完整日志的方法：防火墙规定了对于符合条件的报文做日志，应该提供日志信息管理和存储方法。

- 提供自动日志扫描：指防火墙是否具有日志的自动分析和扫描功能，这可以获得更详细的统计结果，达到事后分析、亡羊补牢的目的。
- 提供自动报表、日志报告书写器：防火墙实现的一种输出方式，提供自动报表和日志报告功能。

- 警告通知机制：防火墙应提供告警机制，在检测到入侵网络以及设备运转异常情况时，通过告警来通知管理员采取必要的措施，包括 E-mail、呼机和手机等。
- 提供简要报表（按照用户 ID 或 IP 地址）：防火墙实现的一种输出方式，按要求提供报表分类打印。
- 提供实时统计：防火墙实现的一种输出方式，日志分析后所获得的智能统计结果，一般是图表显示。

列出获得的国内有关部门许可证类别及号码：这是防火墙合格与销售的关键要素之一，包括公安部的销售许可证、国家信息安全测评中心的认证证书、总参的国防通信入网证和国家保密局的推荐证明等。

5.4　分布式防火墙

因为传统的防火墙设置在网络边界，在内部企业网与外部互联网之间构成一个屏障，进行网络存取控制，所以称为"边界式防火墙"。随着计算机网络安全与管理的发展和用户对防火墙功能要求的不断提高，在目前传统的边界式防火墙基础上开发出了一种新型防火墙，那就是"分布式防火墙"。它要负责对网络边界、各子网和网络内部各结点之间的安全防护，所以分布式防火墙是一个完整的系统，而不是单一的产品。

5.4.1　分布式防火墙的体系结构

分布式防火墙的体系结构包含如下三部分。

1. 网络防火墙

网络防火墙在功能上与传统的边界式防火墙类似，用于内部网与外部网之间以及内部网各子网之间的防护。与传统边界式防火墙相比，它多了一种用于对内部子网之间的安全防护层，这样整个网络的安全防护体系就显得更加全面，更加可靠。这一部分可采用纯软件方式实现，也可以提供相应的硬件支持。

2. 主机防火墙

主机防火墙（Host Firewall）用于对网络中的服务器和桌面计算机进行防护。这也是传统边界式防火墙所不具有的，也算是对传统边界式防火墙在安全体系方面的一个完善。它作用在同一内部子网之间的工作站与服务器之间，以确保内部网络服务器的安全。这样防火墙的作用不仅是用于内部与外部网之间的防护，还可应用于内部网各子网之间、同一内部子网工作站与服务器之间。可以说达到了应用层的安全防护，比网络层更加彻底。这一部分同样也有纯软件和硬件两种产品。

3. 中心管理

中心管理是一个服务器软件，负责总体安全策略的策划、管理、分发及日志的汇总，防火墙可以进行智能管理，提高了防火墙的安全防护灵活性。这是一种新的防火墙管理功能，也是传统的边界式防火墙所不具有的。

分布式防火墙由中心管理定义策略，由各个分布在网络中的端点实施这些制定的策略。首先由制定防火墙接入控制策略的中心管理通过编译器将策略语言描述转换成内部格式，形成策略文件；然后中心管理采用系统管理工具把策略文件分发给各台"内部"主机。"内部"主机将从两方面来判定是否接受收到的包：一方面是根据 IP 安全协议，另一方面是根据服务器端的策略文件。

5.4.2　分布式防火墙的特点

综合起来，分布式防火墙具有以下主要特点。

1. 主机驻留

这种分布式防火墙的最主要特点就是采用主机驻留方式，所以也可称之为"主机防火墙"，它的重要特征是驻留在被保护的主机(关键服务器、数据及工作站)上，该主机以外的网络不管是处在网络内部还是网络外部都认为是不可信任的，因此可以针对该主机上运行的具体应用和对外提供的服务设定针对性很强的安全策略。对于 Web 服务器来说，分布式防火墙进行配置后能够阻止一些非必要的协议，如 HTTP 和 HTTPS 之外的协议通过，从而阻止非法入侵的发生，同时还具有入侵检测及防护功能。

这一特点对分布式防火墙体系结构的突出贡献是，使安全策略不仅停留在网络与网络之间，而是把安全策略推广延伸到每个网络末端。

2. 嵌入操作系统内核

这主要是针对目前的纯软件的分布式防火墙来说的。众所周知，操作系统自身存在许多安全漏洞，运行其上的应用软件无一不受到威胁。为了彻底堵住操作系统的漏洞，分布式防火墙的安全监测核心引擎要以嵌入操作系统内核的形态运行，直接接管网卡，对所有的信息流进行过滤与限制，无论是来自 Internet，还是来自内部网络，在把所有 IP 数据包进行检查后再提交操作系统。为了实现这样的运行机制，除防火墙厂商自身的开发技术外，与操作系统厂商的技术合作也是必要的条件，因为这需要一些操作系统不公开的内部技术接口。不能实现这种运行模式的分布式防火墙由于受到操作系统安全性的制约，存在着明显的安全隐患。

3. 类似于个人防火墙

分布式防火墙针对桌面应用的主机防火墙与个人防火墙有相似之处，如它们都对应个人系统，但其差别又是本质性的。首先，管理方式迥然不同，个人防火墙的安全策略由系统使用者自己设置，目标是防外部攻击，而针对桌面应用的主机防火墙的安全策略由整个系统的管理员统一安排和设置，除了对该桌面计算机起到保护作用外，也可以对该桌面计算机的对外访问加以控制，并且这种安全机制是桌面计算机的使用者不可见和不可改动的。其次，个人防火墙面向个人用户，针对桌面应用的主机防火墙是面向企业级客户的，它与分布式防火墙其他产品共同构成一个企业级应用方案，形成一个安全策略中心统一管理、安全检查机制分散布置的分布式防火墙体系结构。

4. 适用于服务器托管

互联网和电子商务的发展促进了互联网数据中心的迅速崛起，其主要业务之一就是服务器托管服务。对服务器托管用户而言，该服务器逻辑上是其企业网的一部分，只不过物理上不在企业内部。对于这种应用，边界防火墙解决方案就显得比较牵强，而分布式防火墙解决方案则是一个典型应用。对于纯软件式的分布式防火墙，用户只需在该服务器上安装主机防火墙软件，根据该服务器的应用设置安全策略即可，并可以利用中心管理软件对该服务器进行远程监控,不需要租用任何额外新的空间放置边界防火墙。对于硬件式的分布式防火墙一般采用 PCI 卡式,通常兼作网卡用,所以可以直接插在服务器机箱里面,也就无须支付单独的空间托管费了,对于企业来说更加实惠。

在新的安全体系结构下,分布式防火墙代表新一代防火墙技术的潮流,它可以在网络的任何交界和结点处设置屏障,从而形成了一个多层次、多协议,内外皆防的全方位安全体系。分布式防火墙的优势主要体现在如下几方面。

(1) 增强系统的安全性。增加了针对主机的入侵检测和防护功能,加强了对内部攻击的防范,可以实施全方位的安全策略。

在传统边界式防火墙应用中,内部网络非常容易受到有目的的攻击,一旦攻击者入侵了企业局域网的某台计算机,并获得这台计算机的控制权,便可以利用这台计算机作为入侵其他系统的跳板。而分布式防火墙将防火墙功能分布到网络的各个子网、桌面系统、笔记本电脑以及服务器上。凭借这种端到端的安全性能,分布式防火墙可以使企业避免发生由于某一台端点系统的入侵而导致向整个网络蔓延的情况发生,同时也使通过公共账号登录网络的用户无法进入那些限制访问的计算机系统。另外,由于分布式防火墙使用了 IP 安全协议使各主机之间的通信得到了很好的保护,所以分布式防火墙有能力防止各种类型的被动和主动攻击。特别是在用户使用 IP 安全协议中的密码凭证来标志内部主机时,基于这些标志的策略对主机来说无疑更具可信性。

(2) 提高了系统性能:消除了结构性瓶颈问题,提高了系统性能。

传统防火墙由于拥有单一的接入控制点,无论对网络的性能还是对网络的可靠性都有不利的影响。分布式防火墙不但从根本上去除了单一的接入点,还可以针对各个服务器及终端计算机的不同需要,对防火墙进行最佳配置,配置时能够充分考虑到这些主机上运行的应用,可在保障网络安全的前提下大大提高网络运转效率。

(3) 系统的扩展性:分布式防火墙随系统扩充提供了安全防护无限扩充的能力。

(4) 实施主机策略:对网络中的各结点可以起到更安全的防护。

(5) 应用更为广泛,支持 VPN 通信。

分布式防火墙最重要的优势在于,它能够保护物理拓扑上不属于内部网络,但位于逻辑上的"内部"网络的那些主机,这种需求随着 VPN 的发展而越来越多。对这个问题的传统处理方法是将远程"内部"主机和外部主机的通信依然通过防火墙隔离来控制接入,而远程"内部"主机与防火墙之间采用"隧道"技术保证安全性,这种方法使原本可以直接通信的双方必须绕经防火墙,不仅效率低而且增加了防火墙过滤规则设置的难度。与之相反,分布式防火墙的建立本身就是基本逻辑网络的概念,因此对它而言,远程"内部"主机与物理上的内部主机没有任何区别,从根本上防止了这种情况的发生。

习　题

1. 简要回答防火墙的定义和发展简史。
2. 设置防火墙的目的是什么? 防火墙的功能和局限性各有哪些?
3. 简述防火墙的发展动态和趋势。
4. 试述包过滤防火墙的原理及特点。静态包过滤和动态包过滤有什么区别?

5．试述代理防火墙的原理及特点。应用层网关和电路层网关有什么区别？

6．防火墙的主要技术及实现方式有哪些？

7．防火墙的常见体系结构有哪几种？

8．屏蔽路由器防火墙和屏蔽主机网关防火墙各是如何实现的？

9．简述分布式防火墙的体系结构、主要特点。

10．分布式防火墙的优势主要体现在哪几方面？

观看视频

第6章

病毒防治技术

本章重点：

（1）病毒的分类、特点和特征、运行机制。

（2）反病毒涉及的主要技术。

（3）病毒的检测和防治技术、措施。

（4）防病毒软件的性能特点、选购指标、工作原理。

（5）构筑防病毒体系的基本原则。

6.1 计算机病毒概述

6.1.1 计算机病毒的定义

计算机病毒最早是由美国计算机病毒研究专家 F. Cohen 博士提出的。"病毒"一词来源于生物学，因为通过分析研究，人们发现计算机病毒在很多方面与生物病毒有着相似之处。"计算机病毒"有很多种定义，国外最流行的定义为：计算机病毒，是一段附着在其他程序上的可以实现自我繁殖的程序代码。在《中华人民共和国计算机信息系统安全保护条例》中的定义为："计算机病毒是指编制或者在计算机程序中插入的破坏计算机功能或者数据，影响计算机使用并且能够自我复制的一组计算机指令或者程序代码。"

6.1.2 病毒的发展历史

1. 计算机病毒发展简史

世界上第一例计算机病毒被证实是在 1983 年，大范围流行始于 20 世纪 90 年代。早期出现的病毒程序是一种特洛伊木马程序，它是一段隐藏在计算机中的恶毒程序，当计算机运行一段时间或一定次数后就使计算机发生故障。但由于当时计算机的功能有限，因此并未广泛传播。

1983 年出现了计算机病毒传播的研究报告，公布了病毒程序的编写方法，同时有人提出了蠕虫（Worm）病毒程序的设计思想。

1984 年，美国人 Thompson 开发出了针对 UNIX 操作系统的病毒程序（当时未给它命名）。他用 C 语言编写了一段自我复制的程序，还插入一段特洛伊木马程序，用来寻找 UNIX 注册命令的代码。当它通过 UNIX 的口令检测作为合法用户注册，并顺利进入系统后，再在 C 编译程序中增加另一个特洛伊木马程序，修改源程序，生成可传播的二进制代码并遥控它，直至特洛伊木马程序不断传播、复制，使系统瘫痪。这是一个真正实用的、攻击计算机的病毒。

1988 年 11 月 2 日晚,美国康奈尔大学研究生罗伯特·莫里斯将计算机病毒蠕虫投放到网络中。该病毒程序迅速扩展,到第二天凌晨,病毒从美国东海岸传到西海岸,造成了大批计算机瘫痪,甚至欧洲联网的计算机都受到影响,直接经济损失近亿美元。这是自计算机出现以来最严重的一次计算机病毒侵袭事件,它引起了世界各国的关注。

在对抗传统的杀毒软件的基础上,计算机病毒也在不断推陈出新。1981 年,病毒突破 NetWare 的网络安全机制;1982 年,发现了首例 Windows 中的病毒;之后,世界各地接连不断地发现更为恶毒的自身代码变换病毒,如变形金刚、幽灵王等。特别是 1986 年在北美地区流行的"宏"病毒,是在文件型和引导型病毒的基础上发展出来的,它不仅可由磁盘传播,还可由 Internet 上 E-mail 和下载文件传播,危害极大。

2. 计算机病毒在中国的发展情况

在我国,20 世纪 80 年代后期已发现计算机病毒,20 世纪 80 年代末,有关计算机病毒问题的研究和防范已成为计算机安全方面的重大课题。许多科学家和技术人员纷纷从事杀毒软件和防病毒卡的研究并取得一批成果。

1982 年,"黑色星期五"病毒侵入我国,某地民航订票网络在星期五这天因病毒发作而受到严重损害,几乎瘫痪。

1985 年,在国内发现更为危险的"病毒生产机",它能自动生成大量"同族"新病毒,并且这些病毒可加密、解密,生存能力和破坏能力极强。这类病毒有 1537、CLME 等。

CIH 病毒是首例攻击计算机硬件的病毒,它可以攻击计算机的主板,并可以造成网络的瘫痪。CIH 病毒是由中国台湾地区的陈盈豪编写的,目前发现有 3 个版本,发作时间一般是每月 26 日。其中,1.3 版为 6 月 26 日发作,1.4 版为每月的 26 日发作。由于该病毒一般隐藏在盗版光盘、软件、游戏程序中,并能通过 Internet 迅速传播到世界各地,因此破坏性极大。病毒发作时,通过复制的代码不断覆盖硬盘系统区,损坏 BIOS 和主引导区数据,看起来硬盘灯在闪烁,但再次启动时,计算机屏幕便一片漆黑,此时用户硬盘上的分区表已被破坏,数据很难再恢复,它对于网络系统的损失更严重。北京瑞星公司 2001 年 4 月 26 日这天就接到了一千多个告急电话,报告被 CIH 病毒毁坏的计算机达 7600 多台。遭到袭击的不仅有国家机关、企事业单位、金融系统,还有公安机关、军事部门等。大量计算机系统受到病毒侵害而不能工作,造成的损失始料不及。可以说,中国的计算机用户此时才真正感受到了计算机病毒的危害。

据统计,在我国企业、公司级的网络系统中,有 90% 以上的计算机都曾受到过病毒的感染,60% 以上的计算机都曾因病毒感染而丢失过文件、数据等。计算机病毒的侵犯已成为计算机安全的最大问题,它带来的人力和经济损失是巨大的。

从第一个病毒面世以来,世界上究竟有多少种病毒,说法不一。据国外统计,计算机病毒以 10 种/周的速度递增。另据我国公安部统计,国内以 4 种/月的速度递增。目前全世界已知的计算机病毒已超过 4 万余种,主要病毒已从过去的引导型、文件型发展为宏病毒和网络病毒。特别是随着计算机网络的发展和 Internet 的普及,病毒传播的速度越来越快,并成为病毒的主要传播途径。

现在,病毒的发展呈现出两个新的趋势:第一是病毒的攻击对象已经从原来个人主机上的文件、内存资源、CPU 资源转向网络带宽、网络服务器,而且从工作模式上推断,今后很可能出现诸如对 DNS、路由器等网络服务器攻击的病毒;第二是病毒结合了传统病毒自动传播技术和黑客缓冲溢出技术的特点,一旦爆发就会具有规模效应。

由于多数网络病毒能够跨越平台,借助网络迅速传播,网络病毒的查杀具有更大的难度,而且容易复发,其破坏性也在不断上升。计算机病毒的流行引起了人们的普遍关注,成为影响计算机及其网络安全运行的一个重要因素。

6.1.3 病毒的分类

对计算机病毒的命名,各个组织或公司不尽相同。有时对同一种病毒,不同的软件会报出不同的名称。如 SPY 病毒,Kill 软件中命名为 SPY,而 KV3000 软件则称之为 TPVO3783。给病毒起名的方法不外乎以下几种:按病毒出现的地点;按病毒中出现的人名或特征字符;按病毒发作时的症状命名,如"火炬""蠕虫";按病毒的发作时间,如"黑色星期五"病毒,遇到星期五那天同时又是 13 日就发作;有些名称包含病毒代码的长度等。

病毒种类众多,分类如下。

1. 按感染方式分为引导型、文件型和混合型病毒

引导型病毒利用软盘或硬盘的启动原理工作,修改系统的引导扇区(在硬盘中称为主引导记录 MBR)。病毒感染引导扇区后,在操作系统启动之前病毒就会被读入内存,并首先取得控制权。在这种状态下,只要在计算机中插入其他硬盘等外部存储介质,就会被感染。

文件型病毒一般只感染磁盘上的可执行文件、COM、EXE 等。在用户调用染毒的执行文件时,病毒首先运行,然后驻留内存,伺机感染给其他可感染文件。其特点是附着于正常程序文件中,成为程序文件的一个外壳或部件。文件型病毒有覆盖感染型、追加感染型、插空感染型三种。

1) 覆盖感染型病毒

Windows 程序文件主要是由文件头和程序代码组成。文件头位于文件的起始部位,描述整个文件尺寸和程序代码起始位置等信息。文件头的后面部分是程序代码。

覆盖感染型病毒是指用自身的病毒代码覆盖文件的程序代码部分。由于只是单纯利用病毒代码进行覆盖,因此感染机理最为简单。不过,感染这种病毒后,程序文件就被破坏,无法正常工作。也就是说,用户受感染后,原来的程序将不能运行,而只能启动病毒程序,用户很快就会注意到发生了异常情况。

2) 追加感染型病毒

此类病毒并不更改感染对象的程序代码,而是把病毒代码添加到程序文件最后。另外,追加感染型病毒还会更改原程序文件的文件头部分。

具体来说,就是把文件头中原来记述的"执行开始地址为 XXX(原程序的开头)"等信息更改变成"执行开始地址为 ZZZ(病毒程序的开头)"。这样一来,在原程序运行之前,病毒代码就会首先被执行。

另外,在病毒代码的最后会有一个跳转指令,以便能重新回到执行原程序的开始地址,使受感染程序在执行了病毒代码之后能接着执行原程序。程序受到追加感染型病毒的感染后,其文件尺寸会变得比原文件大。

3) 插空感染型病毒

插空感染型病毒是由追加感染型病毒发展而来的,它把自身的病毒代码插入到程序文件的空余位置中,使原程序文件能照常运行且文件大小没有任何变化,但前提条件是原程序文件必须具有足够的空间。

混合型病毒兼有上述两种病毒的特点,既感染引导区又感染文件,因此遇到这种病毒更易感染。现在,新的病毒层出不穷。较新的如宏病毒:Word、Excel、PowerPoint 程序提供了在其文档中加入宏(宏是用 VB 语言写成的)的可能性,使得用 VB 编写计算机病毒被广泛采用。这在 Office 2000 和 Windows 2000 新的安全标准面前已得到改变。按方式分类,宏病毒属于文件型病毒。新的病毒使用网站和电子邮件传播,它们隐藏在 Java 和 ActiveX 程序里面,如果用户下载了有这种病毒的程序,它们便立即开始破坏活动。

2. 按连接方式分为源码型、入侵型、操作系统型和外壳型病毒

源码型病毒较为少见,亦难编写、传播。因为它要攻击高级语言编写的源程序,在源程序编译之前插入其中,并随源程序一起编译、连接成可执行文件,这样生成的可执行文件便已经带毒了。

入侵型病毒可用自身代替正常程序中的部分模块或堆栈区。因此,这类病毒只攻击某些特定程序,针对性强。一般情况下也难以被发现和清除。

操作系统型病毒可用其自身部分加入或替代操作系统的部分功能。因其直接感染操作系统,这类病毒的危害性也较大。

外壳型病毒将自身附在正常程序的开头或结尾,相当于给正常程序加了个外壳。大部分的文件型病毒都属于这一类。

3. 按破坏性可分为良性病毒和恶性病毒

良性病毒只是为了表现其存在,如只显示某项信息,或播放一段音乐,对源程序不做修改,也不直接破坏计算机的软硬件,对系统的危害较小。但是这类病毒的潜在破坏还是有的,它使内存空间减少,占用磁盘空间,与操作系统和应用程序争抢 CPU 的控制权,降低系统运行效率等。

而恶性病毒则会对计算机的软件和硬件进行恶意的攻击,使系统遭到不同程度的破坏,如破坏数据、删除文件、格式化磁盘、破坏主板、导致系统死机、网络瘫痪等。因此,恶性病毒非常危险。

4. 网络病毒

网络病毒是指在网上运行和传播,影响和破坏网络系统的病毒。

上面这些分类都是相对的,同一种病毒按不同的分类方法可属于不同的类型。

6.1.4　病毒的特点和特征

要做好防病毒技术的研究,首先要认清计算机病毒的特点和行为机理,为防范和清除计算机病毒提供充实可靠的依据。根据对计算机病毒的产生、感染和破坏行为的分析,下面总结出病毒的几个主要特点。

1. 刻意编写,人为破坏

计算机病毒不是偶然自发产生的,而是人为编写的、有意破坏的、严谨精巧的程序段,能与所在环境相互适应并紧密配合。编写病毒程序的动机一般有以下几种情况:为了表现和证明自己;出于对社会、对上级的不满;出于好奇的"恶作剧";为了报复;为了纪念某一事件等。也有因为政治、军事、民族、宗教、专利等方面的需要而专门编写病毒程序的。有的病毒编制者为了相互交流或合作,甚至形成了专门的病毒组织。

2. 自我复制能力

自我复制能力也称"再生"或"感染"。再生机制是判断计算机病毒的最重要的依据。在一定条件下,病毒通过某种渠道从一个文件或一台计算机感染到另外没有被感染的文件或计算机,病毒代码就是靠这种机制大量传播和扩散的。携带病毒代码的文件称为计算机病毒载体或带毒程序。一台感染了病毒的计算机,本身既是一个受害者,又是计算机病毒的传播者,它通过各种可能的渠道,如软盘、光盘、活动硬盘或网络去感染其他的计算机。

3. 夺取系统控制权

病毒为了完成感染、破坏系统的目的,必然要取得系统的控制权,这是计算机病毒的另外一个重要特点。计算机病毒在系统中运行时,首先要做初始化工作,在内存中找到一片安身之地,随后执行一系列操作取得系统控制权。系统每执行一次操作,病毒就有机会完成病毒代码的传播或进行破坏活动。反病毒技术也正是抓住计算机病毒的这一特点,提前取得系统控制权,阻止病毒取得系统控制权,然后识别出计算机病毒的代码和行为。

4. 隐蔽性

在感染上病毒后,计算机系统一般仍然能够运行,被感染的程序也能正常执行,用户不会感到明显的异常,这便是计算机病毒的隐蔽性。正是由于这种隐蔽性,计算机病毒得以在用户没有察觉的情况下扩散传播。计算机病毒的隐蔽性还表现在病毒代码本身设计得非常短小,一般只有几百 KB,非常便于隐藏到其他程序中或磁盘的某一特定区域内。不经过程序代码分析或计算机病毒代码扫描,人们是很难区分病毒程序与正常程序的。随着病毒编写技巧的提高,病毒代码本身还进行加密或变形,使得对计算机病毒的查找和分析更加困难,很容易造成漏查或错杀。

5. 潜伏性

大部分病毒在感染系统后一般不会马上发作,它可长期隐藏在系统中,除了感染外,不表现出破坏性,这样的状态可能保持几天、几个月甚至几年,只有在满足其特定的触发条件后才启动其表现模块,显示发作信息或进行系统破坏。使计算机病毒发作的触发条件主要有以下几种。

(1) 利用系统的时间作为触发器,这种触发机制被大量病毒使用。

(2) 利用病毒体自带的计数器作为触发器。病毒利用计数器记录某种事件发生的次数,一旦计数器达到设定的值,就执行破坏操作。这些事件可以是计算机开机的次数、病毒程序被运行的次数,或者从开机起被运行过的程序数量等。

(3) 利用计算机内执行某些特定操作作为触发器。特定操作可以是用户按下某些特定键的组合、执行的命令,或者对磁盘的读写等。

被病毒使用的触发条件多种多样,而且往往是由多个条件组合触发。大多数病毒组合条件是基于时间的,再辅以读写盘操作、按键操作以及其他条件。

6. 不可预见性

不同种类病毒的代码千差万别,病毒的制作技术也在不断提高。与反病毒软件相比,病毒永远是超前的。新的操作系统和应用系统的出现,软件技术的不断发展,也为计算机病毒提供了新的发展空间,对未来病毒的预测将更加困难,这就要求人们不断提高对病毒的认识,增强防范意识。

现在的计算机病毒具有如下特征。

（1）攻击对象趋于混合型。

现在的计算机病毒与黑客联手，病毒攻击对象趋于混合，它们可能是利用服务器漏洞植入后门程序的特洛伊木马；或是通过电子邮件大肆传播、衍生无数变种的计算机蠕虫；也有可能是通过浏览网页下载的病毒；更糟的状况是三者兼具，这种混合病毒源码的编制、反跟踪调试、程序加密、隐蔽性和攻击能力等方面的设计也呈现了许多不同的变化。

混合病毒的攻击模式使得传统的防毒软件面临更严峻的挑战，也使得企业的防毒系统面临更严重的威胁，这就需要企业从防毒意识上树立"防毒先堵漏洞、防毒更要防黑"的观念。

（2）反跟踪技术。

当用户或反病毒技术人员发现一种病毒时，首先要对其进行详细分析解剖，一般都是借助 DEBUG 等调试工具对它进行跟踪剖析，实现反动态跟踪。但是在目前的病毒程序中一般都嵌入一些破坏单步中断 INT1H 和断点设置中断 INT3H 的中断向量程序段，从而使动态跟踪难以完成。还有的病毒通过对键盘进行封锁，以禁止单步跟踪。

病毒代码通过在程序中使用大量非正常的转移指令，使跟踪者不断迷路，造成分析困难。一般而言，CALL/RET、CALLFAR/RET、INT/IRET 命令都是成对出现的，返回地址的处理是自动进行的，不需要编程者考虑，但是近来一些新的病毒肆意篡改返回地址，或者在程序中将上述命令单独使用，从而使用户无法迅速摸清程序的转向。

（3）增强隐蔽性。

病毒通过各种手段，尽量避免出现使用户容易产生怀疑的病毒感染特征。

① 避开修改中断向量值。许多反病毒软件都对系统的中断向量表进行监测，一旦发现任何有对系统内存中断向量表进行修改的操作，将首先认为有病毒在活动。因此，为避免修改中断向量表而留下痕迹，有些病毒直接修改中断服务子程序，取得对系统的控制权。

② 请求在内存中的合法身份。病毒为躲避侦察常采用以下方法获得合法内存：通过正常的内存申请进行合法驻留或通过修改内存控制链进驻内存，所以单从内存的使用情况上很难区分正常程序和病毒程序。

③ 维持宿主程序的外部特性。病毒截取 INT21H 中断，控制原文件的显示，使已经被感染的程序在显示时不改变原来的特征，如长度、修改日期等。病毒也可能截取 INT13H 中断，当发现有读硬盘主引导区或 DOS 分区的操作时，将原来的正确内容交给用户，以迷惑用户。

④ 不使用明显的感染标志。病毒不再简单地根据某个标志判断病毒本身是否已经存在，而是经过一系列相关运算来判断某个文件是否被感染。

（4）加密技术处理。

① 对程序段动态加密。病毒采取一边执行一边译码的方法，即后边的机器码是与前边的某段机器码运算后还原的，而用 DEBUG 等调试工具把病毒从头到尾打印出来，打印出的程序语句将是被加密的，无法阅读。

② 对显示信息加密。病毒对显示信息加密，将使得用户在直接调用病毒体的内存映像时无法寻找到它的踪影。

③ 对宿主程序段加密。病毒将宿主程序入口处的几个字节经过加密处理后存储在病毒体内，这给杀毒修复工作带来很大困难。

（5）病毒繁衍不同变种。

目前病毒已经具有许多智能化的特性，如自我变形、自我保护和自我恢复等。在不同宿主程序中的病毒代码，不仅绝大部分不相同，且变化的代码段的相对空间排列位置也有变化。病毒能自动化整为零，分散潜伏到各种宿主中。对不同的感染目标，分散潜伏的宿主也不一定相同，在活动时又能自动组合成一个完整的病毒。

6.1.5 病毒的运行机制

病毒能隐藏在不同的地方，主要隐藏之处如下。

（1）可执行文件。病毒"贴附"在这些文件上，使其能被执行。

（2）引导扇区。这是磁盘和硬盘中的一个特别扇区，它包含一个程序，当启动计算机时该程序将被执行。它也是病毒可能隐藏的地点。

（3）表格和文档。某些程序允许内置一些宏文件，宏文件随着该文件的打开而被执行。病毒利用宏的存在进入其中。

（4）Java 小程序和 ActiveX 控件。这是两个最新隐藏病毒的地方。Java 小程序和 ActiveX 控件都是与网页相关的小程序，通过访问包含它们的网页，可以执行这些程序。

可以看出，用户即使仅访问了某个网页，也有可能一不小心就执行了病毒。如果病毒隐藏在压缩文件和电子邮件中，将更难被发现，查杀病毒也变得非常困难。

典型的病毒运行机制可以分为感染、潜伏、繁殖和发作四个阶段。

（1）感染是指病毒自我复制并传播给其他程序。

（2）潜伏是指病毒等非法程序为了逃避用户和防病毒软件的监视而隐藏自身行踪的行为。

（3）繁殖是指病毒程序不断地由一部计算机向其他计算机进行传播的状态。

（4）发作是指非法程序所实施的各种恶意行动。

1. 第一阶段：感染

目前，病毒主要通过电子邮件、外部介质、下载这三种途径进入用户的计算机，其中90%以上的病毒是通过电子邮件感染的，Internet 正在逐步成为病毒入侵的主要途径。

（1）电子邮件感染，是指把蠕虫和特洛伊木马本身以及受病毒感染的文件作为电子邮件附件等发送出去。有的是普通用户在不知道附件已经感染病毒的情况下发送了病毒邮件，有的是蠕虫本身自动地向外界发送邮件。而特洛伊木马则是由图谋不轨的第三者（即黑客）发送的。

受病毒感染的不仅限于附件。例如，Windows 附带的 Outlook Express 等常用电子邮件软件，大多都会利用 Web 浏览器的功能，解释并显示邮件正文中所描述的 HTML 代码。而病毒脚本往往就隐藏在 HTML 邮件中。

（2）外部介质感染，是指用户从别人那里借来带有病毒的硬盘和光盘等介质后，病毒就会由这些介质入侵到自己的计算机中。尽管很多情况是由于从别人那里借来的硬盘等介质中带有病毒而被感染，但也不完全如此，过去就曾发生过多起市售软件中含有病毒的情况。

另外，通过外部介质的感染并不仅限于通过软盘和硬盘上的文件进行感染。有些病毒会隐藏在软盘和硬盘的引导区中。如果利用这种带病毒的外部介质启动个人计算机，就会受到病毒感染。

（3）下载传染，是指用户从 Web 站点和 FTP 服务器中下载感染了特洛伊木马和病毒的文件。企业内部局域网上的文件服务器和不同计算机之间的文件共享都有可能成为感染病毒的原因。

另外，在第三种感染途径中还存在极少数特殊情况。例如，1999 年曾在业界引起轩然大波的 Worm、Explore ZiP 病毒，只要局域网上的其他个人计算机把引导系统的分区设置为完全共享，该病毒就会随意地发送自身的副本并实施感染。也就是说，即便计算机用户不进行下载，计算机也会自动下载并运行病毒。

在这三种感染途径中，E-mail 已成为病毒传播的最主要途径。由于可同时向一群用户或整个计算机网络系统发送电子邮件，一旦一个信息点被感染，整个系统在短时间内都可能被感染。电子邮件病毒的主要特点是：邮件格式不统一，杀毒困难；传播速度快，传播范围广，破坏力大。

病毒进入用户的计算机后，并不会直接产生什么问题。只有在用户无意中打开了电子邮件附件、执行了病毒程序那一刻起才会引发感染。感染目标主要有三个：引导区、可执行文件和脚本（Office 产品的文档文件和 HTML 文件等）。

无论是文件型病毒还是引导型病毒，其感染过程总体来说是相似的，可归纳如下。

（1）注入内存。病毒停留在内存中，监视以后系统的运行，选择机会进行感染。

（2）判断感染条件。对目标进行判断，以决定是否对其感染。

（3）感染。通过适当的方式把病毒写入磁盘。文件型病毒与引导型病毒在感染上的主要区别是其感染模块激活的方式不同，引导型多用 INT13H，文件型多用 INT21H。

2. 第二阶段：潜伏

病毒一般通过隐蔽或自我变异等方法潜伏下来，以躲避用户和防病毒软件的侦察。

隐蔽法是指病毒为了隐藏程序文件已被感染病毒的事实，向用户和防病毒软件提供虚假文件尺寸。例如，用户运行受病毒感染的文件后，病毒不仅会感染其他文件，还常驻内存并开始监视用户操作。如果用户运行文件列表显示等命令查看文件尺寸时，病毒就会代替操作系统提供虚假信息，使用户很难察觉到程序文件已经受到病毒感染的事实。

自我变异是指病毒通过实际改变自身的形态（病毒特征代码），来逃避防病毒软件的检测。由于在每次感染时都会有不同的病毒特征代码，因此即便与防病毒软件掌握的特征代码相对照，也不会被发现。因此，也有人把此类病毒称为变形病毒。

还有一种比自我变异更高级的方法即"加密法"，指每次感染时先对自身进行加密，然后把还原程序及加密密钥嵌入到感染的对象文件中。如果此类病毒准备了大量的加密密钥，那么由于每次感染时就会变成不同的数据，因此防病毒软件就很难发现。

3. 第三阶段：繁殖

现在，病毒主要通过电子邮件入侵计算机。蠕虫病毒就是通过电子邮件进行繁殖的典型。有很多大规模病毒感染事件都与蠕虫分不开，蠕虫病毒有 Windows 蠕虫和 UNIX 蠕虫两种。

梅莉莎（Melissa. A）是最具代表性的 Windows 蠕虫病毒。该蠕虫属于感染 Word 文档文件的宏病毒，会随意使用 Word 宏功能，启动电子邮件软件 Outlook，然后把包括病毒自身副本的 Word 文档文件作为电子邮件附件发送给 Outlook 地址簿中前 50 个邮件地址用户。用户一旦打开或运行该附件，在感染 Word 的同时，也开始进行蠕虫繁殖。其缺陷是：

只能被动地等着计算机用户去运行附件。

UNIX 蠕虫的最大特点是：不需要用户进行任何操作，即可自动地通过网络进行繁殖。因为运行 UNIX 系统的计算机大都是作为服务器来使用的，所以，UNIX 蠕虫首先在合适的 IP 地址范围内，查找正在运行具有某种特定安全漏洞的服务器软件，再利用服务器软件的安全漏洞由外部执行命令，向服务器内部发送并运行蠕虫病毒。

4. 第四阶段：发作

大部分病毒都是在一定条件下才会发作。在结构上分为两部分，一部分判断发作的条件是否满足，另一部分执行破坏功能。

发作的条件一般会与时钟或时间有关，因而病毒程序最常修改的中断除了如病毒感染利用的 INT13H、INT21H 外，还有破坏模块利用的 INT8(硬时钟中断)INT1CH(软时钟中断)及 INT1AH(读取/设立系统时间、日期)。常见的触发条件有：黑色星期五(某月的 13 号正好是星期五)；当前时间是整点或半点；病毒进入内存已有半小时等。病毒的破坏行为、主要破坏目标和破坏程度取决于病毒制作者的主观愿望和其技术能力。不同的病毒，其破坏行为各不相同，现归纳如下。

(1) 攻击系统数据区。攻击部位包括硬盘主引导区、BOOT 扇区、FAT 表和文件目录。一般来说，攻击系统数据区的病毒是恶性病毒，受损的数据不易恢复。

(2) 攻击文件。病毒对文件的攻击方式很多，如删除、改名、替换内容、丢失簇和对文件加密等。

(3) 攻击内存。内存是计算机的重要资源，也是病毒攻击的重要目标。病毒额外地占用和消耗内存资源，可导致一些大程序运行受阻。病毒攻击内存的方式有大量占用、改变内存总量、禁止分配和蚕食内存等。

(4) 干扰系统运行，使运行速度下降。病毒激活时，此类行为也是花样繁多，如系统延迟程序启动、不执行命令、干扰内部命令的执行、虚假报警、打不开文件、堆栈溢出、占用特殊数据区、换现行盘、时钟倒转、重启动、死机、强制游戏、扰乱串并接口或在时钟中纳入循环计数，迫使计算机空转，导致运行速度明显下降等。

(5) 干扰键盘、喇叭或屏幕。病毒干扰键盘操作，如响铃、封锁键盘、换字、抹掉缓存区字符、重复和输入紊乱等。许多病毒运行时，会使计算机的扬声器发出响声。病毒扰乱显示的方式很多，如字符跌落、环绕、倒置、显示前一屏、光标下跌、滚屏、抖动、乱写字符等。

(6) 攻击 CMOS。在机器的 CMOS 中，保存着系统的重要数据，如系统时钟、磁盘类型和内存容量等，并具有校验和。有的病毒激活时，能够对 CMOS 区进行写入动作，破坏 CMOS 中的数据，如 CIH 病毒破坏计算机硬件，乱写某些主板 BIOS 芯片，以损坏硬盘。

(7) 干扰打印机。例如，假报警、间断性打印、更换字符。

(8) 网络病毒破坏网络系统。例如，非法使用网络资源，破坏电子邮件，发送垃圾信息，占用网络带宽等。

6.1.6 病毒的隐藏方式

计算机病毒在运行状态下具有多种隐藏方式。许多单机版防火墙(如 Windows XP SP2 自带的 Windows 防火墙)会对进程的网络访问进行控制，如果病毒以独立的进程运行，不但非常容易被用户在任务管理器中发现，而且在连接网络的时候也会被防火墙阻止。因此，病毒往往以各种方式把自己隐藏在其他进程中。具有寄生性的病毒运行在其宿主程序的进程中；通过进程注入的方式，也可以把病毒代码注入一个正在运行的进程当中；通过利用"Hook"技术不但可以隐藏掉病毒自身的进程，还可以隐藏病毒其他相关信息，如文件、服务、注册表项、网络端口等；Rootkit 是一种综合性的代码，可以完全隐藏自身或者其他程序的痕迹，甚至可以通过在内核态直接和网卡交互来逃避防火墙的检测，没有特殊的检测工具无法检测出采用 Rootkit 技术的病毒。

1. 寄生

计算机病毒通过寄生在引导区或者文件中来隐藏自己。寄生于引导区的病毒也就是引导区病毒，它先于操作系统运行，依托的环境是 BIOS 中断服务程序。操作系统的引导模块是放在某个固定的位置的，并且控制权的转交方式是以物理地址为依据，而不是以操作系统引导区的内容为依据，因而病毒占据该物理位置即可获得控制权，而将真正的引导区内容搬家转移或替换，待病毒程序被执行后将控制权交给真正的引导区内容，使得这个带病毒的系统看似正常运转，而病毒实际已隐藏在系统中伺机传染和发作。病毒还可以寄生在可执行程序或者文档文件中。寄生于可执行程序的病毒一般将自身代码插入到宿主程序的前面或后面，并修改程序的第一条执行指令，使病毒先于宿主程序执行。这样随着宿主程序的使用，病毒也开始传染扩散，而且病毒的所有行为（如连接网络等）都会被计算机看成其宿主程序的行为，因此，获得和其宿主程序相同的权限。寄生在文档文件中的病毒运行在打开染毒文档的程序进程中。

2. 进程注入

Windows 系统中，每个进程都有自己的私有内存地址空间，一个进程无法使用指针访问另一个进程的内存地址空间。这样做可以保证进程私有数据不被非法读取，同时，也保证了程序的稳定性。如果某个程序的进程存在一个错误，改写了一个随机地址指向的内存，这个错误不会影响其他进程使用的内存。因此，独立的地址空间提高了操作系统的稳定性。不过，仍有很多方法可以打破进程的界限，访问另一个进程的地址空间，这就是所谓的"进程注入"。一旦病毒将代码注入到了另一个进程的地址空间，就可以对这个进程为所欲为。

早期的病毒是通过修改注册表中的［HKEY_LOCAL_MACHINE\Software\Microsoft\WindowsNT\CurrentVersion\Windows\AppInit_DLLs］字符串键值来达到进程注入的目的。这种方法的缺点是不具备实时性，即修改注册表后需要重新启动系统才能完成进程注入，而且这种注入方式很容易被发现。比较高级和隐蔽的方式是通过系统的钩子机制（即 Hook）来注入进程，需要调用 SetWindowsHookEx 这个系统 API 函数。同时，在Windows 2000 及以上的系统中提供了"远程进程"机制，可以通过一个系统 API 函数CreateRemoteThread 向另一个进程中创建线程。这些技术的缺点是门槛较高，程序调试困难。

3. Hook 技术

Hook 是 Windows 中提供的一种类似 DOS 下"中断"的系统机制，中文译名为"挂钩"或"钩子"。在对特定的系统事件（如某个特定系统 API 函数的调用事件）进行 Hook 后，一旦该事件发生，对它进行 Hook 的程序（如病毒程序）就会收到系统的通知，这时该程序就能在第一时间对该事件做出响应，即可以抢在函数返回前对结果进行修改。

利用 Hook 技术对系统中列举相关的 API 函数调用情况进行监控，对调用返回结果进行处理,就可以隐藏不想让用户看到的信息。例如,任务管理器之所以能够显示出系统中所有的进程,是因为其调用了 EnumProcesses 等进程相关的 API 函数,进程信息都包含在该函数的返回结果中,由发出调用请求的程序接收返回结果并进行处理(如任务管理器在接收到结果后就在进程列表中显示出来)。而病毒程序由于事先对该 API 函数进行了 Hook,所以,在任务管理器(或其他调用了列举进程函数的程序)调用 EnumProcesses 函数时,病毒程序便得到了通知,并且在函数将结果(所有进程的列表)返回给程序前,就已将自身的进程信息从返回结果中抹去了。就好比你正在看电视节目,却有人不知不觉中将电视接上了DVD,你在不知不觉中就被欺骗了。所以,无论是任务管理器还是杀毒软件,如果不使用非常规方法,想对这种病毒的进程进行检测都是徒劳的。同样,病毒程序还可以通过 Hook 来隐藏其他的信息,如文件、服务、注册表项和网络端口等。

4. Rootkit

Rootkit 是一种综合性的代码,它的目的在于隐藏自己以及其他软件不被发现。所以,普通用户几乎无法检测到 Rootkit,也几乎不可能删除它们,更不知道它们在做什么事情。虽然相关的检测工具在不断增多,但 Rootkit 软件的开发者也在不断寻找新的途径来掩盖它们的踪迹。

Rootkit 一般不依靠安全漏洞进入计算机,而是由病毒装入到已被感染的系统中。

Rootkit 往往与诱使用户安装程序的特洛伊木马软件捆绑在一起。Rootkit 会利用用户拥有的各项执行权限,所以在大多数用户以管理员权限使用计算机的 Windows 环境下,Rootkit 会自然获得不受限制的访问权,随时添加或者更改删除文件、监控进程、收发网络流量以及安装后门。通常来说,Windows Rootkit 有两种形式,包括用户模式 Rootkit 和内核模式 Rootkit。用户模式 Rootkit 通常采用 Hook 技术来过滤信息,这种 Rootkit 比较容易创建,相对来说也更容易被发现。内核模式 Rootkit 位于操作系统内核里面,它们通过截获来自用户空间里面的应用程序的系统调用来过滤信息,并且会暗中破坏试图把它们检测出来的诊断或者安全软件。内核模式 Rootkit 创建起来比较困难,不过也更难被检测和清除。

6.1.7　计算机病毒的启动方式

下面是一些常见的计算机病毒启动方式。

1. 通过寄生宿主来启动

对于具有寄生性的计算机病毒,其所寄生的对象称为宿主,当计算机读取宿主并运行时,病毒也就启动了。例如,引导区病毒在系统引导的时候就被执行;而文件型病毒在被感染的文件执行时启动。

2. 通过修改系统配置文件,在系统启动的时候启动

在 Windows 平台下,可供利用的系统配置文件包括 Win. ini、System. ini、Autoexec. bat、Config. sys 和 Winstart. bat 等。通过修改这些文件中的某些配置项,把病毒文件的路径加入其中,在操作系统启动的时候,计算机病毒就可以自动运行了。

例如,Win. ini 的[Windows]小节的 load 和 run 后面,在正常情况下是没有跟任何程序的,如果有了,那就要小心了,需要看看是什么;在 System. ini 的[boot]小节的 Shell＝Explorer. exe 后面也是加载木马的好地方,因此,也要注意这里。如果出现这种情况:Shell＝Explorer. exewind0ws. exe,请注意,那个 wind0ws. exe 很有可能就是木马服务端程序。

3. 通过自启动项在操作系统启动的时候启动

把计算机病毒文件的快捷方式添加到"开始"菜单中的"启动"文件夹,或者把计算机病毒文件的路径添加到注册表中的以下位置。

HKEY_CURRENT_USER\Software\Microsoft\Windows\CurrentVersion 下所有以 Run 开头的项。

HKEY_LOCAL_MACHINE\SOFTWARE\Microsoft\Windows\CurrentVersion 下所有以 Run 开头的项。

HKEY_USERS\. DEFAULT\Software\Microsoft\Windows\CurrentVersion 下所有以 Run 开头的项。

HKEY_CURRENT_USER\Software\Microsoft\Windows\CurrentVersion\Policies\Explorer\Run。

4. 通过磁盘根目录下的 AUTORUN. INF 文件来启动

如果在磁盘的根目录下放置 AUTORUN. INF 文件,并在其中指定自动运行的文件路径,则:

(1) 对于可移动存储设备(如 U 盘、光盘等),当它们连接到计算机的时候病毒文件会自动运行。

(2) 对于本地硬盘,当双击磁盘盘符时自动运行。

5. 通过在 Windows 注册表中修改文件关联启动

修改注册表中的文件关联也是病毒常用的手段。例如,在正常情况下 TXT 文件的打开方式为 Notepad. exe(记事本)。但是,一旦感染了某种文件关联病毒,则 TXT 文件就可能变成调用病毒程序打开了,如著名的国产木马病毒——冰河就是这么做的。当然,不仅是 TXT 文件的打开方式,其他类型的文件,如 HTML、EXE、ZIP、COM 等文件的打开方式也都是病毒程序的目标。对这类木马程序,只能检查注册表中的 HKEY_CLASSES_ROOT 下的文件类型 shell\open\command 子键分支,查看其值是否正常。

6. 通过替换或者注册 DCOM 服务、系统服务、驱动程序等启动

病毒程序通过把自己替换成或者注册成 DCOM 服务、系统服务、驱动程序等进行启动。特别是如果病毒文件以驱动程序的方式启动时,不但运行在内核态,还可以在安全模式下启动。因此,病毒更难以被发现和清除。

6.2　网络计算机病毒

网络计算机病毒实际上是一个笼统的概念,一种情况是专指在网络上传播并对网络进行破坏的病毒,另一种情况是指 HTML 病毒、E-mail 病毒、Java 病毒等与 Internet 有关的病毒。

6.2.1　网络计算机病毒的特点

Internet 的飞速发展给反病毒工作带来了新的挑战。Internet 上有众多的软件供下载,有大量的数据交换,这给病毒的大范围传播提供了可能。Internet 衍生出一些新一代病毒,即 Java 及 ActiveX 病毒。它不需要停留在硬盘中,且可以与传统病毒混在一起,不被人们察觉。更厉害的是它们可以跨操作系统平台,一旦遭受感染,便毁坏所有操作系统。网络病毒一旦突破网络安全系统,传播到网络服务器,进而在整个网络上感染、再生,就会使网络系统资源遭到致命破坏。

计算机网络的主要特点是资源共享。一旦共享资源感染上病毒,网络各结点间信息的频繁传输将把病毒感染到共享的所有机器上,从而形成多种共享资源的交叉感染。病毒的迅速传播、再生、发作将造成比单机病毒更大的危害。

在网络环境中,计算机病毒具有如下一些新的特点。

1. 感染方式多

病毒入侵网络的主要途径是通过工作站传播到服务器硬盘,再由服务器的共享目录传播到其他工作站。但病毒感染方式比较复杂,通常有以下几种。

(1) 引导型病毒对工作站或服务器的硬盘分区表或 DOS 引导区进行感染。

(2) 通过在有硬盘的工作站上执行带毒程序,从而感染服务器映像盘上的文件。由于 LOGIN.EXE 文件是用户登录入网的首个被调用的可执行文件,因此该文件最容易被病毒感染。而一旦 LOGIN.EXE 被病毒感染,则每个工作站在使用它登录时都会被感染,并进一步感染服务器共享目录。

(3) 服务器上的程序若被病毒感染,则所有使用该带毒程序的工作站都将被感染。混合型病毒有可能感染工作站上的硬盘分区表或 DOS 引导区。

(4) 病毒通过工作站的复制操作进入服务器,进而在网上传播。

(5) 利用多任务可加载模块进行感染。

(6) 若 Novell 服务器 DOS 分区的开机引导文件 SERVER.EXE 被病毒感染,则文件服务器系统有可能被感染。

2. 感染速度快

在单机上,病毒可能通过软盘、U 盘、光驱等方式从一台计算机感染另一台计算机;而在网络中,病毒则可通过网络通信进行迅速扩散。

3. 清除难度大

在单机上,再顽固的病毒也可通过删除带毒文件、低级格式化硬盘等措施将病毒清除;而网络中,只要有一台工作站未消毒干净就可使整个网络全部被病毒程序所感染,甚至刚刚完成消毒工作的一台工作站也有可能被网络中另一台工作站的带毒程序所感染。因此,仅对工作站进行杀毒处理并不能彻底解决网络病毒问题。

4. 破坏性强

网络上的病毒将直接影响网络的工作,轻则降低速度,影响工作效率,重则造成网络系统的瘫痪,破坏服务器系统资源。

5. 可激发性

网络病毒激发的条件多样化,可以是内部时钟、系统的日期和用户名,也可以是网络的一次通信等。一个病毒程序可以按照设计者的要求,在某个工作站上激活并发出攻击。

6. 潜在性

网络一旦感染了病毒,即使病毒已被消除,其潜在的危险仍然巨大。根据 DATAQUEST 公司的研究发现,病毒在网络上被消除后,85%的网络在 30 天内会再次被感染。

6.2.2　网络对病毒的敏感性

一些最普通的工作站病毒一般是无法通过各种类型的网络的,所以网络可以作为计算机病毒渗透的障碍。尽管如此,不同的网络类型还是会受到不同类型的病毒感染。

1. 网络对文件病毒的敏感性

一般的文件病毒可以通过以下三种网络环境传播。

1) 网络服务器上的文件病毒

大多数企业中使用局域网文件服务器。在这种类型的网络中,文件病毒可以从几种不同的途径进入。

(1) 用户直接从文件服务器复制已感染的文件。

(2) 用户在工作站上执行一个文件型病毒程序,然后这种病毒感染网络上的可执行文件。

(3) 用户在工作站上执行内存驻留文件病毒,当访问服务器上的可执行文件时进行感染。

这里的每一种感染情况都会使得文件病毒传播到网络文件服务器内的文件中。病毒渗透到文件服务器后,其他访问的用户可能在其工作站执行被感染的程序。结果,病毒能够感染用户本地硬盘中的文件和网络服务器上的其他文件。

因为文件和目录级保护只在文件服务器中实现,而不在工作站中实现,可执行文件病毒无法破坏基于网络的文件保护。此外,管理员也可能在无意中使病毒感染服务器上的一些文件或所有文件。

如果一个标准的 LOGIN.EXE 文件被一个内存驻留病毒感染,那么任何一个用户登录到网络上之后,就会启动病毒,并且无意地感染在工作站上使用的每一个程序,还会感染在文件服务器中使用的有写访问权限的每一个程序。

文件服务器作为可执行文件病毒的载体。病毒感染的程序可能驻留在网络中,但是除非这些病毒经过特别设计与网络软件集成在一起,否则它们只能在客户机上激活。

2) 端到端网络上的文件病毒

在端到端网络上,用户可以读出和写入每个连接工作站上本地硬盘中的文件。因此,每个工作站都可以有效地成为另一个工作站的客户机或服务器。而且,端到端网络的安全性很可能比专门维护的文件服务器的安全性更松散。这些特点使得端到端网络对基于文件的攻击尤其敏感。

直接操作病毒在端到端连接的工作站上很容易传播到文件中。如果一台已感染病毒的计算机可以执行另一台计算机中的文件,那么,这台染毒计算机驻留在内存中的病毒就能够立即感染另一台计算机硬盘上的可执行文件。

3) Internet 上的文件病毒

Internet 可以作为文件病毒的载体,文件病毒可以通过 Internet 毫无困难地传送。然而,可执行文件病毒不能通过 Internet 在远程站点感染文件。

2. 网络对引导病毒的敏感性

除了 Multipartite 病毒以外,引导记录病毒不能通过网络传播。引导病毒受到阻碍是因为它们被特别地设计,使其使用低级的、基于 ROM 的系统服务感染软引导记录、主引导记录(MBR)或分区引导记录。这些系统服务不能通过网络使用。Multipartite 病毒既可以感染引导记录也可以感染可执行文件,尽管不能通过网络传播到其他引导记录,却可以通过感染的文件传播。一个感染的可执行文件可以通过网络发送到另一个客户机中执行,然后感染客户机硬盘的主引导记录或分区引导记录,该病毒还可以感染其他可执行程序。

1)网络服务器上的引导病毒

假如网络服务器被感染,引导记录病毒仍无法感染连接到服务器上的客户机。

如果一个客户机被引导病毒感染,它也不能感染网络服务器。尽管当前的服务器体系结构允许客户机从服务器存取文件,但这些体系结构不允许客户机在服务器上执行直接的扇区级操作,而引导记录病毒的传播需要这些扇区级操作。

2)端到端网络上的引导病毒

端到端网络体系结构不允许在一台计算机上运行软件,而在另一台对等计算机上完成扇区级操作。所以,引导病毒不能利用端到端网络传播。

3)Internet上的引导病毒

连接到 Internet 上的一台计算机不能在另一台连接到 Internet 的计算机上完成扇区级操作。所以,引导病毒无法通过 Internet 传播。

3. 网络对宏病毒的敏感性

宏病毒可以在所有上述三种网络环境中生存。宏病毒不仅可以通过网络传播,而且可以感染用户共享的、更频繁使用的一些文件类型;宏病毒还是独立于平台的,这一特性使得它对大量计算机用户构成潜在威胁;对宏病毒感染的文件类型进行"写保护"是没有用的,因为文档文件不同于程序文件,它通常是动态的,在必须进行文件共享这样的工作环境中,写保护这样的限制是不实用的。

1)网络服务器上的宏病毒

用户经常会把文档存放在文件服务器上,以便其他合作者读取或更新文档。如果这些文档用严格的访问限制起来,用户就不能更新其内容。因此,许多时候文档既有读权限又有写权限,这使得文档很容易被病毒感染。

放在服务器上的文档被感染后,其他用户通过从宿主应用程序的本地副本中访问这些文件时,很容易感染他们自己的应用程序宏环境。在客户应用程序被感染后,所有从这个宿主应用程序编辑并保存到网络中的文档都会被感染。

2)端到端网络上的宏病毒

端到端网络与上面描述的文件服务器情况没有太大的差别。唯一的差别是数据文件存放在组成端到端网络的本地硬盘中,而不是文件服务器中。

3)Internet上的宏病毒

被感染的文档可以很容易地通过 Internet 以几种不同的方式发送,如电子邮件、FTP或 Web 浏览器。宏病毒也像文件病毒一样,无法通过 Internet 感染远程站点上的文件。Internet 只能作为被感染数据文件的载体。

6.3　病毒检测技术

计算机病毒检测技术,是指通过一定的手段判断出计算机病毒的一种技术。它已经由早期的人工观察发展到自动检测某一类病毒,目前已经发展到能自动对多个驱动器、上千种病毒自动扫描检测。而且,有些病毒检测软件还具有在压缩文件内进行病毒检测的能力。现在大多数商品化的病毒检测软件不仅能够检查隐藏在磁盘文件和引导扇区内的病毒,还能检测内存中驻留的计算机病毒。

6.3.1　反病毒涉及的主要技术

在与日益发展的计算机病毒技术的对抗中,产生出了一系列计算机病毒自动扫描技术,它们能够及时发现病毒,减少病毒带来的损失。各种扫描技术依据的原理不同,实现时所需开销不同,检测范围不同,所以各有所长。

1. 实时监视技术

这个技术为计算机构筑起一道动态、实时的反病毒防线,通过修改操作系统,使操作系统本身具备反病毒功能,拒病毒于计算机系统之外。时刻监视系统中的病毒活动和系统状况,以及软盘、光盘、Internet、电子邮件上的病毒感染,将病毒阻止在操作系统外部。

优秀的反病毒软件由于采用了与操作系统的底层无缝连接技术,实时监视器占用的系统资源极小,用户一方面完全感觉不到对机器性能的影响,另一方面根本不用考虑病毒的问题。

2. 自动解压缩技术

目前在互联网、光盘以及 Windows 中接触到的大多数文件都是以压缩状态存放,以便节省传输时间或节约存放空间,这就使得各类压缩文件成为计算机病毒传播的温床。

现在流行的压缩标准有很多种,相互之间有些还并不兼容,反病毒技术必须全面覆盖各种各样的压缩格式,了解各种压缩格式的算法和数据模型,所以,必须与压缩软件的生产厂商保持密切的技术合作关系,否则,解压缩就会出问题。

3. 全平台反病毒技术

目前,病毒活跃的平台有 DOS、Windows、Windows NT、NetWare 和 UNIX 等。为了将反病毒软件与系统的底层无缝连接,可靠地实时检查和杀除病毒,必须在不同的平台上使用相应平台的反病毒软件,在每一个点上都安装相应的反病毒模块,才能做到网络的真正安全和可靠。

4. 特征代码技术

特征代码(又称特征码、病毒指纹等)技术是目前使用最广的病毒检测技术,同时也是检测已知计算机病毒的最简单、代价最小的技术。它通过检查文件中是否含有病毒特征码数据库中的病毒特征代码来检测病毒。由于特征代码和病毒一一对应,如果发现病毒的特征代码,便可以知道被查文件中携带何种病毒了。面对不断出现的新病毒,采用特征代码技术的病毒检测工具必须不断更新特征代码数据库的版本,否则检测工具便会老化,逐渐失去实用价值。对于新出现的病毒,由于无法事先知道其特征代码,所以,病毒特征代码技术无法检测它们。

5. 校验和技术

校验和技术的工作原理是:计算正常文件内容的校验和,并将其写入特定文件中保存。定期或者每次使用之前检查文件内容的校验和与原来保存的校验和是否一致,从而可以发现文件是否已经感染计算机病毒。校验和技术既可以发现已知病毒又可以发现未知病毒,但是它不能判断到底是何种病毒。由于病毒感染并非文件内容改变的唯一原因(因为文件内容的改变也有可能是正常程序引起的),所以校验和方法常常产生误报,而且此种方法也会影响文件的运行速度。

6. 启发式扫描

目前的防病毒产品广泛应用了一种被称为启发式扫描的技术,这是一种基于人工智能领域启发式(Heuristic)搜索技术和行为分析手段的病毒检测技术。启发式扫描能够发现一些应用了已有机制或行为方式的病毒。它通过查找已有病毒所采用的机制或行为方式的特征,来尝试检测新形式和已知形式的计算机病毒。该技术不依赖于特征代码来识别计算机病毒,不过可能会错误地过滤掉正常程序。

7. 行为监测技术

行为监测技术是利用计算机病毒的特有行为特征来检测病毒的技术。通过对计算机病毒多年的观察研究发现,有一些行为是病毒的共同行为,而且在正常程序中这些行为比较罕见。当某个程序运行时,通过监视,如果发现了貌似病毒的行为,立即报警。行为监测技术可相当准确地预报未知的多数病毒,不过有时候可能会产生误报。另外,行为监测技术不能识别病毒名称。

8. 软件模拟(虚拟机技术)

针对变形病毒、未知病毒等复杂的病毒情况,有些杀毒软件采用了虚拟机技术。虚拟机实际上是提供一种可控的、由软件模拟出来的程序虚拟运行环境。在这一虚拟环境中执行的程序,不论好坏,其一切行为都是受到控制的。虽然病毒通过各种方式来躲避杀毒软件的检测,但是当它运行在虚拟机中时,它并不知道自己的一切行为都在被虚拟机所监控,所以当它在虚拟机中脱去伪装进行传染时,就会被虚拟机发现。如此一来,利用虚拟机技术就可以发现大部分的变形病毒和大量的未知病毒。这种方式查毒效果是最高的,但也最可能出现误报。

6.3.2 病毒的检测

计算机病毒对系统的破坏离不开当前计算机的资源和技术水平。对病毒的检测主要从检查系统资源的异常情况入手,逐步深入。

1. 异常情况判断

计算机工作时,如出现下列异常现象,则有可能是感染了病毒。

(1) 屏幕出现异常图形或画面,这些画面可能是一些鬼怪,也可能是一些下落的雨点、字符、树叶等,并且系统很难退出或恢复。

(2) 扬声器发出与正常操作无关的声音,如演奏乐曲或随意组合的、杂乱的声音。

(3) 磁盘可用空间减少,出现大量坏簇,且坏簇数目不断增多,直到无法继续工作。

(4) 硬盘不能引导系统。

(5) 磁盘上的文件或程序丢失。

(6) 磁盘读/写文件明显变慢,访问的时间加长。

(7) 系统引导变慢或出现问题,有时出现"写保护错"提示。

(8) 系统经常死机或出现异常的重启动现象。

(9) 原来运行的程序突然不能运行,总是出现出错提示。

(10) 打印机不能正常启动。

观察上述异常情况后,可初步判断系统的哪部分资源受到了病毒侵袭,为进一步诊断和清除做好准备。

2. 计算机病毒的检查

1) 检查磁盘主引导扇区

硬盘的主引导扇区、分区表以及文件分配表、文件目录区是病毒攻击的主要目标。引导病毒主要攻击磁盘上的引导扇区。硬盘存放主引导记录(MBR)的主引导扇区一般位于 0 柱面 0 磁道 1 扇区。该扇区的前 3 个字节是跳转指令(DOS 下),接下来的 8 个字节是厂商、版本信息,再向下 18 个字节是 BIOS 参数,记录有磁盘空间、FAT 表和文件目录的相对位置等,其余字节是引导程序代码。病毒侵犯引导扇区的重点是前面的几十个字节。

当发现系统有异常现象,特别是与系统引导信息有关的异常现象时,可通过检查主引导扇区的内容来诊断故障。可采用工具软件,将当前主引导扇区的内容与干净的备份相比较,如发现有异常,则很可能是感染了病毒。

2) 检查 FAT 表

病毒隐藏在磁盘上,一般要对存放的位置做出"坏簇"信息标志反映在 FAT 表中。因此,可通过检查 FAT 表,查看有无意外坏簇,从而判断是否感染了病毒。

3) 检查中断向量

计算机病毒平时隐藏在磁盘上,在系统启动后,随系统或调用的可执行文件进入内存并驻留下来,一旦时机成熟,它就开始发起攻击。病毒隐藏和激活一般采用中断的方法,即修改中断向量,使系统在适当时候转向执行病毒代码。病毒代码执行和达到了破坏的目的后,再转回到原中断处理程序执行。因此,可通过检查中断向量有无变化来确定是否感染了病毒。

检查中断向量的变化主要是查系统的中断向量表,其备份文件一般为 INT、DAT。病毒最常攻击的中断有:磁盘输入/输出中断(13H),绝对读、写中断(25H,26H),时钟中断(08H)等。

4) 检查可执行文件

检查 COM 或 EXE 可执行文件的内容、长度、属性等,可判断是否感染了病毒。检查可执行文件的重点是在这些程序的头部,即前面的 20 个字节左右。因为病毒主要改变文件的起始部分。对于前附式 COM 文件型病毒,主要感染文件的起始部分,一开始就是病毒代码;对于后附式 COM 文件型病毒,虽然病毒代码在文件后部,但文件开始必有一条跳转指令,以使程序跳转到后部的病毒代码;对于 EXE 文件型病毒,文件头部的程序入口指针一定会被改变。因此,对可执行文件要检查的主要是这些可疑文件的头部。

5) 检查内存空间

计算机病毒在感染或执行时,必然要占据一定的内存空间,并驻留在内存中,等待时机再进行感染或攻击。病毒占用的内存空间一般是用户不能覆盖的。因此,可通过检查内存的大小和内存中的数据来判断是否有病毒。

通常采用一些简单的工具软件,如 PCTOOLS、DEBUG 等进行检查。病毒驻留到内存后,为防止 DOS 系统将其覆盖,一般都要修改系统数据区记录的系统内存数或内存控制块中的数据。如检查出来的内存可用空间为 635KB,而计算机真正配置的内存空间为 640KB,则说明有 5KB 内存空间被病毒侵占。

虽然内存空间很大,但有些重要数据存放在固定的地点,可首先检查这些地方。如DOS 系统启动后,BIOS、变量、设备驱动程序等是放在内存中的固定区域内(0:4000H~0:4FF0H)。根据出现的故障,可检查对应的内存区以发现病毒的踪迹。如打印、通信、绘图等莫名其妙的故障,很可能在检查相应的驱动程序部分时就能发现问题。

6) 根据特征查找

一些经常出现的病毒,具有明显的特征,即有特殊的字符串。根据它们的特征,可通过工具软件检查、搜索,以确定病毒的存在和种类。例如,在磁盘杀手病毒程序中就有 ASCII 码"diskkiller",这就是该病毒的特征字符串。杀病毒软件一般都收集了各种已知病毒的特征字符串并构造出病毒特征数据库,这样,在检查、搜索可疑文件时,就可以用特征数据库中的病毒特征字符串逐一比较,确定被检文件感染了何种病毒。

这种方法不仅可以检查文件是否感染了病毒,而且可以确定感染病毒的种类,从而能有效地清除病毒。但缺点是只能检查和发现已知的病毒,不能检查新出现的病毒,而且由于病毒不断变形、更新,老病毒也会以新面孔出现。因此,病毒特征数据库和检查软件也要不断更新版本,才能满足使用需要。

6.4　病毒的防治

就像治病不如防病一样,杀毒不如防毒。防治感染病毒的途径可概括为两类:一是用户遵守和加强安全操作控制措施;二是使用硬件和软件防病毒工具。

由于在病毒治疗过程上,存在对症下药的问题,即只能是发现一种病毒以后,才可以找到相应的治疗方法,因此具有很大的被动性。而对病毒进行预防,则可掌握工作的主动权,所以治疗的重点应放在预防上。根治计算机病毒要从以下几方面着手。

1. 建立、健全法律和管理制度

法律是国家强制实施的、公民必须遵循的行为准则。国家和部门的管理制度也是约束人们行为的强制措施。必须在相应的法律和管理制度中明确规定禁止使用计算机病毒攻击、破坏的条文,以制约人们的行为,起到威慑作用。

除国家制定的法律、法规外,凡使用计算机的单位都应制定相应的管理制度,避免蓄意制造、传播病毒的事件发生。例如,对接触重要计算机系统的人员进行选择和审查;对系统的工作人员和资源进行访问权限划分;对外来人员上机或外来磁盘的使用严格限制,特别是不准用外来系统盘启动系统;不准随意玩游戏;规定下载文件要经过严格检查,有时还规定下载文件、接收 E-mail 等需要使用专门的终端和账号,接收到的程序要严格限制执行等。

2. 加强教育和宣传

加强计算机安全教育特别重要。要大力宣传计算机病毒的危害,引起人们的重视。要宣传可行的预防病毒的措施,使大家提高警惕。要普及计算机硬、软件的基本知识,使人们了解病毒入侵计算机的原理和感染方法,以便及早发现、及早清除。建立安全管理制度,提高包括系统管理员和用户在内的技术素质和职业道德素质。

计算机软件市场的混乱也是造成病毒泛滥的根源之一。大量盗版的软件、光盘存在,以及非法复制软件、游戏盘的现象是我国计算机病毒流行的一个重要原因。因此,加强软件市场管理,加强版权意识的教育,打击盗版软件的非法出售是防止计算机病毒蔓延的一种有效办法。

此外,要严格控制病毒的研究和管理。计算机病毒是一种犯罪工具,必须限制对病毒机理的研究范围。实际上,反病毒软件在许多情况下也是一种病毒。特别是对各种病毒程序的收集、实验必须慎之又慎,稍有不慎就可能加速它的扩散。在我国已有明文规定,对计算机病毒和危害公共安全的其他有害数据的防治研究工作,由公安部相关部门管理。

3. 采取更有效的技术措施

除管理方面的措施外,防止计算机病毒的感染和蔓延还应采取有效的技术措施。隔离是保护计算机系统免遭病毒危害的有效方法,但是计算机系统应用的目的在于开放和共享,严格的隔离会取消计算机系统的许多功能,违背了计算机应用的目的。因此,技术措施只能基于有限的隔离和审查。常用的方法有系统安全、软件过滤、文件加密、生产过程控制、后备恢复、安装防病毒软件等措施。

1）系统安全

对病毒的预防依赖于计算机系统本身的安全,而系统的安全又首先依赖于操作系统的安全。DOS 在本质上是单用户系统,任何用户都可以访问系统的所有资源,包括操作系统本身,所以很容易感染计算机病毒。而 UNIX 系统下的病毒数量就比 DOS 下的病毒数量要少得多。因此,开发并完善高安全的操作系统并向之迁移,例如,从 DOS 平台移至安全性较高的 UNIX 或 Windows NT 平台,并且跟随版本的升级全面升级,这是有效防止病毒入侵和蔓延的一种根本手段。

此外,操作系统支持下的开机检测和扫描病毒的应用程序也可以有效地防御病毒的侵袭。每次系统启动或插入新的磁盘都要自动扫描和检查一遍,确认无异常后再继续向下执行,若有异常,则提问并停止执行。过一段时间系统还可自动扫描,这就有效地防止了病毒的入侵和扩散。

除软件防病毒外,采用防病毒卡和防病毒芯片也十分有效,这是一种硬、软结合的防病毒方法。防病毒卡和芯片与系统结合成一体,系统启动后,在加载执行前获得控制权并开始监测病毒,使病毒一进入内存即被查出。同时自身的检测程序固化在芯片中,病毒无法改变其内容,可有效地抵制病毒对自身的攻击。

2）软件过滤

软件过滤的目的是识别某一类特殊的病毒,防止它们进入系统和不断复制。对于进入系统内的病毒,一般采用专家系统对系统参数进行分析,以识别系统的不正常处和未经授权的改变。也可采用类似疫苗的方法识别和清除。这种方法已被用来保护一些大、中型计算机系统。如国外使用的一种 T.cell 程序集,对系统中的数据和程序用一种难以复制的印章加以保护。如果印章被改变,则认为系统被非法入侵。又如 Digital 公司的一些操作系统采用 CA.examine 程序作为病毒检测工具,主要用来分析关键的系统程序和内存常驻模块,能检测出多种修改系统的病毒。

3）文件加密

文件加密是对付病毒的有效的技术措施,由于开销较大,目前只用于特别重要的系统。这种方法的原理是将系统中的可执行文件进行加密,以避免病毒的危害。可执行文件是可被操作系统和其他软件识别和执行的文件。若施放病毒者不能在可执行文件加密前得到该文件,或不能破译加密算法,则该文件不可能被感染。即使病毒在可执行文件加密前感染了该文件,该文件解码后,病毒也不能向其他可执行文件传播,从而杜绝了病毒的复制,而不能自我复制的病毒就不算是真正的病毒。

文件加密也可采用一种开销较小且简单的方法,即将加密的签名块附在可执行文件(明文)之后。签名块是对该文件附加的单向加密函数(如密码校验和)。加密的签名块在文件执行前用公钥解密并与重新计算的校验和相比较,如有误,则说明可执行文件已有改变,可能是病毒入侵所造成,故应停止执行并进行检查。

4) 生产过程控制

软件的复制和生产环节对病毒的防御十分重要。一旦混入病毒,影响面很大,远超过单个软件的影响。因此,对软件的生产过程要严加控制。应提供一种隔离和受控的环境,以防病毒入侵生产环节。复制软件副本的源程序只能来自严格控制的程序库的程序,在灌入前应严格校对和检查,复制后仍须检查并保持审查记录。

5) 后备恢复

适当的开机备份很重要,对付病毒破坏最有效的办法就是制作备份。经常会发生已发现病毒的存在,但又无法清除或不能确定是否彻底清除的情况。这时可通过与后备副本比较或重新装入一个备份的、干净的源程序来解决。

6) 其他有效措施

(1) 对于重要的磁盘和重要的带 COM 和 EXE 后缀的文件赋予只读功能,避免病毒写到磁盘上或可执行文件中。特别是要保护好 COMMAND.COM 文件,必要时将它隐藏到子目录中并从根目录中删去,并重新编辑系统配置文件。

(2) 消灭感染源。

也就是对被感染的磁盘和机器彻底消毒处理,使感染源在短时间内同时被消灭(否则少数的感染源又会迅速扩展),当然这一点是很难做到的,但可以采取一些有效手段。

① 如果计算机有硬盘驱动器,应尽量不用 U 盘而用本系统硬盘启动。

② 一定要注意 U 盘的来源,使用完 U 盘后立即将其从软盘驱动器中取出。如果必须用 U 盘启动,应当始终用一张 U 盘,并且将其设置为写保护。

③ 要使用原版软件,决不运行来历不明的软件和盗版软件。

④ 第一次运行一个新软件之前,应当检查这个新软件是否有毒。

⑤ 不要随意借入或借出磁盘,在使用借入磁盘或返还磁盘前,要仔细检查,避免感染病毒。

(3) 建立程序的特征值档案。

(4) 严格内存管理。

PC 系列计算机启动过程中,ROM BIOS 初始化程序将测试到系统内存大小,以 KB 为单位,记录在 RAM 区的 0040H：0013H 单元里,以后的操作系统和应用程序都是通过直接或间接(INT12H)的手段读取该单元的内容,以确定系统的内存大小。由于本单元内容可以随便改动,即使后续 DOS 内存管理再完善也是枉然。许多抢在 DOS 之前进入内存的病毒都通过减少该单元值的大小,从而在内存高端空出一块 DOS 毫无觉察的死角,给自身留下了栖身之处。一个解决的办法是自己编制一个系统外围接口芯片直接读出内存大小的 INT12H 中断处理程序。当然,它必须在系统调用 INT12H 之前设置完毕。另一种办法是做一个记录内存大小的备份。

（5）严格中断向量的管理。

为使这项工作简单一些,只要事先保存 ROM BIOS,并把 DOS 引导后设立的中断向量表备份即可。

（6）强化物理访问控制措施,可有效地防止病毒侵入系统。特别是对于已采取隔离措施的局域网或单独的系统,物理防护屏障可在很大程度上限制病毒入侵系统的机会。

（7）一旦发现病毒蔓延,要采用可靠的杀毒软件和请有经验的专家处理,必要时需报告计算机安全监察部门,特别要注意不要使其继续扩散。

4. 网络计算机病毒的防治

网络病毒防范不同于单机病毒防范,单机版的杀毒软件并不能在网络上彻底有效地查杀病毒。网络计算机病毒的防治是一个颇让人棘手但又很简单的问题,在实际应用中,多用几种防毒软件比较好,因为每一种防毒软件都有它自己的特色,几种综合起来使用可以优势互补,产生最强的防御效果。防范网络病毒应从两方面着手：第一,加强网络管理人员的网络安全意识,有效控制和管理内部网与外界进行数据交换,同时坚决抵制盗版软件的使用；第二,以网为本,多层防御,有选择地加载保护计算机网络安全的网络防病毒产品。

下面是防范计算机网络病毒的一些措施。

（1）在网络中,尽量多用无盘工作站,不用或少用有软驱的工作站。这样只能执行服务器允许执行的文件,而不能装入或下载文件,避免了病毒入侵系统的机会,保证了安全。工作站是网络的门户,只要把好这一关,就能有效地防止病毒入侵。

（2）在网络中,要保证系统管理员有最高的访问权限,避免过多地出现超级用户。超级用户登录后将拥有服务器目录下的全部访问权限,一旦带入病毒,将产生更为严重的后果。少用"超级用户"登录,建立用户组或功能化的用户,适当将其部分权限下放。这样赋予组管理员某些权限与职责,既能简化网络管理,又能保证网络系统的安全。

（3）对非共享软件,将其执行文件和覆盖文件如 COM、EXE、VOL 等备份到文件服务器上,定期从服务器上复制到本地硬盘上进行重写操作。

（4）接收远程文件输入时,一定不要将文件直接写入本地硬盘,而应将远程输入文件写到 U 盘上,然后对其进行查毒,确认无毒后再复制到本地硬盘上。

（5）工作站采用防病毒芯片,这样可防止引导型病毒。

（6）正确设置文件属性,合理规范用户的访问权限。如 NetWare 提供了目录与文件访问权限和属性两种安全性措施,可有效地防止病毒侵入,其具体措施如下。

① 一般不允许多个用户对同一目录拥有 Read 和 Write 权限,不允许对其他用户的私人目录拥有 Read 和 Scan 权限。

② 将所有用户对 PUBLIC、LOGIN 等目录的权限设置为 Read 和 Scan。

③ 将扩展名为 EXE 和 COM 的文件属性设为 ReadOnly 和 ExecuteOnly。

④ 组目录只允许含有数据文件,一般用户只能拥有 Read 和 Scan 权限等。

（7）建立健全的网络系统安全管理制度、严格的操作规程和规章制度,定期做文件备份和病毒检测。即使有了杀毒软件,也不可以掉以轻心,因为没有一个杀毒软件可以完全杀掉所有病毒,所以仍要记得定期备份,一旦真的遭到病毒的破坏,只要将受损的数据恢复即可。

（8）目前预防病毒最好的办法就是在计算机中安装防病毒软件,这和人体注射疫苗是同样的道理。可采用一些优秀的网络防病毒软件,如 LANProtect 和 LANClearforNetware 等。

（9）为解决网络防病毒的要求,已出现了病毒防火墙,在局域网与 Internet、用户与网络之间进行隔离。

5. 电子邮件病毒的防范措施

电子邮件病毒一般是通过邮件中"附件"夹带的方法进行扩散,无论是文件型病毒或是引导型病毒,只要用户没有运行或打开附件,病毒是不会被激活的(BubbleBoy 除外);只有运行了该附件中的病毒程序,才能够使计算机染毒。对于 E-mail 用户而言,杀毒不如防毒。知道了这一点,对电子邮件病毒就可以从下面几方面采取相应的防范措施了。

（1）不要轻易打开陌生人来信中的附件,尤其对于一些 EXE 之类的可执行程序文件,就更要慎之又慎。

（2）对于比较熟悉、了解的朋友们寄来的信件,如果其信中夹带了程序附件,但是却没有在信中提及或说明,也不要轻易运行。因为有些病毒是偷偷地附着上去的,也许发送电子邮件的计算机已经染毒,可朋友自己却不知道。例如,Happy99 就是这样的病毒,它会自我复制,并随着邮件发送出去。

（3）给别人发送程序文件或者电子贺卡时,一定要先在自己的计算机中试试,确认没有问题后再发,以免好心办了坏事。另外,切忌盲目转发,有的用户当收到某些自认为有趣的邮件时,还来不及细看就打开通信簿给自己的每一位朋友都转发一份,这极有可能使用户无意中成为病毒传播者。

（4）不断完善"网关"软件及病毒防火墙软件,加强对整个网络入口点的防范。

（5）使用优秀的防毒软件对电子邮件进行专门的保护。

选用的防毒软件首先必须有能力发现并杀灭任何类型的病毒,不管这些病毒是隐藏在邮件文本内,还是躲在附件或 OLE 文档内。当然,有能力的话也要扫描压缩文件。其次,该防毒软件还必须在收到邮件的同时对该邮件进行病毒扫描,并在每次打开、保存和发送后再次进行扫描。如果使用的是 Lotus Notes 邮件系统,那么该防毒程序还应该能自动扫描所有进出的 NSF 数据库邮件。另外,要定期扫描所有的文件夹。现在,许多防病毒软件都采用了实时扫描技术,可以在后台监视操作系统的文件操作,有多种方式可以防御邮件病毒。例如,VirusScan 是 NAI 套件 TVD 的组成部分,它能够准确有效地清除 Internet 下载文件、电子邮件和各种压缩文件中可能存在的病毒。GroupShield 是 TVD 中面向组件的防毒软件,可以对 Lotus Notes/Domino 和 Microsoft Exchange 进行实时病毒检测和清除,在病毒被用户分发或传递之前就将其阻止。NAI 还有基于网关的 WebShield SMTP,用来扫描通过 SMTP 电子邮件网关的所有入站和出站的电子邮件信息。

（6）使用防毒软件同时保护客户机和服务器。

一方面,只有客户机的防毒软件才能访问个人目录,并且防止病毒从外部入侵。另一方面,只有服务器的防毒软件才能进行全局监测和查杀病毒。这是防止病毒在整个系统中扩散的唯一途径,也是阻止病毒入侵没有本地保护但连接到邮件系统的计算机的唯一方法。

（7）使用特定的 SMTP 杀毒软件。

SMTP 杀毒软件具有独特的功能,它能在那些从互联网上下载的受染邮件到达本地邮件服务器之前拦截它们,从而保持本地网络的无毒状态。

6.5　杀毒软件技术

防治计算机病毒的最常用方法是使用防病毒软件。但使用防病毒软件是治标不治本的办法,一旦有新的计算机病毒出现,防病毒软件就要被迫相应地升级,它永远落后于计算机病毒的发展,所以计算机病毒的防治根本还是在于完善操作系统的安全机制。

6.5.1　防病毒软件的选择

1. 防病毒软件的性能特点

好的防病毒软件具有如下性能特点。

(1) 能实时监控病毒可能的入口。

(2) 能扫描多种文件,包括压缩文件、电子邮件、网页和下载的文件等。

(3) 能定期更新。

(4) 用户界面友好,能进行远程安装和管理。

(5) 服务优良,技术支持及时、到位,即发现一个新病毒后在很短时间内就能获得防治方法。

2. 防病毒软件的选购指标

选购防病毒、杀病毒软件,需要注意的指标包括扫描速度、正确识别率、误报率、技术支持水平、升级的难易度、可管理性和警示手段等多个方面。

1) 扫描速度

首先应该将待测 PC 从网络中断开,因为网络会使得工作站的程序运行速度变慢。不要在 Windows 中的 DOS 窗口中运行扫描程序,也不要运行诸如 DesqView 一类的多任务程序。供测试用的计算机应该保证未被病毒感染,因为大多数的扫描程序在遇到病毒后都会降低扫描速度以提高正确识别率。一般应选择每 30s 能够扫描 1000 个文件以上的防毒软件。

2) 识别率

使用一定数量的病毒样本进行测试,正规的测试数量应该在 10 000 种以上,如果测试的是变形病毒,则每种病毒的变种数量应在 200 种以上,否则将无法断定到底哪一个防毒软件的识别率更高。如果同一种防毒软件的扫描程序有访问型和需求型两种,则需要分别进行测试,因为有时候这两种扫描程序的识别率会相差很远。

3) 病毒清除测试

可靠、有效地清除病毒,并保证数据的完整性,是一件非常必要和复杂的工作。对于可执行文件,不必要求清除后的文件与正常文件完全一样,只要可以正常、正确地运行即可。

对于含有宏病毒的文档文件,要求能够将其中有害的宏清除,并保留正常的宏语句。对于引导型病毒,对于被破坏的硬盘,要求能恢复到感染病毒之前的引导过程,否则对这种病毒的清除就不能算是成功的。对于变形病毒,则要求对已广泛流行的病毒变种进行清除测试,优秀的防毒软件应该不仅能够正确识别已有的病毒变种,同时也应该能够将因染毒受损的文件恢复为正常的文件。对于变形病毒的测试实际上也是对防毒软件的研究质量和开发人员技术水平的一种评估。

6.5.2 构筑防病毒体系的基本原则

1. 化被动为主动

由于当前防病毒软件多数采取"等待、发现、更新、杀除"这样一种被动的工作模式,所以单纯依靠这类软件是难以有效控制住病毒的危害的。怎样才能化被动为主动呢?通常来讲,针对系统漏洞的补丁程序是先于病毒出现的,及时下载并使用这些补丁,尤其是帮网络服务器"打补丁",会使用户在病毒暴发时减少很多麻烦。而对于网络管理员,应把重点放在对网络服务器的保护上,同时设置合适的安全选项以提高网络服务程序的安全等级。

2. 全方位保护

在各个病毒入侵通道进行全面防堵已成为网络防病毒的一种趋势,尤其是针对复制能力极强的蠕虫病毒,必须同时在网关、服务器、客户机等各个结点严密把守,才有可能避免病毒伺机渗透。其中,网关是网络防病毒的关键,并成为整个防病毒解决方案的核心组成部分。预防和查杀之间是相互依存的关系,是保障信息安全的两个重要方面,不能偏废其中的任何一点。

3. 技术管理双保险

最安全的网络系统一定是最先进的技术和最优秀的管理的有机结合,因为许多安全问题其实并不是出于产品的缺陷,而是源于管理方面的错误。例如,购买了防毒软件却没有上网注册,也没有实时升级,从而使其根本无法发挥应有的防护功能。

4. 循序渐进部署合适的防病毒体系

对于任何一个企业网络来讲,安全策略的建立是一个复杂的系统工程。就目前国内的情况看,从防病毒入手,首先建立网络信息系统的初级屏障,不失为一个较好的手段。这样不仅可以将日常工作中危害网络信息系统最频繁的不安全因素予以屏蔽,更可以借此熟悉安全信息系统建立和维护的管理模式和规程。这包括六方面的内容:第一,制定系统的反病毒策略;第二,部署多层防御战略,在尽可能多的"点"采取病毒防护措施;第三,定期更新定义文件和引擎;第四,定期更新桌面型计算机中的反病毒软件;第五,定期备份文件,定期检查从备份中恢复的数据;第六,预订电子邮件病毒警报服务。在此基础上,再进一步升级为全面的信息安全体系,这样比较现实,代价也更趋于合理。

习 题

1. 简述计算机病毒的定义、分类、特点和感染途径。
2. 典型的计算机病毒运行机制可以分为哪四个阶段?
3. 简述网络计算机病毒的特点,以及网络对病毒的敏感性。
4. 试述反病毒涉及的主要技术。
5. 感染病毒的计算机会出现哪些异常情况?
6. 什么是网络病毒? 防治网络病毒的要点是什么? 详述电子邮件病毒的防范措施。
7. 根治计算机病毒要从哪几方面着手?
8. 简述防病毒软件的性能特点、选购指标。
9. 简述防病毒软件的工作原理。
10. 简述构筑防病毒体系的基本原则。

第7章

数据库安全技术

观看视频

本章重点:

(1) 数据库系统的安全框架和安全性要求。

(2) 数据库的死锁、活锁和可串行化。

(3) 攻击数据库的常用方法。

(4) 数据库的备份与恢复方法。

(5) 祖-父-子轮换策略。

数据库系统担负着存储和管理数据信息的任务,是计算机应用技术的一个重要分支,从20世纪70年代后期开始发展,虽然起步较晚,但近50年来已经形成为一门新兴学科。

数据库应用涉及面很广泛,几乎所有领域都要用到数据库系统。因而,如何保证和加强其安全性和保密性,已成为目前迫切需要解决的热门课题。

7.1 数据库系统安全概述

7.1.1 数据库系统的组成

1. 数据库系统的组成

数据库系统一般由两部分组成:第一部分是数据库,是按一定的规则和方式存取数据的集合体,具有多用户、运行时间长、更新频繁、安全性与可靠性问题复杂、可用性要高等特点;第二部分是数据库管理系统(DBMS),这是一个专门负责数据库管理和维护的计算机软件系统,是数据库系统的核心,对数据库系统的功能和性能有着决定性影响。

2. DBMS 的功能

DBMS 不但为用户及应用程序提供数据访问,负责数据库的管理、维护工作,还要按数据库管理员的要求保证数据库的安全性和完整性。DBMS 的主要功能如下。

(1) 有正确的编译功能,能正确执行规定的操作。

(2) 能正确执行数据库命令。

(3) 能保证数据的安全性、完整性,能抵御一定程度的物理破坏,能维护和提交数据库内容。

(4) 能识别用户、分配授权和进行访问控制,包括身份识别和验证。

(5) 顺利执行数据库访问,保证网络通信功能。

3. DBA 的职责

数据库的管理不但要靠 DBMS,还要靠人员。这些人员主要是指管理、开发和使用数据库系统的数据管理员（Database Administrator，DBA）、系统分析员、应用程序员和用户。系统分析员负责应用系统的需求分析和规范说明，而且要和用户及 DBA 相结合，确定系统的软硬件配置并参与数据库各级应用的概要设计；但最重要的人员还是 DBA，他们负责全面地管理和控制数据库系统。DBA 的具体职责如下。

（1）决定数据库的信息内容和结构。

（2）决定数据库的存储结构和存取策略。

（3）定义数据的安全性要求和完整性约束条件。

（4）确保数据库的安全性和完整性，不同用户对数据库的存取权限、数据的保密级别和完整性约束条件也应由 DBA 负责决定。

（5）监督和控制数据库的使用和运行，监视数据库系统的运行，及时处理运行过程中出现的问题。尤其是遇到硬件、软件或人为故障时，数据库系统会因此而遭到破坏，DBA 必须能够在最短时间内把数据库恢复到某一正确状态，并且尽可能不影响或少影响计算机系统其他部分的正常运行，为此，DBA 要定义和实施适当的后援和恢复策略，如周期性转储数据、维护日志文件等。

（6）数据库系统的改进和重组。

7.1.2　数据库系统安全的含义

数据库系统安全包含两种含义，分别为运行安全和信息安全。

（1）数据库系统运行安全。包括法律、政策的保护，如用户是否有合法权利、政策是否允许等；物理控制安全，如机房加锁等；硬件运行安全；操作系统安全，如数据文件是否保护等；灾害、故障恢复；死锁的避免和解除；电磁信息泄露防止。

（2）数据库系统信息安全。包括用户口令字鉴别；用户存取权限控制；数据存取权限、方式控制；审计跟踪；数据加密。

7.1.3　数据库系统的安全性要求

数据库管理系统一般对完整性、保密性和可获（用）性都有要求。有关数据库系统安全性的要求见表 7-1。

表 7-1　数据库系统安全性要求

安 全 问 题	注　　　释
物理上的数据库完整性	预防数据库数据物理方面的问题。例如，掉电或被灾祸破坏后能重构数据库
逻辑上的数据库完整性	保持数据的结构。例如，一个字段的值的修改不至于影响其他字段
元素的完整性	包含在每个元素中的数据是准确的
可审计性访问控制	能够查询到谁访问修改过数据的元素
	允许用户只访问被批准的数据，以及限制不同的用户有不同的访问模式，如读或写
用户认证	确保每个用户被正确地识别，既便于审计追踪，也为了限制对特定的数据进行访问
可获（用）性	用户一般可以访问数据库以及所有被批准访问的数据

完整性既适用于数据库的个别元素，也适用于整个数据库，所以是数据库管理系统设计

中主要的关心对象。保密性由于推理攻击而变成数据库的一大问题,用户可以间接访问敏感数据库,故应对数据库系统采用访问控制。最后,因为共享访问的需要是开发数据库的基础,所以可获性也是重要的。但是,可获性与保密性是相互冲突的。下面将分别介绍每个方面的内容。

1. 数据库的完整性

数据库管理程序必须确保只有经批准的个人才能更新,这就意味着数据必须有访问控制。另外,数据库系统还必须防范非人为的外力灾难。

数据库的完整性是 DBMS 和计算系统管理者的责任。从操作系统和计算系统管理者的观点来看,数据库和 DBMS 分别是文件和程序。因此,整个数据库的一种形式的保护是对系统上的所有文件周期性地做备份。数据库的周期性备份可以减少由灾祸造成的损失,应能在系统出错后重建数据库,因此 DBMS 必须维护对事务的记录。在出现系统失败的事故时,由数据库的备份开始重新处理记录之后的所有业务。

2. 元素的完整性

数据库元素的完整性是指它们的正确性和准确性。由于用户在搜集数据计算结果和输入数值时可能会出现错误,所以 DBMS 必须帮助用户在输入时发现错误,并在插入错误数据后能纠正它们。

DBMS 用三种方式维护数据库中每个项目的完整性。

(1) 字段检查在一个位置上的适当值,这种检查可以防止输入数据库时可能出现的简单错误。

(2) 通过访问控制来维护数据库的完整性和一致性。一个数据库可能包含几种来源的数据。而在开发一个数据库之前,可能在许多表中存储了重复的数据。需要一种策略来解决可能发生的数据冲突问题。

(3) 维护数据库的更改日志。更改日志是数据库每次改变的记录文件,日志包括原来的值和修改后的值。数据库管理员可以根据日志撤销任何错误的修改。

3. 可审计性

在某些应用中,可能需要产生对数据库的所有访问(读或写)的审计记录。这种记录可以协助维持数据的完整性,或者至少可以帮助在事后发现谁在影响以及何时影响过什么值。

攻击者可能会以逐次递增的形式形成对被保护数据的访问,不是单用一次访问来揭示被保护的数据,而是用一组访问来揭示一些敏感的数据。在这种情况下,审计踪迹可以作为分析攻击者线索的依据。

4. 访问控制

数据库常常根据用户访问权限进行逻辑分割。例如,一般用户访问一般数据,市场部可以得到销售数据,人事部可以得到工资数据等。

数据库管理系统必须实施访问控制策略,指定哪些数据允许被访问或者禁止访问;指定允许谁访问哪些数据,这些数据可以是字段或记录,甚至是元素。DBMS 批准某个用户或者程序有权读、改变、删除或附加一个值、增加或删除整个字段或记录,或者重新组织完全的数据库。

对数据库的访问控制和对操作系统的访问控制有着根本区别。事实上这在数据库中更为复杂。因为数据库中的记录字段和元素是相互关联的,用户只能通过读某文件而确定某文件的内容,但却有可能通过读取数据库中的其他某一元素而确定数据库中的另一个元素,也就是说,用户可以通过推理的方法从某些数据的值得到另外一些数据值。

通过推理访问数据可能不需要拥有对安全目标的直接访问权。限制推理则意味着为防止可能的推理而禁止一些推理路径。通过限制访问来控制推理,也限制了无意访问未经批准的数据的那些用户的查询,而为了检查也可能降低数据库访问的效率。

操作系统和数据库的访问控制目标在规模上是不同的。几百个文件的访问控制表较之有数百个文件且每个文件可能有 100 个字段的数据库的访问控制表容易实现得多。

5. 用户认证

DBMS 要求进行严格的用户认证。一个 DBMS 可能要求用户传递指定的通行字和时间日期检查。这一认证是在操作系统完成的认证之外另加的。DBMS 在操作系统之外作为一个应用程序被运行,这意味着它没有操作系统的可信赖路径,因此必须怀疑它所收到的任何数据,包括用户认证。因此,DBMS 最好有自己的认证机制。

6. 可获性

DBMS 的可获性源于两个问题。问题之一来自于对两个用户请求同一记录的仲裁;问题之二是为了避免暴露被保护的数据而需要扣发某些非保护的数据。

7.1.4　数据库系统的安全框架

数据库系统的安全除依赖自身内部的安全机制外,还与外部网络环境、应用环境、从业人员素质等因素息息相关,因此,从广义上讲,数据库系统的安全框架可以划分为三个层次,分别为网络系统层次、操作系统层次和数据库管理系统层次。

1. 网络系统层次的安全

网络系统是数据库应用的外部环境和基础,数据库系统要发挥其强大作用离不开网络系统的支持,数据库系统的用户(如异地用户、分布式用户)也要通过网络才能访问数据库的数据。所以,数据库的安全首先依赖于网络系统,网络系统的安全是数据库安全的第一道屏障,外部入侵首先就是从入侵网络系统开始的。网络系统层次的安全防范技术有很多种,主要有防火墙、入侵检测技术等。

2. 操作系统层次的安全

操作系统是大型数据库系统的运行平台,为数据库系统提供一定程度的安全保护。目前操作系统平台包括 Linux、Windows 和华为的鸿蒙系统等,安全级别通常为 C1、C2 级,主要安全技术有操作系统安全策略、安全管理策略和数据安全等方面。其中,操作系统安全策略用于配置本地计算机的安全设置,包括密码策略、账户锁定策略、审核策略、IP 安全策略、用户权利指派、加密数据的恢复代理以及其他安全选项,具体可以体现在用户账户、口令、访问权限和审计等方面。

安全管理策略是指网络管理员对系统实施安全管理所采取的方法及策略。针对不同的操作系统、网络环境需要采取的安全管理策略一般也不尽相同,其核心是保证服务器的安全和分配好各类用户的权限。

数据安全主要体现在以下几方面:数据加密技术、数据备份、数据存储的安全性和数据传输的安全性等。可以采用的技术很多,主要有 Kerberos 认证、IPSec、SSL、TLS 和 VPN (PPTP、L2TP)等技术。

3. 数据库管理系统层次的安全

在前面两个层次已经被突破的情况下,数据库管理系统在一定程度上能保障数据库数据的安全。目前市场上流行的关系数据库管理系统的安全性功能都很弱,所以,数据库的安全性仍有较大的威胁,这就要求数据库管理系统必须有一套强有力的安全机制,主要有以下几点。

(1) 数据库管理系统本身提供的用户名/口令字识别、视图、使用权限控制、审计等管理措施,大型数据库管理系统 Oracle、Sybase、Ingress 等均有此功能。

(2) 应用程序设置的控制管理,如使用较普遍的 FoxBASE、FoxPro 等。作为数据库用户,最关心自身数据资料的安全,特别是用户的查询权限问题。

对此,目前一些大型数据库管理系统(如 Oracle、Sybase 等产品)提供了以下几种主要手段。

(1) 用户分类。

不同类型的用户授予不同的数据管理权限。一般将权限分为三类:数据库登录权限类、资源管理权限类和数据库管理员权限类。

有了数据库登录权限的用户才能进入数据库管理系统,才能使用数据库管理系统所提供的各类工具和实用程序。同时,数据库的主人可以授予这类用户以数据查询、建立视图等权限。这类用户只能查阅部分数据库信息,不能改动数据库中的任何数据。

具有资源管理权限的用户,除了拥有上一类用户权限外,还有创建数据库表、索引数据库等权限,可以在权限允许的范围内修改、查询数据库,还能将自己拥有的权限授予其他用户,可以申请审计。

具有数据库管理员权限的用户将具有数据库管理的一切权限,包括访问任何用户的任何数据,授予或回收用户的各种权限,创建各种数据库,完成数据库的整库备份、装入重组以及进行全系统的审计等工作。这类用户的工作是谨慎而带全局性的工作,只有极少数用户属于这种类型。

(2) 数据分类。

同一类权限的用户,对数据库中数据管理和使用的范围又可能是不同的。为此,DBMS提供了将数据分类的功能,即建立视图。管理员把某用户可查询的数据在逻辑上归并起来,简称一个或多个视图,并赋予名称,再把该视图的查询权限授予某用户,也可以授予多个用户。这种数据分类可以进行得很细,其最小粒度是数据库二维表中一个交叉的元素。

(3) 审计功能。

大型 DBMS 提供的审计功能是一个十分重要的安全措施,它用来监视各用户对数据库施加的动作。审计有两种方式,即用户审计和系统审计。用户审计时,DBMS 的审计系统记下所有对自己表或视图进行访问的企图(包括成功的和不成功的),以及每次操作的用户名、时间、操作代码等信息。这些信息一般都被记录在数据字典(系统表)之中,利用这些信息用户可以进行审计分析。系统审计由系统管理员进行,其内容主要是系统一级命令以及数据库的使用情况。

上述三个层次构筑成数据库系统的安全体系,与数据安全的关系逐步紧密,防范的重要性也逐层加强,从外到内、由表及里保证数据的安全。

7.1.5　数据库系统的安全特性

1. 数据独立性

数据独立于应用程序之外。理论上,数据库系统的数据独立性可分为以下两种。

(1)物理独立性。数据库的物理结构的变化不影响数据库的应用结构,从而也就不影响其相应的应用程序。这里的物理结构是指数据库的物理位置、物理设备等。

(2)逻辑独立性。数据库逻辑结构的变化不会影响用户的应用程序,数据类型的修改、增加、改变各表之间的联系都不会导致应用程序的修改。

这两种数据独立性都要靠 DBMS 来实现。目前,物理独立性已经能基本实现,但逻辑独立性实现起来非常困难,数据结构一旦发生变化,相应的应用程序都要做或多或少的修改。

2. 数据安全性

一个数据库能否防止无关人员得到他不应该知道的数据,是数据库是否实用的一个重要指标。如果一个数据库对所有的人都公开数据,那么这个数据库就不是一个可靠的数据库。

一般地,比较完整的数据库对数据安全性采取了以下措施。

(1)将数据库中需要保护的部分与其他部分相隔离。

(2)使用授权规则。这是数据库系统经常使用的一个办法,数据库给予用户 ID 和口令、权限。当用户用此 ID 和口令登录后,就会获得相应的权限。不同的用户或操作会有不同的权限。例如,对于一个表,某人有修改权,而其他人只有查询权。

(3)将数据加密,以密码的形式存于数据库内。

3. 数据的完整性

数据完整性这一术语用来泛指与损坏和丢失相对的数据状态。它通常表明数据在可靠性与准确性上是可信赖的,同时也意味着数据有可能是无效的或不完整的。数据完整性包括数据的正确性、有效性和一致性。

(1)正确性。数据在输入时要保证其输入值与定义这个表时相应的域的类型一致。例如,表中的某个字段为数值型,那么它只能允许用户输入数值型的数据,否则不能保证数据库的正确性。

(2)有效性。在保证数据正确的前提下,系统还要约束数据的有效性。例如,对于月份字段,若输入值为 17,那么这个数据就是无效数据,这种无效输入也称为"垃圾输入"。当然,若数据库输出的数据是无效的,相应地称为"垃圾输出"。

(3)一致性。当不同的用户使用数据库时,应该保证他们取出的数据必须一致。因为数据库系统对数据的使用是集中控制的,因此数据的完整性控制还是比较容易实现的。

4. 并发控制

如果数据库应用要实现多用户共享数据,就可能在同一时刻有多个用户要存取数据,这种事件称作并发事件。当一个用户取出数据进行修改,修改存入数据库之前如有其他用户再取此数据,那么读出的数据就是不正确的。这时就需要对这种并发操作施行控制,排除和避免这种错误的发生,保证数据的正确性。

5. 故障恢复

当数据库系统运行时出现物理或逻辑上的错误时,如何尽快将它恢复正常,这就是数库系统的故障恢复功能。数据库的故障主要包括事务内部的故障、系统范围内的故障、介质故障、计算机病毒与黑客等。

1）事务内部的故障

事务是指并发控制的单位，它是一个操作序列。在这个序列中只有两种行为，要么全都执行，要么全都不执行。因此，事务是一个不可分割的单元。事务用 COMMIT 语句提交给数据库，用 ROLLBACK 语句撤销已经完成的操作。

事务内部的故障多发生于数据的不一致性，主要表现为以下几种。

（1）丢失修改。两个事务 T1 和 T2 先后读取同一数据并分别对其进行修改，T2 提交结果破坏了 T1 提交的结果，即 T1 对数据库的修改丢失，造成数据库中数据错误。

（2）不能重复读。事务 T1 读取某一数据，事务 T2 读取并修改了同一数据，T1 为了读取值进行校对再读取此数据，便得到了不同的结果。例如，T1 读取数据 $B=200$，T2 读取 B 并把它修改为 300，那么 T1 再读取数据 B 得到 300，与第一次读取的数值不一致。

（3）"脏"数据的读出，即不正确数据的读出。T1 修改某一数据，T2 读取同一数据，T1由于某种原因被撤销，则 T2 读到的数据为"脏"数据。例如，T1 读取数据 B 值 100 修改为200，则 T2 读取 B 值为 200，但由于事务 T1 被撤销，其所做的修改宣布无效，值恢复为 100，而 T2 读到的数据是 200，就与数据库内容不一致了。

2）系统范围内的故障

数据库系统故障又称为数据库软故障，是指系统突然停止运行时造成的数据库故障。CPU 故障、突然断电、操作系统故障，这些故障不会破坏数据库，但会影响正在运行的所有事务，因为数据库缓冲区的内容会全部丢失，运行的事务非正常终止，从而造成数据库处于一种不正确的状态。这种故障对于一个需要不停运行的数据库来讲，损失是不可估量的。

恢复子系统必须在系统重新启动时让所有非正常终止事务 ROLLBACK（回退），把数据库恢复到正确的状态。

3）介质故障

介质故障又称硬故障，主要指外存故障，如磁盘磁头碰撞、瞬时的强磁场干扰。这类故障会破坏数据库或部分数据库，并影响正在使用数据库的所有事务。所以，这类故障的破坏性很大。

4）计算机病毒与黑客

计算机病毒的内容详见第 6 章。病毒发作后造成的数据库数据的损坏必须要求操作者自己去恢复。

对于黑客，更需要计算机数据库加强安全管理。这种安全管理对于那些机密性的数据显得尤为重要。

各种故障可能会造成数据库本身的破坏，也可能不破坏数据库但使数据不正确。对数据库的恢复，其原理就是"冗余"，即数据库中的任何一部分数据都可以利用备份在其他介质上的冗余数据进行重建。这种恢复的原理非常简单，但要付出时空代价。

7.2　数据库的保护

一些大型数据库中存储着大量机密性的信息，若这些数据库中的数据遭到破坏，造成的损失难以估量。所以数据库的保护是数据库运行过程中一个不可忽视的方面。

数据库的保护主要包含数据库的安全性、完整性、并发控制和数据库恢复等内容。

7.2.1 数据库的安全性

安全性问题是所有计算机系统共有的问题,并不是数据库系统特有的,但由于数据库系统数据量庞大且多用户存取,安全性问题就显得尤其突出。由于安全性问题包含系统问题和人为问题,所以一方面用户可以从法律、政策、伦理和道德等方面控制约束人们对数据库的安全使用;另一方面还可以从物理设备、操作系统等方面加强保护,保证数据库的安全;另外,也可以从数据库本身实现数据库的安全性保护。

在一般的计算机系统中,安全措施是一级一级、层层设置的。其安全控制模型可以由图 7-1 表示。

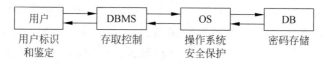

图 7-1　数据库安全控制模型

1. 用户标识和鉴定

通过核对用户的名字或身份(ID),决定该用户对系统的使用权。数据库系统不允许一个未经授权的用户对数据库进行操作。

当用户用身份和口令登录时,系统用一张用户口令表去鉴别用户身份。表中只有两个字段:用户名和口令。并且用户输入的口令并不显示在屏幕上,而只是以某种符号代替,如"＊"号。系统根据用户的输入鉴别此用户是否为合法用户。这种方法简便易行,但保密性不是很高。

另外一种标识鉴定的方法是用户先标识自己,系统提供相应的口令表,这个口令表不是简单地与用户输入的口令比较,而是系统给出一个随机数,用户按照某个特定的过程或函数进行计算后给出结果值,系统同样按照这个过程或函数对随机数进行计算,如果与用户输入的相等则证明此用户为合法用户,可以再接着为用户分配权限,否则,系统认为此用户根本不是合法用户,拒绝进入数据库系统。

2. 存取控制

对于存取权限的定义称为授权。这些定义经过编译后存储在数据字典中。每当用户发出数据库的操作请求后,DBMS 就会查找数据字典,根据用户权限进行合法权检查。若用户的操作请求超出了定义的权限,系统拒绝此操作。授权编译程序和合法权检查机制一起组成安全性子系统。

数据库系统中,不同的用户对象有不同的操作权力。对数据库的操作权限一般包括查询权、记录的修改权、索引的建立权、数据库的创建权。把这些权力按一定的规则授予用户,以保证用户的操作在自己的权限范围之内。授权规则可以用表 7-2 表示。

表 7-2　授权规则表

用户名	关系 S	关系 C	关系 C
用户 1	CNONE	SELECT	ALL
用户 2	SELECT	UPDATE	SELECT DELETE UPDATE

用户名	关系 S	关系 C	关系 C
用户 3	NONE	NONE	SELECT
用户 4	NONE	INSERT SELECT	NONE
用户 5	ALL	NONE	NONE

数据库的授权由 SQL 的 GRANT(授权)和 REVOKE(回收)来完成。

下面是三个安全性公理,公理 2 和公理 3 都假定允许用户更新数据。

公理 1:如果用户 I 对属性集 A 的访问(存取)是有条件地选择访问(带谓词 P),那么用户 I 对属性集 A 的每个子集也是可以有条件地选择访问(但没有一个谓词比 P 强)。

公理 2:如果用户 I 对属性集 A 的访问是有条件地更新访问(带谓词 P),那么用户 I 对属性集 A 也可以是有条件地选择访问(但谓词不能比 P 强)。

公理 3:如果用户 I 对属性集 A 不能进行选择访问,那么用户 I 也不能对属性集 A 有更新访问。

3. 数据分级

有些数据库系统对安全性的处理是把数据分级。这种方案为每一数据对象(文件、记录或字段等)赋予一定的保密级,如绝密级、机密级、秘密级和公用级。对于用户,也分成类似的级别,系统便可规定以下两条规则。

(1) 用户 I 只能查看比他级别低的或同级的数据。

(2) 用户 I 只能修改和他同级的数据。

在规则(2)中,用户 I 显然不能修改比他级别高的数据,但同时也不能修改比他级别低的数据,这是为了管理上的方便。如果用户 I 要修改比他级别低的数据,那么就得降低用户 I 的级别或提高数据的级别使得两者之间的级别相等才行。

数据分级法是一种独立于数值的简单的控制方式,它的优点是系统能执行"信息流控制"。在授权矩阵方法中,允许凡有权查看秘密数据的用户把这种数据复制到非保密的文件中,那么就有可能使无权用户也可接触到秘密数据。数据分级法就可以避免这种非法的信息流动。这种方案在通用数据系统中不太有用,只在某些专用系统中才会用到。

4. 数据库加密

一般而言,数据库系统提供的上述基本安全技术能够满足一般的数据库应用,但对于一些重要部门或敏感领域的应用,仅靠上述这些措施是难以完全保证数据库的安全性的,某些用户尤其是一些内部用户仍可能非法获取用户名、口令字,或利用其他方法越权使用数据库,甚至可以直接打开数据库文件来窃取或篡改信息。因此,有必要对数据库中存储的重要数据进行加密处理,以实现数据存储的安全保护。实际上,对数据库文件进行加密处理是解决数据安全问题的最有效办法。

1) 数据库加密的特点

较之传统的数据加密技术,数据库密码系统有其自身的要求和特点。传统的加密以报文为单位,加/解密都按从头至尾的顺序进行。数据库数据的使用方法决定了它不可能以整个数据库文件为单位进行加密。当符合检索条件的记录被检索出来后,就必须对该记录迅速解密。然而该记录是数据库文件中随机的一段,无法从中间开始解密,除非从头到尾进行一次解密,然后再去查找相应的这个记录,这显然是不合适的。所以,必须解决随机地从数据库文件中某一段数据开始解密的问题。

(1) 数据库密码系统应采用公开密钥。

因为数据库的数据是共享的,有权限的用户随时需要使用密钥来查询数据。因此,数据库密码系统宜采用公开密钥的加密方法。

(2) 多级密钥结构。

数据库关系运算中参与运算的最小单位是字段,查询路径依次是库名、表名、记录名和字段名。因此,字段是最小的加密单位。也就是说,当查得一个数据后,该数据所在的库名、表名、记录名、字段名都应是知道的。对应的库名、表名、记录名、字段名都应该具有自己的子密钥,这些子密钥组成了一个能够随时加/解密的公开密钥。

可以设计一个数据库,其中存放有关数据库名、表名、字段名的子密钥,系统启动后将这些子密钥读入内存供数据库用户使用。与记录相对应的子密钥,一般的方法是在该记录中增加一条子密钥数据字段。

(3) 加密机制。

有些公开密钥体制的密码,如 RSA 密码,其加密密钥是公开的,算法也是公开的,但是其算法是每个人一套,而作为数据库密码的加密算法不可能因人而异,因为寻找这种算法有其自身的困难和局限性,机器中也不可能存放很多种算法,因此这类典型的公开密钥的加密体制也不适合于数据库加密。数据库加、解密密钥应该是相同、公开的,而加密算法应该是绝对保密的。

数据库公开密钥加密机制应是一个二元函数:密文=F(密钥,明文)。解密过程即是加密过程的逆过程:明文=F^{-1}(密钥,密文)。

由此可知,数据库密码的加密机制应是既可加密又可解密的可逆过程。

(4) 加密算法。

加密算法是数据加密的核心,一个好的加密算法产生的密文应该频率平衡,随机无重码规律,周期很长而又不可能产生重复现象。窃密者很难通过对密文频率、重码等特征的分析获得成功。同时,算法必须适应数据库系统的特性,加、解密响应迅速。著名的 MH 背包算法就是一种适合数据库加密的算法。

2) 数据库加密的层次

可以在三个不同层次实现对数据库数据的加密,这三个层次分别是 OS 层、DBMS 内核层和 DBMS 外层。

(1) 在 OS 层加密。在 OS 层无法辨认数据库文件中的数据关系,从而无法产生合理的密钥,对密钥合理的管理和使用也很难。所以,对大型数据库来说,在 OS 层对数据库文件进行加密很难实现。

(2) 在 DBMS 内核层实现加密。这种加密是指数据在物理存取之前完成加/解密工作。这种加密方式的优点是加密功能强,并且几乎不会影响 DBMS 的功能,可以实现加密功能与数据库管理系统之间的无缝耦合。其缺点是加密运算在服务器端进行,加重了服务器的负载,而且 DBMS 和加密器之间的接口需要 DBMS 开发商的支持。

(3) 在 DBMS 外层实现加密。比较实际的做法是将数据库加密系统做成 DBMS 的一个外层工具,根据加密要求自动完成对数据库数据的加/解密处理。采用这种加密方式进行加密,加/解密运算可在客户端进行,它的优点是不会加重数据库服务器的负载并且可以实现网上传输的加密,对数据库的最终用户是完全透明的,不会影响数据库服务器的效率。缺点是加密功能会受到一些限制,与数据库管理系统之间的耦合性稍差。

3）数据库加密的范围

经过加密的数据库须经得起来自 OS 和 DBMS 的攻击；另外,DBMS 要完成对数据库文件的管理和使用,必须具有能够识别部分数据的条件。因此,只能对数据库中的数据进行部分加密。数据库中不能加密的部分包括以下几点。

（1）索引字段不能加密。为了达到迅速查询的目的,数据库文件需要建立一些索引,它们的建立和应用必须是明文状态,否则将失去索引的作用。

（2）关系运算的比较字段不能加密。DBMS 要组织和完成关系运算,参加并、差、积、商、投影、选择和连接等操作的数据一般都要经过条件筛选,这种"条件"选择项必须是明文,否则 DBMS 将无法进行比较筛选。例如,要求检索工资在 1000 元以上的职工人员名单,"工资"字段中的数据若加密,SQL 语句就无法辨认比较。

（3）表间的连接码字段不能加密。数据模型规范化以后,数据库表之间存在着密切的联系,这种相关性往往是通过"外部编码"联系的,这些编码若加密就无法进行表与表之间的连接运算。

4）加密对数据库管理系统原有功能的影响

目前 DBMS 的功能都比较完备,特别是像 Oracle、Sybase 这些采用 C/S 结构的数据库管理系统,具有数据库管理和应用开发等工具。然而,数据库数据加密以后,DBMS 的一些功能将无法使用。

（1）无法实现对数据制约因素的定义。Sybase 数据库系统的规则定义了数据之间的制约因素。数据一旦加密,DBMS 将无法实现这一功能,而且,值域的定义也无法进行。值得注意的是,数据库中的每个字段的类型、长度都有具体的限定。数据加密时,数值类型的数据只能在数值范围内加密,日期和字符类型的数据也都只能在各自的类型范围内加密,密文长度也不能超过字段限定的长度,否则 DBMS 将无法接受这些加密过的数据。

（2）密文数据的排序、分组和分类。语句中的子句分别完成分组、排序、分类等操作。这些子句的操作对象如果是加密数据,那么解密后的明文数据将失去原语句的分组、排序、分类作用,显然这不是用户所需要的。

（3）SQL 中的内部函数将对加密数据失去作用。DBMS 对各种类型数据均提供了一些内部函数,这些函数不能直接作用于加密数据。

（4）DBMS 的一些应用开发工具的使用受到限制。DBMS 的一些应用开发工具不能直接对加密数据进行操作,因而它们的使用会受到限制。

数据库加密不是绝对安全的,对数据库安全与保密这一领域的研究的重要性和迫切性显而易见。目前,DBMS 对数据库的加密问题还没有引起太多重视,如果在 DBMS 层考虑这一问题,那么数据库加密将会出现新的格局。

7.2.2　数据库中数据的完整性

数据的完整性主要是指防止数据库中存在不符合语义的数据,防止错误信息的输入和输出。数据完整性包括数据的正确性、有效性和一致性。实现对数据的完整性约束,就要求系统有定义完整性约束条件的功能和检查完整性约束条件的方法。

数据库中的所有数据都必须满足自己的完整性约束条件,这些约束包括以下几种。

1. 数据类型与值域的约束

数据库中每个表的每个域都有自己的数据类型约束条件,如字符型、整型、实型等。在每个域中输入数据时,必须按其约束条件进行输入,否则,系统不予受理。

对于符合数据类型约束的数据,还要符合其值域的约束条件。例如,对于一整型数据只允许输入 0~100 的值,那么用户输入 200 便不符合约束条件。

2. 关键字约束

关键字是用来标识一个表中的唯一一条记录的域,一个表中的主关键字可以不止一个。

关键字约束又分为主关键字约束和外部关键字约束。主关键字约束要求一个表中的主关键字必须唯一,不能出现重复的主关键字值。外部关键字约束要求一个表中的外部关键字的值必须与另外一个表中主关键字的值相匹配。

3. 数据联系的约束

一个表中的不同域之间也可以有一定的联系,从而应满足一定的约束条件。例如,表中有三个域:单位、数量、金额,它们之间符合"金额＝单价×数量",那么,一旦某记录的单价与数量被确定,它的金额就被确定。

以上所有约束都叫作静态约束,即它们都是在稳定状态下必须满足的条件。还有一种约束叫作动态约束,是指数据库中数据从一种状态变为另外一种状态时,新旧值之间的约束条件。例如,更新一个人的年龄时,新值不能小于旧值。

对于约束条件,按其执行状态分为立即执行约束和延迟执行约束。立即执行约束是指在执行用户事务时,对事务中某一更新语句执行完成后马上对此数据所对应的约束条件进行完整性检查。延迟执行约束是指在整个事务执行结束后才对对应的约束条件进行完整性检查。

数据库系统可以由 DBMS 定义管理数据的完整性,完整性规则经过编译后,放在数据字典中,一旦进入系统,便开始执行这些规则。这种完整性管理方法比让用户的应用程序进行管理效率要高,而且规则集在数据字典中,易于从整体上进行管理。

前面讲过的 SQL 只能提供安全性控制的功能,没有定义完整性约束条件的能力。当前的 DBMS 普遍都具有"触发器"功能。触发器用来保证当记录被插入、修改和删除时能够执行一个与基表有关的特定的事务规则,保证数据的一致性与完整性。而且,触发器的使用免除了利用前台应用程序进行控制数据完整性的烦琐工作。

7.2.3 数据库的并发控制

目前,多数数据库都是大型多用户数据库,所以数据库中的数据资源必须是共享的。为了充分利用数据库资源,应允许多个用户并行操作。数据库必须能对这种并行操作进行控制,即并发控制,以保证数据在不同的用户使用时的一致性。

现在以财务部门对数据库 CWBM 的操作为例,分析并发操作带来的问题。操作员 A_1 和 A_2,对于工资字段(值 200)进行以下操作。

(1) 未加控制的并发操作,见表 7-3。

表 7-3　未加控制的并发操作过程

时　刻	操作员 A_1	操作员 A_2	GZ 值
t_1	读取 GZ		200

续表

时　　刻	操作员 A₁	操作员 A₂	GZ 值
t_2		读取 GZ	200
t_3	修改 GZ＝GZ×2		400
t_4		修改 GZ＝GZ−100	300
t_5	COMMIT		200
t_6		COMMIT	100

以上的操作,操作员 A_2 在 t_4 时刻对 GZ 的修改,冲掉了 t_3 时刻操作员 A_1 对 GZ 的修改,本来 A_1 将 GZ 改为 400 元,而最后 GZ 的值却由于 A_2 的操作变为 100 元。这种操作无论是 A_1 的事件先发生,还是 A_2 的事件先发生,其结果都是不正确的。

（2）未加控制的并发操作读取造成数据不一致,见表 7-4。

表 7-4　并发操作造成数据不一致

时　　刻	操作员 A₁	操作员 A₂	GZ 值
t_1	读取 GZ		200
t_2		读取 GZ	200
t_3	修改 GZ＝GZ+100		300
t_4			300

表 7-4 的事件发生后,GZ 字段的值为 300,而操作员 A_2 读出的数据却仍然是 200,这样就说明数据的一致性已经不能保证。

（3）未提交更新发生的并发操作错误,见表 7-5。

表 7-5　未提交更新而发生的并发操作

时　　刻	操作员 A₁	操作员 A₂	GZ 值
t_1	读取 GZ		200
t_2	修改 GZ＝GZ−100		100
t_3		读取 GZ	100
t_4	ROLLBACK		200

表 7-5 发生的数据错误是由于未提交更新而发生的。操作员 A_1 在 t_2 时刻将 GZ 值改为 100 后,操作员 A_2 读取 GZ 值为 100,在 t_4 时刻由于某种原因,操作员 A_1 将所做的操作撤销,GZ 值恢复为 200,但操作员 A_2 所使用的 GZ 值却仍为 100,数据完整性同样遭到破坏。

以上所有的操作都是数据库操作中经常遇到的,对于数据的并发操作所引起的错误必须要有相应的办法进行管理和控制。

并发控制的主要方法是封锁技术。当事务 1 修改数据时,将数据封锁,这样在事务 1 读取和修改数据时,其他的事务就不能对数据进行读取和修改,直到事务 1 解除封锁。

基本的封锁类型叫作排他封锁,又称 X 封锁。如果事务 T 向系统申请得到数据 A 的 X 封锁权,则只允许事务 T 对数据 A 进行读取和修改,其他一切事务对数据 A 的封锁申请只能等到事务 T 将数据修改完毕释放封锁后才能成功,其间状态只能是等待状态。利用 X 封锁可以解决表 7-3～表 7-5 中的问题。解决方案见表 7-6～表 7-8。

表 7-6　表 7-3 加锁后的执行状态

时　　刻	操作员 A_1	操作员 A_2	GZ 值
t_1	读取 GZ		200
t_2		读取 GZ	200
t_3	修改 GZ=GZ×2	Wait	400
t_4	COMMIT	Wait	400
t_5	释放封锁	Wait	400
t_6		再读取 GZ	400
t_7		修改 GZ=GZ−100	300
t_8		COMMIT	300

表 7-7　表 7-4 加锁后的执行状态

时　　刻	操作员 A_1	操作员 A_2	GZ 值
t_1	读取 GZ		200
t_2		读取 GZ	200
t_3	修改 GZ=GZ+100	Wait	300
t_4	释放封锁	Wait	300
t_5		再读 GZ	300
t_6	COMMIT		300

表 7-8　表 7-5 加锁后的执行状态

时　　刻	操作员 A_1	操作员 A_2	GZ 值
t_1	读取 GZ		200
t_2	修改 GZ=GZ−100		100
t_3		读取 GZ	100
t_4	ROLLBACK	Wait	200
t_5	释放封锁	Wait	200
t_6		再读取 GZ	200

7.3　数据库的死锁、活锁和可串行化

7.3.1　死锁与活锁

封锁的控制方法有可能会引起死锁和活锁的问题。某个事务永远处于等待状态称为活锁。例如,事务 1 操作数据 A 时的请求封锁后,事务 2 和事务 3 操作数据 A 的请求处于等待状态。当事务 1 完成之时事务首先满足了事务 3 的请求,事务 3 操作过程中,事务 4 进行请求,于是事务 3 完成之后,封锁权交给事务 4……所以事务 2 永远处于等待状态,这叫活锁。解决活锁的最常见方法是对事务进行排队,按"先入先出"的原则进行调度。

两个或两个以上的事务永远无法结束,彼此都在等待对方解除封锁,结果造成事务永远等待,这种封锁称为死锁。举例过程如表 7-9 所示。

表 7-9　造成事务永远等待的死锁过程

时　刻	事　务　1	事　务　2
t_1	读取数据 A（对 A 进行封锁）	
t_2		读取数据 B（对 B 进行封锁）
t_3	读取数据 B（等待）	
t_4		读取数据 A（等待）

表 7-9 中事务 1 等待读取数据 B，事务 2 等待读取数据 A，而事务 1 对数据 A 已加封锁，事务 2 对数据 B 也已加封锁，造成两个事务在无限期等待，从而出现死锁现象。数据库解决死锁问题的主要方法有以下几种。

（1）每个事务一次就将所有要使用的数据全部加锁，否则就不能执行。如上例中，事务 1 将数据 A、B 一次全部加锁，则当事务 1 执行时，事务 2 等待，这样就不会发生死锁。

（2）预先规定一个封锁顺序，所有的事务都必须按这个顺序对数据执行封锁。例如，在树状结构的文件中，可规定封锁的顺序必须从根结点开始，然后一级一级地逐级封锁。

（3）不预防死锁的发生，而是让系统用某种方法判断当前系统中是否有死锁现象。如果发生死锁就设法解除，使事务再继续运行。这种方法一般以某个事务作为牺牲品，把它的封锁撤销，恢复到初始状态。它释放出来的资源就可以分配给其他的事务了，由此可解除死锁现象。

7.3.2　可串行化

并行事务执行时，系统的调度是随机的，因此，需要一个尺度去判断事务执行的正确性。当并行操作的结果与串行操作的结果相同时，就认为这个并行事务处理结果是正确的。这个并行操作调度称为可串行化调度。

对于表 7-3，先执行操作员 A_1 的事务和先执行操作员 A_2 的事务所得到的结果是不同的，前者的执行结果为 400，后者的执行结果为 100，这种事务按先后顺序一个一个地执行称为串行操作。对于表 7-4 及其他表的操作为并行操作，因为它们的各个事务是按分时的方法同时进行处理的。表 7-4 的执行结果与先操作员 A_1，后操作员 A_2 的操作结果一致，则认为这个并行操作是正确的。

可串行化是并行事务正确性的准则。这个准则规定，一个给定的交叉调度，当且仅当它是可串行化的，才认为是正确的。

7.3.3　时标技术

时标技术是避免因出现数据不一致而造成的破坏数据库完整性的另外一种方法。由于它不是采用封锁的方法，所以不会产生死锁的问题。在事务运行时，它的启动时间就是事务的"时标"。如果两个事务 T_1、T_2 的时标为 t_1 与 t_2，若 $t_1 > t_2$，则称 t_1 是年轻的事务，t_2 是年长的事务。

时标和封锁技术之间的基本区别是：封锁是使一组事务的并发执行（即交叉执行）同步，使它等价于这些事务的某一串行操作；时标法也是使一组事务的交叉执行同步，但是它等价于这些事务的一个特定的串行执行，即由时标的时序所确定的一个执行。如果发生冲突，则通过撤销并重新启动一个事务解决。如果事务重新启动，则赋予新的时标。

在数据库所有的物理更新推迟到 COMMIT 的时候,未提交的那些修改实际上根本没有建立。对于给定事务,如果某物理更新由于某理由而不能完成,则该事务的物理更新全部不能完成,事务就被赋予新的时标并重新启动。这样,如果一个事务要求查看被较年轻事物更新了的记录,或者一个事务要求更新被较年轻的事务查看过或更新过的记录,就会发生冲突。这类冲突可通过重新启动发出请求的事务来解决。由于物理更新绝不会在 COMMIT 之前就写外存,因此事务重新启动,不需要任何回退(ROLLBACK)。如果若干事务访问同一个数据库记录 R,那么系统就必须对 R 保持两个同步值:FMAX(成功执行了一个 FIND R 操作的最年轻的事务的时标)和 UMAX(成功执行了一个 UPD R 操作的最年轻的事务的时标)。

7.4 攻击数据库的常用方法

1. 突破 Script 的限制

例如,某网页上有一文本框,允许输入用户名称,但是它限制用户只能输入 4 个字符。许多程序都是在客户端限制,然后用 msgbox 弹出错误提示。如果攻击时需要突破此限制,只需要在本地做一个一样的主页,只是取消了限制,通常是去掉 VBScript 或 JavaScript 的限制程序,就可以成功突破。如果用 JavaScript,可临时关闭浏览器的脚本支持。有经验的程序员常常在程序后台再做一遍检验,如果有错误就用 response.write 或类似的语句输出错误。

2. 对 SQL 口令的突破

例如,某网页需要输入用户名称和口令,这样就有两个文本框等待用户的输入,现在假设有一用户 adam,甲用户不知道他的口令,却想以他的身份登录。

3. SQL Server 的安装漏洞

SQLServer 安装完后自动创建一个管理用户 sa,密码为空。而很多人安装完后并不去修改密码,这样就留下了一个极大的安全隐患。

程序中的连接一般用两种,即 global.asa 和 SSL 文件。一般人习惯把 SSL 文件放到 Web 的\include 或\inc 目录下,而且文件名常会是 Conn.ini、db_conn.ini、db_conn.inc 等,比较容易猜到。如果这个目录没有禁读,一旦猜到文件名就可以操作,因为.inc 文件一般不会去做关联,直接请求的结果不是下载就是显示源文件。

另外,将主要程序放到一个后缀为.inc 的文件而没有处理"N",当运行出错时返回的出错信息中常会暴露.inc 文件。其实,可以在 IIS 中设置不回应脚本出错信息。

4. 数据库的利用

以 MS SQL Server 为例,它的默认端口号是 1433,用 Telnet 命令连接服务器的这个端口,如果能够连上,那么这台服务器一般是装了 MS SQL Server。如果对方的数据直接在 Web 服务器上而且知道端口号,有的账号就干脆用 SQL Analyer 直接连接数据库。在它里面可以执行 SQL 语句。常用的是存储过程 master.dbo.xp_cmdshell,这是一个扩展存储过程,它只有一个参数,把参数作为系统命令来装给系统执行。如果没有权限,可以创建一个临时存储过程来执行,就可以绕过去,这是 MS SQL Server 的一个漏洞。当然这时没有权限执行 net user /add 等命令,但可以查看和创建文件。

如果数据库在 Web 服务器上改了端口号,就要看程序中数据库用户的权限了,如果是管理用户,可以用'exec master. dbo. xp_cmdshell' net user /add aaa bbb 命令来创建一个操作系统用户,然后再用'exec master. dbo. xp_cmdshell' net localgroup /add administrators aaa 命令来把它升级为超级用户。

如果这台服务器的 NetBIOS 绑定了 TCP/IP,而且 C、D 等管理共享存在,只要在操作系统命令下用就可以把对方的整个 C 盘映射为本地的一个网络驱动器了。

5. 数据库扫描工具

数据库扫描工具的下载地址为 http://www. is-one. net/productt/product. php? pid=11。

7.5　数据库的备份技术

备份技术是保证计算机网络系统安全、可靠的一种很常见、很实用而且非常重要的技术。由于各种操作系统附带的备份程序已无法满足大型数据库的备份需求,要想对数据库进行可靠的备份,必须选择专门的备份软、硬件,并制定相应的备份及恢复方案。

7.5.1　数据库备份技术概述

1. 备份的层次

备份可以分为 3 个层次:硬件级、软件级和人工级。

(1) 硬件级备份:是指用冗余的硬件来保证系统的连续运行,如果主硬件损坏,后备硬件马上能够接替其工作。这种方式可以有效地防止硬件故障,但无法防止数据的逻辑损坏。当逻辑损坏发生时,硬件备份只会将错误复制一遍,无法真正保护数据。硬件备份的作用是保证系统在出现故障时能够连续运行,因此称其为硬件容错更恰当。

在计算机网络系统中,数据库一般存放在磁盘系统中,磁盘系统的可靠性是计算机网络系统至关重要的环节。为了防止磁盘系统出故障,人们采用了磁盘双工、镜像及磁盘阵列等技术来保证磁盘系统可靠安全地运行。

(2) 软件级备份:硬件级的备份虽然保证了系统的连续运行,提高了系统的可用性,但是并不能够保证数据库的安全性,要真正保证数据库的安全性,用户需要进行软件级备份。软件级备份是指通过某种备份软件将系统数据库保存到其他介质上,当系统出现错误时可以再通过软件将系统恢复到备份时的状态。当然,用这种方法备份和恢复都要花费一定的时间,还有可能会使系统间断运行。但这种方法可以完全防止逻辑损坏,因为备份介质与计算机系统是分开的,错误不会复写到介质上。这就意味着,只要保存足够长时间的历史数据,就能够恢复正确的数据。

(3) 人工级备份:人工级备份最为原始和烦琐,也最有效。但对一个大中型的网络系统而言,如果要用手工方式从头恢复所有数据,耗费的时间恐怕会令人难以忍受。因此,全部数据都用手工方式恢复是不可取的,实际上也是不可能的。理想的备份系统应该是全方位、多层次的,是在硬件容错的基础上,软件备份与手工方式相结合,即应该是一种软硬措施集成的备份方式。首先,要使用硬件备份来防止硬件故障;如果由于软件故障或人为误操作造成了数据的逻辑损坏,则使用软件方式与手工方式相结合的方法恢复系统;如果系统出错,备份之前的数据用软件方法恢复,备份之后的数据用手工方式恢复。这种结合方式构成了对系统的多级防护,不仅能够有效地防止物理损坏,还能够彻底防止逻辑损坏,并保证系统在遭受意外破坏时能够很快恢复,使损失减到最小。

2. 备份的方式

备份有多种方式,最常用的是完全备份、增量备份和差分备份3种。

(1) 完全备份:将系统中所有的数据信息全部备份。其优点是数据备份完整,缺点是备份系统的时间长,备份量大。

(2) 增量备份:只备份上次备份以后变化过的数据信息。增量备份是进行备份最有效的办法,通常与完全备份一起使用以提供快速备份。例如,许多单位在从星期五开始的周末运行完全备份,然后在下个星期一到星期四运行增量备份。其优点是数据备份量少、时间短,缺点是恢复系统时间长。

(3) 差分备份:只备份上次完全备份以后变化过的数据信息。

差分备份需在完全备份之后的每一天都备份上次完全备份以后变化过的所有数据信息,因此,在下一次完全备份之前,日常备份工作所需的时间会一天比一天更长一些。其优点是备份数据量适中,恢复系统时间短。

各种备份的数据量不同,按从多到少的排序为:完全备份＞差分备份＞增量备份。在恢复数据时需要的备份介质数量也不同:如果使用完全备份方式,只需上次的完全备份磁带就可以恢复所有数据;如果使用完全备份＋增量备份方式,则需要上次的完全备份磁带＋上次完全备份后的所有增量备份磁带才能恢复所有数据;如果使用完全备份＋差分备份方式,只需上次的完全备份磁带＋最近的差分备份磁带就可以恢复所有数据。在备份时要根据它们的特点灵活使用。

3. 备份的类型

目前,有三种常用的备份类型:冷备份、热备份和逻辑备份。

(1) 冷备份:在没有最终用户访问的情况下关闭数据库,并将其备份。这是保持数据完整性的最好办法,但如果数据库太大,无法在备份窗口中完成对它的备份,该方法就不适用了。

(2) 热备份:正在写入的数据更新时进行备份。热备份严重依赖日志文件。在进行时,日志文件将业务指令"堆起来",而不是真正将任何数据值写入数据库记录。当这些业务被堆起来时,数据库表并没有被更新,因此数据库被完整地备份。

该方法有一些明显的缺点。首先,如果系统在进行备份时崩溃,则堆在日志文件中的所有业务都会被丢失,因此也会造成数据的丢失。其次,它要求 DBA 仔细地监视系统资源,这样日志文件就不会占满所有的存储空间而不得不停止接受业务。最后,日志文件本身在某种程度上也需要被备份以便重建数据。需要考虑另外的文件并使其与数据库文件协调起来,为备份增加了复杂度。

由于数据库的大小和系统可用性的需求,没有对其进行备份的其他办法。在有些情况下,如果日志文件能决定上次备份操作后哪些业务更改了哪些记录的话,那么对数据库进行增量备份是可行的。

(3) 逻辑备份:使用软件技术从数据库提取数据并将结果写入一个输出文件。该输出文件不是一个数据库表,但是表中的所有数据是一个映像。不能对此输出文件进行任何真正的数据库操作。在大多数客户机/服务器数据库中,结构化查询语言就是用来创建输出文件的。该过程有些慢,不适合用于对大型数据库的全盘备份。尽管如此,当仅想备份那些上次备份之后改变了的数据,即增量备份时,该方法非常好。

为了从输出文件恢复数据,必须生成逆 SQL 语句。该过程也相当耗时,但工作的效果相当好。

用户可以通过远程磁带库、光盘库、数据库、网络数据镜像、远程镜像磁盘等技术方法将数据定期或不定期地备份。

4. 备份介质

数据库备份系统使用较多的存储备份介质有磁带、光盘驱动器、硬盘、CD-ROM 等。目前被广泛采用的备份介质还是磁带。

1) 磁盘备份介质

它主要包括两种存储技术,即内部的磁盘机制(硬盘)和外部系统(磁盘阵列等)。

在速度方面,硬盘无疑是存取速度最快的,因此它是备份实时存储和快速读取数据最理想的介质。但是,由于硬盘价格昂贵、无法移动、不便于保管,因此采用内部的磁盘机制作为备份的介质并不是大容量数据备份的最佳选择。

2) 光学备份介质

主要包括 CD-ROM、WORM 和磁光盘驱动器(MO)等。其中,MO 是传统磁盘技术与光技术结合的产物,采用 ECMA(欧洲计算机制造协会)标准,具有传送速度快、可靠性高、使用寿命长、可重复使用等特点。

光学存储设备具有可持久存储和便于携带数据等特点。与硬盘备份相比,光盘提供了比较经济的存储解决方案,但是它们的访问时间比硬盘要长 2～6 倍(访问速度受光头重量的影响),容量相对较小。所以,光学介质的存储更适合于数据的永久性归档和小容量数据的备份。在数据库系统日益复杂、数据量日益增大的情况下,磁带是最理想的备份介质。

3) 磁带备份介质

磁带备份介质不仅能提供高容量、高可靠性、易使用以及可管理性,而且价格也便宜很多,并允许备份系统按用户数据的增长而随时扩容。虽然读取速度没有光盘和硬盘快,但它可以在相对较短的时间内(典型的情况是在夜间自动备份)备份大容量的数据,并可十分简单地对原有系统进行恢复。因此,它是真正适合数据库备份领域的最佳选择。

作为一种备份设备,磁带机技术也在不断发展。当前市场上的磁带机,按其记录方式来分,可归纳为两大类:一类是数据流磁带机,另一类是螺旋扫描磁带机。

数据流技术起源于模拟音频记录技术,类似于录音机磁带的原理。

螺旋扫描技术起源于模拟视频记录技术,类似于录像机磁带原理。与数据流技术正好相反,磁带是绕在磁鼓上,磁带非常缓慢地移动,磁鼓则高速转动,在磁鼓两侧的磁头也高速扫描磁带进行记录。当它在一定时间内没有收到移动磁带的命令,就会放松磁带并停止转动磁鼓,以防止不必要的介质磨损和避免介质长期处于张力状态。所以,该技术具有高可靠性、高速度、高容量的特点。

目前流行于 IT 市场的主要有 4mm 磁带机、8mm 磁带机、DLT 磁带机、DAT 磁带机及 LTO 磁带机等几种。

(1) DLT 技术。DLT(Digital Linear Tape,数字线性磁带)技术由 DEC 和 Quantum 公司联合开发。由于磁带体积庞大,DLT 磁带机全部是 5.25 英寸。DLT 产品由于高容量,主要定位于中、高级的服务器市场与磁带库系统。DLT磁带每盒容量高达35GB,单位容量成本较低。

(2) 4mm技术。4mm DAT又称数字音频磁带技术,经历了DDS-1、DDS-2和DDS-3三种技术阶段,容量跨度为1～12GB。4mm DAT由于小巧和适当的容量,在前几年发展很快,在小型网络中应用较多,是一种很有前途的数据存储备份产品。

(3) 8mm技术。基于螺旋扫描记录技术的8mm产品由Exabyte公司开发,适合于大容量存储。

(4) DAT技术。DAT技术又可以称为数字音频磁带技术,最初是由惠普公司(HP)与索尼公司(SONY)共同开发出来的。这种技术以螺旋扫描记录为基础,将数据转换为数字后再存储下来,具有很高的性能价格比,所以一直被广泛应用。下面以惠普DAT技术为例说明其特点。

第一,在性能方面,这种技术生产出的磁带机平均无故障工作时间长达200 000h(新产品已达到300 000h);在可靠性方面,它所具有的即写即读功能能在数据被写入之后马上进行检测,这不仅确保了数据的可靠性,而且节省了大量时间。第二,这种技术的磁带机种类繁多,能够满足绝大部分网络系统备份的需要。第三,这种技术所具有的硬件数据压缩功能可大大加快备份速度,而且压缩后的数据安全性更高。第四,由于这种技术在全世界都被广泛应用,所以在全世界都可以得到这种技术产品的持续供货和良好的售后服务。第五,DAT技术产品的价格格外诱人,其价格优势不仅体现在磁带机上,在磁带上也得到充分体现。

(5) 磁带存储新技术LTO。线性磁带开放(LTO)协议技术是一种结合了线性多通道双向磁带格式的磁带存储新技术,其优点主要是将服务系统、硬件数据压缩、优化磁道面、高效纠错技术和提高磁带容量性能等结合于一体。LTO第四代标准的容量为800GB,传输速度为80～160Mb/s,这是目前任何一种磁带机都无可比拟的。

开发LTO的主要原因有以下几点:一是建立一个开放的磁带机产品标准;二是不断改进磁带机产品的可靠性;三是增强产品的可扩展性,适应数据量激增的现实需求;四是减少备份的时间,提高产品的性能。目前,LTO技术有两种存储格式,即高速开放磁带格式Ultrium和快速访问开放磁带格式Accelis,可分别满足不同用户对LTO存储系统的要求。其中,Ultrium磁带格式除了具有高可靠性的LTO技术外,还具有大容量的特点,既可单独操作,也可适应自动操作环境,非常适合备份、存储和归档应用。Accelis磁带格式则侧重于快速数据存储,此格式能够很好地适用于自动操作环境,可处理广泛的在线数据和恢复应用。

5. 备份软件

操作系统一般也提供了备份功能软件,如UNIX的tar/cpio、Windows 2000/NT的Windows Backup、NetWare的SBackup等,但这些软件只能实现基本的备份功能,缺乏专业备份软件的高速度、高性能、可管理性,因此,大型的网络应用系统都配备了专业的备份软件。目前比较流行的专业备份软件有CA的ARCserve、Veritas的Backup Exec以及Legato的NetWorker等。

备份软件在整个备份过程中占有举足轻重的位置。好的备份软件应具有以下特点。

(1) 安装方便、界面友好、使用灵活。

(2) 应提供集中管理方式,用户在一台机器上就可以备份从服务器到工作站整个网络的数据。

（3）支持跨平台备份。

（4）支持文件打开状态备份。

（5）支持在网络中的远程集中备份。

（6）支持备份介质自动加载的自动备份。

（7）支持多种文件格式的备份。

（8）支持各种策略的备份方式。备份策略指确定需要备份的内容、时间及备份方式。

（9）支持多种备份介质，如磁带、MO 光盘等。

（10）支持快速的灾难恢复。

备份软件技术又可以细分为基于主机的备份软件和基于存储的备份软件。

1）基于主机的备份软件技术

基于主机的备份软件是指数据备份过程需要占用主机 CPU 时间，经过文件系统的缓冲通过网络协议传输到另一台服务器，由该服务器将数据写入本地存储介质。这种数据备份（复制）技术支持同步和异步两种方式。下面以 Veritas 的卷复制软件为例介绍这两种技术。

（1）同步方式的数据备份过程。过程如下。

① 接收写数据请求。

② 将写入请求写到 SRL，同时写入数据卷。

③ 发送到远端服务器。

④ 网络确认。

⑤ 写入到目标卷。

⑥ 数据写入确认。

（2）异步方式的数据备份过程。过程如下。

① 接收写数据请求。

② 将写入请求写到 SRL，同时写入数据卷。

③ 向主机发出写完成信号。

④ 写入数据卷，并发送给远端服务器。

⑤ 网络确认。

⑥ 数据写入到目标卷。

⑦ 数据写入确认。

为保证远程数据同步复制的实现，两个结点间可以通过快速以太网或 DDN 专线互连，两个结点之间采用 Veritas 的数据复制管理软件 VeritasVolumeReplicator（VVR）。VVR 采用可靠的连接和监听协议，保证远程备份站点与本地逻辑卷数据的一致性。该软件能容忍网络延迟：在同步模式下，若网络发生堵塞，可自动切换到异步模式，当网络恢复后，再重新同步。为了能够监测应用系统的运行情况，并能够在灾难发生时实现应用系统从生产中心到备份中心的切换，可用 Veritas 的 GlobalClusterManager 广域网集群管理软件来实现多集群的管理和应用系统的容灾。

（3）局限性。由于这种软件备份技术需要占用主机资源，因此它存在许多局限性。

① 基于主机的复制操作，主机资源的占用（CPU、内存等）较大。

② 基于 TCP/IP 的网络连接,降低了网络的效率。

③ 远程写入主机内存,远程的写确认不可信。

④ 十分受限的"逆向"复制,应用系统返回困难。

⑤ 十分受限的远程数据复用,远端资源浪费。

⑥ 基于独立主机的复制技术,数据中心环境难于管理和扩展。

2) 基于存储的数据备份技术

由于基于主机备份技术具有上述一些局限性,在一些关键业务应用环境中,为了保证数据备份(复制)的实时性和可靠性,通常采用基于存储的数据备份(复制)技术。

基于存储的数据备份技术是指数据的备份复制过程全部由存储设备内置的操作系统命令和软件完成。由于这种过程不会中断主机处理器进程,因此对应用系统不会造成影响。数据的备份(复制)由专用的数据传输链路完成。在电信、金融等关键业务领域,这种技术得到了广泛的应用。典型的软件包括 EMC 公司的 SRDF、HDS 公司的 TrueCopy 以及 IBM 公司的 PPRC 等。

7.5.2　日常备份制度设计

日常备份制度描述了每天的备份以什么方式,使用什么备份介质进行,是系统备份方案的具体实施细则。在制定完毕后,应严格按照制度进行日常备份,否则将无法达到备份方案的目标。

日常备份制度包括磁带轮换策略和日常操作规程。

1. 磁带轮换策略

备份过程中要求保存长期的历史数据,这些数据不可能保存在同一盘磁带上,每天都使用新磁带备份显然也不可取。如何灵活地使用备份方法,有效分配磁带,用较少的磁带有效地备份长期数据,是备份制度要解决的问题。

磁带轮换策略就可以解决上述问题。它为每天的备份分配备份介质,制定备份方法,可以最有效地利用备份介质。常见的磁带轮换策略有以下几种。

(1) 三带轮换策略。这种策略只需要三盘磁带。用户每星期五用一盘磁带对整个网络系统进行增量备份,因此,可以保存系统三个星期内的数据,适用于数据量小、变化速度较慢的网络环境。但这种策略有一个明显的缺点,就是周一到周四更新的数据没有得到有效的保护。如果周四的时候系统发生故障,就只能用上周五的备份恢复数据,那么周一到周四所做的工作就都丢失了。

(2) 六带轮换策略。这种策略需要六盘磁带。用户从星期一到星期四每天都分别使用一盘磁带进行增量备份,然后星期五使用第五盘磁带进行完全备份。第二个星期的星期一到星期四重复使用第一个星期的四盘磁带,到了第二个星期五使用第六盘磁带进行完全备份,如表 7-10 所示。

表 7-10　六带轮换策略

周期	周一	周二	周三	周四	周五	周六	周日
第一周	磁带 1 增量备份	磁带 2 增量备份	磁带 3 增量备份	磁带 4 增量备份	磁带 5 完全备份		

续表

周期	周一	周二	周三	周四	周五	周六	周日
第二周	磁带 1	磁带 2	磁带 3	磁带 4	磁带 6		
	增量备份	增量备份	增量备份	增量备份	完全备份		

这种轮换策略能够备份两周的数据。如果本周三系统出现故障,只需用上周五的完全备份加上周一和周二的增量备份就可以恢复系统。但这种策略无法保存长期的历史数据,两周前的数据就无法保存了。

(3) 祖-父-子轮换策略。

将六带轮换策略扩展到一个月以上,就成为祖-父-子轮换策略。这种策略由三级备份组成:日备份、周备份、月备份。日备份为增量备份,月备份和周备份为完全备份。日带共 4 盘,用于周一至周四的增量备份,每周轮换使用;周带一般不少于 4 盘,顺序轮换使用,用于星期五进行完全备份;月带数量视情况而定,用于每月最后一次完全备份,备份后将数据留档保存。这种轮换策略能够备份一年的数据。

根据周带和月带的数量不同,常见的祖-父-子轮换策略有 21 盘制、20 盘制、15 盘制等。下面以 20 盘制为例介绍其轮换策略原理。

① 每日增量备份(4 盘):周一至周四,每周轮换使用。

② 每周完全备份(4 盘):每周五使用一盘,每月轮换一次。

③ 每月完全备份(12 盘):每个月的最后一个周五,每年结束后可存档或重新使用,如表 7-11 所示。

表 7-11　祖-父-子轮换策略

周期	周一	周二	周三	周四	周五	周六
第一周	日带 1	日带 2	日带 3	日带 4	周带 1	
	增量备份	增量备份	增量备份	增量备份	完全备份	
第二周	日带 1	日带 2	日带 3	日带 4	周带 2	
	增量备份	增量备份	增量备份	增量备份	完全备份	
第三周	日带 1	日带 2	日带 3	日带 4	周带 3	
	增量备份	增量备份	增量备份	增量备份	完全备份	
第四周	日带 1	日带 2	日带 3	日带 4	月带 1	完全备份
	增量备份	增量备份	增量备份	增量备份		

可以看出,祖-父-子轮换策略为全年的数据提供了全面的保护:本周数据每天均有备份,本月数据每周均有备份,超过一个月每月均有备份。无论想恢复系统在什么时期的数据,都可以方便地实现。ARCserve 能够支持祖-父-子轮换策略,并实现基于这种轮换策略的自动备份。

2. 日常操作规程

选择了合适的轮换策略,就不难对软件进行设置,并制定日常操作规程了。

使用 20 盘制轮换策略的参考操作规程如下。

1) 准备工作

将 20 盘磁带分为 4 盘日带、4 盘周带、12 盘月带,并在磁带标签上标注周一至周四、第一周至第四周、1～12 月。

2）日常操作

如果使用 ARCserve 的自动备份功能,管理人员每天的备份工作仅仅是更换一下磁带,并查看最近的备份记录是否正常;如果使用了磁带库,连磁带也不用人工更换,只需每天查看备份记录即可。更换磁带要遵循以下三条原则。

(1) 周一至周四使用相应的日带。

(2) 每月的最后一个周五使用该月的月带。

(3) 其他的周五根据当天是第几个周五而使用对应的周带。

为了避免日带使用过于频繁,1—4 月可以先将 5—8 月的月带作为日带使用 4 个月;5—8 月时再将 9—12 月的月带作为日带使用 4 个月;到了 9—12 月才使用真正的日带。

以上的磁带轮换策略和日常操作规程,就构成了日常备份制度。可以看到,利用 ARCserve 的自动备份功能,日常的备份任务将变得相当简单。

总之,好的日常备份制度,应充分利用备份硬件和软件的功能,达到自动化或半自动化,以减少人工干预。

7.6　数据库的恢复技术

备份对数据库的安全来说是至关重要的。数据库的备份应该什么时候做,用什么方式做,主要取决于数据库的规模和用途。

灾难恢复措施(DRP)在整个备份制度中占有相当重要的地位,因为它关系到系统在经历灾难后能否迅速恢复。灾难恢复措施包括:灾难预防制度、灾难演习制度及灾难恢复。

1. 灾难预防制度

为了预防灾难的发生,需要做灾难恢复备份。灾难恢复备份与一般数据备份不同的地方在于,它会自动备份系统的重要信息。在 Windows NT 下,灾难恢复备份要备份 NT 的必要启动文件、注册表文件的关键数据、操作系统的关键设置等;在 NetWare 下,灾难恢复备份要备份驱动程序、NDS、非 NetWare 分区等重要数据。利用这些信息,才能快速恢复系统。

ARCserve 对灾难恢复有充分的支持,备份普通数据的同时就可以进行灾难恢复的备份,只需选中 ARCserve 中的一个选项即可。用于灾难恢复的软盘,则要使用灾难恢复选件进行生成。灾难恢复盘必须和灾难恢复备份一起使用,方能恢复系统。

关于灾难预防制度,有以下两点建议。

(1) 灾难恢复备份应是完全备份。

(2) 在系统发生重大变化后,如安装了新的数据库系统,或安装了新硬件等,建议重新生成灾难恢复软盘,并进行灾难恢复备份。

2. 灾难演习制度

要能够保证灾难恢复的可靠性,光进行备份是不够的,还要进行灾难演练。每过一段时间,应进行一次灾难演习。可以利用淘汰的机器或多余的硬盘进行灾难模拟,以熟练灾难恢复的操作过程,并检验所生成的灾难恢复软盘和灾难恢复备份是否可靠。

3. 灾难恢复

恢复也称为重载或重入,是指当磁盘损坏或数据库崩溃时,通过将备份的内容转储或卸载,使数据库返回到原来的状态的过程。只有拥有了完整的备份方案,并严格执行以上的备份措施,当面对突如其来的灾难时,才可以应付自如。

灾难恢复的步骤非常简单:准备好最近一次的灾难恢复软盘和灾难恢复备份磁带,连接磁带机,装入磁带,插入恢复软盘,打开计算机电源,灾难恢复过程就开始了。根据系统提示进行下去,就可以将系统恢复到进行灾难恢复备份时的状态。再利用其他备份数据,将服务器和其他计算机恢复到最近的正常状态。

1) 数据库的恢复办法

数据库的恢复大致有如下办法。

(1) 周期性地(如3天一次)对整个数据库进行转储,把它复制到备份介质中(如磁带),作为后备副本,以备恢复之用。转储通常又可分为静态转储和动态转储。静态转储是指转储期间不允许对数据库进行任何存取、修改活动。而动态转储是指在存储期间允许对数据库进行存取或修改。

(2) 对数据库的每次修改,都记下修改前后的值,写入“运行日志”中。它与后备副本结合,可有效地恢复数据库。

日志文件是用来记录对数据库每一次更新活动的文件。在动态转储方式中必须建立日志文件,后备副本和日志文件综合起来才能有效地恢复数据库。在静态转储方式中,也可以建立日志文件。当数据库毁坏后可重新装入后备副本把数据库恢复到转储结束时刻的正确状态。然后利用日志文件,把已完成的事务进行重新处理,对故障发生时尚未完成的事务进行撤销处理。这样不必重新运行那些已完成的事务程序,就可把数据库恢复到故障前某一时刻的正确状态。

2) 利用日志文件恢复事务

下面介绍如何登记日志文件以及发生故障后如何利用日志文件恢复事务。

(1) 登记日志文件在事务运行过程中,系统把事务开始、事务结束(包括COMMIT和ROLLBACK)以及对数据库的插入、删除、修改等每一个操作作为一个登记记录(log记录)存放到日志文件中。每个记录包括的主要内容有:执行操作的事务标识,操作类型,更新前数据的旧值(对插入操作而言,此项为空值),更新后的新值(对删除操作而言,此项为空值)。登记的次序严格按并行事务执行的时间次序,同时遵循“先写日志文件”的规则。

用户知道写一个修改到数据库和写一个表示这个修改的log记录到日志文件中是两个不同的操作。有可能在这两个操作之间发生故障,即这两个操作只完成了一个。如果先写了数据库修改,而在运行记录中没有登记下这个修改,则以后就无法恢复这个修改了。因此为了安全,应该先写日志文件,即首先把log记录写到日志文件上,然后写数据库的修改。这就是“先写日志文件”的原则。

(2) 事务恢复。

利用日志文件恢复事务的过程分为以下两步。

① 从头扫描日志文件,找出哪些事务在故障发生时已经结束,哪些事务尚未结束。

② 对尚未结束的事务进行撤销(也称为UNDO)处理,对已经结束的事务进行重做(REDO)。

　　　进行 UNDO 处理的方法是：反向扫描日志文件,对每个 UNDO 事务的更新操作执行反操作。即对已经插入的新记录执行删除操作,对已删除的记录重新插入,对修改的数据恢复旧值(即用旧值代替新值)。

　　　进行 REDO 处理的方法是：正向扫描日志文件,重新执行登记操作。

　　　对于非正常结束的事务显然应该进行撤销处理,以消除可能对数据库造成的不一致性。对于正常结束的事务进行重做处理也是需要的,这是因为虽然事务已发出 COMMIT 操作请求,但更新操作有可能只写到了数据库缓冲区(在内存),还没来得及物理地写到数据库(外存)便发生了系统故障,数据库缓冲区的内容被破坏,这种情况仍可能造成数据库的不一致性。由于日志文件上的更新活动已完整地登记下来,因此可能只需重做这些操作而不必重新运行事务程序。总之,利用转储和日志文件可以有效地恢复数据库。

　　　(1) 当数据库本身被破坏时(如硬盘故障和病毒破坏)可重装转储的后备副本,然后运行日志文件,执行事务恢复,这样就可以重建数据库。

　　　(2) 当数据库本身没有被破坏但内容已经不可靠时(如发生事务故障和系统故障),可利用日志文件恢复事务,从而使数据库回到某一正确状态,这时不必重装后备副本。

习　　题

　　　1. 数据库系统的安全框架可以划分为哪三个层次？

　　　2. 简述数据库系统的安全特性和安全性要求。

　　　3. 数据库中采用了哪些安全技术和保护措施？简述其要点。

　　　4. 数据库怎样进行并发控制？

　　　5. 数据库的加密有哪些要求？加密方式有哪些种类？

　　　6. 怎样避免数据库操作的死锁？时标技术的作用是什么？

　　　7. 攻击数据库的常用方法有哪些？

　　　8. 简述备份的方式、层次和类型。如何设计日常备份制度？

　　　9. 六带轮换策略和祖-父-子轮换策略的原理是什么？

　　　10. 如何设计灾难恢复措施？简述数据库的恢复方法。

　　　11. 事务处理日志在数据库中有何作用？

第 8 章

密码体制与加密技术

观看视频

本章重点：

（1）密码通信系统的模型。

（2）对称密钥密码体制和非对称密钥密码体制的加密方式和各自的特点。

（3）代码加密、替换加密、变位加密和一次性密码簿加密 4 种传统加密方法的加密原理。

（4）常见的密码破译方法及防止密码破译的措施。

（5）DES 算法的加密原理。

（6）RSA 公开密钥密码算法的原理。

（7）单向散列（Hash）函数。

（8）数字签名。

（9）PKI 技术。

计算机网络安全主要包括系统安全及数据安全两方面的内容。系统安全一般采用防火墙、病毒查杀、安全防范等被动措施；而数据安全则主要采用现代密码技术对数据进行主动保护，如数据加密。

8.1　密码学概述

密码学是研究编制密码和破译密码的技术科学。研究密码变化的客观规律，应用于编制密码以保守通信秘密的，称为编码学；应用于破译密码以获取通信情报的，称为破译学，总称密码学。

密码是通信双方按约定的法则进行信息特殊变换的一种重要保密手段。依照这些法则，变明文为密文，称为加密变换；变密文为明文，称为脱密变换。密码在早期仅对文字或数码进行加、脱密变换，随着通信技术的发展，对语音、图像、数据等都可实施加、脱密变换。

密码学是在编码与破译的斗争实践中逐步发展起来的，并随着先进科学技术的应用，已成为一门综合性的尖端技术科学。它与语言学、数学、电子学、声学、信息论、计算机科学等有着广泛而密切的联系。它的现实研究成果，特别是各国政府现用的密码编制及破译手段都具有高度的机密性。

进行明密变换的法则，称为密码的体制。指示这种变换的参数，称为密钥。它们是密码编制的重要组成部分。密码体制的基本类型可以分为四种：错乱——按照规定的图形和线路，改变明文字母或数码等的位置成为密文；代替——用一个或多个代替表将明文字母或数码等代替为密文;密本——用预先编定的字母或数字密码组,代替一定的词组单词等变明文为密文;加乱——用有限元素组成的一串序列作为乱数,按规定的算法,同明文序列相结合变成密文。以上四种密码体制,既可单独使用,也可混合使用,以编制出各种复杂度很高的实用密码。

20世纪70年代以来,一些学者提出了公开密钥体制,即运用单向函数的数学原理,以实现加、脱密密钥的分离。加密密钥是公开的,脱密密钥是保密的。这种新的密码体制,引起了密码学界的广泛注意和探讨。

利用文字和密码的规律,在一定条件下,采取各种技术手段,通过对截取密文的分析,以求得明文,还原密码编制,即破译密码。破译不同强度的密码,对条件的要求也不相同,甚至很不相同。

中国古代秘密通信的手段,已有一些近于密码的雏形。宋曾公亮、丁度等编撰《武经总要》"字验"记载,北宋前期,在作战中曾用一首五言律诗的40个汉字,分别代表40种情况或要求,这种方式已具有了密本体制的特点。

1871年,由上海大北水线电报公司选用6899个汉字,代以四码数字,成为中国最初的商用明码本,同时也设计了由明码本改编为密本及进行加乱的方法。在此基础上,逐步发展为各种比较复杂的密码。

在欧洲,公元前405年,斯巴达的将领莱山德使用了原始的错乱密码;公元前1世纪,古罗马皇帝恺撒曾使用有序的单表代替密码;之后逐步发展为密本、多表代替及加乱等各种密码体制。

20世纪初,产生了最初的可以实用的机械式和电动式密码机,同时出现了商业密码机公司和市场。20世纪60年代后,电子密码机得到较快的发展和广泛的应用,使密码的发展进入了一个新的阶段。

密码破译是随着密码的使用而逐步产生和发展的。1412年,波斯人卡勒卡尚迪所编的百科全书中载有破译简单代替密码的方法。到16世纪末期,欧洲一些国家设有专职的破译人员,以破译截获的密信。密码破译技术有了相当的发展。1863年普鲁士人卡西斯基所著的《密码和破译技术》,以及1883年法国人克尔克霍夫所著的《军事密码学》等著作,都对密码学的理论和方法做过一些论述和探讨。1949年,美国人香农发表了《秘密体制的通信理论》一文,应用信息论的原理分析了密码学中的一些基本问题。

自19世纪以来,电报特别是无线电报的广泛使用,为密码通信和第三者的截收都提供了极为有利的条件。通信保密和侦收破译形成了一条斗争十分激烈的隐蔽战线。

1917年,英国破译了德国外长齐默尔曼的电报,促成了美国对德宣战。1942年,美国从破译日本海军密报中,获悉日军对中途岛地区的作战意图和兵力部署,从而能以劣势兵力击破日本海军的主力,扭转了太平洋地区的战局。在保卫英伦三岛和其他许多著名的历史事件中,密码破译的成功都起到了极其重要的作用,这些事例也从反面说明了密码保密的重要地位和意义。

当今世界各主要国家的政府都十分重视密码工作,有的设立庞大机构,拨出巨额经费,集中数以万计的专家和科技人员,投入大量高速的电子计算机和其他先进设备进行工作。与此同时,各民间企业和学术界也对密码日益重视,不少数学家、计算机学家和其他有关学科的专家也投身于密码学的研究行列,更加速了密码学的发展。

现在密码已经成为单独的学科,从传统意义上来说,密码学是研究如何把信息转换成一种隐蔽的方式并阻止其他人得到它。

密码学是一门跨学科科目,从很多领域衍生而来:它可以被看作是信息理论,却使用了大量的数学领域的工具,众所周知的如数论和有限数学。

原始的信息,也就是需要被密码保护的信息,被称为明文。加密是把原始信息转换成不可读形式,也就是密码的过程。解密是加密的逆过程,从加密过的信息中得到原始信息。Cipher 是加密和解密时使用的算法。

最早的隐写术只需纸笔,现在称为经典密码学。其两大类别为:①置换加密法,将字母的顺序重新排列;②替换加密法,将一组字母换成其他字母或符号。经典加密法易受统计的攻破,资料越多,破解就越容易,使用分析频率就是个好办法。经典密码学现在仍未消失,经常出现在智力游戏之中。在 20 世纪早期,包括转轮机在内的一些机械设备被发明出来用于加密,其中最著名的是用于第二次世界大战的密码机 Enigma。这些机器产生的密码相当大地增加了密码分析的难度。例如,针对 Enigma 各种各样的攻击,在付出了相当大的努力后才得以成功。

密码学本身就是一门很深奥的学科,本章并不会深入它的技术细节。但是,作为一种基础性的安全技术,密码技术却是我们不能不知道的。本章将简单地介绍密码技术的基础知识。自从人类有了通信以来,人们就希望能够进行一些秘密的联系,把通信的内容进行隐藏或者保密。人们已经设计出很多数据的保密方法,其中一种就是把有用的信息变换成一些看起来毫无意义的文字。接收者拥有相应的实现逆变换的信息,就可以将这些文字还原成为原始的有用信息;其他人由于没有相关的信息,也就无法恢复那些原始信息。这种简单的变换和逆变换的方法方便地实现了安全通信。

简单的变换并不是安全可靠的,攻击者可以通过各种方法来猜测可能的逆变换方法。随着安全通信需求的增加,一种专门研究信息保密的技术发展起来,最终发展成为当今非常复杂的一个学科——密码学。在密码技术中,加密技术和数字签名技术是实现所有安全服务的重要基础。本章的目的就是介绍这些基础技术的基本原理,包括对称密码体制、公钥密码体制、完整性检验和数字签名等。

8.1.1　密码通信系统的模型

在介绍密码体制的概念之前,先来看一个保密通信过程是如何构成的。假设 Alice 和 Bob 希望进行安全的通信,并且希望 Oscar 无法知道他们之间传输的信息,一个简单的实现保密的方法如图 8-1 所示。

(1) Alice 和 Bob 事先共享了一个秘密 K,可以通过打电话交换,或者他们在某天早上跑步的时候就交换了这个秘密。

(2) Alice 利用共享的秘密 K 和一种变换方法 A,将想要告诉 Bob 的消息 M 进行变换,得到了消息 M',并将消息 M' 发送出去。

(3) Bob 收到了消息 M',并利用共享的秘密 K 和变换方法 B 从 M' 还原出消息 M。

(4) Oscar 知道 Alice 和 Bob 通信所使用的信道,于是将消息 M' 截取下来,Oscar 也可能获得变换方法 B,但是由于不知道秘密 K,Oscar 无法从 M' 恢复出消息 M。所以,对于 Oscar,消息 M' 只是一些无规则的编码,没有任何含义。

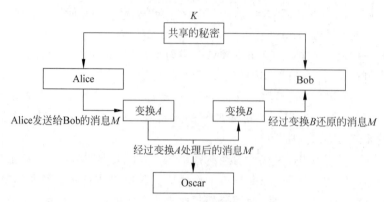

图 8-1　简单的实现保密的方法

通过上面的分析我们知道，一个密码体制至少包括以下内容。

（1）明文：通信双方包括第三方可以理解的消息形式。

（2）密文：明文经过变换后的消息格式，它对于第三方来说是不能理解的。

（3）密钥：又可分为加密密钥和解密密钥。加密密钥用来将明文转换为密文，而解密密钥的作用正好相反，是将密文恢复为明文。

（4）加密变换：将明文变换成密文时使用的变换方法。一般而言，这种方法是公开的。

（5）解密变换：将密文变换成明文时使用的变换方法。一般而言，这种方法也是公开的。

由此，一个加密通信模型如图 8-2 所示。

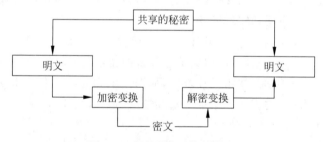

图 8-2　密码通信系统的模型

8.1.2　密码学与密码体制

密码学包括密码加密学和密码分析学以及安全管理、安全协议设计、散列（Hash）函数等内容。密码体制设计是密码加密学的主要内容，密码体制的破译是密码分析学的主要内容，密码加密技术和密码分析技术是相互依存、相互支持、密不可分的两个方面。

密码体制是密码技术中最为核心的一个概念。密码体制被定义为一对数据变换：其中一个变换应用于明文，产生相应的密文；另一个变换应用于密文，恢复出明文。这两个变换分别被称为加密变换和解密变换。习惯上，也使用加密和解密这两个术语。加密变换将明文数据和一个被称作加密密钥的独立数据值作为输入。类似地，解密变换将密文数据和一个被称作解密密钥的独立数据值作为输入。

基于上述密码体制的密码技术能够用来提供机密性服务。由于明文是没有受到保护的数据，所以，直接在通信信道上传送明文是不安全的，而密文则可以在一个不可信任的环境中传送。因为如果密码体制是安全的,那么,任何不知道解密密钥的人都不可能从密文推断出明文。

根据加密密钥和解密密钥是否相同或者本质上等同,即从其中一个可以很容易地推导出另外一个,可将现有的加密体制分成两类:一类是对称密码体制,也称作秘密密钥密码体制,这种体制的加密密钥和解密密钥相同或者本质上等同;另一类是非对称密码体制或公钥密码体制,这种加密体制的加密密钥和解密密钥不相同,并且从其中一个很难推出另一个。这两种密钥体制具有不同的特性,并且以不同的方法来提供安全服务。

目前,密钥系统很多。按如何使用密钥,密码体制可分为对称密钥密码体制和非对称密钥密码体制。对称密钥密码体制要求加密解密双方拥有相同的密钥。而非对称密钥密码体制是加密解密双方拥有的密钥不同,且加密密钥和解密密钥是不能相互算出的。

1. 对称密钥密码体制

对称密钥密码体制是从传统的简单换位发展而来的。其主要特点是:加解密双方在加解密过程中要使用完全相同或本质上等同(即从其中一个容易推出另一个)的密钥,即加密密钥与解密密钥是相同的,所以称为传统密码体制或常规密钥密码体制,也可称为私钥、单钥或对称密码体制。其通信模型如图 8-3 所示。

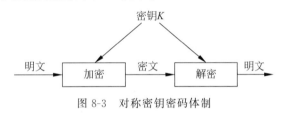

图 8-3　对称密钥密码体制

目前,已有的公开私钥密码加密算法超过上百个。其中最有名的算法是美国的 DES 和 RC5 算法,欧洲的 IDEA 算法和澳大利亚的 LOK191 算法等。

1) 对称密钥密码体制的加密方式

对称密钥密码体制从加密方式上可分为序列密码和分组密码两大类。

(1) 序列密码。序列密码一直是作为军事和外交场合使用的主要密码技术。它的主要原理是:通过有限状态机制产生性能优良的伪随机序列,使用该序列加密信息流,得到密文序列。所以,序列密码算法的安全强度完全取决于它所产生的伪随机序列的好坏。产生好的序列密码的主要途径之一是利用移位寄存器产生伪随机序列。目前要求寄存器的阶数大于 100 阶,才能保证必要的安全。序列密码的优点是错误扩展小、速度快、利于同步、安全程度高。

(2) 分组密码。分组密码的工作方式是将明文分成固定长度的组,如 64 位一组,用同一密钥和算法对每一块进行加密,输出也是固定长度的密文。

2) 对称密钥密码体制的特点

对称密钥密码体制存在的最主要问题如下。

(1) 密钥交换。

为了安全,对称密码完全依赖于以下事实:在信息传送之前,信息的发送者和授权接收者共享一些秘密信息(密钥)。因此,在进行通信之前,密钥必须先在一条安全的单独通道上进行传输。这一附加的步骤,尽管在某些情况下是可行的,但在一些情况下会非常困难或者是极不方便的。

(2) 规模复杂。

举例来说,Alice 和 Bob 两个人之间的密钥必须不同于 Alice 和 Oscar 两个人之间的密钥,否则 Alice 给 Bob 的消息的安全性就会受到威胁。在有 1000 个用户的团体中,Alice 必须至少保持 999 个密钥,对其他的用户,情况也是一样的,那么这个团体总共需要将近五十万个不同的密钥。随着团体的不断增加,存储和管理这么大数量的密钥就会变得很难。考虑到这些密钥还不是永久性的密钥,为了防止使用同一个密钥加密太多的数据,这些密钥将会在一段时间内更换,这样,情况就变得更加难以想象了。

(3) 未知实体间通信困难。

当两个通信实体以前没有进行过任何接触时,就需要一个秘密的单独通道进行密钥交换,这一步骤会非常困难。例如,Alice 知道有一个名叫 Bob 的人,她需要和他进行一次秘密交谈。然而,如果她没有和 Bob 通信的历史,她怎么知道和谁共享密钥,以使得秘密通信能顺利进行呢? 也就是说,她怎么确认和她共享密钥的人是 Bob 而不是 Oscar,如果 Oscar 是伪装成 Bob 而获得 Alice 的秘密信息呢? 在两个以前没有任何接触的实体间需要一个"介绍人",这一基本问题并不是对称密码技术所特有的,它在非对称密码技术中也出现,但是,在这两种技术中,解决方案却是截然不同的。

(4) 对称中心服务结构。

通过应用基于对称密码的中心服务结构,上面所提到的问题有所缓解。在这个结构中,团体中的任何一个实体与中心服务器(通常称作密钥分配中心,即 Key Distribute Center)共享一个密钥。在这样的一个结构中,需要存储的密钥数量基本上和团体的人数数量差不多,而且中心服务器必须随时都是在线的。这就意味着中心服务器是整个通信成败的关键和受攻击的焦点,也意味着它还是一个庞大机构服务通信的"瓶颈"。总之,对称密钥密码体制的缺点有:在公开的计算机网络上,安全地传送和密钥的管理成为一个难点,不太适合在网络中单独使用;对传输信息的完整性不能做检查,无法解决消息确认问题;缺乏自动检测密钥泄露的能力。然而,由于对称密钥密码系统具有加解密速度快、安全强度高、使用的加密算法比较简便高效、密钥简短和破译极其困难的优点,目前被越来越多地应用在军事、外交以及商业等领域。

2. 非对称密钥密码体制

非对称密钥密码体制是现代密码学最重要的发明。1966 年,Diffie 和 Hellman 为解决密钥的分发与管理问题,在他们奠基性的工作《密码学的新方向》一文中,提出一种密钥交换协议,允许在不安全的媒体上通过通信双方交换信息,安全地传送秘密密钥。在此新思想的基础上,很快出现了公开密钥密码体制。在该体制中,密钥成对出现,一个为加密密钥(即公开密钥 PK),可以公之于众,谁都可以使用;另一个为解密密钥(即秘密密钥 SK),只有解密人自己知道;这两个密钥在数字上相关但不相同,且不可能从其中一个推导出另一个。也就是说,即便使用许多计算机协同运算,要想从公共密钥中逆算出对应的私人密钥也是不可能的,用公共密钥加密的信息只能用专用解密密钥解密。所以,非对称密钥密码技术是指在加密过程中,密钥被分解为一对,这对密钥中的任何一把都可作为公开密钥通过非保密方式向他人公开,用于对信息的加密;而另一把则作为私有密钥进行保存,用于对加密信息的解密。因此,又可以称为公开密钥密码体制(PKI)、双钥或非对称密码体制。

使用公开密钥加密系统时,收信人首先生成在数学上相关联但又不相同的两把密钥,这一过程称为密钥配制。其中,公开密钥用于今后通信的加密,把它通过各种方式公布出去,让想与收信人通信的人都能够得到;另一把秘密密钥用于解密,自己掌握和保存起来;这个过程称为公开密钥的分发。其通信模型如图 8-4 所示。

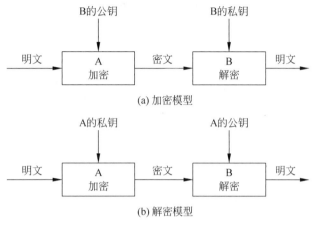

图 8-4　非对称加密机制

与传统的加密系统相比,公开密钥加密系统有着明显的优势,不但具有保密功能,还克服了密钥发布的问题,并具有鉴别功能。

首先,用户可以把用于加密的密钥公开地分发给任何人。谁都可以用这把公开的加密密钥与用户进行秘密通信。除了持有解密密钥的收件人外,无人能够解开密文。这样,传统加密方法中令人头痛的密钥分发问题就转变为一个性质完全不同的"公开密钥分发"问题。

其次,由于公开密钥算法不需要联机密钥服务器,密钥分配协议简单,所以极大地简化了密钥管理。获得对方的公共密钥有三种方法:一是直接跟对方联系以获得对方的公共密钥;另一种方法是通过第三方验证机构[如认证中心(Certification Authority,CA)]可靠地获取对方的公共密钥;还有一种方法是用户事先把公开密钥发表或刊登出来,例如,用户可以把它和电话一起刊登在电话簿上,让任何人都可以查找到,或者把它印刷在自己的名片上,与电话号码、电子邮件地址等列在一起。这样,素不相识的人都可以给用户发出保密的通信,不像传统加密系统那样,双方必须事先约定统一密钥。

再次,公开密钥加密不仅改进了传统加密方法,还提供了传统加密方法不具备的应用,这就是数字签名系统。

最后,未知实体间通信。正是由于非对称的性质,当需要的时候,Bob 可以将他的公开密钥告诉许多人,这样许多人都可以给 Bob 发送加密消息,而其他人都无法解密。同时,Bob 也可以让其他人验证自己而不必担心验证者假冒自己,因为验证者只知道 Bob 的公开密钥,无法得到 Bob 的私有密钥。

3. 混合加密体制

公开密钥密码体制较秘密密钥密码体制处理速度慢,算法一般比较复杂,系统开销很大。因此网络上的加密解密普遍采用公钥和私钥密码相结合的混合加密体制,以实现最佳性能。即用公开密钥密码技术在通信双方之间建立连接,包括双方的认证过程以及密钥的交换(传送秘密密钥),在连接建立以后,双方可以使用对称加密技术对实际传输的数据进行加密解密。这样既解决了密钥分发的困难,又解决了加、解密的速度和效率问题,无疑是目前解决网络上传输信息安全的一种较好的可行方法,如图 8-5 所示。

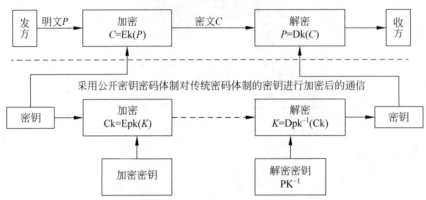

图 8-5　混合加密体制

8.1.3　加密方式和加密的实现方法

1. 数据块和数据流加密的概念

数据块加密是指把数据划分为定长的数据块,再分别加密。由于每个数据块之间的加密是独立的,如果数据块重复出现,密文也将呈现出某种规律性。

数据流加密是指加密后的密文前部分,用来参与报文后面部分的加密。这样数据块之间的加密不再独立,即使数据重复出现,密文也不会呈现出明显的规律性。带反馈的流加密,还可以用来提高破译的难度。

2. 三种加密方式

数据加密技术是所有网络上通信安全所依赖的基本技术。目前主要有以下三种方式。

1) 链路加密方式

链路加密方式是指把网络上传输的数据报文的每一位进行加密。不但对数据报文正文加密,而且把路由信息、校验和等控制信息全部加密。所以,当数据报文传输到某个中间结点时,必须被解密以获得路由信息和校验和,进行路由选择、差错检测,然后再被加密,发送给下一个结点,直到数据报文到达目标结点为止。目前一般网络通信安全主要采取这种方式。

如图 8-6 所示,主机 A 和 B 之间要经过结点机 C。在传送报文中,主机 A 对报文加密,主机 B 解密。但报文在经过结点机 C 时要解密,以明文的形式出现,即报文仅在一部分链路上加密而在另一部分链路上不加密。如果结点机 C 不安全,则通过结点机 C 的报文将会暴露而产生泄密,因此仍然是不安全的。

由此可以看出,在链路加密方式下,只对通信链路中的数据进行加密,而不对网络结点内的数据进行加密(中间结点上的数据报文是以明文出现的)。使用链路加密装置(即信道加密机)能为链路上的所有报文提供传输服务:即经过一台结点机的所有网络信息传输均需加、解密,每一个经过的结点都必须有加密装置,以便解密、加密报文。这需要目前的公共网络提供者配合,修改他们的交换结点。

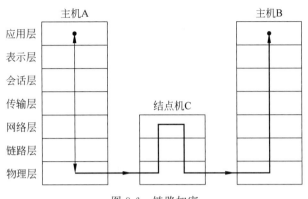

图 8-6　链路加密

2) 结点对结点加密方式

为了解决在结点中数据是明文的缺点,在中间结点中装有用于加、解密的保护装置,即由这个装置来完成一个密钥向另一个密钥的变换(报文先被解密,然后采用另一个不同的密钥重新加密)。因而,除了在保护装置中,即使在结点内也不会出现明文。但是这种方式和链路加密方式一样,有一个共同的缺点:需要目前的公共网络提供者配合,修改他们的交换结点,增加安全单元或保护装置;同时,结点加密要求报头和路由信息以明文形式传输,以便中间结点能得到如何处理消息的信息,因此容易受到攻击。

3) 端对端加密方式

为了解决链路加密方式和结点对结点加密方式的不足,人们提出了端对端加密方式,也称面向协议加密方式。在这种方式中,由发送方加密的数据在没有到达最终目的地——接受结点之前不被解密(在中间结点处永远不以明文的形式出现)。加密、解密只是在源结点和目标结点进行。因此,这种方式可以实现按各通信对象的要求改变加密密钥以及按应用程序进行密钥管理等,而且可以解决文件加密问题。

采用端对端加密是在表示层和应用层,即传输前的高层中完成。由于信息是由报头和报文组成的,报文为要传送的信息,报头为路由选择信息。由于网络传输中要涉及路由选择,在链路加密时,报文和报头两者均须加密。而在端对端加密时,由于通道上的每一个中间结点虽不对报文脱密,但为将报文传送到目的地,必须检查路由选择信息,因此,只能加密报文,而不能对报头加密。

这一方法的优点是网络上的每个用户可有不同的加密关键词,并且网络本身不需要增添任何专门的加密设备。缺点是每个系统必须有一个加密设备和相应的软件(管理加密关键词)或者每个系统必须自己完成加密工作,当数据传输率是按 Mb/s 的单位计算时,加密任务的计算量是很大的。

链路加密方式与端对端加密方式的区别在于:链路加密方式是对整个链路的通信采取保护措施,而端对端方式则是对整个网络系统采取保护措施。因此,端对端加密方式是将来的发展趋势。

3. 数据加密的实现方式

目前,具体的数据加密实现方式主要有以下两种。

(1) 软件加密

(2) 硬件加密。

软件加密一般是用户在发送信息前,先调用信息安全模块对信息进行加密,然后发送出去,到达接收方后,由用户用相应的解密软件进行解密,还原成明文。采用软件加密方式的优点是,现在有标准的安全 API(即信息安全应用程序模块)产品,如 IBM 的 CAPI(Cryptographic Application Programming Interface)、Netscape 的 SSL(Secure Sockets Layer)等,实现方便,兼容性好。但是采用软件加密方式,有如下几个不安全的因素。

第一,密钥的管理很复杂,这也是安全 API 实现的一个难题,从目前的几个 API 产品来讲,密钥分配协议均有缺陷。

第二,因为是在用户的计算机内部进行软件加密,攻击者容易采用程序跟踪、反编译等手段进行攻击。

第三,目前国内还没有自己的安全 API 产品,而信息安全产品是不能单靠使用国外产品来解决的,因此这样做不可能做到很安全。

硬件加密可以采用标准的网络管理协议(如 SNMP、CMIP 等)来进行管理,也可以采用统一的自定义网络管理协议进行管理。因此密钥的管理比较方便,而且可以对加密设备进行物理加固,使得攻击者无法对其进行直接攻击,速度快于软件加密。

8.2 加密方法

8.2.1 加密系统的组成

尽管密码学的数学理论相当高深,但加密的概念却十分简单。加密就是把数据和信息(称为明文)转换为不可辨识形式(称为密文)的过程,使不应了解该数据和信息的人无法识别。欲知密文的内容,再将其转变为明文,这就是解密过程。加密和解密过程组成为加密系统,明文与密文统称为报文。加密是在不安全的信息渠道中实现信息安全传输的重要方法。任何加密系统,不论形式多么复杂,一般至少包括以下 4 个组成部分。

(1) 待加密的报文,也称明文。

(2) 加密后的报文,也称密文。

(3) 加密、解密装置或称算法。

(4) 用于加密和解密的密钥,它可以是数字、词汇或者语句。

8.2.2 传统加密方法

传统加密方法有 4 种:代码加密,替换加密,变位加密,以及一次性密码簿加密。

1. 代码加密

发送秘密消息的最简单做法,就是使用通信双方预先设定的一组代码。代码可以是日常词汇、专有名词或特殊用语,但都有一个预先指定的确切含义。它简单有效,得到广泛的应用。例如:

密文:黄姨和白姐安全到家了。

明文:黄金和白银已经走私出境了。

代码简单好用,但只能传送一组预先约定的信息。当然,可以将所有的语义单元(如每个单词)编排成代码簿,加密任何语句只要查看代码簿即可。不重复使用的代码是很安全的。代码经过多次反复使用,窃密者会逐渐明白它们的意义,代码就逐渐失去了原有的安全性。

2. 替换加密

替换加密的原理可以用一个例子来说明。

例如,将字母 a,b,c,…,x,y,z 的自然顺序保持不变,但使之与 D,E,F,…,A,B,C 分别对应(即相差 3 个字符):

a b c d e f g h i j k l m n o p q r s t u v w x y z
D E F G H I J K L M N O P Q R S T U V W X Y Z A B C

若明文为 student,则对应的密文为 VWXGHQW(此时密钥为 3)。

由于英文字母中各字母出现的频度早已有人进行过统计,所以根据字母频度表可以很容易对这种替换密码进行破译。窃密者只要多搜集一些密文就能够发现其中的规律。替换加密还可以用一些特殊图形符号以增加解密的难度。例如,在柯南·道尔所著的《福尔摩斯探案集》中,有一段《跳舞的小人》的故事,不同姿态的跳舞小人就表示不同的字母。福尔摩斯找到了常用字母"E"从而很快明白了句子的意义。替换加密还可以根据上下文的不同,将同一字母替换成不同的字母。

3. 变位加密

代码加密和替换加密保持着明文的字符顺序,只是将原字符替换并隐藏起来。变位加密不隐藏原明文的字符,但却将字符重新排序,即把明文中的字母重新排列,字母本身不变,但位置变了。常见的变位加密方法有列变位法和矩阵变位法。

1)简单的变位加密示例

例如,加密方首先选择一个用数字表示的密钥,写成一行,然后把明文逐行写在数字下。按密钥中数字指示的顺序,逐列将原文抄写下来,就是加密后的密文。

密钥:4 1 6 8 2 5 7 3 9 0
明文:来人已出现住在平安里
　　　0 1 2 3 4 5 6 7 8 9
密文:里人现平来住已在出安

变位密码的另一个简单例子是:把明文中字母的顺序倒过来写,然后以固定长度的字母组发送或记录,例如:

明文:C O M P U T E R S Y S T E M S
密文:S M E T S Y S R E T U P M O C

2)列变位法

将明文字符分割成为五个一列的分组并按一组后面跟着另一组的形式排好,最后不全的组可以用不常使用的字符填满。形式如下。

C1　　C2　　C3　　C4　　C5
C6　　C7　　C8　　C9　　C10
C11　　C12　　C13　　C14　　C15

……

密文是取各列来产生的:C1 C6 C11…C2 C6 C12…C3 C8…例如,明文是 WHAT YOU CAN LEARN FROM THIS BOOK,分组排列为:

```
W  H  A  T  Y
O  U  C  A  N
L  E  A  R  N
F  R  O  M  T
H  I  S  B  O
O  K  X  X  X
```

密文则以下面的形式读出：WOLFHOHUERIKACAOSXTARMBXYNNTOX。这里的密钥是数字 5。

3) 矩阵变位法

这种加密是把明文中的字母按给定的顺序安排在一个矩阵中，然后用另一种顺序选出矩阵的字母来产生密文。例如，将明文 ENGINEERING 按行排在 3×4 矩阵中，如下：

```
1  2  3  4
E  N  G  I
N  E  E  R
I  N  G
```

给定一个置换：

$$f=\begin{pmatrix}1 & 2 & 3 & 4\\2 & 4 & 1 & 3\end{pmatrix}$$

现在根据给定的置换，按第 2、4、1、3 列的次序重新排列，就得到：

```
1  2  3  4
N  I  E  G
E  R  N  E
N  I  G
```

所以，密文为：NIEGERNENIG。

在这个加密方案中，密钥就是矩阵的行数 M 和列数 N，即 $M\times N=3\times4$，以及给定的置换矩阵 f，也就是 $K=(M,N,f)$

其解密过程正好反过来，先将密文根据 3×4 矩阵，按行、按列及列的顺序写出矩阵；再根据给定置换矩阵 f 产生新的矩阵；最后恢复明文 ENGINEERING。

4. 一次性密码簿加密

如果既要保持代码加密的可靠性，又要保持替换加密的灵活性，可以采用一次性密码簿进行加密。密码簿的每一页上都是一些代码表，可以用一页上的代码来加密一些词，用后撕掉或烧毁；再用另一页上的代码加密另一些词，直到全部的明文都被加密。破译密文的唯一办法，就是获得一份相同的密码簿。

现代的密码簿无须使用纸张，用计算机和一系列数字完全可以代替密码簿。在加密时，密码簿的每个数字用来表示对报文中的字母循环移位的次数，或者用来和报文中的字母进行按位异或计算，以加密报文。在解密时，持有密码簿的接收方，可以将密文的字母反向循环移位，或对密文的每个字母再次做位异或计算，以恢复出明文来。下面就是一个使用按位异或进行加密和解密的实例。

加密过程（明文与密码按位异或计算）：

明文：1 0 1 1 0 1 0 1 1 0 1 1
密码：0 1 1 0 1 0 1 0 1 0 0 1
密文：1 1 0 1 1 1 1 1 0 0 1 0
解密过程（密文与密码按位异或计算）：
密文：1 1 0 1 1 1 1 1 0 0 1 0
密码：0 1 1 0 1 0 1 0 1 0 0 1
明文：1 0 1 1 0 1 0 1 1 0 1 1

一次性密码簿，不言而喻只能使用一次。在这里，"一次性"有两个含义：①密码簿不能重复用来加密不同的报文；②密码簿至少不小于明文长度，即不得重复用来加密明文的不同部分。一次性密码簿的安全性可以这样来理解：由于密码簿只使用一次，它把长度相同的任何明文都一一映射到长度相同的报文集合上（按位异或和循环移位的性质）。如果没有正确的密码簿，密文可以被各种猜测来的密码簿逆映射成任何有意义或无意义的文字。窃取者无法知道究竟哪一种映射得到的是真正的原文。一次性密码簿是靠密码只使用一次来保障的。如果密码使用多次，密文就会呈现出某种规律性，也就有可能被破译。

这种方法安全性高，它只被应用到许多罕见的高保密场合。因为使用一次性密码簿的代价太大，想要加密一段报文，发送方必须首先安全地护送至少同样长度的密码簿到接收方，这是限制该方法实用化和推广的最大障碍。试想，既然有能力把同样长度的密码簿安全地护送到接收方，那何不直接把报文本身安全地护送到目的地呢？

以上各种简单的加密装置和算法，有的已经沿用了数千年。但到近代，因为具有较高的可靠性，某些加密装置仍然继续在一些特殊的场合中发挥作用。现代密码学家们研究的，恰恰是如何在这些古典加密方法的基础上，采用越来越复杂的算法和较短的密码簿或密钥，去达到尽可能高的保密性。

8.3 密钥与密码破译方法

在用户看来，密码学中的密钥与使用计算机和银行自动取款机的口令十分类似。只要输入正确的口令，系统将允许用户进一步使用，否则就被拒之于门外。

正如不同的计算机系统使用不同长度的口令一样，不同的加密系统也使用不同长度的密钥。一般地说，在其他条件相同的情况下，密钥越长，破译密码越困难，加密系统就越可靠。口令长度通常用数字或字母为单位来计算。密码学中的密钥长度往往以二进制数的位数来衡量。表 8-1 列出了常见系统的口令及其对应的密钥长度。

表 8-1 常见系统的口令及其对应的密钥长度

系 统	口 令 长 度	密 钥 长 度
银行自动取款机密码	4 位数字	约 14 个二进制位
UNIX 系统用户账号	8 个字符	约 56 个二进制位

从窃取者角度看来，主要有两种破译密码以获取明文的方法，即密钥的穷尽搜索和密码分析。

1. 密钥的穷尽搜索

破译密文最简单的方法，就是尝试所有可能的密钥组合。在这里，假设破译者有识别正确解密结果的能力。虽然大多数的密钥尝试都是失败的,但最终总会有一个密钥让破译者得到原文,这个过程称为密钥的穷尽搜索。

密钥的穷尽搜索,可以用简单的机械装置,但效率很低,甚至达到不可行的程度。例如,PGP 使用的 IDEA 加密算法使用 128 位的密钥,因此存在着 $2^{128}=3.4\times10^{38}$ 种可能性。即使破译者能够每秒尝试一亿把密钥,也需要 10^{14} 年才能完成。UNIX 系统的用户账号用 8 个字符(56 位)的口令来保护,总共有 $2^{56}=6.3\times10^{16}$ 个组合,如果每秒尝试一亿次,也要花上 20 年时间。到那时,或许用户已经不再使用这个口令了。

如果加密系统密钥生成的概率分布不均匀,例如,有些密钥组合根本不会出现,而另一些组合则经常出现,那么密钥的有效长度则减小了很多。破译者在了解这一情况之后,就可能大大加快搜索的速度。例如,UNIX 用户账号的口令如果只用 26 个小写字母组成,密钥组合数目就减少很多。由于许多 UNIX 的用户缺乏安全常识,因此选择的口令被猜出来的事件时有发生。

2. 密码分析

如果密钥长度是决定加密可靠性的唯一因素,密码学就会像算术一样不再存在数学难点,那么,也就不需要诸多密码学专家来钻研这门学问,只要用尽可能长的密钥就足够了,但实际情况并非如此。

密码学不断吸引探索者的原因,是由于大多数加密算法最终都未能达到设计者的期望。许多加密算法,可以用复杂的数学方法和高速的计算机运算来攻克。结果,即使在没有密钥的情况下,也会有人解开密文。经验丰富的密码分析员,甚至可以在不知道加密算法的情况下破译密码。密码分析就是在不知道密钥的情况下,利用数学方法破译密文或找到秘密密钥。常见的密码分析方法有下面两点。

(1) 已知明文的破译方法。在这种方法中,密码分析员掌握了一段明文和对应的密文,目的是发现加密的密钥。在实用中,获得某些密文所对应的明文是可能的。例如,电子邮件信头的格式总是固定的,如果加密电子邮件,必然有一段密文对应于信头。

(2) 选定明文的破译方法。在这种方法中,密码分析员设法让对手加密一段分析员选定的明文,并获得加密后的结果,目的是确定加密的密钥。

差别比较分析法是一种选定明文的破译方法,密码分析员设法让对手加密一组差别细微的明文,然后比较它们加密后的结果,从而获得加密的密钥。

不同的加密算法,对以上这些攻克方法的抵抗力是不同的。难于攻克的算法被称为"强"的算法,易于攻克的算法被称为"弱"的算法。当然,两者之间没有严格的界线。

3. 其他密码破译方法

除了对密钥的穷尽搜索和进行密码分析外,在实际生活中,对手更可能针对人机系统的弱点进行攻击,而不是攻击加密算法本身,以达到其目的。例如,可以欺骗用户,套出密钥;在用户输入密钥时,应用各种技术手段,"窥视"或"偷窃"密钥内容;利用加密系统实现中的缺陷或漏洞;对用户使用的加密系统偷梁换柱;从用户工作生活环境的其他来源获得未加密的保密信息,如进行"垃圾分析";让口令的另一方透露密钥或信息;威胁用户交出密钥等。虽然这些方法不是密码学所研究的内容,但对于每一个使用加密技术的用户来说,也是不可忽视的问题,甚至比加密算法本身更为重要。

4. 防止密码破译的措施

为了防止密码被破译,可采取以下措施。

(1) 强壮的加密算法。一个好的加密算法往往只有用穷举法才能得到密钥,所以只要密钥足够长就会很安全。20 世纪 70—80 年代密钥长为 48～64 位。20 世纪 90 年代,由于发达国家不准出口 64 位加密产品,所以国内大力研制 128 位产品。建议密钥至少为 64 位。

(2) 动态会话密钥。即每次会话的密钥不同。

(3) 保护关键密钥。

(4) 定期变换加密会话的密钥。因为这些密钥是用来加密会话密钥的,一旦泄露就会引起灾难性的后果。

8.4　各种加密算法

8.4.1　DES 算法概述

为了建立适用于计算机系统的商用密码,美国国家标准局(NBS)于 1973 年 5 月和 1974 年 8 月两次发布通告,向社会征求密码算法,IBM 公司提出的算法 Lucifer 中选,并于 1976 年 11 月被美国政府采用,Lucifer 随后被美国国家标准局和美国国家标准协会承认。1977 年 1 月,以数据加密标准(Data Encryption Standard,DES)的名称正式向社会公布。DES 是一种分组密码,是专为二进制编码数据设计的。

1. DES 算法加密流程

DES 算法流程是固定的,其加密框图如图 8-7 所示。主要步骤如下。

(1) 输入 64 位的明文。

(2) 初始变换 IP,换位操位。

(3) 16 轮乘积变换(迭代运算),在每轮处理中,64 位的密钥(去掉 8 个奇偶校验位,实际上是 56 位)经过了变换、左移若干位、再变换,得出一个唯一的、48 位的轮次子密钥,每个子密钥控制一轮对数据加密运算的乘积变换。

(4) 逆初始变换 IP^{-1},这是第(2)步的逆变换。

(5) 输出 64 位密文。

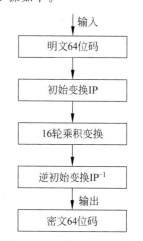

图 8-7　DES 算法的加密框图

假设明文 m、密钥 K 是由 0 和 1 组成的二进制字符串,长度都为 64 位。经过 DES 加密的密文也是 64 位的二进制字符串,则:

$$m = m_1 m_2 m_3 \cdots m_{64}, \quad m_i = 0, 1, \quad i = 1, 2, \cdots, 64$$

$$K = k_1 k_2 k_3 \cdots k_{64}, \quad k_i = 0, 1, \quad i = 1, 2, \cdots, 64$$

其中,$k_8, k_{16}, k_{24}, k_{32}, k_{40}, k_{48}, k_{56}, k_{64}$ 是奇偶校验位,这 8 位在算法中不起作用,所以,密钥 K 真正起作用的仅为 56 位,产生用于 16 轮乘积变换(迭代)运算、48 位的子密钥,分别为 $K_1, K_2, \cdots, K_{16}$。

2. DES 加密算法描述

DES 算法的加密过程如下:将 64 位明文数据用初始变换 IP 置换,得到一个乱序的 64

位明文,然后分成左右等长的、各 32 位的两个分组,分别记为 L_0 和 R_0。接着在 48 位的子密钥 $K_1,K_2,\cdots,K_{16}$ 分别作用下,进行 16 轮完全类似的乘积变换(迭代)运算,第 i 轮的乘积变换(迭代)运算得到 L_i 和 R_i,最后一轮(第 16 轮)的乘积变换(迭代)运算得到 L_{16} 和 R_{16},需将其左右交换位置,得到 64 位数据 $R_{16}L_{16}$。最后再用初始逆变换 IP^{-1} 进行置换,产生 64 位密文数据。

DES 是一种分组密码,其核心是乘积变换。DES 的每一位密文是所有明文位和密钥位的复合函数。这一特性使明文与密文之间以及密钥与密文之间不存在统计相关性,因而使得 DES 具有很高的抗攻击性。

由于 DES 算法是公开的,其安全性则完全依赖于对密钥的保密。当使用 56 位密钥时,可能的密钥组合大于 7×10^{16} 种,所以想用穷举法来确定某一个密钥的机会是极小的。

如果采用穷举法进行攻击,用每微秒能穷举一个密钥的计算机来破译密码,也需要花 2283 年的时间。随着攻击技术的发展,DES 本身又有发展,如衍生出可抗差分分析攻击的变形 DES 以及密钥长度为 128 位的三重 DES 等。

3. DES 解密算法描述

DES 算法是对称的,既可用于加密又可用于解密。DES 的解密过程与加密完全类似,只不过将 16 轮的子密钥序列 $K_1,K_2,\cdots,K_{16}$ 的顺序倒过来。

8.4.2　DES 算法加密原理

DES 算法大致可以分成四部分:初始变换、乘积变换(迭代运算)、逆初始变换和子密钥生成。下面详细讲解 DES 算法的加密原理。

1. 初始变换和逆初始变换

初始变换是换位操作。换位时不用密钥,仅对 64 位明文 m 进行换位操作。用 IP 表示如下。

$$
\text{IP:}\quad
\begin{array}{cccccccc}
58 & 50 & 42 & 34 & 26 & 18 & 10 & 2 \\
60 & 52 & 44 & 36 & 28 & 20 & 12 & 4 \\
62 & 54 & 46 & 38 & 30 & 22 & 14 & 6 \\
64 & 56 & 48 & 40 & 32 & 24 & 16 & 8 \\
57 & 49 & 41 & 33 & 25 & 17 & 9 & 1 \\
59 & 51 & 43 & 35 & 27 & 19 & 11 & 3 \\
61 & 53 & 45 & 37 & 29 & 21 & 13 & 5 \\
63 & 55 & 47 & 39 & 31 & 23 & 5 & 7 \\
\end{array}
$$

设明文 $m=m_1m_2\cdots m_{64}$,按初始换位表 IP 进行换位,得到 $\text{IP}(m)=m_{58}m_{50}m_{42}m_{34}\cdots m_5m_7$。即 IP 表的意思是:明文中的第 58 位移到第 1 位,明文中的第 50 位移到第 2 位,以此类推。在初始换位表 IP 的作用下,得到一个乱序状态的 64 位明文,其中前面 32 位是 L_0,后面 32 位是 R_0,即:

$$L_0=m_{58}m_{50}m_{42}m_{34}\cdots m_{16}m_8$$

$$R_0=m_{57}m_{49}m_{41}m_{33}\cdots m_5m_7$$

逆初始变换用 IP^{-1} 表示,它和 IP 互逆。IP^{-1} 满足:$\text{IP}\times\text{IP}^{-1}=\text{IP}^{-1}\times\text{IP}=I$。逆初始变换 IP^{-1} 表示如下。

$$
\mathrm{IP}^{-1}:
\begin{array}{cccccccc}
40 & 8 & 48 & 16 & 56 & 24 & 64 & 32 \\
39 & 7 & 47 & 15 & 55 & 23 & 63 & 31 \\
38 & 6 & 44 & 14 & 54 & 22 & 62 & 30 \\
37 & 6 & 45 & 13 & 53 & 21 & 61 & 29 \\
36 & 4 & 44 & 12 & 52 & 20 & 60 & 28 \\
35 & 3 & 43 & 11 & 51 & 19 & 59 & 27 \\
34 & 2 & 42 & 10 & 50 & 18 & 58 & 26 \\
32 & 1 & 41 & 9 & 49 & 17 & 57 & 25
\end{array}
$$

IP^{-1} 的作用是：将通过 IP 初始变换后已处于乱序状态的 64 位数据，变换到原来的正常位置。例如，明文 m 中的第 60 位数据 m_{60} 在初始变换后处于第 9 位，而通过逆初始变换，又将第 9 位换回到第 60 位；第 1 位数据 m_1 经过初始变换后，处于第 40 位，在逆初始变换 IP^{-1} 作用下，又将第 40 位换回到第 1 位。

2．乘积变换（迭代）过程

DES 算法的核心部分是迭代运算。DES 加密时把明文以 64 位为单位分成块。64 位的明文数据经初始变换后进入加密迭代运算：每轮开始时将输入的 64 位数据分成左、右长度相等的两半，右半部分原封不动地作为本轮输出数据的左半部分，即下一轮迭代输入数据的左半部分；同时对右半部分进行一系列的变换：先用轮函数 f 作用于右半部分，然后将所得结果（32 位数据）与输入数据的左半部分进行逐位异或，最后将所得数据作为本轮输出的 64 位数据的右半部分。这种加密迭代运算要重复 16 次，如图 8-8 所示。

第 i 轮（$i=1,2,\cdots,16$）的乘积变换（迭代）过程见图 8-9。图中，L_{i-1} 和 R_{i-1} 分别是第 $i-1$ 轮迭代结果的左右两部分，各 32 位。L_0 和 R_0 是初始输入经 IP 变换后的结果。K 是 64 位密钥产生的、长度为 48 位的子密钥。

迭代运算的关键在于轮函数 $f(R_{i-1},K_i)$。轮函数 $f(R_{i-1},K_i)$ 的功能是将 32 位的输入转换为 32 位的输出，见图 8-9 中的黑框框住部分。为了将 32 位的右半部分与 56 位的密钥相结合，需要进行两个变换：通过重复某些位将 32 位的右半部分扩展为 48 位，而 56 位密钥则通过选择其中的某些位减少至 48 位。轮函数 f 由扩展置换运算 E、与子密钥 K_i 的逻辑异或运算、选择压缩运算（S 盒代换）以及置换 P 盒组成。下面分别介绍这几种运算。

（1）扩展置换运算 E。

扩展置换运算 E 的作用是将 32 位的输入扩展为 48 位的输出。设 $B^{(i-1)}=b_1^{(i-1)}b_2^{(i-1)}\cdots b_{64}^{(i-1)}$ 是第 i 轮迭代的 64 位输入数据，将 $B^{(i-1)}$ 分为左右两个大小相等的部分，每部分为一个 32 位二进制的数据块。

$$
L^{(i-1)}=I_1^{(i-1)}I_2^{(i-1)}\cdots I_{32}^{(i-1)}=b_1^{(i-1)}b_2^{(i-1)}\cdots b_{32}^{(i-1)}
$$

$$
R^{(i-1)}=r_1^{(i-1)}r_2^{(i-1)}\cdots r_{32}^{(i-1)}=b_{33}^{(i-1)}b_{34}^{(i-1)}\cdots b_{64}^{(i-1)}
$$

把 $R^{(i-1)}$ 视为由 8 个 4 位二进制的数据块组成（4 列 8 行）：

$$
\begin{array}{cccc}
r_1^{(i-1)} & r_2^{(i-1)} & r_3^{(i-1)} & r_4^{(i-1)} \\
r_5^{(i-1)} & r_6^{(i-1)} & r_7^{(i-1)} & r_8^{(i-1)} \\
& \vdots & & \\
r_{29}^{(i-1)} & r_{30}^{(i-1)} & r_{31}^{(i-1)} & r_{32}^{(i-1)}
\end{array}
$$

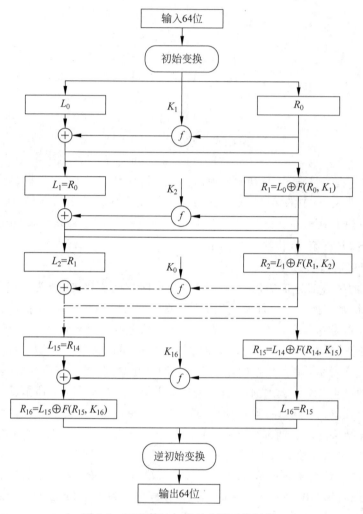

图 8-8　DES 算法加密的主要工作过程

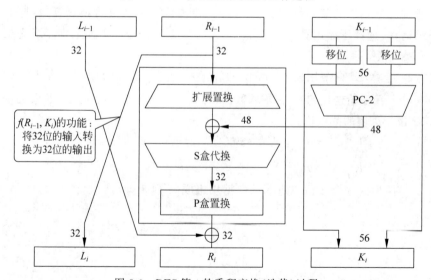

图 8-9　DES 第 i 轮乘积变换(迭代)过程

把它们扩充为 8 个 6 位二进制的块(最左边、最右边各增加一列,变为 6 列 8 行):

$$r_{32}^{(i-1)} \ r_1^{(i-1)} \ r_2^{(i-1)} \ r_3^{(i-1)} \ r_4^{(i-1)} \ r_5^{(i-1)}$$

$$r_4^{(i-1)} \ r_5^{(i-1)} \ r_6^{(i-1)} \ r_7^{(i-1)} \ r_8^{(i-1)} \ r_9^{(i-1)}$$

$$\vdots$$

$$r_{28}^{(i-1)} \ r_{29}^{(i-1)} \ r_{30}^{(i-1)} \ r_{31}^{(i-1)} \ r_{32}^{(i-1)} \ r_1^{(i-1)}$$

用 $E(R^{(i-1)})$ 表示这个变换,称为扩展置换运算 E,如下:

$$
E: \quad
\begin{array}{cccccc}
32 & 1 & 2 & 3 & 4 & 5 \\
4 & 5 & 6 & 7 & 8 & 9 \\
8 & 9 & 10 & 11 & 12 & 13 \\
12 & 13 & 14 & 15 & 16 & 17 \\
16 & 17 & 18 & 19 & 20 & 21 \\
20 & 21 & 22 & 23 & 24 & 25 \\
24 & 25 & 26 & 27 & 28 & 29 \\
28 & 29 & 30 & 31 & 32 & 1 \\
\end{array}
$$

(2) 与子密钥 K_i 的逻辑异或运算。在第 i 轮迭代中,使用 48 位二进制的子密钥(由 6 位密钥生成)$K^{(i)}$,关于 K 是如何产生的,将在后面介绍。

K_i 与 $E(R^{(i-1)})$ 作逻辑异或运算——"!"是按位作不进位加法运算。

即:$1!0=0!1=1,0!0=1!1=0$。所以,输出仍是 48 位,组成 8 行(每行为 1 组,共 8 组),每行 6 位(每组 6 位)。

$$
\begin{aligned}
Z_1: &\ r_{32}^{(i-1)}+k_1^{(i)} \quad r_1^{(i-1)}+k_2^{(i)} \quad \cdots \quad r_5^{(i-1)}+k_6^{(i)} \\
Z_2: &\ r_4^{(i-1)}+k_7^{(i)} \quad r_5^{(i-1)}+k_8^{(i)} \quad \cdots \quad r_9^{(i-1)}+k_{12}^{(i)} \\
&\ \vdots \qquad\qquad\qquad \vdots \qquad\qquad\qquad \vdots \\
Z_8: &\ r_{28}^{(i-1)}+k_{43}^{(i)} \quad r_{29}^{(i-1)}+k_{44}^{(i)} \quad \cdots \quad r_1^{(i-1)}+k_{48}^{(i)}
\end{aligned}
$$

8.4.3　RSA 公开密钥密码算法

RSA 公开密钥密码系统是由 R. Rivest、A. Shamir 和 L. Adleman 三位教授于 1966 年提出的,RSA 的取名就是来自于这三位发明者姓氏的第一个字母。在迄今为止的所有公钥密码体系中,RSA 系统是最著名、理论上最为成熟完善、使用最广泛的一种。它的安全性基于大整数的分解,而体制的构造基于 Euler 定理。

1. RSA 算法的原理

这种算法的要点在于,它可以产生一对密钥,一个人可以用密钥对中的一个加密消息,另一个人则可以用密钥对中的另一个解密消息。同时,任何人都无法通过公钥确定私钥,也没有人能使用加密消息的密钥解密。只有密钥对中的另一把可以解密消息。

假设数据 m 要由计算机 A 传至计算机 B,那么,由计算机 B 用随机数产生一个密钥,再由这个密钥计算出另一个密钥。这两个密钥一个作为秘密密钥(私钥)d,一个作为公开密钥 e,这个公开密钥 e 的特性是几乎不可能反演算出秘密密钥 d。这个秘密密钥 d 自始至终都只留在计算机 B 里不送出来。B 然后将公开密钥 e 通过网络传输给计算机 A。计算机 A 将要传送的数据用这个公开密钥 e 加密,并将加密过的数据通过网络传输给计算机 B,B

再用秘密密钥 d 将数据解密。这时,如果有第三者窃听数据,他只得到 B 传给 A 的公开密钥 e,以及 A 用这个公开密钥 e 加密后的数据。没有秘密密钥 d,窃听者根本无法解密。

2. RSA 算法的演算过程

1) 密钥配制过程

假设 m 为需要加密传送的报文,密钥配制过程就是设计出公开密钥 PK 与秘密密钥 SK。

任选两个不同的大素数(质数)p 与 q(注意 p、q 必须保密),使得 $n=p\times q>m$;又设 $z=(p-1)(q-1)$,则可找出任意一个与 z 互素的正整数 e,即 e 与 $(p-1)(q-1)$ 互素(互质);利用辗转相除法,可计算其逆 d,使之满足 $e\times d\ \mathrm{mod}(p-1)(q-1)=1$,其中,mod 是整数求余运算。

公开密钥为 PK$=(n,e)$,用于加密,可以公开出去(在网络、电话簿等公开媒体上公布),其中没有包含任何有关 n 的因子 p 和 q 的信息。

秘密密钥为 SK$=(n,d)$,用于解密,必须保密;显然 d 中隐含因子 p 和 q 的信息。故 n 和 e 可公开,而 p、q、d 是保密的。

2) 加密

设 m 为要传送的明文,利用公开密钥 (n,e) 加密,c 为加密后的密文。

加密公式为:$c=m^e\ \mathrm{mod}\ n(0\leqslant c<n)$。

3) 解密

利用秘密密钥 (n,d) 解密。

解密公式为:$m=c^d\ \mathrm{mod}\ n(0\leqslant m<n)$。

4) 关于 RSA 算法的几点说明

(1) 要求 e 与 $(p-1)(q-1)$ 互质,是为了保证 $e\times d\ \mathrm{mod}(p-1)(q-1)$ 有解。计算 d 采用求两数最大公因子的辗转相除法。

(2) 在实际应用中,通常首先选定 e,再找出素数 p 和 q,使得 $e\times d\ \mathrm{mod}(p-1)(q-1)=1$ 成立。这样做比较容易。

(3) 虽然破译者可以通过将 n 分解成 $p\times q$ 的办法来解密,但是目前无法证明这是唯一的办法。换句话说,不能证明能否完成破译密文与能否完成 n 的因数分解是等价的。

(4) 最后,因数分解是个不断发展的领域。自 RSA 算法发明以来,越来越有效的因数分解方法不断出现,降低了破译 RSA 算法的难度,只是至今还未达到动摇 RSA 算法根基的程度。RSA 算法中,n 的长度是控制算法可靠性的重要因素。目前,129 位(十进制)的 RSA 加密勉强可解,这个限度也许可能增加到 155 位。但是,大多数的应用程序采用 231 位、308 位甚至 616 位的 RSA 算法。

3. RSA 的安全性

用户已经知道 RSA 的保密性基于一个数学假设:对一个很大的合数进行质因数分解是不可能的。RSA 用到的是两个非常大的质数的乘积,用目前的计算机水平还无法分解。

即 RSA 公开密钥密码体制的安全性取决于从公开密钥 (n,e) 计算出秘密密钥 (n,d) 的困难程度。想要从公开密钥 (n,e) 计算出 d 只有分解整数 n 的因子,即从 n 找出它的两个质因数 p 和 q,但是大数分解是一个十分困难的问题。Rivest、Shamir 和 Adleman 教授用已知的最好算法估计了分解 n 的时间与 n 位数的关系,用运算速度为 100 万次/秒的计算机分解 500 位的 n，计算机分解操作数达 1.3×10^{39} 次，分解时间是 4.2×10^{25} 年。

RSA 的密钥长度是 RSA 安全性的一个关键问题，即究竟多长的密钥是安全的？专家指出，任何预言都是不理智的，只能说：就目前的计算机水平而言，用 1024 位的密钥是安全的，用 2048 位则绝对安全。RSA 实验室认为，512 位的 n 已不够安全，应停止使用，现在个人用户需要用 668 位的 n，公司要用 1024 位的 n，极其重要的场合应该用 2048 位的 n。

计算机硬件的迅速发展势头是不可阻挡的，这一因素对 RSA 的安全性很有利，因为硬件的发展给"盾"（加长 n，提高 RSA 算法运算速度）带来的好处要多于"矛"（因素分解算法的运算速度）。硬件计算能力的增强可以给 n 加大几十个位，而不会影响加密解密的计算速度，但同样水平的硬件计算能力的增强给予因数分解计算的帮助却没有那么大。

总之，随着硬件资源的迅速发展和因数分解算法的不断改进，为保证 RSA 公开密钥密码体制的安全性，最实际的做法是不断增加模 n 的位数。

4. RSA 用于身份验证和数字签名

公开密钥密码系统的一大优点是不仅可以用于信息的保密通信，还能用于信息发送者的身份验证或数字签名。

以往的书信或文件是根据亲笔签名或印章来证明其真实性的。但在计算机网络中传送的报文又如何盖章呢？这就是数字签名所要解决的问题。数字签名必须保证以下 3 点。

（1）接收者能够核实发送者对报文的签名。

（2）发送者事后不能抵赖对报文的签名。

（3）接收者不能伪造对报文的签名。

现在已有多种实现各种数字签名的方法，但采用公开密钥算法要比常规算法更容易实现。下面就来介绍如何利用 RSA 算法进行数字签名。

1）身份验证和数字签名的原理

李先生要向张小姐发送信息 m（表示他的身份，可以是他的身份证号码，或其名字的汉字的某一种加密值），他必须让张小姐确信该信息是真实的，是由李先生本人所发的。为此，他使用自己的秘密密钥 (n, d) 计算 $s = m^d \bmod n$ 建立了一个"数字签名"，并通过公开的通信途径发送给张小姐。张小姐收到后，使用李先生的公开密钥 (n, e) 对 s 值进行计算：$s^e \bmod n = (m^d)^e \bmod n = m$。

这样，她经过验证，知道信息 s 确实代表了李先生的身份，只有他本人才能发出这一信息，因为只有他自己知道秘密密钥 (n, d)，其他任何人即使知道李先生的公开密钥 (n, e)，也无法猜出或算出他的秘密密钥来冒充他的"签名"。

2）实用数字签名技术

关于 RSA 数字签名，前面的原理性介绍并不实用，因为李先生的"签名"未与任何应签署的报文（Message）相联系，留下了篡改、冒充或抵赖的可能性。为了把那些千差万别的报文与数字签名不可分割地结合在一起，要设法从报文中提取一种确定格式的、符号性的摘要，称为报文摘要，更形象的说法是一种数字指纹，然后对它"签名"并发送。

如果李先生要发送一个需签署的报文给张小姐，通信安全软件会调用某种报文摘要算法处理报文内容，得出一个数字指纹，然后用李先生自己的秘密密钥将它加密，这才是真正的数字签名，将它同报文一并发送给张小姐。

张小姐收到报文和数字签名后，用李先生的公开密钥将数字签名解密，恢复出数字指纹。接着用李先生所用的一样的报文摘要算法处理报文内容,将用报文摘要算法计算出的数字指纹与经解密恢复出的数字指纹比较,如果两者完全相同,则李先生的数字签名被张小姐验证成功,她可以相信报文是真实的,确实发自李先生;否则,报文可能来自别处,或者被篡改过,她有理由拒绝该报文。

用上述方法,别人也不难读取报文并验证数字签名,这在实用中也是不妥当的。为使报文本身的内容不泄露给外人,李先生只要再添加一个操作步骤:用张小姐的公开密钥先将待发的报文加密,当然,张小姐在验证数字签名无误后,要用她自己的秘密密钥解密,才能得到原始的机密信息。

5. 密钥分配

目前,公认的有效方法是通过密钥分配中心(KDC)来管理和分配公开密钥。KDC 的公开密钥和秘密密钥分别为 PKAS、SKAS。每个用户只保存自己的秘密密钥和 KDC 的公开密钥 PKAS。用户可以通过 KDC 获得任何其他用户的公开密钥。

首先,a 向 KDC 申请公开密钥,将信息(A,B)发给 KDC。KDC 返回给 a 的信息为(CA,CB),其中,CA=DSKAS(A,PKA,T1),CB=DSKAS(B,PKB,T2)。CA 和 CB 称为证书(Certificate),证书中分别含有信息 A、B,公开密钥 PKA、PKB,时间戳 T_1、T_2。KDC 使用其解密密钥 SKAS 对 CA 和 CB 进行了签名,以防止伪造(a 可用 KDC 的公开密钥 PKAS 对其验证)。时间戳 T_1 和 T_2 的作用是防止重放攻击。最后,a 将证书 CA 和 CB 传送给 b。b 获得了 a 的公开密钥 PKA,同时也可检验他自己的公开密钥 PKB。这样,a 和 b 之间就可以互相通信了。

6. 针对 RSA 的攻击方法

下面是几种针对 RSA 有效的攻击方法。

1) 选择密文攻击

由于 RSA 密文是通过公开渠道传播的,攻击者可以获取密文。假设攻击者为 A,密文收件人为 T,A 得到了发往 T 的一份密文 c,当然 A 还有 T 的公钥(n,e)。A 想用不通过分解质因数的方法得到明文 m,因此,A 找到一个随机数 $r(r<n)$,用 T 的公钥给 r 加密并与 c 相乘得到一个临时密文;A 想办法让 T 对临时密文用 T 自己的私钥签名(实际上就是解密),然后将结果回寄给 A;A 只要把结果进行简单推导,就可计算出 m。

2) 过小加密指数 e

看起来,e 是一个较小的数,并不会降低 RSA 的安全性。从计算速度考虑,e 越小越好。可是,当明文也是一个很小的数时就会出现问题。例如,用户取 $e=3$,而且用户的明文 m 比 n 的三次方根要小,那么密文 $c=m^e \bmod n=m^3$。这样,只要对密文开三次方就可以得到明文。

3) RSA 的计时攻击法

这是一种另辟蹊径的方法,是由 Paul Kocher 发表的。可以发现,RSA 的基本运算是乘方取模,这种运算的特点是运算所耗费的时间精确地取决于运算的乘方次数。这样如果 A 能够监视到 RSA 解密的过程,并对它计时,他就能算出 d 来。那将如何抵御它呢?

最简单的方法就是使 RSA 在基本运算上花费均等的时间,而与操作数无关。其次,在加密前对数据做一个变换(花费恒定时间),在解密端做逆变换,这样总时间就不再依赖于操作数了。

4) 其他对 RSA 的攻击法

还有一些对 RSA 的攻击方法,如公共模数攻击。它是指几个用户共用一个模数 n,各

有自己的 e 和 d,在几个用户之间公用 n 会使攻击者不用分解 n 就能恢复明文。

8.4.4　Hash 函数

Hash 函数是将任意长度的输入串变换成固定长度的输出串的一种函数。Hash 函数的输入可以是任意大小的消息,而输出是一个固定长度的消息摘要,其原理如图 8-10 所示。

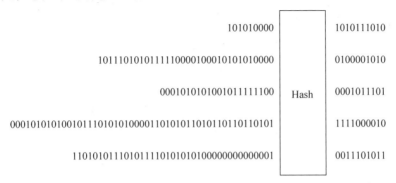

图 8-10　Hash 函数特性

Hash 函数有这样一个性质,如果改变了输入消息中的任何内容,甚至只有一位,输出消息摘要将会发生不可预测的改变,也就是说,输入消息的每一位对输出消息摘要都有影响。Hash 函数可用于保证信息的完整性,防止在传输过程中有人改变信息的内容。最常用的 Hash 函数有 MD2、MD4、MD5 以及 SHA 等。

8.4.5　HMAC 函数

Hash 函数的一个重要应用就是产生消息的附件,如图 8-11 所示。

使用 Hash 函数产生附件时,需要给消息前缀或后缀一个密钥,然后再对这个级联消息应用 Hash 函数。Hash 函数的输出即为附件:Hash 函数作用于一个任意长度的消息 M,它返回一个固定长度 m 的散列值 h:$h = H(M)$。我们把这种利用带密钥的 Hash 函数实现数据完整性保护的方法称为 HMAC。HMAC 可以和任何迭代 Hash 函数如 MDS、SHA-1 结合使用。HMAC 发表为 RFC2104,并且已经被广泛地用于网络协议的认证阶段。

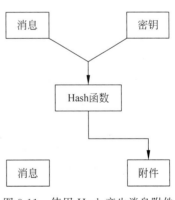

图 8-11　使用 Hash 产生消息附件

8.5　数 字 签 名

在通信过程中还常常需要知道信息来自谁。举个打仗的例子,将军可以发号施令,但是如何确认命令来自于将军呢?可以采用一些特殊的东西来标识,如令牌、印章、个人签名等。对应到数字世界,我们称之为数字签名。数字签名是一段附加数据,它主要用来证实消息的真实来源。数字签名与数据完整性校验很类似,不同点在于数据完整性校验强调数据本身是否被破坏,而数字签名强调数据来源。

对称密码体制和公钥密码体制都可以用来实现数字签名。数字签名可以用对称密码体制实现,但除了文件签字者和文件接收者双方,还需要第三方认证。主要办法是将数字签名过程与由可信方控制的硬件器件相结合。接收者通过一个防审扰器件能验证签名的正确性而不能用同一密钥产生签名。密钥被存储在防审扰器件内,接收者不能访问它,在可信方的控制下管理密钥。原则上一般不采用对称密码体制来产生数字签名,因为数字签名的一个重要要求是只有签名者自己能够产生签名,其他人都不能产生这个签名。虽然上面的方法在一定程度上保证只有签名者能使用该密钥产生签名,验证者只能使用该密钥来验证签名,但是这种方法太复杂,安全性难以保证。

公钥密码体制实现数字签名的基本原理很简单,假设 A 要发送一个电子文件给 B,A、B双方只需经过下面三个步骤即可,如图 8-12 所示。

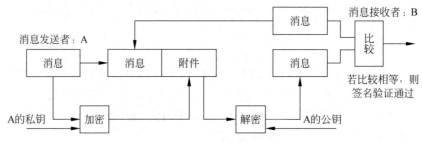

图 8-12　基本的数字签名方法

(1) A 用其私钥加密文件,这便是签名过程。

(2) A 将加密的文件和未加密的文件都发送到 B。

(3) B 用 A 的公钥解开 A 传送来的文件,将解密得到的文件与明文文件进行比较,如果二者相同就可以认为文件的确来自 A,否则认为文件并非来自 A,这就是签名验证过程。上述签名方法是符合可靠性原则的,即签名是可以被确认的,无法被伪造,无法重复使用,文件被签名以后无法被篡改,签名具有非否认性。

我们注意到,上述基本数字签名产生方法是对原始的消息进行加密,如果不是直接加密消息而是加密对消息 Hash 运算后的值,即消息摘要,就可以大大减小附件的大小。实际上,基于 Hash 的数字签名方法是目前最常用的,如图 8-13 所示。

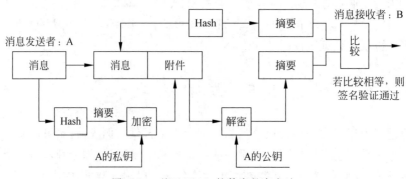

图 8-13　基于 Hash 的数字签名方法

8.6 PKI 技术

20 世纪 80 年代,美国学者提出了公开密钥基础设施(Public Key Infrastructure,PKI)的概念。为了推进 PKI 在联邦政府范围内的应用,美国 1996 年就成立了联邦 PKI 指导委员会。1999 年,PKI 论坛成立。2000 年 4 月,美国国防部宣布要采用 PKI 安全倡议方案。2001 年 6 月 13 日,在亚洲和大洋洲推动 PKI 进程的国际组织宣告成立,该国际组织的名称为"亚洲 PKI 论坛",其宗旨是在亚洲地区推动电子认证的 PKI 标准化,为实现全球范围的电子商务奠定基础。美国 IDC 在 2000 年发表报告认为,PKI 产品与服务的市场从 1999 年的 2.81 亿美元起步,以年平均增长率 61% 的速度迅速扩大,到 2004 年时有望达到 30 亿美元的规模。

关于 PKI 的激动人心的消息很多。那么,究竟什么是 PKI?为什么 PKI 总是与电子政务、电子商务以及信息安全等概念结伴而行呢?开放互联的网络环境促进了电子商务、电子政务等网络应用的发展,随之而来的是对网络安全——真实性、保密性、完整性以及非否认性更为深刻的认识。新的安全需求导致和推动了新技术的发展,从对称密码体制到公钥密码体制,下一步要做的就是以此新的技术为出发点,开发和完善所需要的一切辅助技术和系统,使这项新技术能够充分发挥作用。

8.6.1 PKI 的定义

PKI 是利用公开密钥技术所构建的、解决网络安全问题的、普遍适用的一种基础设施。美国的部分学者也把提供全面安全服务的基础设施,包括软件、硬件、人和策略的集合称作 PKI。但我们的理解更偏重公开密钥技术,公开密钥技术即利用非对称算法的技术。

说 PKI 是基础设施,就意味着它具有基础设施的许多特点。将 PKI 在网络信息空间的地位与电力基础设施在工业生活中的地位进行类比非常确切。电力系统通过延伸到用户的标准插座为用户提供能源;PKI 通过延伸到用户本地的接口为各种应用提供安全的服务,如认证、身份识别、数字签名和加密等。作为基础设施,PKI 与使用 PKI 的应用系统是分离的,这也正是社会发展的分工所导致的,是一种先进的特征;从另一个侧面看,离开应用系统后,PKI 本身没有任何用处。类似地,电力系统基础设施离开电气设备就不能发挥作用,公路基础设施离开了汽车也不能发挥作用。这种基础设施的特征使得 PKI 系统设计和开发的效率大大提高,PKI 系统的设计、开发、生产以及管理都可以独立地进行而不需要考虑应用的特殊性。

8.6.2 PKI 的组成

简单地讲,PKI 就是一个为实体发证的系统,它的核心是将实体的身份信息和公钥信息绑定在一起,并且利用认证机构(Certification Authority,CA)的签名来保证这种绑定关系不被破坏,从而形成一种数据结构,即数字证书(简称证书)。可以说 PKI 中最活跃的元素就是数字证书,所有安全的操作主要通过它来实现。PKI 的部件包括签发这些证书的 CA、登记和批准证书签署的注册机构(Registration Authority,RA)以及存储和发布这些证书的数据库(Certificate Repository)。PKI中还包括证书策略(Certificate Policy,CP)、证书路径等元素以及证书的使用者。所有这些都是PKI的基本组件,许多这样的基本组件有机地结合在一起就构成了PKI。

为了更好地理解和使用PKI,很多组织致力于PKI框架模型的研究,并希望将PKI的组件、数据格式以及组件之间的交互方式等进行标准化。目前,国际上普遍承认和使用的PKI模型是PKIX模型,它主要包括两部分的内容:PKIX的系统结构和依据系统结构进行PKIX标准领域的划分。理解PKIX模型的关键在于清晰PKIX的体系结构。基本的PKIX体系结构模型自从第一次在RFC2459中发布至今,大部分都保持不变,最新的模型是在RFC3280中发布的。我们依据RFC3280中给出的PKIX体系结构加上对该结构的分析和理解,给出一个典型的PKI系统的结构图,如图8-14所示。

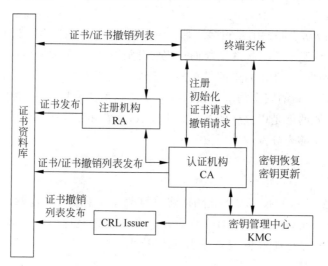

图 8-14　PKI系统组成

终端实体(Entity)常常被认为就是终端用户,虽然大多数的情况如此,但实际上终端实体这一术语包括的对象很广泛。一个终端实体可以是一个终端用户、一个设备(如服务器、路由器等)或一个进程等。因而终端实体是一个通用的术语,可以用来指代终端用户、设备(如服务器、路由器等)或者那些身份能够由公钥证书中的主体域鉴别的实体。终端实体通常是PKI相关服务的使用者或者支持者。终端实体可以分为:

(1)PKI证书的使用者。

(2)终端用户或者系统,它们是PKI证书的主体。

实体必须与证书绑定。例如,服务器、终端用户这些实体在成为PKI体系中的一员之前必须向PKI系统注册。

认证机构(CA)证书和证书撤销列表的签发者,是PKI系统安全的核心。

CA的主要功能是接收实体的证书请求,在确认实体的身份之后,为实体签发数字证书,该证书将实体的身份信息和公钥信息绑定在一起,绑定是通过CA的数字签名实现的,如图8-15所示。

可选的,CA可以支持一些管理功能,但一般而言,这些功能由一个或者多个注册机构(RA)担当。

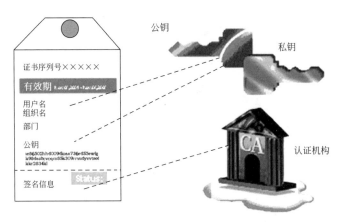

图 8-15　数字证书的组成

（1）注册机构（RA）。

RA 在 PKI 系统中是一个可选的组件，主要是完成 CA 的一些管理功能。在实际的 PKI 系统中大都具有 RA 这一组件，RA 提供了与终端实体直接交互的物理和人员接口。

（2）证书撤销列表发布者（Certificate Revocation List Issuer，CRLIssuer）。

证书撤销列表发布者在 PKI 系统中也是一个可选的组件，它接受 CA 的授权发布 CRL。这一组件在 RFC2459 里面的 PKIX 结构中还没有专门进行规定。

（3）证书资料库（Certificate Repository）。

证书资料库是一个通用的术语，用来指代存储证书和 CRL 的任何方法。它是存储证书和 CRL 的一个系统或者分布式的系统，提供一种向终端实体发布证书和 CRL 的方法。

（4）数字证书与密钥对。

数字证书就是一个公开密钥和身份信息绑在一起、用 CA 的私钥签名后得到的数据结构。数字证书根据其用途可以分为加密证书和签名证书。加密证书用来加密数据，签名证书用来证明身份。相应地，每个实体可能拥有两对公私密钥对：加密密钥对和签名密钥对。

（5）密钥管理中心（Key Management Center，KMC）。

PKI 系统的一个重要功能就是管理密钥对，一般而言，这些功能是 CA 功能的一部分，但是随着对密钥管理的重视，常常将这部分与密钥紧密相关的功能由单独的组件来完成，逐渐形成了 KMC 的概念。

8.6.3　数字证书

数字证书是将主体信息和主体的公开密钥通过 CA 的数字签名绑定在一起的一种数据结构。数字证书本身是可验证的，而且数字证书具有标准的格式。目前，被普遍使用的是 X.509v3 证书，它是一种数据结构，由许多个基本证书域和扩展域构成，如图 8-16 所示。

在不改变证书格式的前提下，允许证书中增加额外的信息。标准扩展由 X.509 进行定义，除此之外，任何组织还可以定义私有扩展。通过私有扩展，可以将组织需要的信息在证书中携带，例如，相关的个人信息或者组织信息。

（1）个人信息（如身份证号码、社会保险号、驾驶证号码）。

（2）组织信息（如组织工商注册号、组织机构代码、组织税号）。

证书遵循相同的格式要求，但是类型却很丰富。例如，个人证书、组织证书；VPN 证

Version number（版本号）
Serial number（序列号）
Signature（签名）
Issuer（颁发者）
Validity period（有效期）
subject（主体）
Subject public key information（主体公钥信息）
Issuer unique identifier（颁发者唯一标识）
Subject unique identifier（主体唯一标识）
extensions（扩展）

图 8-16　X.509 证书格式

书、服务器证书、站点证书；签名证书、加密证书。证书使用中最成功的一个例子是在安全站点中的应用。

8.6.4　PKI 部署与应用

1. PKI 的服务

PKI 提供的服务包括两部分：一部分为 PKI 提供的核心服务，或称为基本服务；另一部分为 PKI 支持的安全服务，属于简单的 PKI 应用所能提供的。

PKI 提供的核心服务包括认证、完整性、密钥管理、简单机密性和非否认。这几项核心服务囊括信息安全中的四个重要的要求，即真实性、完整性、保密性和不可否认性。

认证是 PKI 提供的最基本的服务，这种服务可以在未曾谋面的双方之间进行。同时，这种认证的正确使用没有被假冒的危险，在目前的数学水平下可以论定，PKI 提供的认证手段是非常安全的。而且这种认证方式特别适合于大规模网络和大规模的用户群。其安全性大大超过了基于口令的、动态口令的和生物特征的认证方式。在大规模网络下，这种安全优势尤为突出。

PKI 提供的完整性可以通过数字签名来完成，而这种完整性还提供了对称密码方法等不能提供的不可否认保障。PKI 利用非对称的算法，提供密钥协商能力。同时，PKI 利用证书机构等提供密钥管理和简单的加密服务。

PKI 提供的服务包括由加密设备提供的更强更快的加密服务，在这种加密服务中利用了 PKI 提供的密钥交换和密钥恢复服务。如许多 VPN 设备就在 PKI 的基础上提供加密服务。

2. PKI 的应用

PKI 技术的广泛应用能够满足人们对网络交易安全保障的需求。当然，作为一种基础设施，PKI 的应用范围非常广泛，并且在不断发展之中。这里主要介绍当前使用 PKI 技术的几个比较典型的应用实例,以下都是目前已经成熟并得到普及的应用。

1) 安全电子邮件

作为互联网最有效的应用,电子邮件凭借其易用、低成本和高效的优点已经成为现代商业中的一种标准信息交换工具。随着互联网应用的持续增长,商业机构或政府机构都开始用电子邮件交换一些秘密的或是有商业价值的信息,这就导致了一些安全方面的问题,如消息和附件可以在不为通信双方所知的情况下被读取、篡改或截掉;没有办法确定一封电子邮件是否真的来自某人,也就是说,发信者的身份可能被人伪造。

虽然电子邮件本身有着许多优点,但由于缺乏安全性和信任度,使得公司、机构一般都不用电子邮件交换关键的商务信息。其实,电子邮件的安全需求也是机密性、完整性、真实性和不可否认性,而这些都可以利用 PKI 技术来获得。具体来说,一方面,利用数字证书和私有密钥,用户可以对其所发的邮件进行数字签名,这样就可以获得认证、完整性和非否认,如果证书是由其所属公司或某一可信第三方颁发的,收到邮件的人就可以信任该邮件的来源,无论他是否认识发邮件的人;另一方面,利用对方的公开密钥和自己的私有密钥进行密钥协商,然后用加密的方法将所有内容加密,就可以保障信息的机密性。

现实中,PGP 加密已经在电子邮件通信中得到了一定范围的应用,这也是一种公钥加密体制,但使用的范围比较狭窄,需要通信双方事先沟通。许多软件,如 Microsoft 公司的 Outlook、Outlook Express,Netscape 公司的电子邮件软件,IBM 公司的 Lotus 等都支持以 PKI 的方式进行安全邮件的发送和接收。PKI 在电子邮件领域已经得到了很好的应用支持,只要想使用 PKI,就可以随时安装证书并使用 PKI 提供的安全服务。

2) 安全 Web 服务

浏览 Web 页面或许是人们最常用的访问互联网的方式。随着 Web 应用的丰富,电子政务和电子商务的开展,Web 应用会越来越多。一般的浏览也许并不会让人产生不妥的感觉,但当你填写表单数据时,有没有意识到私人敏感信息可能会被一些居心叵测的人截获?当你或你的公司要通过 Web 进行一些商业交易时,又如何保证交易的安全呢?Web 上的交易可能带来的安全问题如下。

(1) 诈骗。建立网站是一件很容易并花钱不多的事,有人甚至直接复制别人的页面。伪装一个商业机构非常简单,伪装者可以让访问者填一份详细的注册资料,还承诺保证个人隐私,而实际上就是为了获得访问者的隐私。许多邮件地址和信用卡号的泄露都是这样造成的。

(2) 偷听。当交易的信息在网上"赤裸裸"地传播时,窃听者可以很容易地截获并提取其中的敏感信息。

(3) 篡改。截取了信息的人还可以做一些更"高明"的工作,他可以替换其中某些域的值,如姓名、信用卡号甚至金额,以达到他的目的。

(4) 攻击。主要是对 Web 服务器的攻击,例如,著名的 DDoS(分布式拒绝服务攻击)。攻击的发起者可以是心怀恶意的个人,也可以是同行的竞争者。通过假冒合法的使用者,可以发起服务器很难识别的拒绝服务攻击,让服务器忙不过来。PKI 技术可以很好地解决 Web 服务中的安全问题。几乎现有的所有服务器软件和浏览器软件都直接通过 SSL 支持 PKI。如微软公司的 IIS Web 服务器软件、Internet Explorer 软件,Netscape 公司的 Netscape Navigator 软件等都全面支持 PKI。通过 PKI,服务器和用户可以相互进行认证,从而保证对方身份的真实性；通过 PKI，Web 服务的信息流可以进行加密，使得偷听者得不到任何信息。

3）其他应用

电子商务和电子政务的核心问题是安全问题，虽然它们有潜在的巨大市场和廉价的成本，但出于对风险的考虑，一个谨慎的商家和一个负责任的政府不会在一个充满风险和威胁的环境下进行有一定规模和效益的政务和商业行为。

PKI 技术正是解决电子商务和电子政务安全问题的关键，综合 PKI 的各种应用，可以建立一个可信任和足够安全的网络。PKI 利用数字证书以及管理维护数字证书的种种系统提供真实、完整、保密和非否认的安全服务。通过这样的安全服务，电子商务和电子政务必将得到有效的发展。

网上商业或政务行为只是 PKI 技术目前比较热门的一种应用，必须看到，PKI 的应用范围仍旧在不断扩大。例如，除了对身份认证的需求外，现在又提出了对交易时间戳的认证需求和对事件公正的需求。随着更多的研究者的参与，PKI 的应用前景必将更加广泛。

3. PKI 在组织中的部署

为了利用 PKI 技术，需要指定数目相对较少的权威机构，权威机构将公钥和其拥有者的身份捆绑起来。这样的权威机构在安全术语中被称为 CA(认证机构)，CA 通常是证书认证系统中最重要、最核心的部分。国外的证书认证系统应用已经比较广泛，开发厂商也有多家，著名的有 Baltimore、Entrust、VeriSign。近一两年来，我国国内的 CA 系统产品和服务体系也逐渐形成，如北京 CA、上海 CA、天津 CA 等区域性 CA；金融 CA、电信 CA 等行业性 CA。

PKI 部署是一个复杂的问题，一般而言，证书认证系统通常会采用两种方式为组织提供服务：一是为组织中的资源(人、设备等)发放数字证书；二是提供技术为组织建立专用的PKI 系统。究竟采用何种方式部署自身需要的 PKI 系统，需要重点考虑以下因素。

1）组织信任体系的目标

组织究竟选择何种方式进行 PKI 实施，必须明确 PKI 中与组织建立信任认证体系密切相关的技术和管理问题。信任，一个被广泛采用的定义是：如果实体 A 认为实体 B 严格地按照 A 所期望的那样行动，则 A 信任 B。PKI 中的信任是第三方信任，两个用户在事先没有建立他们之间私人联系的情况下，仍然可以互相信任，因为此时他们都与一个共同的第三方建立了信任关系。这个第三方就是 CA，CA 是 PKI 系统中信任的基础。

组织实施 PKI 的目的就是建设组织信任认证体系，即将组织中的人、设备、数据等资源都纳入到这个基于 PKI 技术的体系中，实现对组织资源使用的全面控制和管理。组织中的信任认证体系包括两方面的内容：组织内部信任认证体系和组织与外部组织间的信任认证体系。

2）资源引进和资源外包

组织信任认证体系的建设最终归咎到一个问题，即在实施 PKI 时是采用资源引进还是资源外包。资源引进，即组织在建设信任认证体系时使用已有的资源(包括人员、软件、硬件资源)设计、实施 PKI 并负责今后对信任认证体系的维护和改造工作，也就是组织自己购买或者建设一个 PKI 系统。资源外包，即组织信任认证体系中的部分或者全部功能都由第三方安全服务提供商负责完成，例如，运营 CA，此时组织信任认证体系的维护和改造等工作都必须依靠实施它的运营 CA 完成。

3）安全应用

如果把发放数字证书作为组织采用 PKI 技术的目标,那组织的任务就太简单了。证书只是信任认证体系的一个活动元素,必须利用证书建立起相关的安全应用,才能建立真正的信任认证体系。运营 CA 通常提供实现了 PKI 功能的应用程序接口(API),支持组织对于安全应用的开发。API 库中通常包括基本密码函数、证书和证书存储函数、证书验证函数等。

但是组织提供的 API 中无法提供用户定制的证书格式和内容的方法。例如,对于某些敏感资源的保护,需要对人员的权限进行分配和管理,这就需要 CA 能够根据组织特定的安全需要签发在证书扩展域中填入具有某些控制信息的特殊应用目的的证书。除了人员的身份认证可能还需要增加对服务器等硬件设备的认证,在证书中填入服务器编号、服务 MAC 地址等信息。

许多安全应用是根据应用环境进行定制的,证书内容是实现这些安全应用的关键数据结构。一个最常用的方法就是在证书中的某些域中填入适当的信息,这些信息支持安全认证和安全数据传输。通常这些信息是比较敏感的,具有这些信息的证书也只是在一个相对封闭的环境下使用,用户不希望这些证书如同其他证书一样在大范围内扩散,被其他非本环境下的用户查阅。而现有的 CA 往往提供公开匿名的证书查询服务,这种情况下选择自己建设 CA 系统比选择现有的运营 CA 安全性更高,可操作性和可控性也更高。

4）资金和技术投入

组织在选择以何种方式引入和使用 PKI 技术时,资金和技术投入经常是制约方案选取的一个重要因素。

如果组织采用资源外包的方式建立自身的信任认证体系,最初的资金投入直接与组织的人员、设备等资源规模成正比,同时还需要考虑应用支持和升级。费用最直接的估算方法就是组织所需数字证书的数量,目前,国家对于数字证书的收费还没有明确规定,如个人证书的年服务费为 200 元;其他支付网关、组织级证书等每年的费用要达到千元左右。组织还需要投入一定的资金和技术进行证书的应用开发。证书服务提供商会向组织提供 API,组织也可以选择由证书服务提供商来进行应用开发。如果采用后者,组织的应用需求一旦改变就必须依靠证书服务提供商,这就需要追加资金投入。

如果组织采用资源引进,通过购买或者自动研发等方式建立自己的 PKI 系统,在建设初期投入一般较大,同时可能还要支付一定的培训费用。但是,在后续使用过程中,组织可以完全自主地定制需要的应用支持,也不需要支付证书使用费用。可见,组织应该从长期的资金和技术投入出发,选择符合组织发展需求的方案,使资金和技术的投入能够得到期望的回报。

习　题

1. 简述对称密钥密码体制、非对称密钥密码体制的加密原理和各自的特点。
2. 为什么说混合加密体制是保证网络上传输信息的安全的一种较好的可行方法?
3. 简述链路加密、结点加密和端对端加密三种加密方式的特点。
4. 试述代码加密、替换加密以及一次性密码簿加密的原理。

5. 已知明文是"The Changsha HuNan Computer College",用列变位法加密后,密文是什么?

6. 将明文"JIAOWUCHUC"按行排在 3×4 矩阵中,按书中给定的置换,使用矩阵变位法加密方法,试写出加密和解密过程。

7. 已知明文是 1101001101110001,密码是 0101111110100110,试写出加密和解密过程。

8. 简述密码的破译方法和防止密码被破译的措施。

9. 试述 DES 算法的加密过程。

10. 简述 DES 算法中的乘积变换(迭代)过程。

11. 详述 RSA 算法的演算过程及其安全性。

12. 假设需要加密的明文信息为 $m=14$,选择 $e=3$,$p=5$,$q=11$,试说明使用 RSA 算法的加密和解密过程及结果。

13. 在计算机上使用 WinRAR 对某一文件进行压缩和解压。

14. PKI 有哪些组成部分?

15. 举例说明 PKI 技术的应用。

第9章

VPN 技 术

观看视频

本章重点:

(1) 什么是 VPN? 实现 VPN 的主要问题是什么?

(2) VPN 的实现技术。

(3) IPSec 的原理。

(4) 链路层 VPN 的实现。

(5) VPN 的应用方案有哪些?

9.1 VPN 的基本概念

9.1.1 VPN 的定义

虚拟专用网(Virtual Private Network,VPN)是利用接入服务器、广域网上的路由器及 VPN 专用设备在公用的 WAN 上实现虚拟专网的技术。也就是说,用户察觉不到他在利用公用 WAN 获得专用网的服务。这里所说的公用网包括 Internet、电信部门提供的公用电话网、帧中继网及 ATM 等。

如果强调其安全性,可以认为 VPN 是综合利用了认证和加密技术,在公共网络(例如 Internet)上搭建的只属于自己的虚拟专用安全传输网络,为关键应用的通信提供认证和数据加密等安全服务。

如果将 VPN 的概念推广一步,可以认为凡是在公共网络中实现了安全通信(主要包括通信实体的身份识别和通信数据的机密性处理)的协议都可以称为 VPN 协议。

9.1.2 VPN 出现的背景

近年来,为降低网络的运营管理费用,利用 Internet 技术构筑内部网的需求日趋强烈,VPN 在这一背景下迅速普及。

1. 内部网的广域化

为构筑本单位的内部网,就应将总部和分散在各地的分公司及业务点进行互联。在经济全球化的今天,内部网的网点还将延伸到海外。内部网的广域化成为网络发展的必然趋势。VPN 可使本单位的在外人员像在自己的办公室里一样方便地使用内部网。

2. 降低运行管理费

以往,连接总部 LAN 和分布在各地的分公司 LAN 时,要利用 WAN 提供的专线(如 DDN)帧中继、ISDN 等,其费用均与距离有关(ISDN 与距离、时间都有关)。网点间的距离越远,其费用越高。WAN 的费用在网络运行成本中占很大的比例,因此降低 WAN 的费用是网络运营中的重要课题,而且随着内部网的广域化,其重要性更加突出。

VPN 最大的优点就是降低了通信中的费用。倘若将分布在各地的分部发来的数据都通过 VPN 来收集,就可以大幅度降低通信费用。距离越远,网点越多,通信费用降低的效果就越显著。

9.1.3　VPN 的架构

虽然 VPN 的概念很简单,但是在安全市场上仍有众多的 VPN 产品,不同的产品有着不同的布置和功能,下面简单地介绍一下目前主要的 VPN 产品中常见的几种架构形式。

1. 网络服务提供商(ISP)提供的 VPN

这种情形常见的情况是 ISP 在接入网络的企业端添加或者构建一个设备,这个设备可以建立 VPN 隧道;或者 ISP 在接入网络的 ISP 端安装一个前端的 PPTP 交换器,它可以自动地为企业的数据通信建立隧道,通信的目的端解密数据,然后把数据发送到目的主机。

2. 基于防火墙的 VPN

基于防火墙的 VPN 可能是现在最常见的一种解决方案,许多 VPN 技术供应商都提供这种配置。这并不是因为基于防火墙的 VPN 比其他的 VPN 架构优越,而是因为现在和 Internet 连接的企业局域网基本上都设置了防火墙。在已有的安全设施上架构 VPN 是一种非常自然的方案,只需要再加上一些加密软件,而且现在市场上的防火墙产品都自带加密技术。

3. 黑盒子 VPN

黑盒子一般是一个带有加密功能的硬件设备,它可以创建 VPN 隧道。有些黑盒子提供管理软件安装在一台计算机上,有些则是可以通过 Web 或者 Telnet 的方式直接进行配置。由于使用了计算能力强的专用硬件(如加密芯片),黑盒子具有如下优点。

(1) 比单纯的软件加密要快速。

(2) 隧道通信的能力比较强,响应及时而且能支持更多的隧道数量。

但黑盒子相对较小的存储能力和规模也带来一些缺陷。

(1) 对集中式管理的支持并不理想。

(2) 一般不具备日志功能,要实现这种功能,黑盒子需要将运行数据送往一个数据库。

(3) 支持的用户数量有限,因此一般需要另一台计算机作为认证服务器。

有些设计比较好的黑盒子,具有良好的数据库支持特性,通过它们的管理软件,可以设置许多黑盒子都指向一个大型的数据库。管理者只需要管理这一个数据库,就可以实现对多个 VPN 设备的集中式管理,包括安全策略的管理、用户管理以及日志管理等。

黑盒子 VPN 设备可以位于防火墙后面,也可以放置在防火墙的边上,或者和防火墙集成在一起。防火墙提供对网络边界的保护,而 VPN 设备提供对通信数据的保护。如果 VPN 设备位于防火墙的后面,防火墙的策略设置必须保证加密过的数据可以通过。

4. 基于路由器的 VPN

路由器在许多企业接入 Internet 时扮演了很重要的角色,基于路由器的 VPN 也因此成为一种可能的选择。许多路由器生产厂家都提供了基于路由器的 VPN 方案,这些方案基本上可以分成两种,一种是在路由器上加入软件,实现加密功能;另一种是由第三方提供一种卡,将它插到路由器中,这张卡使得加密的负担不需要由 CPU 来承受。

构建基于路由器的 VPN,下面这些问题是必须注意的。

(1)互操作性:如果想在自己的网络和某个供应商的网络之间建立 VPN 连接,必须保证双方的路由器能协同工作,为此,路由器需要遵循某些隧道技术标准,如 PPTP、L2TP、IPSec 等。

(2)封装:如果需要传播非 IP 协议包,路由器必须能支持对这些非 IP 包的封装,而不仅是加密。

(3)性能:如果路由器的负担本来就比较重,再在其上加入加密的负担,可能会导致路由器性能的急剧下降。

5. 远程访问的 VPN

远程访问的意思是说企业外部的某台计算机试图在它与企业内部网络之间建立安全的网络连接。常见的做法是在远程用户的计算机上安装一个客户端软件,这个软件可以提出在远程用户的计算机和企业内部网络之间建立隧道的请求,而在企业内部网络上,则专门建立一个处理这类请求的服务器,这个服务器的主要工作是验证用户的身份,并建立加密的隧道通信。内部网络的远程访问服务器可以是一个独立的服务器,也可以是一个路由器、防火墙或者黑盒子。

6. 软件 VPN

基于软件的 VPN 基本上就是安装在主机上的软件,它们实现隧道通信和加解密的功能,通常用于客户端到服务器的 VPN 连接。例如,一个使用 PPTP 的 VPN,位于客户端的软件和位于服务器的软件建立一个 VPN 会话。使用软件 VPN,需要注意的是密钥管理方案,可能会需要一个认证机构(Certificate Authority,CA)来提供完善的安全性支持。

其他类型的 VPN,例如基于防火墙的 VPN,内部网络上传输的数据是明文,只有局域网出口与外部的连接是加密通信。但完全用客户/服务器方式的软件来实现 VPN,每一个主机可能都有其公私钥对,这就需要更复杂的管理。如果使用软件 VPN,而防火墙又不具备 VPN 功能,则防火墙必须配置为可以允许加密过的数据通过。

9.1.4　实现 VPN 的主要问题

在设计和实现 VPN 时,有许多问题需要考虑。

首先,安全性是 VPN 最基本的需求。VPN 并不是真正意义上的私有网络,Internet 上的其他人可以截取、收集和分析 VPN 的传输数据流,我们需要依赖现有的密码技术来处理这些安全隐患。在 VPN 实现的各个方面,从所实现的加密过程和认证服务,到所使用的数字证书和认证机构,都需要充分地考虑安全。

VPN 有多种不同的架构和应用,不同类型的 VPN 会有各种特定的安全需求。其中,一些通常的安全需求对所有的 VPN 类型都是需要的,包括访问控制、加密、认证、完整性、不可否认性,以及密钥管理等。

除了安全性,兼容性也是 VPN 实现的一个主要问题。现在的 VPN,一般都需要将内部私用网络和 Internet 连接起来,因此必须实现私用网络和 IP 网络的兼容。如果私用网络上使用的是 SNA 或 IPX 协议,就不能直接和 IP 网络相连,而应该先将其转换成 IP 协议数据。另外,内部网络要和 Internet 相连,还必须至少有一个外部的 IP 地址,而一般的局域网往往自己有一套地址,因此还必须实现内部地址和外部地址之间的转换。一般来说,为了实现虚拟私用网络,必须实现物理私用网络(如局域网)和 IP 网络的兼容,实现的方法主要有网络地址翻译、通过 IP 网关和使用隧道技术。

VPN 的性能有多方面的含义,VPN 的设计常常需要在性能和安全性、性能和成本之间进行权衡。

可用性主要的含义是指网络随时可用,并且尽量维持一定的响应时间和吞吐量。对于物理的私用网络,如租用线路、公用电话网络 PSTN 或者帧中继等,都能满足可用性要求;而虚拟私用网络一般架构在不可靠的 IP 网络上。IP 网络本身通常并不提供类似私用网络的服务质量保证。不过一般来说,除了少数情况下 IP 网络可能会阻塞或者变得不可用,多数时间基于 IP 的 Internet 还是可靠的,能提供大多数情况下网上通信所需的可靠性。因此,VPN 可用性的含义一般是指网络结点(如路由器、交换器)的可靠程度。VPN 在可用性上的少许损失,带来的却是成本的大量节省。

服务质量(Quality of Service,QoS)的含义是网络有能力保证从端到端的通信满足一定级别的性能要求。QoS 用于保证一定的带宽,或者保证一定的响应延迟上限。传统的电话网络 PSTN 通过交换式的通路保证了一次通信独占一个通信信道,也就提供了对带宽和响应性能的保证。现在的 Internet 不能提供类似的 QoS,为此人们提出了一些协议,如 RSVP 和 RTP,使得 IP 网络提供对 QoS 的支持。

正如互联网的开放式设计一样,一个好的 VPN 也不能是完全封闭的,它需要提供向外部网络或其他 VPN 的安全接口,这就需要不同的 VPN 系统之间具有良好的互操作性。尽管对于 VPN 的各个方面(安全、兼容、可用)都有国际的标准,但由于很多没有说明细节上的差异,所以在当前阶段完善实现多个 VPN 厂商的产品之间的互操作性仍然是不可能的。出于这个原因,由国际计算机安全协会(International Computer Security Association,ICSA)对国际上的相关安全产品进行认证,以保障不同产品之间的互操作性。

除了上面所说的安全性、兼容性、性能和互操作性以外,关于 VPN 还有一些问题是需要考虑的。例如,如何处理 VPN 的可扩充性,使得 VPN 易于扩充和升级;如何管理 VPN;如何使 VPN 易于使用;以及 VPN 中所涉及的法律问题。

9.2 VPN 的实现技术

针对 VPN 实现的各种问题和需求,有很多相关的技术。

9.2.1 网络地址翻译

网络地址翻译(Network Address Translation,NAT)就是将网络结点在一个网络中的 IP 地址翻译成另一个网络中的 IP 地址。对于一个和 Internet 相连的局域网,网络地址翻译的典型应用如下。

(1) 对于从内部网络发往外部网络的 IP 包,源 IP 地址是一个局域网地址,将这个局域网地址翻译成一个或者多个全球性的 IP 地址。

(2) 对于从外部网络发往内部网络的 IP 包,其目的地址是上面所说的一个或多个全球性 IP 地址,将其翻译成局域网内的 IP 地址。

(3) 在这种应用中,网络地址翻译一方面可以使得局域网内的机器共用一个或多个 IP

地址,同时也增强了网络的安全性,这可以由防火墙实现对 IP 地址访问的限制,同时也隐藏了内部网络的拓扑信息。NAT 的方法一般有 3 种:一对一的、多对多的、一对多的。

在 Intranet 的情况下,由多个局域网的 NAT 协同工作,可以创造 Intranet 的 IP 地址空间,Intranet 中的主机按照这样的地址就可以实现互相之间的访问,而不用关心外部网络的包的地址。

9.2.2　隧道技术

隧道处理在一个隧道的两端进行,源结点把其他类型的协议包封装成 IP 包,然后才能在 Internet 上传播,封装的过程是创建一个新的 IP 包,而把原来的协议包作为新 IP 包的载荷数据。在目标结点相应的隧道处理则是把这个新的 IP 头去掉,得到原始的协议包。这种是 IP 隧道的情况,也可以反过来,创建其他协议的隧道,而把 IP 包封装,这样 IP 包也可以在非 IP 的网络上传输。

现在主要的隧道协议如下。

(1) 通用路由封装(Generic Routing Encapsulation,GRE)协议:传统的 GRE 协议在 RFC 1701/1702 中定义,其最新的版本在 RFC 2784 中说明。

(2) 点到点隧道协议(Point-to-Point Tunneling Protocol,PPTP):点到点协议(Point-to-Point Protocol,PPP)的扩展。

(3) ATM 协议(Ascend Tunnel Management Protocol,ATMP):在 RFC 2107 中定义,为对 IP、IPX、NetBIOS 和 NetBEUI 流量进行隧道通信实现了 GRE 和 PPTP 两种技术。

(4) L2F(Layer-2 Forwarding):Cisco 公司提出的隧道协议。

(5) L2TP(Layer-2 Tunneling Protocol):结合了 L2F 协议和 PPTP 的特点。

(6) IPSec 协议:支持加密或不加密的隧道技术。

9.2.3　VPN 中使用的安全协议

在 VPN 中使用的安全技术大体上可分为两类:一类是加密技术,另一类是认证技术。多数加密和认证技术在本书前面的章节中都已经介绍过,这里不再赘述。对 VPN 的实现而言,更重要的是实现安全性时所使用的协议。

VPN 实现的一种划分方法是依据实现 VPN 所用的安全协议在网络协议层次中的位置。基于这样的划分,VPN 主要有两类实现:

(1) 基于网络层的 VPN(基于 IPSec)。

(2) 基于数据链路层的 VPN。

在上层也有许多协议可以组成 VPN,或者对上面两种 VPN 提供更进一步的安全服务,例如 SOCKS、SSL、S-MIME、SSH 以及 SET 等。表 9-1 按 TCP/IP 参考模型的分层结构列出了各层的安全协议。

表 9-1　与 TCP/IP 参考模型各层对应的安全协议

模型分层	对应协议	对应协议详解
应用层	S-HTTP	即 Secure-HyperText Transfer Protocol。为保证 WWW 的安全,由 EIT 开发的协议。该协议利用 MIME,基于文本进行加密、报文认证和密钥分发等
	SSH	即 Secure SHell。对 BSD 系列 UNIX rsh/rlogin 等的 r 命令加密而采用的安全技术

续表

模型分层	对应协议	对应协议详解
应用层	SSL-Telnet、SSL-SMTP、SSL-POP3 等	以 SSL 分别对 Secure Socket Layer-Telnet，SSL-Simple Mail Transfer Protocol 和 SSL-Post Office Protocol version 3 等的应用进行加密
	PET	即 Privacy Enhanced Telnet。使 Telnet 具有加密功能，在远程登录时对连接本身进行加密的方式（由富士通和 WIDE 开发）
	PEM	即 Privacy Enhanced Mail。由 IEEE 标准化的具有加密签名功能的邮件系统（RFC 1421-1424）
	S/MIME	即 Secure/Multipurpose Internet Mail Extension。利用 RSA Data Security 公司提出的 PKCS（Public-Key Cryptography Standard）加密技术实现的 MIME 的安全功能（RFC 2311～2315）
	PGP	即 Pretty Good Privacy。Philip Zimmermann 开发的带加密及签名功能的邮件系统（RFC 1991）
会话层/传输层	SSL	即 Secure Socket Layer。在 Web 服务器和浏览器之间进行加密、报文认证及签名校验密钥分配的加密协议
	TLS	即 Transport Layer Security（IEEE 标准），是将 SSL 通用化的协议（RFC 2246）
	SOCKSv5	防火墙及 VPN 用的数据加密及认证协议。IEEE RFC 1928（以 NEC 为主开发）
网络层	IPSec	即 Internet Protocol Security（IEEE 标准）。以 IPSec 通信时和通信对象的密钥交换方式使用 IKE（Internet Key Exchange）
数据链路层	PPTP	即 Point to Point Tunneling Protocol
	L2F	即 Layer2 Forwarding
	L2TP	即 Layer2 Tunneling Protocol。综合了 PPTP 及 L2F 的协议
	Ethernet，WAN 加密设备	

1. 数据链路层

PPTP 是由微软公司开发并安装在 Windows NT 4.0、Windows 98 等系统上的加密软件。它是以 IP 封装 PPP 帧，通过在 IP 网络上建立隧道来透明传送 PPP 帧的隧道化协议。

L2TP 则是将 Cisco Systems 公司开发的 L2F 和 PPTP 综合后的 VPN 协议，它和 IPSec 一起安装在 Windows 2000 操作系统上。

2. 网络层

IPSec（Internet Protocol Security）是在网络层上实现认证与加密的安全协议，由 IETF 标准化。它既适用于 IPv4，也适用于 IPv6，但在 IPv6 中是必须配置的。1995 年公布了版本 1（RFC 1825～1829），1998 年公布了版本 2（RFC 2401～2412 及 2451）。

用于 VPN 设备的 IPSec 已开始普及，它能够对（包括 TCP 和 UDP 的）所有 IP 应用进行认证和加密。

3. 传输层

传输层（包括会话层）的安全协议有 Netscape 开发的 SSL（Secure Socket Layer）及以其为基础由 IETF 标准化的 TLS（Transport Layer Secure）和 SOCKSv5 等。

SSL 本来是为了对客户（WWW 浏览器）和服务器（WWW 服务器）间的超文本传输协议（HTTP）加密而开发的，作为标准配置被安装在 Internet Explorer 及 Netscape Navigator 等 WWW 浏览器上。然而，SSL 并非 Web 专用的应用协议，它位于 TCP 与应用层之间，也能让 Telnet 及 SMTP、FTP 等其他应用协议在 SSL 上运行。应当注意，SSL 只适用于 TCP，不能处理 UDP 的应用。

TLS 是使 SSL 通用化的加密协议，由 IETF 标准化，1999 年 1 月公布了 RFC 2246 （TLS protocol version 1.0）文件。

SOCKSv5 是由以 NEC 为主的防火墙技术发展起来的，从版本 5 起成为具有认证功能的 VPN 协议，以 RFC 1928 文件发布。SOCKSv5 既适用于 TCP，也适用于 UDP。

4. 应用层

加密电子邮件、与远程登录有关的加密技术是典型的应用层安全协议。

1）加密电子邮件

加密电子邮件协议有 PEM（Privacy Enhanced Mail）、MOSS（MIME Object Security Service）、S/MIME（Secure/Multipurpose Internet Mail Extension）及 PGP（Pretty Good Privacy）等。

（1）PEM 是 Internet 上最初的加密邮件协议，1993 年以 RFC 1421～1424 文件发布。

（2）MOSS 协议与 PEM 不同，PEM 只处理文本数据，而 MOSS 还能对与 MIME 对应的多媒体数据进行加密，它包含 PEM，1995 年以 RFC 1847～1848 文件发布。

（3）S/MIME 不仅处理文本字符，还主要提供适配 MIME 的安全功能，用来处理图像、音频及视频等多媒体数据，1998 年以 RFC 2311～2315 文件发布。

（4）PGP 是美国 Philip Zimmermann 开发的加密技术，它提供电子邮件及文件的安全服务。

2）远程登录

在通过 Internet 远程登录本企业主机的情况下，为防止来自外界的非法访问，应充分考虑安全性。SSH（Secure SHell）、PET（Privacy Enhanced Telnet）及 SSL-Telnet 提供了这种远程登录的安全技术。

SSH 是对 BSD（Berkeley Software Distribution）系列的 UNIX 的 rsh（remote shell）/ rlogin（remote login）等 r（remote）命令加密提供安全的技术。每次和对方建立连接 （session）时，生成不同的密钥。此外，还支持利用公开密钥的认证。

PET 是富士通和 WIDE 开发的加密 Telnet（虚拟终端功能）。

SSL-Telnet 是利用 SSL 对 Telnet 加密的协议。

9.3 基于 IPSec 协议的 VPN

9.3.1 IPSec 的基本原理

前文列出了在 OSI 参考模型中各个层次所使用的安全协议。利用 SSL 可以保证 WWW 浏览器和 WWW 服务器间的安全通信。利用 PGP 及 S/MIME 可以实现邮件加密，但是这些安全技术都只能用于局部业务，并不能保证 TCP/IP 整体上的安全通信。因此开发了企业和个人用户在开放的 Internet 上通用的安全协议 IPSec。

设计 IPSec 是为了防止 IP 地址欺骗，防止任何形式的 IP 数据报篡改和重放，并为 IP 数据报提供保密性和其他安全服务。IPSec 是在网络层提供这些安全服务，所提供的安全服务通过密码协议和各种安全机制联合实现。IPSec 能够让系统选择所需的安全协议，并选择与这些安全协议一起使用的密码算法。

IPSec 提供的安全服务包括对网络单元的访问控制、数据源认证、用于无连接协议（如 UDP）的无连接完整性、重放数据报的检测和拒绝、数据保密性以及有限的数据流保密性。由于 IPSec 是在网络层提供的，所以任何上层协议（如 TCP、UDP、ICMP 和 IGMP），或者任何应用层协议都可以使用这些服务。

为了实现这些功能，IPSec 使用两种通信安全协议：认证头（AH）和封装安全载荷（ESP），另外还使用了密钥管理协议、Internet 密钥交换（IKE）协议。AH 协议提供数据源认证、无连接的完整性以及可选的抗重放服务。ESP 协议提供数据保密性、有限的数据流保密性、数据源认证、无连接的保密性以及抗重放服务。对于 AH 和 ESP，都有两种操作模式：传输模式和隧道模式。IKE 协议用于协商 AH 和 ESP 协议所使用的密码算法，并将算法所需的必备密钥放在合适的位置。

IPSec 所使用的协议被设计成与算法无关的。算法的选择在安全策略数据库（SPD）中指定。可供选择的密码算法取决于 IPSec 的实现；然而，为了保证全球 Internet 上的互操作性，IPSec 规定了一组标准的默认算法。

9.3.2 IPSec 的标准化

20 世纪 90 年代中期，Internet 提供商业服务不久，IETF 即着手 IPSec 的标准化工作。1995 年 8 月作为 RFC 文件发布了 IPSec 1.0 版本，但因当时市场尚不成熟，没有推广应用。1998 年 11 月，IETF 对 IPSec 1.0 进行了版本更新，发布了 IPSec 2.0 版本的 RFC 文件。IPSec 2.0 版本既适用于现用的 IPv4（作为 v4 选项功能），又适用于 IPv6（作为 v6 的必备功能）。

与 IPSec 2.0 相关的各 RFC 文件可分成 3 组，它概括了 IPSec 的全貌。

（1）第一组：IPSec 的整体结构。

第一组由 RFC 2401 和 RFC 2411 两个文件组成，它规定了 IPSec 的整体结构。RFC 2401 描述了 IPSec 的整体框架，RFC 2411 列出了与 IPSec 有关的 RFC 文件目录。

（2）第二组：IPSec 协议（认证与加密技术）。

第二组对 IPSec 的认证与加密技术的协议做出规定，它所包含的 RFC 文件最多，是 IPSec 的核心部分。由 RFC 2402 规定的认证头（Authentication Header，AH）对 IP 分组进行认证，以防止在传输过程中 IP 分组内的数据被篡改。此外，它还提供防御重发攻击的功能。AH 不具有加密功能，这是由于有些国家的法律对加密技术的应用场合做了限制，但允许用 AH 进行认证。在 RFC 2406 中规定了对 IP 分组加密的封装安全载荷（Encapsulating Security Payload，ESP）。AH 和 ESP 只规定了 IP 分组认证与加密协议的框架，具体认证与加密算法另行规定。

（3）第三组：密钥管理协议。

当利用 IPSec 进行保密通信时，在通信前双方应交换密钥。密钥管理协议包括 Internet 安全关联与密钥管理协议（ISAKMP）（RFC 2408）、IKE（RFC 2409）及 Oakley（RFC 2412）。最先标准化的是 ISAKMP 及 Oakley，前者规定了通用密钥交换的框架，后者规定了密钥具体的交换方法。其后，对 Internet 密钥交换（Internet Key Exchange，IKE）协议进行了标准化。

9.3.3　安全关联

1. 安全关联概述

安全关联(Security Association,SA)的概念是 IPSec 的基础。IPSec 使用的两种协议(AH 和 ESP)均使用 SA。IKE 协议(IPSec 所使用的密钥管理协议)的一个主要功能就是 SA 的管理和维护。

SA 是通信对等方之间对某些要素的一种协定,例如 IPSec 协议、协议的操作模式(传输模式和隧道模式)、密码算法、密钥、密钥的生存期。如果希望同时用 AH 和 ESP 来保护两个对等方之间的数据流,则需要两个 SA:一个用于 AH,一个用于 ESP。安全关联是单工的(即单向的),因此输出和输入的数据流需要独立的 SA。

SA 通过密钥管理协议 IKE 在通信对等方之间协商。当一个 SA 的协商完成,两个对等方都在它们的安全关联数据库(SAD)中存储该 SA 参数。SA 的参数之一是它的生存期,当一个 SA 的生存期过期,那么将用一个新的 SA 来替换该 SA,或者终止该 SA。当一个 SA 终止时,它的条目将从 SAD 中删除。

SA 由一个三元组唯一标识,该三元组包含一个安全参数索引(SPI),一个用于输出处理 SA 的目的 IP 地址(或者一个用于输入处理 SA 的源 IP 地址),以及一个特定的协议(AH 或者 ESP)。SPI 是为了唯一标识 SA 而生成的一个 32 位整数,它在 AH 和 ESP 头中传输。因此,IPSec 数据报的接收方易于识别 SPI 并利用它连同源或者目的 IP 地址和协议来搜索 SAD,以确定与该数据报相关联的 SA。

2. 安全关联数据库

对于 IPSec 数据流处理而言,有两个必要的数据库:安全策略数据库(SPD)和安全关联数据库(SAD)。SPD 指定了用于到达或者源自特定主机(或者网络)的数据流的策略。

SAD 包含活动的 SA 参数。对于 SPD 和 SAD,都需要单独的输入和输出数据库。IPSec 协议要求在所有通信流处理的过程中都必须查询 SPD,不管通信流是输入还是输出。SPD 包含一个策略条目有序列表,通过使用一个或者多个选择符来确定每一个条目。IPSec 当前允许的选择符有目的 IP 地址、源 IP 地址、传输层协议、系统名和用户 ID。

SPD 中的每一个条目都包含一个或者多个选择符和一个标志,该标志用于表明与条目中的选择符匹配的数据报是否应该丢弃、是否应该进行 IPSec 处理。如果应该对数据报进行 IPSec 处理,则条目中必须包含一个指向 SA 内容的指针,其中详细说明了应用于匹配该策略条目的数据报的 IPSec 协议、操作模式以及密码算法。

选择符与数据通信流相匹配的第一个条目将被应用到该通信中。如果没有发现匹配的条目,处理的通信数据报将被丢弃。因此,SPD 中的条目应该按照应用程序希望的优先权排序。

SAD 中包含现行的 SA 条目,每个 SA 由包含一个 SPI、一个源或者目的 IP 地址和一个 IPSec 协议的三元组索引。此外,一个 SAD 条目包含下面的域:序列号计数器、序列号溢出、抗重放窗口、AH 认证密码算法和所需要的密钥、ESP 认证密码算法和所需要的密钥、ESP 加密算法及密钥、初始化向量(IV)和 IV 模式、IPSec 协议操作模式(传输模式、隧道模式)、路径最大传输单元(PMTU)以及 SA 生存期。

IPSec 处理对于输入和输出要保存单独的 SAD。对于输入或者输出通信,将搜索各自的 SAD,来查找与从数据包头域中解析出来的选择符相匹配的 SPI、源或者目的地址以及 IPSec 协议。如果找到一个匹配的条目,就将 SA 的参数与 AH 或者 ESP 头中适当的域相比较。如果一致就处理数据包,否则就丢弃。如果没有 SA 条目与选择符相匹配,并且如果数据包是一个输入包,就将它丢弃;如果数据包是输出的,则创建一个新的 SA,并将其存入输出 SAD 中。

9.3.4 认证头协议

IP 本身缺乏安全性,用来提供 IP 数据报完整性的认证机制是非常初级的。设计认证头(AH)协议的目的是用来增加 IP 数据报的安全性。AH 协议提供无连接的完整性、数据源认证和抗重放保护服务。然而,AH 不提供任何保密性服务,AH 的作用是为 IP 数据流提供高强度的密码认证,以确保被修改过的数据包可以被检查出来。AH 使用消息验证码(MAC)对 IP 进行认证。

1. 认证头格式

AH 由 5 个固定长度域和 1 个变长的认证数据域组成。图 9-1 说明了这些域在 AH 中的相对位置,下面给出这些域的说明。

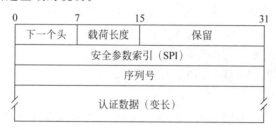

图 9-1 认证头格式

(1) 下一个头:这个 8 位的域指出 AH 后的下一载荷的类型。RFC 1700[IANA00]中包含已分配的 IP 协议值的信息。

(2) 载荷长度:是一个 8 位长度的域,它包含的内容是 AH 的长度除以 32,得到的结果再减 2。因为 AH 实际上是一个 IPv6 扩展头,IPv6 规范规定计算扩展头长度时应该首先从头长度中减去 64 位。

(3) 保留:这个 16 位的保留域供将来使用。

(4) 安全参数索引(SPI):是一个 32 位的整数,用于和源地址或目的地址以及 IPSec 协议(AH 或者 ESP)共同唯一标识一个数据报所属的数据流的安全关联(SA)。目前有效的 SPI 值从 256 到 $2^{32}-1$。

(5) 序列号:这个域包含一个作为单调增加计数器的 32 位无符号整数。当 SA 建立时,发送者和接收者的序列号被初始化为 0。通信双方每使用一个特定的 SA 发出一个数据报就将它们的相应序号加 1。序列号用来防止对数据包的重放。

(6) 认证数据:这个变长域包含数据报的认证数据,该认证数据被称为数据报的完整性校验值(ICV)。对于 IPv4 数据报,这个域的长度必须是 32 的整数倍;对于 IPv6 数据报,这个域的长度必须是 64 的整数倍。用于生成 ICV 的算法由 SA 指定。

2. AH 操作模式

AH 的位置依赖于 AH 的操作模式。AH 有两种操作模式:传输模式和隧道模式。

1）传输模式

在传输模式中，AH 被插在 IP 头之后但在所有的传输层协议之前（或所有的其他 PSec 协议之前）。因此，在传输模式中对 IPv4 而言，AH 被插在 IP 头变长可选域之后。

而在 IPv6 协议中，不再有以往的 IP 头中的可选域，选项被处理为单独的头，称作扩展头。在 IPv6 的传输模式中，AH 被插在逐跳、路由和分段扩展头的后面，目的选项扩展头可以放在 AH 的前面或者后面。图 9-2 说明了在传输模式中 AH 相对于其他域的位置。

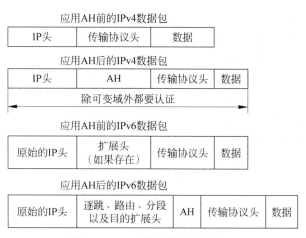

图 9-2　AH 在传输模式中的位置

传输模式只用于主机和主机之间的通信，这种模式的主要优点在于它所需要的额外开销比较小，缺点是 IP 头可变域不能得到认证。

2）隧道模式

在隧道模式中，AH 插在原始的 IP 头之前，另外生成一个新的 IP 头放在 AH 之前。在 IPv6 数据包中，除了新的 IP 头外，原来的数据报的扩展头也被插在 AH 前面。图 9-3 说明了 AH 在隧道模式中的位置。

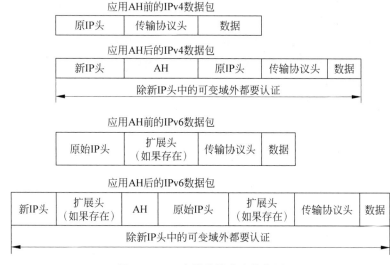

图 9-3　AH 在隧道模式中的位置

隧道模式用于主机和网关之间或者网关与网关之间,保护整个 IP 数据包。隧道模式的优点一个是它能对封装的整个 IP 包提供保护,另一个是它可以使得被封装的 IP 通信使用局域网的地址(即内部网络地址);隧道模式的缺点是开销相对较大。

3. 完整性校验值(ICV)的计算

ICV 是 AH 或 ESP 用来验证 IP 数据报的完整性所用的验证数据。数据报的 ICV 是用 MAC 生成的。IPSec 的通信各方必须能够产生 ICV 来校验交互的数据报的完整性,因此,通信双方需要共享密钥。当通信双方建立了一个 SA 后,就有了所有用来计算它们交换的数据报的 ICV 值的参数。ICV 的计算涉及整个 IP 头,然而有些域在从源地址的到目的地址的传输过程中可能会改变,所以在计算 ICV 时将这些域设为 0。

把 IP 的可变域和 IPv6 可变扩展头设为 0 后,整个 IP 数据报以一个比特串的形式作为 MAC 的输入。MAC 采用指定的密钥生成 ICV。在隧道模式中,内部 IP 头的可变域未被设成 0,因为只有外部 IP 头的可变域才可能在传输过程中被修改。

ICV 的长度依赖于使用的 MAC 算法。计算出 ICV,如果长度不是 32(IPv4)或者 64(IPv6)的整数倍,则需要对 ICV 进行填充。然后再把 ICV 放在认证数据域中,最后将数据报发送到目的地址。

4. AH 的处理

当一个 IPSec 实现从 IP 协议栈中收到外出的数据包时,它使用相应的选择符(目的 IP 地址、端口和传输协议等)来查找安全策略数据库(SPD)并确认对数据流应用怎样的策略。如果需要对数据包进行 IPSec 处理,并且到目的主机的一个 SA 已经建立,那么符合数据包选择符的 SPD 将指向外出 SA 数据库的一个相应的 SA 束。如果 SA 还未建立,IPSec 实现将调用 IKE 协商一个 SA 并将其连接到 SPD 条目上,然后 SA 用于:

(1) 产生或增加序列号值。

(2) 如前所述计算 ICV。

(3) 转发数据包到目的地。

当一个设置了 MF 位的数据报到达一个 IPSec 目的结点时,这表明其他的分段还没有到达。IPSec 应用等待直到一个有着相同序列号但 MF 位未设置的分段到达。IP 分段重组之后要进行如下步骤的操作。

(1) 使用 IP 头(如果在隧道模式下则是外层 IP 头)中的 SPI、目的 IP 地址以及 IPSec 协议在进入的 SA 数据库中查找数据包所属数据流的 SA。如果查找失败,它将抛弃该数据包并记录事件。

(2) 使用步骤(1)中查找到的 SA 进行 IPSec 处理。首先要确定 IP 头(隧道模式中是内部头)中的选择符和 SA 中的选择符是否匹配。如果不匹配就抛弃;如果匹配,IPSec 应用跟踪 SA 以及它相对于其他 SA 应用的顺序,并且重复步骤(1)、(2)直到遇到传输层协议或者一个非 IPSec 扩展头(对 IPv6 而言)。

(3) 使用数据包中的选择符进入 SPD 中查找一条与选择符匹配的策略。

(4) 检查步骤(1)、(2)查到的 SA 是否和步骤(3)查到的策略匹配。如果匹配失败,重复步骤(4)、(5),直到处理完所有的策略条目或直到匹配成功。

(5) 如果启用了抗重放功能,使用 SA 的抗重放窗口检查数据包是否为重放包。如果是重放包,则抛弃它并审核事件。

（6）使用 SA 指定的 MAC 算法计算数据包的 ICV，并将它和认证数据域中的值相比较。如果两个值不同，则抛弃数据包并审核事件。

在这些步骤之后，如果数据包未被抛弃，则将被发送到 IP 协议栈的传输层或转发到指定的结点。

9.3.5　封装安全载荷协议

和认证头（AH）一样，设计封装安全载荷（ESP）的目的是用于提高 Internet 协议（IP）的安全性。ESP 提供数据保密、数据源认证、无连接完整性、抗重放服务和有限的数据流保密。实际上，ESP 提供和 AH 类似的服务，但增加了两个额外的服务：数据保密和有限的数据流保密服务。保密服务通过使用密码算法加密 IP 数据报的相关部分来实现。数据流保密由隧道模式下的保密服务提供。ESP 可以单独应用、以嵌套的方式使用或者和 AH 结合使用。

1. ESP 数据包格式

ESP 数据包由 4 个固定长度的域和 3 个变长域组成。这个协议的包格式如图 9-4 所示。

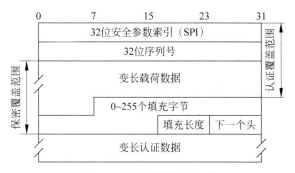

图 9-4　ESP 的数据包格式

（1）安全参数索引（SPI）：SPI 是一个 32 位整数，它同源地址、目的地址和 IPSec 协议（ESP 和 AH）结合起来唯一标识数据报所属的数据流的安全关联（SA）。

（2）序列号：和 AH 的情况类似，这个域包含一个作为单调增加计数器的 32 位无符号整数，用来防止数据报的重放。

（3）变长载荷数据：如果使用保密服务，其中就包含实际的载荷数据（数据报加密部分的密文）。这个域是必须有的，不管涉及的 SA 是否需要保密服务。如果采用的加密算法需要初始化向量（IV），它将在载荷域中传输，并且算法的规范要指明 IV 的长度和它在载荷数据域中的位置。

（4）填充。

（5）填充长度：表明填充域的填充位的长度。

（6）下一个头：表明载荷中封装的数据类型。可能是一个 IPv6 扩展头或传输层协议。例如，值 6 表明载荷中封装的是 TCP 数据。

（7）变长认证数据：这个变长域中存放 ICV，它是通过对除认证数据域外的 ESP 包进行计算获得的。这个域的实际长度取决于使用的认证算法。认证数据域是可选的，仅当指定的 SA 要求 ESP 认证服务时才包含它。

2. ESP 模式

和 AH 的情况一样,ESP 在数据包中的位置取决于 ESP 的操作模式。ESP 共有两种操作模式:传输模式和隧道模式。

1) 传输模式

在传输模式下,ESP 被插在 IP 头和所有的选项之后,但是在传输层协议头之前,或者在已应用的任意 IPSec 协议之前。图 9-5 显示了 ESP 在传输模式中的位置。ESP 的头部域由 SPI 和序列号域组成,而 ESP 尾部由填充域、填充长度域和下一个头域组成。图中标明了数据报被加密和认证的部分。对于 IPv6 数据报,ESP 被插在逐跳、路由和分段扩展头之后,目的选项扩展头可以放在 ESP 头的前边或后边。

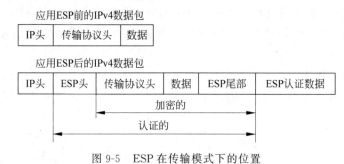

图 9-5 ESP 在传输模式下的位置

传输模式的 ESP 既不能为 IP 头提供加密,也不能为其提供认证服务,这是一个很大的缺点,因为这样伪造或者错误的包就有可能被作为 ESP 处理的输入。当然,传输模式的额外开销是比较小的。和 AH 协议一样,传输模式的 ESP 一般用于主机之间,而不用于网关和网关之间。

2) 隧道模式

在隧道模式下,ESP 被插在原始 IP 头之前,并且生成一个新的 IP 头并将其插在 ESP 之前。图 9-6 对这个情况进行了说明。对 IPv6 数据报而言,除了新的 IP 头,原始 IPv6 数据报中的扩展头也被插在 ESP 头之前。

图 9-6 ESP 在隧道模式下的位置

只要安全关联的一个端点是网关,就需要使用隧道模式。隧道模式的一个优点是它能对封装的整个 IP 包提供加密和认证的保护,另一个是它可以使得被封装的 IP 通信使用局域网的地址(即内部网络地址);隧道模式的缺点是开销相对较大。

3. ESP 处理

当某 IPSec 实现接收到一个外出的数据包时,它使用相应的选择符(目的 IP 地址和端口、传输协议等)查找安全策略库(SPD)并且确认哪些策略适用于数据流。如果需要 IPSec

处理并且 SA 已建立,则与数据包选择符相匹配的 SPD 项将指向安全关联库(SAD)中的相应 SA。如果 SA 还未建立,IPSec 实现将使用 IKE(Internet Key Bxchange,Internet 密钥交换)协议协商一个 SA 并将其链接到 SPD 项。接下来,SA 将用于进行下述数据包的处理。

(1) 生成或增加序列号,序列号用于防止以前发送过的数据包的重放。

(2) 加密数据包。

(3) 计算完整性校验值。

(4) 分段:如果需要分段,可以取得从包的源到目的地路径的最大传输单元(MTU),然后数据包被分成适当的大小并发往目的结点。

当数据包到达 IPSec 主机或安全网关时,如果更多分段(MF)比特被设置,就意味着还有其他分段未到达。IPSec 应用等待直到收到一个数据包,其序列号和前面几个相同但是 MF 位未设置,然后重组 IP 分段并执行如下步骤。

(1) 使用 IP 头中的目的 IP 地址和 IPSec 协议以及 ESP 头中的 SPI 进入 SAD 中查找进入包的 SA。如果查找失败,抛弃该数据包并审核事件。

(2) 使用第(1)步中查找到的 SA 对 ESP 包进行处理。首先要检查已确定 IP 头中(在隧道模式下是内部头)的选择符是否和 SA 中的匹配。如果匹配,IPSec 应用跟踪 SA 以及它相对于其他 SA 的应用的顺序并重复步骤(1)和(2),直到遇到一个传输层协议(对 IPv4 数据报而言)或一个非 IPSec 扩展头(对 IPv6 数据报而言)。

(3) 使用包中的选择符进入 SPD 中查找一条和包选择符匹配的策略。

(4) 检查步骤(1)和(2)找到的 SA 是否和步骤(3)找到的策略匹配。如果匹配失败,则重复步骤(4)和(5),直到所有的策略被匹配完成或者匹配成功。

(5) 如果启用了抗重放服务,使用抗重放窗口来决定某个包是否是重放包。

(6) 如果 SA 指定需要认证服务,应用 SA 指定的认证算法和密钥生成数据包的 ICV,并和 ESP 认证数据域中的值相比较。

(7) 如果 SA 指定需要加密服务,应用 SA 指定的认证算法和密钥解密数据包。在这些步骤之后,如果数据包还未被抛弃,它将被提交给传输层协议或转发到目的 IP 地址所指定的结点。

9.3.6　Internet 密钥交换

安全关联(SA)定义了如何对一个特定的 IP 包进行处理。如前文所述,对一个外出的数据包而言,它会"命中"SPD,而且 SPD 条目指向一个或多个 SA。假如没有匹配的 SA,就需要使用 IKE 协商一个 SA。IKE 的用途就是在 IPSec 通信双方之间建立起共享安全参数及验证过的密钥(也就是建立 SA)。

IKE 协议是 Oakley 和 SKEME 协议的一种混合,并在由 ISAKMP 规定的一个框架内运作。ISAKMP 是"Internet 安全关联和密钥管理协议"(Internet Security Association and Key Management Protocol)的简称。ISAKMP 给出了通信双方互相认证交换密钥的框架结构,即向双方通报安全关联(SA)所采用的报文格式,其中包括使用的认证算法、加密算法及密钥交换协议。Oakley 和 SKEME 定义了通信双方建立一个共享的验证密钥所必须采取的步骤。IKE 利用 ISAKMP 语言对这些步骤以及其他信息交换措施进行表述。

IKE 实际上是一种具有常规用途的安全交换协议,可以用于策略的协商以及验证加密材料的建立,适用于多方面的需求——如 SNMPv3、OSPFv2 等。IKE 采用的规范是在"解释域"(Domain of Interpretation,DOI)中制定的。针对 IPSec 的解释域定义在 RFC 2407 中,它定义了 IKE 具体如何进行协商。如果其他协议要用到 IKE,每种协议都要定义各自的 DOI。

IKE 分为两个阶段实现。第一阶段为建立 IKE 本身使用的安全信道而相互交换 SA(ISAKMP SA),第二阶段利用第一阶段建立的安全信道交换 IPSec 通信中使用的 SA(非 ISAKMP SA)的有关信息。当利用 IKE 进行相互认证时,将首先发出请求的一方称作发起者,对请求做出应答的一方称作应答者。IKE 对发起者和应答者定义了以下 3 种相互认证方式。

(1) 预先共享密钥。

(2) 数字签名。

(3) 公钥加密(Public Key Encryption,PKE)。

在不同方式下,它们之间交换的内容也有所不同。

在这 3 种认证方式中,只有预先共享密钥是必须配置的,在大多数 VPN 产品中支持使用基于 X.509 标准的数字证书的认证。当采用远程访问型 VPN 时,基于预先共享密钥的认证的安全性得不到充分的保证(一旦预先共享密钥被泄露,在任何地方都能接入)。这种认证方式只能用于 IP 地址固定的场合。

1. IKE 的第一阶段

在 IKE 的第一阶段定义了主模式和野蛮模式。在 IKE 中必须配置主模式,而野蛮模式则是用来简化规程和提高处理效率的。在主模式下发起者和应答者交换的具体内容因认证方式而异,但不论在哪种情况下都按以下 3 个步骤交换报文,如图 9-7 所示。

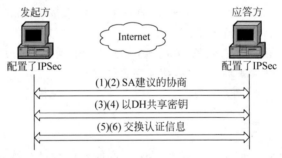

图 9-7　IKE 的第一阶段主模式下交换的报文

步骤一是协商策略。在图 9-7 的(1)中发起方发送协商载荷。协商载荷内含有对可用的加密算法、散列算法以及认证方式等在 SA 中使用的选项的建议。发起方一次可提出多个 ISAKMP SA 建议。应答方从中选定一个自己能够接收的 ISAKMP SA 在(2)中回送给对方。

步骤二在发起方和应答方之间为安全地交换加密及认证等参数共享要使用的密钥。因此,可采用 DH(Diffie-Hellman)的密钥交换算法利用(3)和(4)中的报文来交换密钥信息。至此,发起方和应答方之间还没有进行任何的认证。

在第一阶段的(5)和(6)中,发起方和应答方相互认证并交换包含所要认证的标识载荷及该载荷完整性的报文。在标识载荷中定义了结点的 IP 地址、完整的域名、用户名和

X.500 目录服务器的识别名等。

为了对标识载荷进行认证,在预先共享密钥的情况下,将标识载荷作为报文,加上由预先共享密钥导出的密钥,计算出带密钥的散列函数值(HMAC-MD5 等),对该值进行交换。因为只要知道预先共享的密钥就能计算出正确的散列值,所以可以利用它进行相互认证。确立 IKE 用的 SA 后,就可以在 IKE 的安全通信信道上建立 IPSec 的 SA 了。

2. IKE 的第二阶段

在 IKE 的第二阶段交换 IPSec 使用的加密/认证用的密钥参数。利用第一阶段建立的 SA(ISAKMP SA)对第二阶段交换的报文进行加密保护。因此,既使用网络分析仪窃取了数据也不能对报文内容解密。

对第二阶段的交换方式必须配置如图 9-8 所示的快速模式。该图中的(1)和(2)和图 9-7 的情况相同,是对 SA 协商载荷的建议和选定。在第二阶段中能够一次进行多个与 SA 有关的协商。每一步的报文内容的完整性是通过交换由第一阶段获取的认证密钥计算出的散列值来保证的。

IPSec SA 中使用的密钥参数可由第一阶段得到的密钥和第二阶段(1)和(2)中交换的随机数计算出的散列值导出。

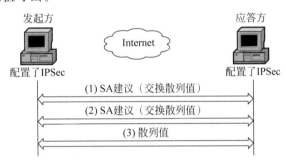

图 9-8 IKE 的第二阶段快速模式下的报文交换

9.3.7 在 VPN 中使用 IPSec 协议

AH 协议和 ESP 协议既可以单独使用,也可以结合起来使用,再加上两种不同的工作模式(传输模式和隧道模式),使用 IPSec 协议有很多种不同的组合方法。IPSec 协议组合的实现,是通过安全关联束来实现的。有以下两种方法来实现安全关联束。

(1)传输邻接:对同一个 IP 包使用两种协议的传输模式,这种组合只能实现一层。

(2)嵌套隧道:依次运用安全协议的隧道模式,每一次嵌套都加一个新的 IP 头,使用一次 IPSec 协议(AH 或 ESP)。这种方法对嵌套的层数没有限制,但超过 3 层的嵌套就没什么实际价值了。

这两种模式也可以组合使用,例如,一个使用了传输邻接的 IP 包可以通过一个隧道传输。在设计 VPN 的时候,应该限制对一个 IP 包进行 IPSec 处理的层次。一般而言,3 层以上的 IPSec 处理就没有什么现实意义了,因为两层的处理几乎就可以满足所有的安全需求。要注意的一点是,如果需要在一个安全关联束里实现不同的 SA 有不同的目的地址,就至少要使用一层的隧道模式。传输邻接并不能提供对多目标地址的支持,因为使用传输邻接方法的 IP 包里只含有一个 IP 头。

在收到一个含有两种协议头的 IP 包时,处理应该遵循先认证后解密的原则,因为如果认证失败,就不需要进行耗费资源的解密处理。根据这个原则,发送者应该先对要发送的包运用 ESP 处理,再运用 AH 处理。

实际应用中,出于安全性和网络带宽的权衡,最通用的做法是在连接的两个端点之间使用传输模式,而使用隧道模式则是在两台机器之中至少有一个是网关的情况下。下面介绍一下使用 IPSec 协议一些可行的方案。

1. 端到端(end-to-end)的安全

如果两个主机通过 Internet 或 Intranet 连接起来,其中没有任何 IPSec 网关,那么它们之间的协议可以是 ESP 协议、AH 协议或者同时使用两者,它们之间的工作模式可以是传输模式或者是隧道模式,但一般不结合使用传输模式和隧道模式。

在这种情形下实现 IPSec,需要支持的组合方式有以下两种。

(1) 传输模式。

① 只使用 AH。

② 只使用 ESP。

③ 先使用 ESP,再使用 AH,方法是传输邻接。

(2) 隧道模式。

① 只使用 AH。

② 只使用 ESP。

2. 基本的 VPN 支持

在这种 VPN 实现中,网关 G1 和 G2 运行 IPSec 协议栈,而 Intranet 内的主机不需要实现 IPSec 的功能,也不需要支持 IPSec 协议。在这种情况下,网关只需要支持隧道模式,或者是 AH 或者是 ESP。虽然网关之间只实现一个 AH 隧道或者 ESP 隧道就可以,但常常需要在网关之间的隧道上支持两种协议的特性,即使用组合隧道。

在网关之间实现组合隧道并不意味着要实现嵌套隧道,因为这种情况下的安全关联束中的 SA 都有着相同的目的地址,使用嵌套隧道是一种低效的方法。比较合理的做法是将一种 IPSec 协议运用在隧道模式下,另一种 IPSec 协议运用在传输模式下,这可以看作是一种结合的 AH-ESP 隧道。和这等价的做法是对原始的 IP 包做一次 IP 隧道处理,然后对结果做传输邻接的 IPSec 处理。这两种做法的结果都是一个外层的 IP 头紧接着一个 IPSec 的头(IPSec 头的顺序是由隧道政策决定的),然后是内层的 IP 头,如图 9-9 所示。

| 外部IP头 | AH头 | ESP头 | 内部IP头 | 载荷 | ESP尾 |

图 9-9 组合隧道下的报文格式

3. VPN 环境中的端到端的安全

这是上面两种情况的组合,在一种典型的配置中,网关使用工作在隧道模式下的 AH 协议,主机使用工作在传输模式下的 ESP 协议。要是需要更高的安全性,可以在网关之间使用组合的 AH-ESP 隧道,在这种情况下,经过网关封装的内层 IP 包的目的地址将会被加密,这个 IP 包整个将会被认证,而其运载数据将会被两次加密。只有在这种应用中,才会有3层的 IPSec 处理,当然,在这种情况下,性能方面的影响也是很大的。

4. 远程访问

这种情况应用于一台远程的主机想访问被防火墙(网关)保护的内部网络的情况。在远程主机 H1 和防火墙(网关)G2 之间,只需要隧道模式,而在远程主机 H1 与被保护的内部网络的主机 H2 之间既可以使用传输模式,也可以使用隧道模式。

比较典型的做法是在 H1 和 G2 之间使用隧道模式的 AH 协议,在 H1 和 H2 之间使用传输模式的 ESP。但也常常在 H1 和 G2 之间使用 AH-ESP 组合隧道模式,这样 H1 可以通过一个安全关联束访问 G2 后的整个内部网络,而如果只使用第一种配置,通过一个 SA,H1 只能访问内部网络中的一台主机。

5. 结论

虽然理论上 IPSec 协议的组合可以有很多种不同的可能性,但实际上只有一些是被使用的。一个常见的组合是隧道模式的 AH 保护传输模式的 ESP 流量。而网关与网关之间,也常常使用组合的 AH-ESP 隧道模式。

(1) 主机 H1 创建 IP 包,并且应用 ESP 传输模式处理,然后 H1 把数据包发送到网关 G1,目的地址是 H2。

(2) G1 意识到这个包需要被传递给 G2,在查询过它的 IPSec 数据库(SPD 和 SAD)后,G1 知道应该对这个包运用隧道模式的 AH 处理,经过封装过的包的目的地址现在是 G2,然后 G1 把此包发送出去。

(3) G2 收到经过 AH 隧道处理的包,它对此包先进行认证,然后去掉外层的 IP 头,G2 会看到内层又是一个 IP 包,其目标地址是 H2,于是 G2 把此包传递给 H2。

(4) 最后 H2 收到了这个包,因为它是目的地,所以它对这个包进行传输模式的 ESP 处理,得到原始的数据。

9.4 链路层 VPN 的实现

链路层实现 VPN 的安全协议最初是从拨号连接的协议开始的,后来经过几年的发展,逐渐形成了 PPTP、L2F、L2TP 等协议,如图 9-10 所示。

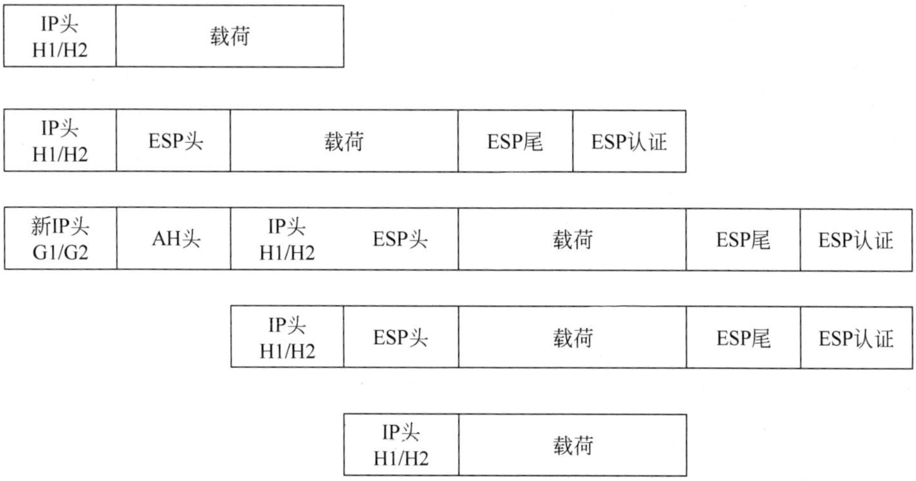

图 9-10　PPTP、L2F、L2TP 协议

9.4.1 PPTP

PPTP 是拨号协议 PPP(Point-to-Point Protocol)和 TCP/IP 的结合。PPTP 的特点包括 PPP 的多协议支持、用户认证、数据流的压缩等,而它的 TCP/IP 特性使得 PPTP 包也能在 Internet 上传输。PPTP 可以通过隧道技术来封装数据,可以运载诸如 IP、IPX、NetBIOS 以及 SNA 等协议包,将其封装到一个新的 IP 包里,然后在 IP 网络上传输。

PPTP 流量包括两种:数据包和控制包。其中,只有数据包可以被封装,即使用隧道技术。对于 PPP 包的封装,PPTP 使用了 GRE 协议,它可以对封装的数据进行加密,也可以进行一定程度的认证。

一个典型的使用 PPTP 的 VPN 通信过程如下。

(1) PPTP 连接:客户端和它的 ISP 之间建立一个 PPP 连接(例如 ISDN 拨号)。

(2) PPTP 控制连接:通过 Internet,客户端创建一个和 VPN 中服务器的 PPTP 连接,并建立 PPTP 隧道。

(3) PPTP 数据隧道:客户端和服务器可以通过这个加密的隧道进行通信。

PPTP 本身不提供安全性支持,通信数据的安全性是由隧道 PPP 连接来处理的,认证也只是基于 PPP 连接的两个端点。因为 PPTP 控制包既没有被认证,又没有完整性检查,攻击者就有可能破坏底层的 TCP/IP 连接,或者伪造控制包甚至能在不被察觉的情况下改变原始的传输数据。而且,由于 PPP 建立时的对话是没有通过隧道的,攻击者就有可能实施中间人攻击。因此 PPTP 的安全性往往需要其他的协议,例如 PAP、CHAP、MS-CHAP 等认证协议。

9.4.2 L2F

1996 年,Cisco Systems 开发了这个协议,目的是和 Microsoft 的 PPTP 结合使用,来满足越来越多的拨号网络的需求。因为有许多非 IP 的网络需要和 Internet 相连,就需要一种虚拟的拨号机制。用户可以使用 PPP 或 SLIP 拨号到本地 ISP,然后通过 L2F 连接到公司的网络里,隧道的两个端点分别在 Internet 两个边界处,在这些边界处,可以使用 Cisco 安装有隧道接口的路由器。和之前的各种技术相比,L2F 有许多优点,包括:

(1) 独立于协议(IPX、SNA)。

(2) 认证(PPTP、CHAP、TACACS)。

(3) 地址管理。

(4) 动态而安全的隧道。

(5) 审计。

(6) 独立于底层网络(ATM、X.25、帧中继)。

9.4.3 L2TP

远程用户使用拨号连接来访问内部网络是实现远程访问 VPN 的一种简便方法,但是如果用户直接拨号到一个内部网络的网关,这种长途通信费用是非常高昂的。为此,在 1998 年,IETF 将 1996 年分别由 Microsoft 和 Cisco 倡导的 PPTP 和 L2F 协议合并成一个统一的协议 L2TP。

这个协议扩展了 PPP 连接的范围,PPP 的连接一端是用户,一端是其本地 ISP,而 L2TP 使用的"虚 PPP 连接"直接把用户的远程主机和企业局域网络的网关连接起来,其效果是用户和企业的网络好像在一个子网上,而不是位于 Internet 的两端。

因为远程主机和网关使用共同的 PPP 连接,它们就可以利用 PPP 的特点来传输非 IP 的包。例如,L2TP 隧道可以用来支持远程的 LAN 访问,或者远程的 IP 访问。

虽然 L2TP 是一种很经济的解决方案,而且可以传输多种协议,支持远程的 LAN 访问,但它不能提供加密意义上的强安全性。例如,认证只能针对隧道的端点,并不能为每一个流经隧道的包进行认证,这使得隧道可能会遭受中间人攻击和窃听攻击;没有对包的认证,也没有基于包的完整性检查,因此就可以实施一种拒绝服务攻击,方法是不停地产生伪造的控制信息,这可能导致 L2TP 隧道端点或者 PPP 连接本身的阻塞;L2TP 自身并不提供对数据流的加密功能,因此并不能满足数据机密性需求。

PPP 包的运载数据可以被加密,但 PPP 并不提供自动密钥产生和自动密钥更新功能。L2TP 协议包可以封装在 IP 包中,如图 9-11 所示,把 IP 包作为 UDP 包的载荷,外层 IP 头的地址对定义了隧道的两个端点,因为外层的协议现在是 IP,因此就可以在上面应用更安全完善的 IPSec 协议,这是 IETF 倡导的一种加强 L2TP 安全性的方法。

图 9-11　L2TP 报文格式

总的来说,L2TP 是一种高效的提供远程访问 VPN 的方法,但如果不和 IPSec 协议结合使用,它并不能提供充分的安全性。

9.5　VPN 的应用方案

9.5.1　VPN 的应用类型

1. Intranet

网络的每个结点都是企业的内部设备,因此可以说是一个逻辑上的内部网络,只是一部分通信信道在物理上可能是公用的线路,利用现代加密技术来保障信道的安全、可靠,从而实现"专用"网络。

Intranet 最典型的情况是利用公用网络(如 Internet 和电信网)把企业总部的局域网和各个不同地方分部的局域网连接在一起,只有企业的成员可以访问 Intranet。在一个局域网中访问另一个局域网对用户而言就如同访问本地局域网络,虽然实际的传输可能是通过 Internet。

2. 远程访问

这提供的是一种远程登录到内部局域网中的方法,在实际应用中,往往是移动式通信和计算设备(如笔记本、掌上电脑等)通过公用的网络来登录。当然,登录过程应是一个安全的认证过程,而通信也应是安全的通信。

3. Extranet

这是在企业和其客户、供应商之间建立的安全网络,所使用的方式包括安全的 Web 页面或者其他协议、服务。这种技术在企业和企业之间建立了可信且安全的网上交易环境,是电子商务的核心技术之一。

9.5.2 部署 Intranet 型 VPN

这是 VPN 技术中最常见的用途,把两个互相信任的局域网通过公用网络连接起来。在这种情况下,最主要的问题是保护 Intranet 免受外界的攻击和保障两个子网之间数据传输的安全性。

当 VPN 的数据在公用网络上传输时,公司需要保证数据的秘密性。如果不考虑来自内部的攻击,最简单的办法就是只对两个局域网的防火墙之间的数据进行加密和认证,而不需要在端系统进行任何安全处理。这样做的好处是只需要管理较少的 SA,每一个局域网只需要两个 SA,而不是每台主机两个 SA。因为两个防火墙互相需要做认证,所以最简单的方法是在两个局域网的防火墙之间使用 ESP 隧道。更好的方法是使用 AH 和 ESP 的组合隧道,这样外层的 IP 头也得到认证,可以避免拒绝服务攻击。

如果公司在私用网络中使用的是公用地址,即全球唯一 IP 地址,则在部署 VPN 时,这些地址不需要受到影响;如果公司在私用网络中使用的是私用地址,则在此私用网络和 Internet 的接口处(防火墙)至少应该使用一个公用的 IP 地址。在上面所说的两种情况中,ESP 隧道或者 AH 和 ESP 的组合隧道都可以使用,而不再需要进行专门的地址翻译。

通过隧道的新的 IP 头将使用那两个防火墙的公用 IP 地址,而被封装的 IP 包的包头是公司私用网络的地址,既可以是公用地址,也可以是私用地址。Intranet 实际上是一群 IP 子网的集合,一般 VPN 都需要在各个子网的网关(防火墙或路由器)之间部署 IP 路由。这些网关之间交换的路由信息实际上经常描述了 VPN 的拓扑信息。这些路由信息是在公共网络上传输的,可以用 IPSec 来对这些路由信息进行加密和认证,从而隐藏 Intranet 的真实拓扑信息。当一个 IPSec 隧道在一对网关之间建立时,它们在逻辑上就是相邻的,每一对虚拟相邻的安全网关将在它们之间建立一对 SA,使用 ESP 隧道或者 AH 和 ESP 的组合隧道来提供加密和认证,隐藏它们之间交换的路由信息。

结合以上的描述,一个 Intranet 的应用例子如图 9-12 所示。

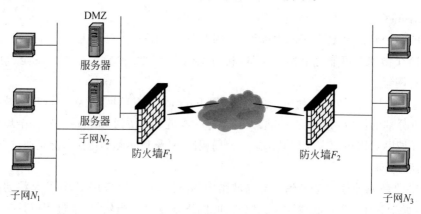

图 9-12 部署 Intranet 型 VPN

其中,子网 N_1 和子网 N_2 表示公司的总部网络,它通过路由器和 Internet 相连,外部的子网 N_2 是一个非军事化区(DeMilitarized Zone,DMZ),有一些公司对外公开的服务,如

Web,匿名 FTP 等。防火墙 F_1 用于保护公司的内部子网 N_1。在这个子网里,有公司的关键服务器,它可以被分支办公室访问。这个服务器可以支持 IPSec,也可以不支持。分支办公室子网 N_3 通过防火墙 F_2 和 Internet 相连。分支办公室的客户端不需要实现 IPSec 协议。可以在两个防火墙 F_1 和 F_2 之间建立一个认证和加密过的隧道,并且将所有分支办公室和公司总部网络之间的流量导入这个隧道。

9.5.3　部署远程访问型 VPN

下面介绍远程用户如何利用 IPSec 来通过 Internet 和他们公司的 Intranet 之间建立安全连接。

在远程接入型 VPN 部署中一个最突出的问题就是动态性,因为拨号 ISP 为客户端分配的 IP 地址无法预知,所以 SA 并不能被预先配置,需要利用名字而不是地址来识别远程客户端。ISAKMP/Oakley 有这个能力,但实现起来比较麻烦,可以利用动态隧道的技术。另外一个重要的问题是是否需要在 Intranet 内部将 IPSec 隧道扩展到主机。多数企业对他们的 Intranet 持信任态度,但有时候为了严格的安全需求,也需要使用直接到主机的 IPSec 隧道,但是这将意味着更复杂的管理。

显然公司 A 希望所有远程访问的流量是加密的,因为它们要经过 Internet,认证也是必需的。因此,需要或者使用带有认证能力的 ESP 隧道,或者使用 AH-ESP 组合隧道,既提供了认证,又提供了加密。

和 Intranet 的情况不同,在远程访问的情况下,隧道的一个端点是在 Internet 上。远程客户端在接入本地 ISP 时被自动分配一个公用 IP 地址,这个地址是可路由的,因此在安全连接的另一端,公司内部的路由器只需要把往远程客户端的流量导向其与 ISP 相连的外部路由器即可。公司 Intranet 的地址策略不需要任何更改,如果它使用的是私用地址,它将会被封装,而封装后的包会送往一个可路由的公用地址(远程客户端)。

如果要在公司网络和远程用户之间使用非 IP 的通信协议,则除了 IPSec 外,还需要把非 IP 包封装成 IP 包的隧道协议,但和 IPSec 相比,这些协议往往不提供强壮的加密特性,因此解决方法是使用 IPSec 保护多协议隧道中的流量。结合以上的描述,一个远程访问的例子如图 9-13 所示。

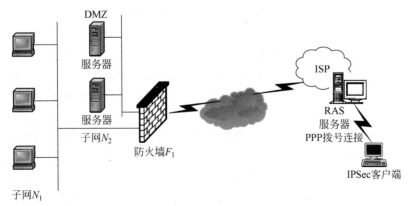

图 9-13　插入远程接入型 VPN

IPSec 远程客户端通过 PPP 拨号连接和本地 ISP 的 RAS（Remote Access Service）服务器相连，其 IP 地址由 RAS 服务器用 DHCP 分配。在 RAS 服务器和远程客户端之间可以用任何方法（如传统的用户名和口令）来进行认证。企业的子网 N_1 被防火墙 F_1 保护，子网 N_2 位于非军事化区（DMZ）。依靠远程客户端的 IPSec 软件，我们可以在其与公司 Intranet 的防火墙之间建立一个动态的、加密和认证过的隧道。所有公司 Intranet 和这个客户端之间的流量都经过这个隧道。

9.5.4　部署 Extranet 型 VPN

这种情况是分支办公室的扩展，差别在于 Extranet 要在两个原先并不互相信任的 Intranet（或者局域网）之间通过 Internet 建立安全的连接。设计的焦点不仅是要保证企业的 Intranet 不受外界的攻击，而且要保证 Intranet 中的主机不会受到内部（Intranet 或 Extranet）的攻击。

下面举一个企业 X 与多个供应商之间的通信网络的例子。供应商 A 可能会需要企业 X 的内部资源，但是这种访问必须是被限制的；另外，除了数据在 Internet 上的传输要保证机密性以外，供应商 A 可能希望它的数据在 X 中的 Intranet 中传输时，只能被 X 中的目标主机所见。例如，供应商 A 只能访问企业 X 中的目标主机 D1，而供应商 B 只能访问企业 X 中的目标主机 D2。

IPSec 为这种情况提供了一种解决方案，但要比 Intranet 的情况复杂得多，主要有如下问题。

（1）在有多个供应商的情况下，一个供应商只被允许访问企业局域网内的一定集合的目标主机，而其流量对其他供应商也是不可见的。

（2）如果这个企业和其供应商的 Intranet 内都使用了私用地址，例如局域网地址，则当两个 Intranet 通过 Extranet 连接起来时，就很有可能出现地址冲突。为了避免这种情况，VPN 的成员网络或者使用公用地址，或者协调使用私用地址，或者加入一些地址翻译策略。

（3）由于安全路径需要从主机到主机，而不是像 Intranet 那样只需要从网关到网关，因此在 Extranet 的情况下将会有更多的 SA 需要协调，有更多的密钥需要管理，这时，使用自动的 SA 和密钥管理机制（如 ISAKMP/Oakley）就很有必要。

（4）由于安全路径需要从主机到主机，IPSec 就必须在客户端、服务器以及网关上都被支持。

企业 X 的网关（防火墙）必须能接收来自供应商 A 和供应商 B 的流量，这可以用 IPSec 的 AH 协议来实现。在企业 X 和供应商 A 的网关之间有一个隧道，在企业 X 和供应商 B 的网关之间有另一个隧道，在这两个隧道里，使用 AH 的隧道模式提供访问控制。

为了获得程度更高的认证机制，企业 X 中的 D1 只接受 Extranet 上来自供应商 A 的流量，而不接受供应商 B 的流量，这就需要在主机到主机之间使用端到端的加密，这可以用 IPSec 的 SA 束来实现。

首先，在每一个客户端和服务器之间建立一个端到端的 SA，它使用 ESP 进行认证，工作在传输模式下。然后，在企业 X 和供应商的网关之间建立一个工作在隧道模式的 AH 隧道。这样，端到端的 ESP 的包在网关处被封装，形成一个 SA 束，其中有两个不同的 SA，一个是从客户端到服务器，另一个是从网关到网关，如图 9-14 所示。

新IP头	AH头	IP头	ESP头	载荷	ESP尾	EPS认证

图 9-14 Extranet 型 VPN 示意

在这种情况下,IPSec 协议提供了两级认证。网关到网关的认证保证只有合法的供应商的流量能进入企业 X 的 Intranet;主机到主机的认证保证某个目标主机只接受来自某个供应商的流量。结合以上描述,一个 Extranet 的例子如图 9-15 所示。

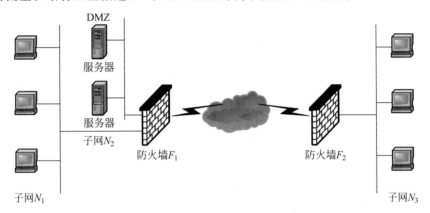

图 9-15 部署 Extranet 型 VPN

其中,子网 N_1 和子网 N_2 表示 X 的网络,它通过路由器和 Internet 相连,防火墙 F_1 保护内部网络。子网 N_1 中,有公司需要能被合作商或者供应商访问的服务器,这个服务器需要支持 IPSec。供应商的子网 N_3 通过防火墙 F_2 和 Internet 相连,供应商子网里的客户端需要安装一些支持 IPSec 的软件,才能访问子网 N_1 中的服务器。这里的两个防火墙 F_1 和 F_2 之间的隧道配置和 Intranet 的情形一样,但是只需要在上面实现认证功能。而在子网 N_3 中的客户端和子网 N_1 中的服务器之间需要再建一个隧道。

习　　题

1. 多项选择题

(1) 以下协议中(　　)是在数据链路层。

　　A. IPSec 　　　　　　　　　　　　　B. L2TP

　　C. L2F 　　　　　　　　　　　　　　D. SOCKSv5

　　E. SSH

(2) 以下关于 IPSec 协议的说法中(　　)是正确的。

　　A. IPSec 使用的协议设计成与具体的密码算法相关

　　B. TCP 和 UDP 都可以使用 IPSec 协议提供的安全服务

　　C. IPSec 协议中的安全关联(SA)是双工(双向)的

　　D. 隧道模式可以对封装的整个 IP 包提供安全保护

　　E. AH 协议和 ESP 协议不能结合起来使用

(3) AH 协议可以提供(　　)安全服务。

　　A. 数据源认证 　　　　　　　　　　B. 数据保密性

C. 完整性保护   D. 抗重放服务

E. 数据流(业务流)的保密性

2. 简答题

(1) 简述 ESP 中传输模式和隧道模式的区别和用法。

(2) 理论上,IPSec 协议的组合可以有很多种不同的可能性,但是实际中只有一些常用的组合方式。一个常见的组合是隧道模式的 AH 保护传输模式的 ESP 流量,请描述出这种情况的报文格式和处理过程。

(3) 考虑企业 X 和两个供应商 A、B 之间的通信,两个供应商可能会需要企业 X 的内部资源,但是这种访问必须是被限制的。供应商 A 只能访问企业 X 中的目标主机 D_1,而供应商 B 只能访问企业 X 中的目标主机 D_2。另外,除了要保证数据在 Internet 上的传输机密性以外,供应商 A 希望它的数据在 X 中的 Intranet 中传输时,只能被 X 中的目标主机所见。请为这种情况设计合理的 VPN 解决方案。

第 10 章

拒绝服务攻击

观看视频

本章重点：

（1）什么是拒绝服务攻击？拒绝服务攻击模式有哪些？

（2）常见 DoS/DDoS 攻击简介。

（3）拒绝服务攻击检测技术。

（4）拒绝服务攻击的防范策略。

10.1 简 介

10.1.1 拒绝服务攻击简介

由于网络开放的结构，各种攻击也不断威胁着网络服务系统的可用性，其中以拒绝服务（Denial of Service，DoS）攻击危害最大，也最难以控制，而又最容易发起，因为任何人都可以非常容易地在网上的某个地方下载自动的 DoS 攻击工具。

拒绝服务攻击对于网络服务的可用性造成了致命性打击，它通常可以在短时间内造成被攻击主机或者网络的拥塞，使合法用户的正常服务请求无法到达服务网络中的关键服务器。此时，即使服务网络察觉到了来自网络流量的巨大压力，但是由于缺乏有效的防御措施，网络服务器也只能切断网络连接重新启动，等待攻击结束。

现实中，即使几个小时的网络服务中断，对于某些商业和重要的政府部门来说也是不能容忍的。产品提供商可能因此信誉下降而失去大量的客户；政府的新闻网站、政策发布网站、政府提供一站式服务的网站也会因此降低在公众中的信誉度；银行等金融服务还可能因此而产生信息的丢失或者错误，不仅信誉受损还会承担很大的经济风险；交通和运输服务系统的瘫痪可能还会造成整个城市和地区的恐慌。

拒绝服务攻击的目的是利用各种攻击技术使服务器或者主机等拒绝为合法用户提供服务。来自网络的拒绝服务攻击可以分为两类：停止服务和消耗资源。停止服务意味着毁坏或者关闭用户想访问的特定的服务；消耗资源，是指服务进程本身正在运行，但攻击者消耗了计算机和网络的资源，阻止了合法用户的正常访问。

停止服务最普遍的方法是发送恶意的数据包。攻击者会利用目标主机 TCP/IP 栈错误地给其发送一种或多种非正常格式的数据包，如果目标主机对于恶意数据包非常脆弱就会崩溃，具体表现为可能会关闭一个特定的进程和所有的网络通信，甚至引起操作系统停止工作。

攻击者依靠各种各样的技术来建立数据包，这些数据包的结构是 TCP/IP 协议栈的开发者所没有预料到的,每一种攻击方式给目标主机发送一种数据包或一种慢的数据包流,以引起主机瘫痪。有的攻击者会使用一些异常的或非法的数据包碎片(如 Teardrop、NewTear、Bonk 攻击等),有的攻击者会发送一些大容量的数据包(如 Ping of Death 攻击),有的攻击者会用无法预料的端口号发送假数据包(Land 攻击),有的攻击者向主机的开放端口发送一些垃圾数据(如 WinNuke 攻击)。

资源消耗是目前最流行的拒绝服务攻击方式,这种技术占用目标主机的资源,特别是通信链路的带宽。攻击者会利用数据包洪泛来消耗目标的网络处理能力,这类拒绝服务攻击通常被称为数据包洪泛攻击,如 SYN 洪泛、Smurf 攻击和 UDP 洪泛等。

拒绝服务攻击中的 90% 是 SYN 洪泛攻击,它利用了 TCP 的特点。TCP 连接的建立需要三次握手过程,如图 10-1 所示。

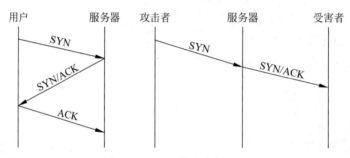

图 10-1 SYN 洪泛攻击原理

TCP 连接建立的三次握手过程如下:一个客户程序给服务器打开的端口发送一个含 SYN 位的数据包,当服务器收到 SYN 数据包时,它会记住来自客户端的初始序列号,并生成一个 SYN/ACK 响应数据包,为了记住这个序列号,服务器的 TCP/IP 协议栈会在它的连接队列里开辟出一小块内存来存储这些正在进行的连接。这种连接队列是一种简单的数据结构,在三次握手期间用来记忆连接信息。

一个 SYN 洪泛攻击试图通过向服务器发送大量的数据包来破坏这种机制。在 SYN 洪泛攻击过程中,攻击者向服务器发送大量的 SYN 数据包,当服务器收到过多的 SYN 数据包时,无法及时处理,这样合法的网络信息就无法到达服务器。有以下两种方式可以通过 SYN 洪泛消耗服务器的通信资源。

第一种方式是用未完成的连接去填充服务器的连接队列,一旦服务器收到 SYN 数据包并发回 SYN/ACK 响应,就等待三次握手的最后一个过程,通常设置 1min 为等待时间溢出值。服务器指定一些资源给连接队列,用于记录每个输入的 SYN 数据包。当服务器正在处理那些未完成的连接时,攻击者可以将连接队列塞满。攻击者通过发送 SYN 数据包占满所有的用于连接队列的通道,新的合法用户的连接请求就不能够被响应。为了确保能够塞满服务器的连接队列,许多 SYN 洪泛工具发送含有互联网中不存在的 IP 地址的 SYN 数据包。

第二种方式是在连接队列之外进行的,如攻击者给服务器发送大量的 SYN 数据包,SYN 洪泛就会填满服务器的通信链路,挤掉合法用户发送数据包的信道。为了能够做到这一点,攻击者必须有比服务器更大的带宽,这样才能生成更多的 SYN 数据包来填满服务器的通信带宽。

10.1.2　拒绝服务攻击模式

拒绝服务攻击的原理很简单，它充分利用合理的 TCP 来完成攻击的目的，目前主要有 4 种攻击模式。

1. 拒绝服务攻击

最经典的拒绝服务攻击方式是点到点方式，攻击者使用处理能力较强的机器直接向处理能力较弱或带宽较窄的网络发送数据包，以达到耗尽资源和拥塞网络的目的。目前，攻击者已经很少采用这种攻击方式了。一方面，由于现在的服务器的处理能力相比从前大大提高了；另一方面，如果直接攻击很容易暴露攻击者的位置等信息。

2. 分布式拒绝服务攻击

分布式拒绝服务（Distributed Denial of Service，DDoS）攻击是洪泛式拒绝服务攻击中一种更具威胁的演化版本，它利用互联网分布式连接的特点，通过控制分布在互联网上的计算机，共同产生大规模的数据包洪泛，对目标计算机或者网络进行攻击，如 mstream、Stacheldraht、TFN2K 攻击等。DDoS 攻击的原理是 Master（Master 的英文原意是主人，在拒绝服务攻击中指代那些控制其他主机的主机，称为攻击控制主机）事先通过网络控制大量的主机，通常称为 Zombie（Zombie 的英文原意是行尸走肉，在拒绝服务攻击中指代那些被控制的主机，称为僵尸主机），之后再发起命令控制多个 Zombie 同时攻击目标，其攻击原理如图 10-2 所示。

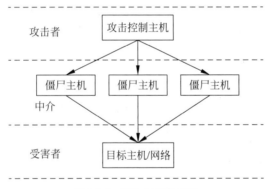

图 10-2　DDoS 攻击原理

一方面，大量的 Zombie 使攻击效能大大放大，如大量低处理能力的主机向高处理能力的服务器发起攻击或者从窄带网络向宽带网络攻击；另一方面，攻击者有 Zombie 屏蔽，不易被发现，从而很难定位真正的攻击者。

3. 分布式反射拒绝服务攻击

分布式反射拒绝服务（Distributed Reflection Denial of Service，DRDoS）攻击的攻击原理如图 10-3 所示。

DRDoS 的攻击原理是利用了边界网关协议（Border Gateway Protocol，BGP），该协议是中间路由器之间用来交换路由表的协议。不必关心这个协议的细节，实际上互联网上所有组织良好的中间路由器都会接受 179 端口的 TCP 连接请求，也就是说，互联网上的路由器只要在 179 端口上收到 TCP 连接请求，该路由器就会响应 SYN/ACK 数据包。恶意攻击者并不需要攻破大量的中间路由器——实际上也不可行，攻击者只要假冒被攻击目标向

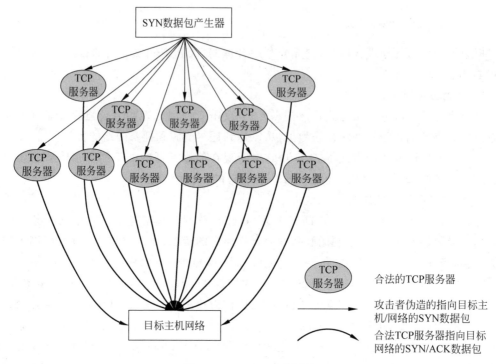

图 10-3　DRDoS 攻击原理

大量路由器的 179 端口发出 SYN 请求,这些路由器必然会发出响应,大量的 SYN/ACK 数据包会堵塞被攻击的路由器。

4. 应用层拒绝服务攻击

另一种比较具有威胁的拒绝服务攻击是应用层拒绝服务攻击,这类攻击向目标发送虚假的应用协议数据如 HTTP 请求,从而消耗目标应用的计算资源,进而阻止它们处理合法用户的请求。HTTP half-open 和 HTTP error 就是其中的两类。

10.1.3　攻击特点分析

拒绝服务攻击为了最大限度地降低被检测到的可能性,规避现有的检测和防御手段,在攻击数据包构造、攻击速率以及攻击范围等方面不断进行变化,其特点如下。

1. 多源性、特征多变性

智能的拒绝服务攻击工具可以实现多对一或者多对多的攻击方式,而且往往采用不断改变攻击数据包属性的方法来迷惑拒绝服务攻击检测和防御系统,通常拒绝服务攻击数据包中会经常改变的属性如下。

(1) 源 IP 地址。改变数据包的源 IP 地址也称为 IP 欺骗。IP 欺骗可以隐蔽攻击的真正发起者,而且不断地改变源 IP 地址使拒绝服务攻击防御程序无法进行有效的防御。

(2) 源/目的端口。很多拒绝服务攻击防御措施是基于目的端口过滤,当攻击者利用不断变化的源/目的端口的数据包时,这种防御措施就没有什么效果了。

(3) 其他 IP 头参数。智能的攻击工具使几乎所有的 IP 头的属性随机化,只保留如目的 IP 地址这样的参数不变。

攻击者只需要在一个系统中拥有足够的权限就可以利用工具恶意篡改 IP 数据包的包头。例如,在 Windows 和 Linux 操作系统中,可以利用 RawSocket 来构造虚假的 IP 数据包头。拒绝服务攻击特征变化很快,如果直接利用这些低层次特征进行检测是不可行的。

2. 频率和范围

拒绝服务攻击是一种网络群体行为,CAIDA 技术统计表明,拒绝服务攻击中,90%持续时间为 1h 或者更短,90%是基于 TCP,40%攻击速率达到 500pps,高峰流量达到 500 000pps。

10.1.4 僵尸网络

拒绝服务攻击原理简单、实施容易,但是却难以防范,特别是与 Botnet 网络结合后,其攻击能力大大提高。例如,2004 年 6 月互联网基础设施提供商 Akamai 的一台关键域名服务器受到 Botnet 发动的 DDoS 攻击,结果导致 Google、Microsoft、Yahoo! 和 Apple 等著名网站不能提供正常服务。

那么究竟什么是 Botnet 网络呢? Botnet 在国内大都被翻译为僵尸网络。我们来分析一下 Botnet 这个英文单词,Bot 来自 robot,是机器人的意思,net 是网络的意思,Bot 和 net 合起来就是机器人组成的网络。但是 Botnet 并没有翻译为机器人网络,机器人的一层含义是受控制的一些程序,这些程序等待控制者的命令,并在接受命令之后,不折不挠地去执行这些命令,而并不关心这些命令的含义。相对应地,这让我们想到 DDoS 攻击中,那些被攻击者控制的 Zombie,显然这里的机器人和 Zombie 是一样的含义。

目前来说,没有关于 Botnet 的公认定义,有时 Botnet 也常常被认为是一种后门工具或者蠕虫。Botnet 的显著特征是大量主机在用户不知情的情况下,被植入了控制程序,并且有一个地位特殊的主机或者服务器能够通过信道来控制其他的主机,这些被控制的主机就像僵尸一样听从主控者的命令。Botnet 的网络组成方式如图 10-4 所示。

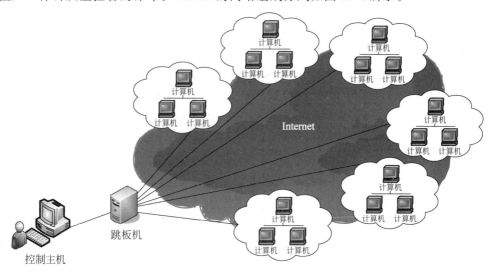

图 10-4 Botnet 网络组成方式

Botnet 的构建是需要一个过程的。攻击者首先会收集大量的主机作为 Zombie,收集过程多半都会采用自动化的病毒感染方式(如蠕虫、病毒、特洛伊木马等),之后 Zombie 就处于待命状态,当 Zombie 收到命令后就会进入攻击阶段。

Botnet 泛滥的一个直接结果就是它可以被用来发起超大规模的 DDoS 攻击,而且 Botnet 已经在网上被公开销售或者租用。例如,由 4000 台计算机组成的 Botnet 的网上售价也就是 200 美元。僵尸工具实现的 DDoS 攻击,大部分是 TCPSYN 和 UDP 洪泛攻击。

利用 Botnet 发动 DDoS 攻击,给 DDoS 攻击的检测和防御带来了更大的挑战。

首先,Botnet 使发起攻击变得更加容易,攻击者不必费心地去寻找可用的 Zombie,购买和租用 Botnet 的代价低得多;其次,Botnet 控制的 Zombie 遍布在互联网上,甚至不是在攻击发生的本地互联网网络范围之内,这使得去追寻这些机器变得基本是不可行的,也没有办法将其诉诸法律;攻击者通过使用 Botnet 将自己很好地掩藏起来。

除了被用于组织 DDoS 攻击,Botnet 还可以被用来传播垃圾邮件、窃取用户数据、监听网络和恶意病毒扩散等。Botnet 已经成为互联网的重大威胁。

10.2　常见 DoS/DDoS 攻击简介

10.2.1　flood

flood 的字面意思是“淹没”,flood 是 DoS 攻击的一种手法,具有高带宽的计算机可以通过大量发送 TCP、UDP 或者 ICMP echo request 的报文,将低带宽的计算机“淹没”,降低对方计算机的响应速度。其中最简单的一种办法就是在 UNIX 下使用 ping-fIP,这种通过发送异常的、大的 ping 来杀掉服务器的方法有时称为 Ping of Death。另一种常用的手法称为 SYN flood,攻击者有意不完成 TCP 的 3 次握手过程,其目的是让等待建立某种特定服务的连接数量超过系统所能承受的数量,从而使得系统不能建立新的连接。虽然所有的操作系统对每个连接都设置了一个计时器,如果计时器超时就释放资源,但是攻击者可以持续建立大量新的 SYN 连接来消耗系统资源。很显然,由于攻击者并不想完成 3 次握手过程,所以不需要接收 SYN/ACK,因此也就没有必要使用真实的 IP 地址。

实现 SYN flood 是非常简单的,在 Internet 上有大量的源程序可以下载,如果使用 Perl,那么只需要十几行程序就可以了,下面就是一段完整的 SYN flood 程序,其中使用了 Net::RawIP 这个模块,这个模块可以到网上(http://www.perl.com/CPAN-local/)下载。

10.2.2　smurf

smurf 是一种很古老的 DoS 攻击,这种方法使用广播地址。发向广播地址的 IP 包会被网络中所有的计算机所接收,广播地址的尾数通常为 0,例如 192.168.1.0,尾数为 255 的地址通常作为多播地址,但有时候也被用作广播地址。

设想发送一个 IP 包到广播地址 192.168.1.0,假设这个网络中有 50 台计算机,将会收到 50 次应答,广播地址在这里起到了放大器的作用,smurf 攻击就利用了这种作用。如果 A 发送 1KB 大小的 ICMP echo request 到广播地址,那么 A 将收到 $1KB \times N$ 的 ICMPReply,其中,N 为网络中计算机的总数。当 N 等于 100 万时,产生的应答将达到 1GB,这将会大量消耗网络资源,如果 B 假冒了 A 的 IP 地址,那么收到应答的是 A,对 A 来说就是一次拒绝服务攻击。最经典的 smurf 程序称为 parasmurf. c,这个程序可以从网上(packetstormsecurity. org)下载。

10.2.3　OOB Nuke

OOB Nuke 也称作 Winnuke,1997 年 5 月被发现,这种攻击会导致 Windows 95 蓝屏,在当时的 IRC 聊天用户中非常流行。

OOB Nuke 依据的是这样一个原理:Windows 95 不能正确地处理所谓的带外数据(Out of Band Data)。在 TCP 中提供了"紧急方式",使传输的一端告诉另一端有些具有某种方式的"紧急数据"已经放置到普通的数据流中,如何处理由接收方决定。通过设置 TCP 首部的两个字段来发出这种通知,URG 比特被置为 1,并且一个 16 位的紧急指针被置为一个正的偏移量,某些实现将 TCP 的紧急方式称为带外数据。问题在于 Windows 95 不知道如何处理带外数据,OOB Nuke 一般使用 139 端口,这并没有特殊的原因,只是在 Windows 95 下这个端口总是打开的。

10.2.4　Teardrop

在早期 BSD UNIX 实现的网络协议中,在处理数据包分段时存在漏洞,后来的一些操作系统都沿用了 BSD 的代码,所以这个漏洞在 Linux、Windows 95 和 Windows NT 中都是存在的。物理网络层通常给所能传输的帧加一个尺寸上限,IP 将数据报的大小与物理层的帧的上限进行比较,如果需要则进行分段。在 IP 报头中设置了一些域用于分段:其中,标志域为发送者传输的每个报文保留一个独立的值,这个数值被复制到每个特定报文的每个分段,标志域中有一位作为"更多分段"位,除了最后一段外,该位在组成一个数据报的所有分段中被置位;分段偏移域含有该分段自初始数据报开始位置的位移。对于有 Teardrop 漏洞的操作系统,如果接收到"病态的"数据分段,例如,一个 40B 的数据报被分为两段,第一段数据发送 0~36B,而第二段发送 24~27B,在某些情况下会破坏整个 IP 协议栈,必须重新启动计算机才能恢复。

10.2.5　Land

Land 攻击的源代码于 1997 年 11 月 20 日发布,恰好比 Teardrop 攻击晚了 17 天。在发布的源程序中说明这种攻击对 Windows 95 有效,但是实际上很多基于 BSD 的操作系统都有这个漏洞,这种攻击的特征是源 IP 和目标 IP 相同,源端口和目标端口也相同。

Kiss of Death(KoD)是一种新的攻击方法,Windows 95/98 对于 IGMP 的处理有问题,KoD 可以使得 Windows 95/98 蓝屏,并且破坏 TCP 栈,必须重新启动机器才能使网络恢复正常。

KoD 攻击将一个 IGMP 包分成 11 个分片然后逆序发送,编写攻击程序是很简单的,下面是用 tcpdump 记录下的 KoD 攻击的数据包。

```
15: 53: 37.899412 12.13.14.15 > localhost: (fraq48648: 200@ 14800)
15: 53: 37.901212 12.13.14.15 > localhost: (fraq48648: 1480@ 13320 +)
15: 53: 37.901392 12.13.14.15 > localhost: (fraq48648: 1480@ 11840 +)
15: 53: 37.901534 12.13.14.15 > localhost: (fraq48648: 1480@ 10360 +)
```

```
15:53:37.901681 12.13.14.15 > localhost: (frag48648:1480@8880+)
15:53:37.901828 12.13.14.15 > localhost: (frag48648:1480@7400+)
15:53:37.901972 12.13.14.15 > localhost: (frag48648:1480@5920+)
15:53:37.902117 12.13.14.15 > localhost: (frag48648:1480@4440+)
15:53:37.902262 12.13.14.15 > localhost: (frag48648:1480@2960+)
15:53:37.902401 12.13.14.15 > localhost: (frag48648:1480@1480+)
15:53:37.902541 12.13.14.15 > localhost: igmp-0[v0][igmp](frag48648:1480@0+)
```

10.3 拒绝服务攻击检测技术

10.3.1 检测与防御困难

拒绝服务攻击可能是目前网络攻击中最令安全专家和用户头疼的问题了,最主要的原因是拒绝服务攻击没有很明显的数据包级的特征。无论是哪种拒绝服务攻击模式,从单个数据包的角度,产生这样的数据都是合理的。而且,除了应用层拒绝服务攻击外,其他拒绝服务攻击根本就没有建立起 TCP 连接,数据包中也没有任何有用的内容。由于没有什么特征,那么基于特征的入侵检测方法对于检测拒绝服务攻击基本上是没有帮助的。

即使发生了拒绝服务攻击,也没有十分有效的方法可以抵制控制。拒绝服务攻击容易发起,而且快速的拒绝服务攻击可以说是立竿见影,被攻击的目标或者网络很快就会瘫痪。

此时,即使发现了拒绝服务攻击,目前来说也没有什么很有效的方法可以抵抗,因而我们并不知道谁在发起攻击,大量的数据包依然向服务器和网络涌来,如果只是简单地丢弃这些数据包,那么正常用户的服务请求也会被丢弃,拒绝服务攻击的目的也就达到了。

10.3.2 检测技术分类

目前,很多产品中都声称可以检测和抵御拒绝服务攻击,它们大多采用下面介绍的一些方法,这些方法虽然不能完全解决拒绝服务攻击问题,但是可以在某种程度上检测或者减轻攻击的危害,最大限度地保证在攻击发生时,还能够为部分用户提供服务。

1. TCP SYN Cookie

TCP SYN Cookie 的工作原理是由专门的代理服务器代替受保护的服务器与请求的用户建立连接,即发送"第二次握手"的 SYN/ACK 报文等待得到用户的 ACK 应答之后,代理服务器再将连接交给受保护的服务器,那些没有确认的虚假连接将被抛弃。由于大多数的拒绝服务攻击都采用了 IP 欺骗的方式,即它们不可能发回 SYN/ACK 数据包,也不会建立真正的 TCP 连接。

TCP SYN Cookie 技术没有使用 TCP 连接队列这个有限的资源,而是用一个 Cookie 代替,这样服务器就不会因为连接队列被攻击数据包占满而拒绝服务。但是这种技术也存在缺陷,首先,它只能够防范 SYN 洪泛攻击,对 UDP、ICMP 洪泛以及应用层拒绝服务攻击没有效果。其次,这种技术只适用于防范小规模的拒绝服务攻击,在超大规模攻击发生时,由于这种技术需要占用大量的 CPU 资源和存储资源,所以很容易成为性能上的"瓶颈",甚至导致自身崩溃。

2. TCP 状态检测

TCP 状态检测与上面的 TCP SYN Cookie 方式类似,不同的是代理服务器并不等待用户的 SYN/ACK 报文,而是主动向请求用户发送一个 ACK 报文。根据 TCP 三次握手协议,用户端期待的是一个 SYN/ACK 报文,当收到了 ACK 报文后,自然会认为是出错了,正常情况下用户端会返回一个 TCP/RST 报文。如果代理服务器等待超时,也就说明用户并没有对这个报文做出响应,此时就判断该用户请求是 SYN 洪泛攻击,将丢弃该连接。

3. HTTP 重定向

HTTP 重定向技术是针对 Web 服务器的保护,它的原理也是使用一个代理服务器与用户之间建立 TCP 连接。如果 TCP 连接可以建立,就向用户发送一个 HTTP 重定向的报文,用户根据该 HTTP 重定向报文中的内容重新建立新的 TCP 连接;如果连接建立失败,该用户的请求就被丢弃。HTTP 重定向的缺点也很明显,因为通过攻击代理服务器一样可以达到拒绝服务的目的。

4. 黑名单、白名单

保护服务器免受拒绝服务攻击的方法之一,就是建立服务器用户的黑名单和白名单。

显然,黑名单中的 IP 地址是被拒绝的,而白名单中的 IP 地址是被允许的。黑、白名单机制是否能够有效地抵制拒绝服务攻击,关键在于名单是如何采集的和名单的规模。如果采用黑名单,拒绝服务攻击一般都会采用虚假的源 IP 地址,而且很少会出现 IP 地址重复的情况,那么也就很难说哪些 IP 地址是恶意的,所以,黑名单的作用十分有限。采用白名单的主要思想是记住那些经常访问网站的合法用户的地址,然后在攻击发生时只允许这些 IP 地址的机器通过。这种技术的问题是需要记住大量的合法用户的 IP 地址,而且如果攻击者"训练"该系统,在攻击前使攻击主机经常访问该站点,那么很有可能将攻击主机判断为合法主机。一方面,一个网站的用户数量可能很多,利用白名单来匹配所有的数据流量,处理效率是个大问题;另一方面,如果攻击者也同样建立了类似的白名单,并且用这些 IP 地址进行 IP 欺骗,那么白名单也就失去了作用。

5. 流量控制

流量控制是在网络流量达到一定阈值时,按照一定的算法丢弃部分报文,以保证服务器的处理和响应能力。一般采用 Blackholing(黑洞)和 RandomDrop(随机丢弃)的算法,有些产品还会结合网络流量的历史情况建立一些辅助规则。

Blackholing 技术实际上就是在攻击发生时将所有发往攻击目标的数据包抛弃,常常被网络服务提供商所采用。但是由于它同时也抛弃了合法的数据包,实际上还是构成了拒绝服务(正常用户无法获得服务),所以不能称之为一种解决方案。RandomDrop 技术与 Blackholing 类似,它随机地抛弃一些发往攻击目标的数据包,一是它不能够过滤所有的攻击数据包,另外,它还很有可能抛弃很多合法数据包。

流量控制的效果并不是十分理想,因为这种方法也不可避免地会将正常的用户请求丢弃,从而使攻击者实现了让服务器拒绝服务的目的。

6. Over-provisioning(超量供应)

Over-provisioning 技术的基本思想是利用均衡负载等技术提高服务器系统的处理能力或者网络带宽,使得服务器在接收大量攻击数据包的情况下仍然可以提供服务。但是攻击者可以不断地提高攻击强度,而且再多的资源也还是有限的,攻击者仍然有能力实现拒绝服务攻击。

10.4　拒绝服务攻击的防范策略

抛开具体的拒绝服务攻击产品和技术,在进行拒绝服务攻击防御时,有一些通用的策略可以采用。

1. 网络防御

依据拒绝服务攻击发生过程的特点,可以在三个位置实施防御:源端、中间网络和目的端网络,如图 10-5 所示。

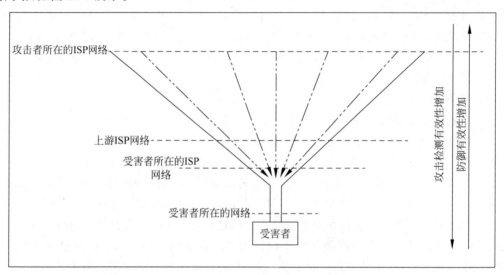

图 10-5　拒绝服务攻击的防御位置示意图

（1）源端防御:即在靠近攻击源的边界路由器网络布置防御技术。单播反向路径转发(unicast Reverse-Path Forwarding,uRPF)技术是一种在攻击源端进行防御的技术,它对网络发出的虚假数据包进行过滤,通常在边界路由器上实现。但是,这种机制也存在缺陷,只有所有发起攻击的网络的边界路由器都应用了这种技术才能够达到应有的效果,而且攻击者完全可以发送非欺骗的攻击数据包,仍然可以使攻击行为得逞。

（2）中间网络防御:即在攻击源端和目的端的 ISP 网络路由器之间布置防御技术。这种防御技术需要 ISP 的配合,但是由于担心会影响到对网络流量的处理效率,所以并没有大规模地使用。

（3）目的端防御:即在被攻击目的端的边界路由器网络布置防御技术。目前,大部分技术都是在目的端进行防御。

2. 目标隐藏和保护策略

目标隐藏和保护策略的基本原理是通过隐藏目标来避免遭受拒绝服务攻击或者利用物理措施等保护目标。

目标隐藏常常利用改变目标系统 IP 地址的方式来防御拒绝服务攻击,由于目标系统的 IP 地址发生变化,而攻击者不知道这种变化,所以攻击数据包被发送到旧的 IP 地址,而这个旧的 IP 地址已经无效了,所以目标系统避免了遭受拒绝服务攻击。如果攻击者攻击的目标是网络而不是目标服务器,那么可以通知路由器不转发所有发往旧的 IP 地址的数据包,使攻击流量进入不了目标网络。为了保证正常用户能够保持与目标服务器的连接,需要更新域名解析系统(Domain Name System,DNS)信息,但是 DNS 信息的获取是有延时的,可以采用网络地址翻译(Network Address Translation,NAT)技术,在 NAT 系统上改变地址,这样目标地址的改变对目标系统来说是透明的。除了可以在检测到攻击后使用这种方法保护目标系统外,目标系统也可以定期地改变自己的 IP 地址,如每天或者每小时改变地址一次。

目标保护则常常将单个目标通过负载均衡等方法扩展为一个网络型目标,分散拒绝服务攻击的压力。

3. 过滤策略

利用过滤技术过滤那些攻击数据包来防御拒绝服务攻击是一种我们所能想到的最直接的方式。一般有以下两种方式可以实现过滤。

(1)静态过滤。根据攻击包的特征或者正常数据包的特征进行过滤。可以为各种典型的攻击数据包确定一个特征,然后根据特征来过滤攻击数据包,这样可以在过滤攻击包的情况下保证合法数据包的通过。例如,数据长度为 0 的 TCP 数据包和超长的 ICMP 数据包都可以确定为攻击数据包的特征。另外,只允许特定服务的数据包通过,例如,Web 服务器只接收 TCP 数据包,而不接收 ICMP 和 UDP 数据包,或者这些数据包采用与用户的数据不同的路径进行传输,这样也可以防止 ICMP 洪泛和 UDP 洪泛对 Web 服务器的攻击。

(2)动态过滤。根据攻击数据包的某些行为特征,不断调整过滤的策略,典型的方法包括:丢弃从所有 IP 地址来的第一个数据包。因为,目前很多攻击工具利用随机的方式来产生虚假的源 IP 地址,并且每个源 IP 只使用一次,而正常用户的程序在没有收到回应后会自动地发送下一个请求。所以,这种过滤方式可以过滤攻击数据包,而对正常用户没有影响。但是,如果攻击者掌握了这种技巧就可以轻易地规避这种过滤策略,如只需要将伪造的 IP 地址连续使用两次。

IP 地址生命周期管理。观察每个 IP 地址的活动周期,将 IP 地址进行优先级排序,对于优先级高的 IP 地址的数据包优先处理,优先级低的数据包放入队列中等待。

4. 服务质量技术

服务质量技术是利用服务质量的概念实现的一种过滤技术。这种技术不是阻断攻击流量,而是限制攻击流量的速度。限制攻击流量的速度的方法包括:限制攻击流量的带宽,限制攻击者建立连接的数量或者重置连接。采用这种技术进行防御主要是因为一般的检测技术都有误警率,如果仅采用过滤的方式,就会使一些正常用户的数据包被过滤掉。使用服务质量技术可以保证攻击被大量削弱的同时,正常用户仍然能够得到服务。

利用服务质量策略技术进行防御是许多商用拒绝服务攻击保护产品常用的方法,而且通常都与过滤策略结合使用。

另外,RFC 2267 建议在全球范围的 Internet 路由器上使用向内过滤的机制防止假冒地址的攻击,使得外部机器无法假冒内部机器的地址来对内部机器发动攻击。但是这种办法应用起来存在太大的困难,ISP 往往并不是很关心这类安全问题。

从目前的情况来看,为了防御拒绝服务攻击,很多商业网站都采用 DNS 轮循,或者通过负载均衡、Cluster 等技术来增加响应主机数量,但这样做的成本是很高的。

绿盟科技(http://www.nsfocus.com)开发的抗拒绝服务攻击产品"黑洞"是防拒绝服

务攻击这个领域非常领先的产品。据绿盟介绍,"黑洞"能够对 SYN flood、UDP flood、ICMP flood 和 Stream flood 等各类 DoS 攻击进行防护。可以防止连接耗尽,对典型"以小博大"的资源比拼型攻击(如大规模的多线程下载)也具有良好的防护能力。由于可以给各种端口扫描软件反馈迷惑性信息,因此也可以对其他类型的攻击起到保护作用。

习　题

1. 简单阐述 smurf 攻击的原理。
2. 如何防范拒绝服务攻击? 说说你自己的想法。
3. 通过上网查询,举出 3 种新的拒绝服务攻击方法。
4. 简述 DoS 攻击的分类。
5. 简述僵尸网络的概念和危害。

第 11 章

调查取证过程与技术

观看视频

本章重点：

(1) 调查取证过程和调查取证技术。

(2) 初步响应阶段包括哪些动作？

(3) 计算机证据分析阶段包括哪些过程？

(4) 用户行为监控阶段包括哪些过程？

(5) 拒绝服务攻击的调查包括哪些技术？

11.1 概　　述

11.1.1 简介

调查的目的是分析一个安全攻击发生的时间、造成的影响、产生的原因、实施的人员和地点。在整个安全防护体系中，当前最没有受重视的技术是调查取证技术，而事实上调查取证技术本身在整个安全体系中有着异常重要的作用。其他安全机制的目标是及时防止攻击、发现攻击和在受到攻击后恢复信息系统，这些机制都没有考虑追究实施攻击行为的人的责任，对计算机犯罪没能起到震慑作用，没有充分重视调查取证技术是当前计算机犯罪泛滥的主要原因之一。调查取证技术之所以没有得到充分的应用有很多原因，主要有如下几点。

(1) 计算机痕迹容易被擦除。计算机证据与传统犯罪证据最重要的差别在于计算机数据易篡改、易删除。这在攻击者和调查者之间处在非常不平等的状态，攻击者处在明显的优势位置。

(2) 网络攻击可能跨越多个网络、多个国家。这使得调查计算机攻击者需要多个 ISP、ICP 和国家的通力合作，而就目前情况而言，这些与计算机犯罪有关的实体在调查上的合作力度远远不能满足现实需要。

(3) 对于个体来说，调查成本高于减少的损失(等价于得到的收益)，对于整个社会来说调查成本低于减少的损失(等价于得到的收益)。安全事件的调查成本一般都会比较高，从技术上需要投入的成本一般要远高于攻击者投入的技术成本，而协调各方一起实施调查的成本也非常高。这种成本上的差异使得很多受损失的单位只能选择对系统进行修复，而不会选择追究破坏者的责任。这对于个别单位维护自己的网络安全来说是一种正确的选择，从成本上讲，调查本身带来的损失可能超过调查成功带来的收益。而对于整个社会来说却并非如此，各个受损失的单位都选择不实施调查导致的负面影响是危害安全行为的泛滥，也就意味着加大了受攻击的范围。而如果通过调查取证将部分实施破坏的人员绳之以法，则可以对所有的潜在的破坏人员造成震慑,从而控制破坏行为泛滥的局面。也就是说,对于整个社会来说,对计算机犯罪行为实施调查从成本的投入和效益(减少损失)的产出来说是划算的。这种个体的正确选择与整个社会正确的选择的不一致性本身也阻碍着调查取证技术的广泛使用。由于这一特点,所以调查取证技术的应用更加需要政府的引导并应由政府投入更多的资金。

(4) 调查取证技术并不完善。易攻难查是计算机犯罪的一个很重要的特征,从入侵技术到蠕虫传播等各个方面危害计算机安全的技术在近几年都有了很大的发展,而调查取证技术却停滞不前,这并不仅仅是因为社会对这一技术的投入不足,更主要的原因还在于很多问题从技术上是无法解决的。因此打击计算机犯罪不仅是一个技术问题(技术能够发挥的作用往往非常有限),而很大的一方面是一个法律问题和社会管理问题。

(5) 法律系统尚未完善。法律的制定总是滞后于犯罪的发展,对于计算机犯罪来说也是如此。从目前我国的法律来说,虽然刑法已经就计算机犯罪做出了规定,但是具体在调查取证上并没有相关的程序法加以保障,计算机证据在法庭上也不具有可采用性,这些使得法律在震慑计算机犯罪上的作用并不明显。

11.1.2 调查取证过程

调查取证过程主要由以下 3 个阶段构成。

(1) 初步响应阶段。初步响应阶段是在安全事件发生之后对事件做出的第一步响应,初始响应的目的包括弄清事件的基础情况和收集证据,收集证据包括保存易丢失的证据(内存中的信息、连接状态、当前登录用户等)和复制磁盘和日志记录等证据,通过这一阶段的调查对安全事故的基本情况有了初步的掌握,为决定后续的调查取证措施奠定了基础。

(2) 计算机证据分析阶段。这一阶段的工作是分析证据(磁盘信息、防火墙记录、入侵检测系统警告、应用程序日志等),对各个方面的信息进行综合分析形成分析报告。

(3) 用户行为监控阶段。最理想的情况是通过对计算机证据的分析就找到犯罪嫌疑人,但是其概率并不是很大。一般情况下,还需要通过监控监视犯罪嫌疑人的行为。例如,如果计算机被植入后门程序,那么通过监视使用该后门程序的行为就可能发现攻击者。

11.1.3 调查取证技术

与调查取证的过程相对应,在每个阶段需要使用不同的技术。

(1) 现场勘查技术。在初步响应阶段需要使用各种现场勘查技术,一般需要实施的操作包括网络结构的分析、主机基本状况记录、主机易失数据的保存、信息存储媒介的镜像(复制存储媒介)、日志信息的收集(防火墙日志、IDS 日志)等。

(2) 计算机证据分析技术。计算机证据分析技术包含的内容非常广泛,包括各种日志的分析、磁盘数据的恢复、残余信息的解析等。

(3) 用户行为监控技术。这种技术包括对网络通信过程的监视技术和系统用户行为的监视技术。前者是指通过抓包工具截获网络上的数据包并对其进行解析,例如,通过分析 Telnet 协议的通信过程,监视攻击者究竟使用受控制计算机实施哪些行为以发现其目的。后者是指对于用户在计算机上实施的操作进行监视,例如,攻击者登录系统后修改了哪些文件、执行了哪些命令、是否登录其他的计算机。

11.2　初步响应阶段

11.2.1　基础过程

这一过程一般包括以下几个过程。

（1）评估基本状况。第一步对安全事件做初步的评估，基本上弄清发生什么事情、造成什么后果。

（2）制定响应策略。根据掌握的基本情况制定响应策略。对于不同类型的安全事件需要采取的策略也各不相同。制定响应策略应当形成一个列表，包括需要收集哪些信息、需要实施哪种方法的调查以及需要哪些部门的合作等。

（3）收集信息。根据制定的响应策略收集相关的信息，例如，保存易丢失的数据、复制存储媒介、收集防火墙日志和 IDS 日志。

11.2.2　评估基本情况

这个过程的作用是对安全事件有个基本的把握，一般需要弄清以下内容。

（1）当前的日期和时间。

（2）谁报告了安全事故。报告安全事故的人往往能够对安全事故发生的症状提供第一手的资料。

（3）安全事故的类型。例如，是拒绝服务攻击、入侵系统或是信息盗用。通过简单的调查应该能够基本弄清安全事故的类型。

（4）安全事故发生的时间。对于计算机安全事故调查来说，时间信息具有非常重要的意义。例如，在 2003 年 10 月 1 日 10 时 10 分发现有攻击者登录某操作系统并使用该系统上的资源，这意味着应当将该时间之前一段时间的系统日志作为重点分析对象。

（5）受影响的硬件和软件系统。由于网络的互联性，一个系统受到攻击往往意味着相邻的、有业务关系的主机也可能受到攻击。例如，如果一个支付系统被攻击者控制，那么所有使用该支付系统的网上交易系统都可能也受到攻击。

（6）有关人员的联系方式。收集这一信息的目的是建立快速的响应机制，对于计算机犯罪来说，调查过程需要所有参与者都做出快速的反应。

通过这一阶段的调查，调查者至少应该弄清安全事故是否真的已经发生（有时可能是误报，例如，入侵检测系统可能错误地报告攻击事件）、哪些系统受到直接或间接的影响、哪些用户与此事件有关、这一事件可能造成什么影响、安全事件是何种类型。

在这个过程中还可以对系统管理员、报告事件的人员以及系统的用户等人员实施调查，以掌握更多的情况。还可以通过互联网搜索相关的信息，例如，如果网站的页面被替换，通常还可以到 www.attrition.org 等网站上搜查是哪个黑客组织实施的攻击，很多攻击者在实施攻击后会将自己攻击的网站报告给这类网站。

11.2.3　制定响应策略

对于拒绝服务攻击，如果受攻击系统不是非常重要，那么可以考虑设法消除拒绝服务攻击的影响,而不对攻击来源进行调查,因为调查拒绝服务攻击来源的成功率并不高。对于账号(例如网上支付账号)盗用则可以考虑跟踪该账号的使用,不一定需要对操作系统的日志进行分析。而对于系统入侵案件就需要对系统的日志进行分析。因此,有必要根据不同的事件类型制定不同的响应策略。常见的安全事件以及相关的响应策略如表 11-1 所示。按照选择的响应策略以及系统的具体情况列出需要收集的信息列表,这一列表指导下一步如何收集信息、收集哪些系统上的信息以及收集何种信息。

表 11-1　常见事件及响应策略

事件类型	示　例	响应策略	可能的结果
拒绝服务攻击	TFN DDoS 攻击	重新配置路由器以减少攻击造成的影响。调查拒绝服务攻击者所需要花费的调查成本太高,因此一般并不太可能对攻击者实施追踪	通过调整路由策略使得攻击造成的影响减小
非授权使用计算机	使用公司的计算机访问色情网站	对硬盘做镜像(复制),并对硬盘上的内容和上网记录做分析。讯问嫌疑人	找到实施该行为的用户并收集到足够的证据
破坏网站	修改网站主页	修复网站(数据恢复),监视对网站的访问情况(攻击者经常重新访问自己入侵的网站),分析网站的日志和存在的漏洞,调查潜在的恶意用户(例如不满的员工)	找到破坏者并恢复网站内容
窃取信息	窃取用户在网上交易系统的账号和口令	分析账号以前的登录日志,监视账号以后的使用情况,调查可能暴露该信息的来源(用户自己的计算机、管理员的计算机、服务器等)	分析出信息被窃取的原因并找到窃取信息的恶意人员。这种事件一般需要报告司法机关调查
计算机入侵	利用网络服务存在的缓冲区溢出漏洞入侵并控制计算机	对磁盘做镜像并进行分析,隔离被入侵的系统使得攻击者能够继续使用该主机但不会对其他系统造成破坏,分析目标系统存在哪些漏洞可能被攻击者利用,分析该系统被入侵可能影响其他哪些系统,监视攻击者的行为	找到造成入侵的漏洞并可能找到入侵者

1. 系统入侵事件需要收集的信息

(1)与受入侵系统相关的系统。由于入侵具有连锁反应,入侵一个系统通常意味着其相邻的主机以及有业务关系的主机都可能被入侵。另外,入侵者可能不是直接攻击服务器实施入侵,而是攻击系统管理员的主机或者通过社会工程实现入侵,因此还需要收集可能对入侵构成威胁的主机上的信息。

图 11-1 给出了系统入侵事件中必须调查的主机。例如,攻击者在入侵前通常需要对目标系统实施扫描,如果受攻击系统没有防火墙则可能没保存扫描者的 IP 地址,而如果相邻的主机有防火墙则可能保存相关的扫描记录,因为攻击者通常是对整个网段实施扫描。再例如,攻击者可能通过控制管理员的计算机(例如,通过社会工程让管理员在自己的计算机上运行一个木马程序)并截获管理员登录目标主机的口令,那么管理员的主机也就必须作为

调查的重点。

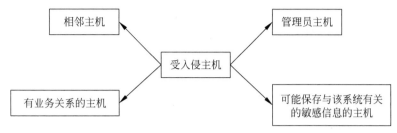

图 11-1　必须调查的主机

（2）保存主机上易丢失数据。

如果攻击正在发生，那么必须保存易丢失数据，而如果攻击已经发生很长时间（例如，计算机重新启动过并且攻击者现在没有登录系统）则无须保存易丢失数据。需要保存的易丢失数据一般包括如下方面。

① 当前网络连接状态。例如，谁正在与系统进行连接，连接哪些端口。

② 应用程序内存中的信息。很多应用程序的内存中包含各种临时信息，例如，IE 的内存中可能存有刚刚访问的网站地址以及登录的用户名和口令。

③ 当前运行的进程。攻击者正在使用哪些程序实施哪些操作。

④ 当前打开的文件列表。

⑤ 当前登录系统的用户。

（3）网络拓扑结构。

攻击者入侵信息系统往往并不是直接入侵目标系统，而是对目标系统的网络拓扑结构进行分析，寻找整个网络的脆弱点实施攻击。

（4）防火墙日志和入侵检测系统日志。这些日志是调查入侵非常重要的信息来源。

（5）各个系统与标准时间（北京时间）的时间差。在调查安全事件时，往往需要对不同主机提供的信息进行核对，其核对的基础就是时间信息，而由于各个系统存在时间差可能导致错误判断。例如，通过分析日志可能发现攻击者的 IP 地址和攻击时间，而这里得到的攻击时间是受攻击系统的时钟，如果这个时钟和 ISP 提供的时钟不同步则可能导致调查的目标是错误的。

2. 账号盗用事件需要收集的信息

（1）账号登录的审计记录。例如，网上支付系统一般都会保存用户的登录 IP 地址和登录时间。

（2）账号合法用户登录的时间。调查该账号的用户何时登录系统，从而判断哪些登录记录属于攻击者。

（3）账号合法用户的主机上的信息。盗用账号的一个重要途径并不是攻击服务器，而是攻击账号用户的主机，通过在这些主机上安装木马窃取用户的账号。

3. 拒绝服务攻击事件需要收集的信息

（1）攻击数据包。使用抓包工具收集拒绝服务攻击的数据包，通过分析这些数据包可以判断是哪一种攻击类型（例如 SYN flood、smurf、fragle 等）。

（2）系统服务的日志。这一调查过程与调查系统入侵事件的过程一样，为什么需要这么做呢？因为攻击者一般在实施拒绝服务攻击之前都会试图入侵系统，一旦入侵系统不成功时才会采取拒绝服务攻击。但是如果调查的目标是排除攻击造成的影响而不是调查攻击者则无须收集系统服务的日志。

（3）路由器的配置。为了消除拒绝服务攻击造成的影响，通常需要重新配置路由器，因此有必要收集当前的路由器配置为后面的决策提供基础信息。

11.2.4　收集信息

1. 常见的错误行为

收集信息是非常重要的步骤，这一步骤决定下一步对信息的分析是否能够取得良好的效果。但是人们在收集过程中的一些操作可能对收集的信息造成破坏从而影响信息的正确性。常见的错误行为如下。

（1）在收集目标系统的信息之前修改了文件的时间属性。例如，以任何方式打开一个文件都会改变文件的最后访问时间，而这一时间属性有时对于判断攻击发生的时间是非常重要的。如果攻击者在目标计算机上留下一些攻击软件以攻击其他系统，那么这些攻击软件的最后访问时间可能就是攻击者最后一次使用该攻击软件的时间。

（2）杀死进程。有时攻击可能导致目标系统不稳定，因此调查人员往往会杀死一些可疑的进程。但是这种行为可能会导致信息的丢失，如果攻击正在发生，杀死攻击者的进程会导致攻击者发现有人调查这一系统，可能会导致攻击者立刻破坏证据。

（3）在调查前修补系统。例如，发现攻击者可能利用 IIS 的漏洞入侵，则立刻安装与漏洞有关的补丁程序。这一修补过程可能会对后续的分析造成影响，使得分析人员无法正确判断攻击者入侵的途径。

（4）使用需要图形界面的调查工具。发现入侵之后立刻启动各种需要图形界面的调查工具实施分析，一般情况下，使用图形界面的程序需要占用较多的资源，这意味着很可能覆盖内存和磁盘上的线索。

（5）使用不可靠的命令实施调查。调查者可能直接使用系统上的命令进行调查，而攻击者入侵之后可能替换这些命令使得其运行结果隐藏攻击者的踪迹（例如安装 Rootkit），这是非常常见的技术。因此在调查过程中应当使用"干净"的命令。

（6）在目标系统上安装软件。安装过程必将导致覆盖一些信息。

（7）运行可能在目标系统上保存临时文件的软件。

2. 收集 Windows 系统上的易失数据

Windows 系统上使用表 11-2 中给出的工具收集易失数据，在实际操作中必须将这些工具存储到软盘上（或者光盘上），从这些盘上运行这些程序。注意这些工具都是基于字符界面而不是基于图形界面的（前面解释过为什么不使用图形界面的工具），另外还应注意必须从光盘上运行这些程序，而不应该运行目标系统上的程序。

表 11-2　Windows 系统上易失数据的提取

工　　具	来　　　源	作　　　用
date	Windows 自带	显示系统日期
time	Windows 自带	显示系统时间
loggedon	www. sysinternals. com	显示当前登录到系统的用户名

续表

工　具	来　　源	作　　用
fport	www. foundstone. com	显示当前系统打开各个端口以及打开这些端口的程序。 常见的木马默认端口可以从以下网站得到： www. doshelp. com/trojanports. htm home. tiscalinet. be/bchicken/trojans/trojanpo. htm www. simovits. com/nyheter9902. htm
pslist	www. sysinternals. com	显示当前运行的所有进程
listdlls	www. sysintenals. com	显示当前应用程序所依赖的动态链接库
rasusers	NTRK	显示允许远程访问系统的用户列表
netstat	系统自带	显示所有打开端口以及当前连接状态
nbtstat	系统自带	显示最近十分钟左右 NetBIOS 的连接状态
arp	系统自带	显示 MAC 地址和 IP 地址的对应关系
rmtshare	NTRK	显示可以远程访问的共享资源
userdump	NTRK	提取进程对应的内存信息

3. 收集 Windows 系统上其他重要信息

有些信息需要在系统开机时进行收集或分析，这个过程称为在线收集（分析），而有些信息则可以关机后将磁盘复制后放到别的专用的分析系统上实施分析，这种过程称为离线分析。在 Windows 系统上实施在线分析常用的工具如表 11-3 所示。

表 11-3　Windows 在线提取信息工具

工　具	来　　源	作　　用	备　　注
auditpol	NTRK	列出系统的审计政策	
reg	NTRK	提取注册表中的内容	
regdump	NTRK	将注册表的内容提取成文本文件	
pwdump	packetstorm. securify. com	提取 SAM 文件中的口令信息（NT 系统的用户口令的加密）	系统的用户口令的加密
ntlast	www. foundstone. com	分析系统登录日志	
dumpel	NTRK	提取 Windows 的事件日志	

4. 收集 UNIX 上的易失信息

UNIX 系统上收集易失数据的工具如表 11-4 所示。这些工具多数是 UNIX 自带的工具。但是在调查前要注意将这些工具复制到一个磁盘（或光盘）上，从磁盘上运行这些程序，不能使用目标系统上的工具。

表 11-4　UNIX 下收集易失数据常见命令

工　具	来　　源	作　　用
W	系统自带	列出当前登录到系统上的用户
ps-aux	系统自带	列出正在运行的所有进程，但是注意在 UNIX 系统下，攻击者可以通过安装 LKM 后门屏蔽自己的进程，因此需要使用 kstat（www. sOfipj. org）之类的工具发现 LKM 后门
netstat-anp	系统自带	显示当前打开的端口和在该端口侦听的应用程序

续表

工　具	来　源	作　用
ifconfig-i eth0	系统自带	检查网卡是否处在侦听模式。攻击者往往会安装 SNIFFER 侦听邻近主机的口令,这使得网卡处在杂凑模式,通过执行这一命令可以检查各个网卡是否正在实施侦听
/pme/进程号/		这一目录下保存了各种进程的临时信息
/proc/进程号目录下执行 ls-al	系统自带	UNIX 系统上正在运行的应用程序对应的文件可能已经被标记为删除,用这一命令可以发现已经被标记为删除的正在运行的程序并可以使用 CP 命令处理这些程序
/proc/进程号/fd 目录		可以找到各个进程正打开哪些文件
dd	系统自带	提取进程的内存空间的内容(还用于克隆硬盘)

5. 复制存储媒介

复制存储媒介最重要的一点是必须保证复制的结果与源数据完全一致(包括被删除的文件、未分配的存储空间等),而日常常用的一些备份软件并不能做到这一点,例如,Ghost 软件克隆得到的文件包含的只是系统中现有文件的信息,而不包含未分配的空间、删除的文件以及文件末尾残余的信息(Slack 信息,这一概念后面还要讲到)。因此必须使用专用的软硬件对存储媒介进行复制,常见的复制软件如表 11-5 所示。不同的软件使用方法各不相同,这里只简单介绍一下 dd 的使用方法。

表 11-5　复制存储媒介的软件

工　具	来　源
Safeback	www.forensic-intl.com
Encase	www.guidancesoftware.com
dd	UNIX 系统自带

在 UNIX 系统中,任何对象都被当作文件处理,任何设备也是文件,因此使用 dd 命令复制存储媒介其实和复制文件并没有太多本质差别。dd 命令的参数如表 11-6 所示。

表 11-6　dd 命令的参数

参　数	含　义
if=	源文件
of=	目标文件
bs=	数据块大小
count=	复制多少数据块
skip=	忽略文件开头的数据块数目(这些数据块不复制)
conv=	数据转换

例如:dd if=/dev/hda of=/mnt/disk1/disk.img bs=1Mcount=620

其中,if=/dev/hda 表示数据源是第一个硬盘,of=/mnt/disk1/disk.img 表示将数据复制到或挂接到系统的另一个硬盘上,bs=1Mcount=620 表示复制 620MB 的数据。在使用这一命令前必须弄清楚要复制的硬盘在该系统上的设备文件名。

11.3　计算机证据分析阶段

11.3.1　再现犯罪和再现调查过程

与其他犯罪调查一样,调查证据的目的是再现犯罪,也就是说,通过对证据的调查和分析重新拼凑出犯罪的过程,从而证明实施犯罪的人与嫌疑人是同一个人,这在刑事学上称为同一性证明。

为了保证计算机证据的完整性和有效性,也就是保证调查人员在对证据的调查过程中不会产生错误,不会对现有的证据造成破坏,很多组织就收集计算机证据过程中应当依循的基本规定给出了一些指导性的原则,这些原则具有一定的借鉴意义。英国警方在 1999 年发布的《计算机证据指南》(*The Good Practices Guide for Computer Based Evidence*)中对收集和分析计算机证据提出了以下几条原则。

(1) 调查人员实施的操作不得影响可能作为法庭证据的存储媒介上的信息。

(2) 一般情况下,应在计算机证据的备份上进行分析,不得使用原始证据进行分析。如果调查人员在某些特殊情况下需要使用原始的数据,该调查人员必须解释其行为的必要性以及可能产生的影响,该调查人员还必须具备实施这些操作的能力。

(3) 对计算机证据实施的操作必须记录并保存。独立的第三方必须能够重新检查这些操作并得到相同的结果(调查过程的再现)。

(4) 负责调查的人员必须保证调查过程中遵循这些原则并依照法律实施调查。他们还必须保证对这些证据具有访问权限以及复制这些证据的人员也能够遵循这些原则。

美国司法部也发布了处理计算机证据的流程(IACIS2000、DOJ2001),给出了类似的指导原则。就目前而言,各国公布的指导原则只是从获取证据方面给出了流程性的规定,并未就如何分析证据给出相关的调查流程。这些规定从根本意义上讲就是要求调查的过程可以再现,也就是说,不同的人按照相同的流程能够得到相同的结论,也就保证了调查结论的正确性和科学性。也就是通过对调查过程的监督保证结论的正确性和合法性。

11.3.2　计算机证据分析体系的构成

证据分析的技术体系可以分为 5 层,如图 11-2 所示。

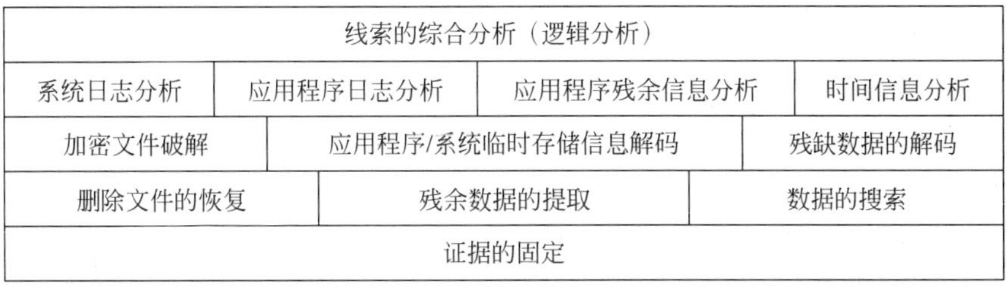

线索的综合分析（逻辑分析）			
系统日志分析	应用程序日志分析	应用程序残余信息分析	时间信息分析
加密文件破解	应用程序/系统临时存储信息解码		残缺数据的解码
删除文件的恢复	残余数据的提取		数据的搜索
证据的固定			

图 11-2　证据分析的技术体系

证据固定层：最底层是证据的固定,这一层的目的是保证证据的完整性,使得从现场采集到的证据不被篡改。前面讲解的使用按比特复制的软件克隆存储媒介,实际上在复制这些存储媒介过程的同时可以使用特定的完整性保护机制保证信息不被篡改。

证据恢复层：证据固定层保证了证据的完整性，但是还要提取获得的证据的最为原始的信息。很多重要的信息可能存储在被删除的文件、被部分覆盖的文件以及未分配的存储空间中，而通常情况下，这些信息对于分析者来说是不可见的。因此有必要通过数据恢复、关键字搜索等技术将重要的数据恢复出来。总之，经过证据恢复层之后分析者面对的信息就是所有可供分析的信息。

证据解码层：很多信息存储时被重新编码，在实施调查前需要对这些信息重新解码。例如，数据可能被加密，因此需要对数据实施解密。例如，邮件通信内容可能被编码（例如MIME 编码），需要对这些信息进行解码以形成可读取的邮件内容。再例如，很多应用程序使用数据库存储信息，因此需要通过特定的解码程序将这些信息解码成分析者可解读的信息。总之，经过证据解码层之后，分析者面对的信息是可以解读的信息，而不是编码过的信息。

证据分析层：对不同应用程序不同的系统的分析方法各不相同，分析的对象也各不相同，证据分析层的目的就是对系统上现存的各种证据进行解读，理解证据所表达的含义。例如，对于系统的登录日志进行解读，弄清各个用户登录的时间和 IP。再例如，对 Office 在磁盘上残余的文件进行分析，弄清用户在计算机上编辑过哪些文件。再例如，对 IIS 日志进行分析，查找是否存在利用系统漏洞实施入侵的证据。

综合分析层：在证据分析层提取的所有线索都是分散的，需要对这些线索进行综合分析，利用线索之间的各种关联性进行综合分析以再现整个犯罪过程。

11.3.3　证据固定层

证据固定的作用就是保证证据的完整性，保证调查者对证据的分析过程不改变证据本身，这本身也是司法公正的一个重要保证。在对存储媒介进行复制之后一般通过计算整个媒介上存储的信息的散列值来保证证据的完整性。在介绍散列值时提到散列函数的一个重要特性是从概率上保证不可能找到两组信息 M_1 和 M_2 使得 $\text{Hash}(M_1) = \text{Hash}(M_2)$。例如，将一个硬盘上的信息记为 M_1，计算 $\text{Hash}(M_1)$ 并将其结果存储到调查管理人员手中（或者打印出来由调查人员签名），如果调查人员在调查过程中破坏了原始证据，使得 M_1 变为 M_2，那么计算 $\text{Hash}(M_2)$ 发现计算结果与 $\text{Hash}(M_1)$ 不相同即可证明调查人员破坏了原始证据。当前多数存储媒介复制软件都提供计算散列值的功能。

11.3.4　证据恢复层

1. 文件恢复原理

文件在磁盘上的组织方式有多种，主要包括如下几方面。

(1) FAT12：仅用于软盘。

(2) FAT16：用于 Windows 3.1 和 Windows 95。

(3) FAT32：用于 Windows 95/V2 以上版本。

(4) NTFS：用于 Windows NT/2000/XP。

(5) HPFS：用于 Windows NT 3.x。

(6) CDFS：用于 CD-ROM。

(7) EXT2：用于 Linux。

不同组织方式对应的数据恢复方式略有差别,本书以 FAT 格式为例讲解数据恢复的基本原理。在 FAT 格式中有一个文件分配表(File Allocation Table,FAT)描述硬盘上各个分磁盘的分配情况。硬盘被分为不同簇,每一簇代表固定的长度,系统对硬盘上的簇进行编号。FAT 表是一个描述各个簇使用情况的列表。文件由硬盘上不同的簇连接在一起构成。例如,对于 FAT16 来说,与某个簇对应的表项中数字为 0 表示该簇未使用(未分配的空间);如果为 0002~fff6 表示下一簇的编号;如果为 FFF7 则表示该簇损坏;如果为 FFFx (x 从 8 到 F)表示该簇是文件的最后一簇。

如图 11-3 所示,在 FAT 格式下,与每个目录相对应的都有一个表格描述该目录下各个文件的文件名、起始簇、最后簇和文件大小。系统根据 FAT 表中起始簇中的内容可以知道文件的下一簇是哪一簇,以此类推,将这些簇串起来形成了整个文件。

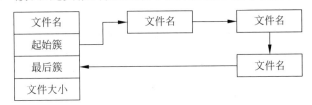

图 11-3 磁盘数据的组织

当文件被删除时,将目录文件表中的第一个簇直接标记为 E5(其实是文件的第一个字母),表示该文件已经被删除,并将该文件所对应的所有簇在 FAT 表中的表项填为 0,表示这些空间已经被释放。但是,注意在这一过程中并没有删除文件内容,只是将空间标识释放而已。

当需要对数据进行恢复时,从目录下的表项可以找到文件的起始簇和最后簇,如果文件在磁盘空间上是连续存放的,并且使用的空间还没有被其他文件所占用,那么很容易就可以恢复出文件的内容,只要从起始簇处开始读取与文件长度相应的数据即可。但是如果文件不是连续存放的则更为复杂一些,这里不再一一讲解。在市场上有很多数据恢复软件,有关这些软件的性能说明可以从 Internet 上找到。

2. 磁盘中存在证据的空间

1)文件逻辑空间

也就是文件所占用的空间,通常我们做分析的对象都是文件,分析文件内容实际上就是分析文件的逻辑空间。

2)Slack

由于存储媒介上对存储空间的组织以簇为单位,而文件分配的时候以字节为单位,所以实际上分配给各个文件的空间一般都大于文件所需的空间。假设某个文件为一字节,计算机上一个簇的大小为两个扇区,每个扇区大小为 1024B,那么该文件只占用了 1B,而剩余的2047B 中可能还包含其他文件残余的信息,这些信息没有被新的文件覆盖,如图 11-4 所示。

在图中最后一部分颜色较浅的部分就是 Slack。实际上很多计算机证据存在 Slack 中,这是由于系统不断向磁盘写入文件、删除文件等操作使得多数文件无法完整恢复出来,并且使得多数被删除文件的残余部分信息在 Slack 空间中。

3)未分配空间

也就是系统中未分配给任何文件的空间,而 Slack 是分配给其他文件的空间中未被覆

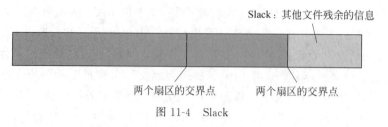

图 11-4 Slack

盖的部分,这两者是不同的。

在 Encase、FTK 以及 NTI 提供的计算机证据分析软件中都提供了收集 Slack 空间和未分配空间信息的功能。

3. 数据的搜索

数据的搜索是根据调查的目标查找系统上的信息。由于当前计算机存储空间过大,使得无法就目标系统的所有信息进行全面的分析,因此使用搜索技术查找关键的信息对于缩小调查范围有很大的好处。另外,数据的搜索也是恢复被删除文件的一种有效方法。

1) 关键字搜索

关键字搜索又分为精确匹配和模糊匹配。精确匹配就是要求搜索到的扇区中应当包含与指定的数据完全一样的数据。而模糊匹配是根据要搜索的内容的格式进行匹配,例如,要搜索计算机上所有邮箱地址,邮箱地址的格式一般是 xxxx@xxx. com[net|org|edu|gov|mil].[cn|us|kr|jp]等,那么可以通过制定这样的规则搜索出相关的内容。

2) 文件格式搜索

这也是恢复被删除文件的一种重要方法。回忆前面讲解的文件恢复方法,该方法依赖于磁盘分配表,如果磁盘分配表被覆盖则无法恢复出任何数据,因为根本不知道文件起点在哪里。但是如果知道文件的格式,例如,JPEG 格式的文件最初几个字符为 4A464946000116,搜索各个扇区开头的 6B,如果与这几个字节匹配就说明可能这个扇区是某个图片文件的起始扇区,然后根据 JPEG 文件的格式(根据 JPEG 格式能够推算出文件的大小)就可以恢复出该文件来(前提是文件是连续存放的)。

11.3.5 证据解码层

经过证据恢复层之后得到所有需要分析的原始材料,下一步骤就是经过证据解码层将要分析的数据解码成调查者可以理解的数据形式。解码包含很广泛的内容。

1. 密码破解

随着越来越多人关心信息安全问题,加密技术也就得到了更为广泛的应用。计算机犯罪人员越来越多地采用加密技术,例如,在交换黑客程序的时候先对程序实施加密。加密和解密双方处在一个不对等的地位,也就是说,加密容易解密难,所以一般在碰到加密文件时调查人员往往并不乐意在解密上花费太多的时间。但是并不是所有的计算机犯罪人员在加密文件时都能够采用足够安全的方式,因此有时也可能对加密文件实施破解。当前破解加密文件的主要方法是密码穷举和字典攻击,在 Internet 上可以下载到各种文件格式对应的破解程序,本节就不再一一列举,有关破解密码的原理可以参考前面与密码学有关的章节。

2. 压缩文件解压

例如,对日常 ZIP、RAR 等压缩文件进行解压。再例如,黑客经常对各种木马程序进行压缩以逃避杀毒软件等防护措施,最常用的压缩可执行程序的方法是使用 UPX(Ultimate Packet for Executables,可以从 wildsau. idv. uni-linz. ac. at/mfx/upx. htm 获得)进行压缩。一般来说,只要弄清目标文件的压缩方式,解压缩并不是很困难的事情。

3. 可执行程序反汇编

在调查过程中如果发现可疑的可执行程序,例如木马、攻击程序等,可以将这些程序交给高级技术人员对其进行跟踪调试或者反汇编分析。

4. 应用程序生成的文件解码

例如,数据库文件解码生成可读的数据库记录。通常对于不同的应用程序解码的方法各不相同,需要具体情况具体处理。一般可以将特定格式的文件提交给相应的软件处理,例如,对于 MDB 文件可以用 Microsoft Access 访问,对于 EML 文件可以交给 Outlook 解码,并不需要专门的解码软件。

5. 系统文件的解码

例如,Windows 系统上注册表信息存放在 index. dat 中,需要将其解码成可读的注册表信息。

6. 残缺数据的解码

例如,恢复出一个残缺的 DOC 文档,必须根据 DOC 文档的编码格式分析这些片断中包含的内容。

就目前而言,数据解码并没有太多现成的工具,需要调查人员根据调查的对象进行分析。但是业界也已经逐步注意到这一点,例如,在 Encase 中已经将注册表文件、压缩文件、BF 文件的解码集成到软件中,为调查人员带来了很多便利。

11.3.6　证据分析层

证据分析层是整个调查过程中最为重要的部分,也是最为复杂的部分。其分析对象往往包括系统日志、应用程序缓存文件、应用服务日志、防火墙日志、文件系统。

1. MAC 时间

在各种操作系统上,对于任何文件一般都会保存如下 3 个时间信息。

(1) 修改时间:也就是文件最后一次被修改的时间。例如,某个网站页面被替换,那么文件的修改时间就是攻击者实施替换的时间。

(2) 最后访问时间:也就是系统最后一次读取该文件的时间。如果攻击者在目标系统上留下攻击程序,那么该攻击程序的最后访问时间就是攻击者最后一次使用该攻击程序的时间。

(3) 创建时间:用户创建该文件的时间。如果犯罪嫌疑人在系统上创建了一个新的登录账号,那么该账号相关的配置文件的创建时间就是攻击者创建该账号的时间。

根据这 3 个时间的第一个英文字母一般将其统称为 MAC 时间。时间信息对于证据分析过程非常重要,它是关联各种线索的重要因素之一。

如图 11-5 所示,首先一个攻击者对目标系统进行扫描(在防火墙留下日志),然后利用计算机上 sendmail 的缓冲区溢出漏洞入侵并在计算机上安装了木马(木马创建时间为防火墙安装木马用户登录页面被篡改网站访问记录安装木马时间)获得了某个用户的登录口令,再使用该密码登录(系统记录了用户登录时间),在使用系统实施攻击(其他计算机)以及其他操作后（这个过程可能会有一段时间，例如一个星期），攻击者觉得不再需要用到这台计算机，于是篡改了该主机上网站的主页（留下了页面最后修改时间），随后访问该网站确定页面是否更换成功（在网站访问记录上留下了日志）。在这一过程中，可以看到攻击者的行为按照时间次序排列，并且在不同时间留下了不同的痕迹。

防火墙　安装木马　用户登录　页面被篡改　网站访问记录

图 11-5　时间次序

这样在调查这一事件中，首先根据页面被篡改的时间（最后修改时间）可以判断攻击者实施攻击是在此之前，因此调查系统在此之前一段时间的登录记录、防火墙日志、应用程序日志可能找到攻击者入侵的原因，调查在此之前一段时间创建的文件还可能找到攻击者留下的木马。如果在计算机上还找到攻击者留下的攻击程序，那么这些攻击程序最后访问时间可能就是攻击者最后利用这台计算机攻击其他系统的时间。其次，在页面篡改时间之后，攻击者可能利用浏览器访问这个网站，观察修改页面是否成功。因此在此时间之后一小段时间内访问网站的 IP 地址可能是可疑的 IP 地址。

由上面这一例子可以看出，文件的 3 个时间信息对于重构攻击者在计算机上的行为具有非常重要的意义。另外，利用这些信息还可以缩小调查的范围，例如，可以优先调查事件发生前后一段时间创建、修改或访问的文件，这样就可以大大缩小调查的范围。

实际上，在读取一个文件时就会改变该文件的最后访问时间，因此为了查找具有特定时间属性的文件需要使用专用的工具。例如，sfind、afind（从 www.foundstone.com 下载）可以查找具有特定时间属性的文件。

2. 文件一致性比较

文件的比较是指比较两个文件是否一致，文件比较在计算机证据分析中有如下 3 个作用。

（1）寻找已知的异常文件。通过与已知的木马、病毒和攻击程序比较，可以发现系统上是否存在已知的异常文件。

（2）排除已知的正常文件。为了减少分析的目标，可以将正常的文件排除出调查范围。例如，操作系统默认安装的文件、各种网络服务软件的程序文件、各种应用程序（如 Office 等编辑软件）的程序文件。通过将现有的文件与这些已知的文件比较，如果一致则可以不需要实施分析。

（3）发现被篡改的文件。攻击者在入侵之后可能替换掉系统的关键程序以留下后门或隐藏自己的踪迹。例如，可以替换 UNIX 系统中的 ls 程序使调查者使用该程序查找文件时不显示攻击者留下的木马程序文件。通过文件比较可以发现系统中哪些重要文件被篡改并将这些文件作为重点分析对象。

文件的一致性比较一般是通过比较文件的散列值实现的，为什么不直接比较文件本身呢？设想一下要将计算机上的某个文件与其他 1000 个文件比较，假设每个文件大小为 100KB，那么需要比较的字节数目为 100 000KB。而如果预先将计算该文件的散列值（16B 长），然后与 1000 个文件的散列值比较，那么只需要比较 16 000B。显然比较散列值的速度要比比较文件自身快得多。

为了使人们能够快速地比较系统上的文件，很多机构对最常见的攻击程序、操作系统文件、应用程序文件计算了散列值并以数据库形式提供给公众使用。例如，BrianDeering 制作了最为常见的操作系统和应用程序文件的散列值列表，这个列表可以从 ftp：//ftp. cis. fed. gov/pub/HashKeeper 处获得。

3. Windows 系统上的证据分析

1）登录审计记录的分析

Windows NT/2000/XP 的审计记录记录哪些用户从哪台计算机（只记录计算机名字）登录成功、登录失败以及记录创建用户、用户权限修改的过程。

为了便于分析审计记录，可以使用 ntlast（从 www. foundstone. com 下载）进行分析。ntlast 的操作如下。

（1）ntlast -s -u Administrator -n 20

作用：显示最后 20 次 Administrator 成功登录的记录。

（2）ntlast -f -u Administrator -n 20

作用：显示最后 20 次失败登录的记录。

（3）ntlast -n 100

作用：显示最后 100 次登录的情况。

（4）ntlast -v

作用：详细显示登录的情况。

使用这一命令可以很方便地查找审计记录。例如，如果执行 ntlast-f-r-n100 表示输出最近 100 次远程错误登录记录，显示结果如下。

```
susans\\LIONESSBDC2SunJun2009：04：13pm1999
susans\\LIONESSBDC2SunJun2009：04：13pm1999
susans\\LIONESSBDC2SunJun2009：04：14pm1999
mrogers\\LIONESSBDC2SunJun2009：04：14pm1999
mrogers\\LIONESSBDC2SunJun2009：04：15pm1999
mrogers\\LIONESSBDC2SunJun2009：04：15pm1999
erindfeld\\LIONESSBDC2SunJun2009：04：16pm1999
erindfeld\\LIONESSBDC2SunJun2009：04：16pm1999
```

从这个列表可以看出，在连续的时间中从计算机\\LIONESS 使用不同的用户名连续登录失败。这说明攻击者从该计算机对本计算机实施扫描，试图探测 Windows 系统的用户名和口令。

但是遗憾的是，Windows 的审计记录中记录的是访问者的主机名，并没有记录其 IP 地址。所以这种调查可能产生的作用较小，但是可以用于核对调查的嫌疑系统是否登录目标系统，也可以用于调查邻近的计算机是否对目标系统做了扫描（因为邻近计算机的名字可以得到）。

2）Windows 事件日志的分析

Windows 系统提供的事件日志包括应用程序日志、安全日志和系统日志。这些日志可以通过使用"控制面板"→"管理工具"→"事件查看器"查看。日志由类型、日期、时间、来源、分类、事件、用户、计算机几项构成。不同的类型表明不同的事件，具体每个事件 ID 对应的是哪种事件可以从微软的网站查到。

NT 的事件 ID：

www.microsoft.com/technet/support/kb.asp?ID＝174074

Windows 2000 的事件 ID：

www.microsoft.com/windows2000/library/resources/reskit/ErrorAndEventMessages/default.asp

事件日志一个很大的缺陷是系统默认情况下只保存 512KB 的日志，并且只保存 7 天。

3）注册表信息

Windows 系统在注册表中保存了丰富的信息，例如，包括如下几方面。

（1）系统启动时自动启动的程序。如果攻击者在目标系统上安装了木马程序，多数木马程序是通过注册表项启动的。常见的有：

① HKEY_LOCAL_MACHINE\SOFTWARE\Microsoft\Windows\CurrentVersion\Run 中指明系统启动时自动启动的程序。

② HKEY_LOCAL_MACHINE\SOFTWARE\Microsoft\Windows\CurrentVersion\RunOnce 中指名下次启动时自动启动的程序。

③ HKEY_CLASSES_ROOT\txtfile\shell\open\command 中指名打开 .txt 后缀的文件时启动的程序，攻击者可能利用修改这些默认的程序达到启动程序的目的。

④ HKEY_LOCAL_MACHINE\SYSTEM\ControlSet001\Services 下面指定了各个系统服务应当启动的程序，攻击者可能将木马程序设置为服务程序或者修改服务程序替换成木马。

还有很多其他地方可能导致自动启动程序，这里就不再一一列举。

（2）用户通过"开始"菜单中的"运行"子菜单执行的命令。

HKEY_USERS\Software\Microsoft\Windows\CurrentVersion\Explorer\RunMRU

（3）系统最近登录的网站。

HKEY_USERS\Software\Microsoft\TerminalServerClient\Default 中包含系统最近使用终端服务登录过哪些网站。

各种应用程序在注册表中都保存了大量的配置信息，具体的含义取决于具体的应用程序。

4）IIS 日志

Windows 上的 Web 服务多数采用 IIS 服务，近几年来人们发现 IIS 服务存在大量的安全漏洞并且被攻击者广泛利用。要查看 IIS 的日志需要调查者对该服务的漏洞以及常见的攻击方法有一个基础的了解。例如，常见的可疑的日志。

（1）缓冲区溢出攻击。一般在 IIS 日志中会留下一长串乱码。

（2）利用脚本访问数据库存在的漏洞攻击。一般在日志中会出现 SQL 语句。

（3）利用 UNICODE/CGIDECODE 等漏洞攻击。一般会留下 ../../ 等特征的字符串，要分析这些日志，首先要对攻击者攻击的事件有个初步把握，然后分析所提取的该时间前后的访问日志。其次是要弄清目标系统的 IIS 服务存在哪些漏洞，攻击者利用这些漏洞可能留下哪些日志特征。最后才是根据这些特征进行查找。

4. UNIX 上的证据分析

1）常见的日志文件

UNIX 系统保存了大量的日志信息，这些日志信息一般在 /var/adm 或 /var/log 目录下,不同的 UNIX 操作系统使用的目录可能各有差别,所以调查人员必须熟悉要分析的操作系统。一般情况下,需要提取的文件如表 11-7 所示。

表 11-7 UNIX 系统中常见的日志文件

文　件	作　用
utmp	当前登录用户,前面有关小节中用 w 命令提取的就是这一文件
wtmp	使用 last 命令可以提取出这一文件
lastlog	使用 lastlog 命令可以提取出这一文件
进程审计记录	使用 lastcomm 可以提取出这一信息
/var/log/httpd/access_log	Web 访问日志
/etc/password/etc/shadow	记录用户的口令的散列值,分析这一文件可以发现是否创建了新的用户或者用户的权限是否被提升
/etc/hosts	本地主机的名字
/etc/hosts. equiv	信任主机的名字
~/. rhosts	用户信任主机的名字
/etc/hosts. allow /etc/hosts. deny	TCP wrapper 规则
/etc/syslog. conf	判断日志文件存储的位置
/etc/rc	系统启动时启动了哪些程序
crontab	系统启动程序的时间表
/etc/inetd. conf	inetd 对外提供哪些服务
. bash_history	用户执行的命令的历史记录

2) 日志的分析

由于篇幅限制,本章中就不再对这些日志的分析做详细的讲解,对于调查者而言必须熟悉 UNIX 系统记录这些日志的目的及其代表的含义。

11.3.7　综合分析层

综合分析的作用是对从各个系统分析得到的线索进行对比以确定这些线索是否具有一致性,从而实现重构攻击者攻击行为的目的。这里仅以例子来说明综合分析的作用。

例一:某个 IIS 受到攻击,经过分析发现是利用 IIS Null. printer 溢出漏洞实施的攻击。在嫌疑人的计算机上发现 Null. printer 的攻击程序,且通过时间分析发现嫌疑人在目标系统受攻击时曾经使用该程序。这种一致性可以将两台计算机上的行为串在一起,重构犯罪行为。

例二:某个网上支付被盗用,调查网上购物系统发现嫌疑人的 IP。经查证嫌疑人的计算机,发现该计算机有曾经使用被盗用账号的日志。

11.3.8　通过网络查找相关的信息

1. nslookup

nslookup 的作用是查找 DNS 服务上的信息。

2. Whois

网站建设者在注册网站时需要提供自己的有关信息(如联系方法、E-mail 地址等),网站注册管理机构对外提供 Whois 服务以查找与域名有关的注册信息。可以使用 Neotrace （www.neowox.com）或 VisualRoute（www.visualroute.com）等应用程序查询 Whois 服务。也可以直接到 www.checkdomain.com、register.com、network-tools.com 上查询。

3. 端口扫描

扫描目标系统打开什么端口，可以使用 Nmap 等软件进行扫描，这个过程与攻击者实施扫描是一样的，这里就不再赘述了。

通过 Internet 还可以查找其他重要的信息，例如，查找邮件的来源、分析发件人源地址是否存在、查找 IP 地址所在位置、查找 IRC 聊天室上用户的 IP 等。

11.4 用户行为监控阶段

11.4.1 目的

用户行为监控的目的是监视嫌疑对象对目标系统的访问过程，包括网络通信过程以及在目标系统上执行的命令。一般情况下，需要先将目标系统配置成一个"鱼饵"系统，所谓"鱼饵"系统就是指调整系统既保证攻击者不会觉察到系统做出调整，又保证攻击者无法利用该系统做进一步的攻击以扩大破坏范围。经过配置之后可以在系统上部署网络侦听软件（Sniffer）监视网络通信内容，还可以部署入侵检测系统（包括基于异常的检测系统和基于网络的检测系统）以监视攻击者在目标系统上实施的操作。

11.4.2 工具

常见的监控工具如下。

(1) tcpdump：从 www.tcpdump.org 下载。

(2) Ethereal：从 www.zing.org 下载。

(3) SnifferNetworkAnalyzer：从 www.nai.com 下载。

(4) Surveyor/Explorer：从 www.shomit.com 下载。

(5) eTrust 入侵检测系统：从 www.cai.com/acq/sessionwall 下载。

(6) snort 入侵检测系统：从 www.snort.org 下载。

(7) Cybersitter：从 www.solidoak.com 下载。

11.4.3 监视注意事项

使用监视系统对目标对象的监视应该注意以下事项。

(1) 注意监控的范围。攻击者经常利用一些特殊的技术构建不易觉察的通信通道。例如，利用 ICMP 隐蔽通道、UDP 隐蔽通道（例如使用 Loki）、无状态 TCP 隐蔽通道、HTTP 隐蔽通道来隐藏自己的通信，如果使用通常的监控方式（例如监控对某个端口的访问）一般不能发现这些问题。因此在监控过程中需要分析调查对象的水平并选择适当的监控范围。

(2) 利用匹配规则检测重要的信息。网络上流量一般都很大，在监视过程中需要使用匹配规则选择需要监视的通信内容。例如，知道攻击者使用的是 Telnet 协议控制目标计算机，那么可以配置规则只截获 Telnet 的通信内容。

（3）根据攻击特征分析数据包。在监控前必须对攻击产生的数据包的特征有基础的了解。例如，攻击者是如何利用 FTP 的特点实施端口扫描的，只有掌握这些信息才能够理解监控系统截获的信息以及 IDS 产生的警告。

（4）目标系统必须与其他重要系统隔离。记住要监视的系统只是个"鱼饵"，因此在开放该系统并实施监控之前必须保证控制该系统并不会导致大规模的破坏。

11.5　拒绝服务攻击的调查

11.5.1　概述

拒绝服务攻击可能是最难调查的攻击类型，攻击者在实施这些攻击时一般都是随机产生源 IP 地址，反向追查这些数据非常困难。这一领域的研究是当前的热点研究方向，因此本章专门用一节讲解与拒绝服务攻击调查相关的技术。

一般典型的分布式拒绝服务攻击如图 11-6 所示，攻击者通过多层的控制结构利用大量的僵尸主机（跳板）发动攻击。一般情况下，要追查到 Daemon 主机已经非常困难，要想最终追查到攻击者的难度就更大了。

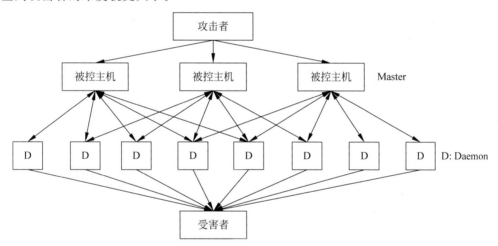

图 11-6　典型的分布式拒绝服务攻击

典型的拒绝服务攻击有 SYNflood 攻击、smufr 攻击、fraggle 攻击、UDPflood 等攻击。这些攻击原理各不相同，但是可以分为如下 3 类。

（1）利用目标系统的漏洞实施拒绝服务攻击。例如，可能导致 Windows 98 蓝屏死机的 OOB 攻击。这种攻击只是通过发送一个数据包就可能导致目标系统拒绝服务，这种攻击无法调查，因为攻击者攻击完毕后就不再需要与目标系统发生通信。

（2）直接攻击。直接攻击是指攻击的数据包直接从攻击源发送到攻击目标主机上。例如，SYNflood、UDPflood 等攻击都属于直接拒绝服务攻击，对于这种攻击调查的目标就是倒查攻击数据包的来源。

（3）转发攻击。转发攻击是指攻击的数据包不是直接从攻击源发送到攻击目标主机上，例如，smurf、fraggle 攻击。以 smurf 攻击为例，其原理如图 11-7 所示。

攻击者冒充攻击目标的 IP 地址向另一个受利用网络发送目标地址为广播地址的 ping

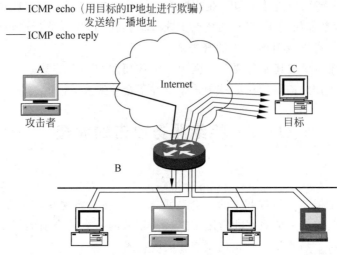

图 11-7　smurf 攻击

包（A→B 发送 ICMPecho 包），这样该网络的所有主机就会向受攻击目标发送 ping 的响应包（B→C 发送 ICMPechoreply 包）。因此对于这种攻击追查的过程是首先在受攻击点（C 点）侦听以获得受利用网络的 IP 地址（网络 B 的地址），因为受利用网络发送响应包的时候使用的是真实的 IP。其次就是从受利用网络（B 点）反过来倒查数据包的来源（A）。

从上面可以看出，不同的攻击类型调查的起点不一样。因此调查的第一步是要调查攻击的类型，使用 Sniffer 侦听数据包，判断是直接攻击还是转发攻击，对于不同的攻击采用不同的调查方法。

11.5.2　stepstone 技术

所谓 stepstone 的方法就是一级级往回查。当攻击发生后，从服务器一端往回查，在路由器上分析数据包是从哪个方向进来的，依照这一方法逐步回溯到发出数据包的主机。这种方法实施起来非常困难，存在很多弊病，主要有：

（1）如果调查过程中攻击停止就无法进一步分析上一级路由。

（2）并不是所有路由器都支持分析数据包的来源，很多时候需要一些其他辅助措施，例如使用 Sniffer。

（3）数据包的路由不是静态的，也就是说，同一主机发来的数据包可能从不同的方向到达目标主机。

当然也存在很多管理上的困难，例如，多个 ISP 的合作问题、路由器的调整问题、调查技术成本问题。

11.5.3　backscatter 技术

2001 年，美国的 Internet 数据分析联合会的研究人员提出了一种名为 backscatter 的技术，这种技术在一定条件下能够较快地分析出拒绝服务攻击的来源。

首先来看一下拒绝服务攻击的一个特性：伪造 IP 地址。现在网上提供的多种拒绝服务攻击工具都自动伪造 IP 地址，并且多数是随机产生的 IP 地址，这样导致的结果是其产生的 IP 地址会包含保留 IP 地址,例如 192.168.0.1、10.1.1.1,这类 IP 地址是保留用于内部网络使用的,在 Internet 上这种 IP 地址是无法路由的,也就是说,你发送一个数据包到 192.168.0.2 是无法送出去的。但是如果伪造源地址为 192.168.0.1,目的地址为 211.101.222.1 的数据包,在 Internet 上仍然能够将该数据包发送到 211.101.222.1,因为整个数据包的路由过程只看目的地址,而不关心源地址。

下面简单描述 backscatter 技术的操作步骤。

第一步:例如,一旦 211.101.222.1 受到拒绝服务攻击,那么该 IP 地址所在的 ISP 可以设置所有路由器抛弃目的地址为 211.101.222.1 的数据包(任何路由器都有这个功能),这样每个路由器收到发往 211.101.222.1 的数据包时,都会产生一个报告"目标地址不可达"的 ICMP 包,这种 ICMP 包的作用是告诉数据包的源地址其发送的数据包无法送达目标地址。如果攻击者伪造的源 IP 地址为 192.168.0.1,那么这种 ICMP 包的目标地址就是 192.168.0.1(告诉 192.168.0.1 发往 211.101.222.1 的数据包无法路由),而源地址是路由器地址。正如前面所说,目标地址为保留的地址在 Internet 上是没有意义的(无法路由),所以这种 ICMP 数据包一般情况下是无法发送出去的。

第二步:受攻击 IP 所在的 ISP 设置一条目标地址为保留地址的路由,把发往所有保留地址(包括 192.168.0.0、10.1.1.0 等网段)的数据包路由到一个固定的目标计算机上,因为保留地址在 Internet 上本来就没任何意义,所以这种设置不会影响原来的网络路由。

第三步:所有发往保留地址的数据包都会聚集到一台计算机上,在该计算机上对进入的数据包进行分析,分析这些数据包的源地址(也就是抛弃数据包的路由器地址)就可以分析出拒绝服务攻击数据包的路由来源(仅限于在一个 ISP 内的路由),如果这种数据包的来源在当前 ISP 内部,就可以直接调查出发送数据包的计算机,如果数据包来源是其他 ISP,则可以分析出这些数据包是从哪些路由器进入该 ISP 的,并可以进一步通知其相邻的 ISP 按照相同的方法调查。

实施这种方法的前提是拒绝服务攻击产生的数据包的源地址包含保留 IP 地址,目前多数拒绝服务攻击工具都具有这个特点。这种方法的优点是一次性分析就可以知道数据包进入某个 ISP 的地点,每个 ISP 只需要做一次追踪。只要数据包(源地址为保留地址)进入网络立刻就可以分析出进入点,这样调查速度会明显提高。这种方法的缺点是需要整个 ISP 调整路由设置,对于一个统一管理的 ISP 来说,这种调整路由器的配置的难度并不大,但是如果 ISP 的路由器不是统一管理,而是由多个部门管理,那么其协调和管理难度就会非常大。

习　　题

1. 在很多调查取证指南中都指出在关闭受调查主机时,需要直接断电关机(拔插头),而不要按照常规的关机程序,请解释为什么。

2. 有 10 000 个文件需要和 10 000 个文件比较,每个文件都是 100KB,如果直接对文件进行比较,大约需要比较多少字节? 如果按照散列值(假设散列值长度为 16B)比较,需要比较多少字节(如果考虑计算散列值的时间,假设计算一个 100KB 文件的散列值与比较 100KB 的文件需要相同的时间)?

3. 如果发现攻击者的计算机上存有一个攻击程序文件,请问该文件创建时间代表什么含义? 最后访问时间代表什么含义?

4. 在调查一台受攻击的主机时,为什么要分析其邻近计算机上的防火墙日志?

5. 假设在调查一台 Windows 计算机时,到达现场后,使用资源管理器搜索计算机上是否存在名为 hack.exe 的文件。这么做存在什么问题?

6. 如果要将计算机证据作为法庭上的证据,这些证据需要具有哪些特性? 请设计一个管理流程保证证据的有效性。

第 12 章

系统安全评估技术

观看视频

本章重点：

（1）信息安全评估国际标准。

（2）计算机信息系统安全等级保护。

（3）信息系统的安全风险评估。

信息系统安全评估在信息安全体系建设中占有重要的地位。它是了解系统安全风险、提出安全解决方案、加强信息安全监督管理的有效手段。信息系统安全评估与信息安全产品评估有密切联系，它以安全产品评估为基础，但比安全产品评估的涉及面更广。不管是产品评估，还是系统评估，均依赖于先进的安全评估标准，并以国家和行业的有关政策作为指导。

12.1　信息安全评估国际标准

12.1.1　TCSEC

在信息安全评估标准的发展早期，最具代表性的是美国国防部的《可信计算机系统评估准则》。这部标准最早可追溯到 20 世纪 60～70 年代，始于军方对计算机安全的密切关注。此后历经十余年的初步探索，美国国家安全局（NSA）于 1981 年创建了"国家计算机安全中心"（NCSC），负责制定并维护国防部门使用的可信计算机系统的技术标准。

1983 年，NCSC 终于制定成功了《可信计算机系统评估准则》（*Trusted Computer System Evaluation Criteria*，TCSEC）于 1985 年作为国防部标准（DoD5200.28）正式发布。由于采用了橘色书皮，人们通常称其为"橘皮书"。此后，NCSC 又陆续出版了一系列有关可信计算机数据库、可信计算机网络等的指南等。由于每本书使用了不同颜色的书皮，人们将其统称为彩虹系列。

在 TCSEC 时代，世界上尚没有其他类似的评估标准。它的制定确立了计算机安全的概念，对其后的信息安全发展具有跨时代的意义。但是，由于 TCSEC 的军方背景以及当时信息安全发展的具体历史阶段所限，TCSEC 的安全概念只停留在信息的"保密性"上，没有超出计算机安全的范畴。

TCSEC 依据的安全策略模型是 Bell-LaPadula 模型，该模型所制定的最重要的安全准则（严禁上读、下写）针对的是信息的保密性要求。其主要的技术手段是访问控制机制，依靠访问控制机制实现"严禁上读、下写"的要求。TCSEC 认为，对计算机安全的任何讨论必须始于对安全要求的陈述，一个安全的系统要通过特定的安全技术来控制对信息的访问，保证只有授权的用户或代表授权用户的进程才能访问(读、写、创建、删除)信息。这一基本的安全目标陈述导出了 6 个安全要求：其中 4 个与访问控制有关，剩余两个涉及如何才能确信可信计算机系统中实现了访问控制。

这 6 个安全要求可归为 3 大类：分别是策略、可追究性、保证。

1. 策略

要求一：安全策略——系统必须执行一个清晰定义的、明确的安全策略。给定了确定的主体和客体后，系统要根据一定的规则来判断主体是否有权访问客体。计算机系统必须强制执行安全策略，以实施这些访问规则。

要求二：标记——客体必须与访问控制标记发生关联。为控制对计算机中信息的访问，必须在强制执行的安全策略规则下给每一个客体标注标记，以可靠地标识客体的敏感级和/或访问模式。

2. 可追究性

要求三：标识——每个主体必须被标识，每一次的信息访问必须基于主体的身份和客体信息的类别做出仲裁。标识和授权信息必须得到妥善保护。

要求四：可追究性——审计信息必须得到保护，以便于影响安全的行为能够追溯到行为的发起方。可信系统必须能够记录安全相关事件的发生。要能有选择地记录安全事件，以减少资源的过度消耗，增加分析的效率。审计数据必须妥善保护。

3. 保证

要求五：保证——计算机系统必须包含可被独立评估的软/硬件机制，以充分保证计算机系统能够实现上述 4 项要求。这些机制一般都嵌入到操作系统中，并必须得到清晰的描述，以便于独立地评估。

要求六：持续保护——实现上述要求的可信机制必须得到持续保护，以防止破坏和非授权改变。如果这些基础的软硬件机制本身不安全，则计算机安全便无从谈起。计算机系统的生命周期中，持续保护的要求意义重大。

TCSEC 的安全级别如表 12-1 所示，由低到高分别为 D、C1、C2、B1、B2、B3、A1。其中，B1 级与 B1 级以下的安全测评级别，其安全策略模型是非形式化定义的。从 B2 级开始，其安全策略模型为更加严格的形式化定义，甚至引用形式化验证方法。

表 12-1　TCSEC 的安全级别

类　别	级　别	名　称	主　要　特　征
A	A1	验证设计	形式化的最高级描述和验证、形式化的隐蔽通道分析、非形式化的代码对应证明
B	B3	安全区域	访问控制，高抗渗透能力
	B2	结构化保护	形式化模型/隐蔽通道约束、面向安全的体系结构、较好的抗渗透能力
	B1	标记安全保护	强访问控制、安全标记
C	C2	受控访问控制	单独的可追究性、广泛的审计踪迹
	C1	自主安全保护	自主访问控制
D	D	最小保护	相当于无安全功能的个人微型计算机

各级的主要特征如下。

(1) D 级(最小保护)：几乎没有保护(如 DOS 操作系统)。

(2) C1 级(自主安全保护)。

① 非形式化定义安全策略模型,使用了基本的自主访问控制。

② 通过标识和鉴别体现可追究性要求。

③ 避免偶尔发生的操作错误与数据破坏。

④ 支持同组合作的敏感资源的共享。

⑤ 要求安全特性用户文档、可信设备手册、测试文档、设计文档。

⑥ C 级安全措施可以简单理解为操作系统逻辑级安全措施。

(3) C2 级(受控访问保护)。

① 非形式化定义安全策略模型,使用了更加完善的自主访问控制策略与防止客体重用策略。

② 通过标识、鉴别、审计来实现可追究性。

③ 实施资源隔离,确保 TCB 元素的完整性。

④ 对一般性攻击具有一定的抵抗能力。

⑤ 要求安全特性用户文档、可信设备手册、测试文档、设计文档。

(4) B1 级(标记安全保护)。

① 保留 C2 级所有安全策略,非形式化安全模型定义。

② 引用了安全标记。

③ 考虑了标记的完整性与标记的输出。在命名主体与客体上实施强制访问控制。实际上引入了物理级的安全措施。

④ 对一般性攻击具有较强的抵抗能力,但对渗透攻击的抵抗能力较低。

(5) B2 级(结构化保护)。

① 形式化定义安全策略模型,可信计算基结构化。

② 把自主访问与强制访问的控制扩展到所有的主体与客体上。引入了设备的标记。主体的敏感度标记改变时,可信计算基要通知终端,并向终端用户显示完整的敏感度标记。

③ 引入了隐蔽通道保护。

④ 引入了可信通道。

⑤ 要求 TCB 能够分离操作员与管理员。

⑥ 更彻底的安全措施。

⑦ 严格系统配置管理。

⑧ 有一定的抵抗渗透能力。

(6) B3 级(安全区域)。

① 完好的安全策略的形式化定义,必须满足"引用监视器"的要求。

② 结构化可信计算基结构,继承了 B2 级的安全特性。

③ 支持更强化的安全管理。

④ 扩展审计范围与功能。

⑤ 引入了可信恢复。

⑥ 具有较高的抵抗渗透能力。

（7）A1 级（验证设计）。

① 功能与 B3 级相同。

② 增加了形式化分析、设计与验证。

12.1.2　ITSEC

以美国诞生 TCSEC 为契机，世界其他先进国家也开始制定本国的信息技术安全评估标准。英国政府认识到对政府部门使用的计算机系统的安全评估十分必要，于 1985 年由其"通信电子安全总局"（CESG）设立了安全评估机构。这之后不久，英国的贸易产业部（DTI）也认识到商用计算机安全评估的必要性，于 1987 年设立了商用计算机安全中心。以该中心为主体制定了被称为"绿皮书"的英国信息技术安全评估标准，并于 1989 年发布试行。

很快，英国就发现在同一国家制定两种评估制度极不合适。1989 年年末，CESG 和 DTI 发起了测评认证制度的一体化计划。统一后的测评认证制度称为"英国信息技术安全性测评认证体系"（UKITSEC），于 1990 年制定了评估标准（MEM03&DTI）。

UKITSEC 的目的是在国内确立经济、有效地评估信息技术产品并对其进行认证的一体化评估制度，以响应政府和产业界的客观要求，同时期待着在不久的将来使评估结果与国际认证接轨。

在 UKITSEC 同期，欧洲其他国家也开始了制定评估标准的行动，法国制定了"B-W-RBook"评估标准，德国制定了"ZSEIC"评估标准。

但是，一直秉持欧洲市场统一构想的欧共体委员会逐步认识到各国采用不同的标准极不适宜，必须使安全评估标准朝向欧洲统一的方向发展。于是，1990 年，德国信息安全局（GISA）发出号召，由英国、德国、法国、荷兰 4 个国家的代表着手共同制定了欧洲统一的安全评估标准《信息技术安全评估标准》，简称 ITSEC。除了吸取 TCSEC 的成功经验外，ITSEC 首次全面提出了信息安全的保密性、完整性、可用性的概念，把可信计算机的概念提高到可信信息技术的高度上认识，他们的工作成为欧共体信息安全计划的基础，并对国际信息安全的研究、实施产生了深刻的影响。

同期，加拿大也制定了《加拿大计算机产品评估准则》的第一版，称为 CTCPEC。其第三版于 1993 年公布，它吸取了 ITSEC 和 TCSEC 的长处。此外，美国政府进一步发展了对评估标准的研究，于 1993 年公开发布了《联邦准则》的 1.0 版草案，简称 FC。

在这个时期，信息安全标准的发展进入了百家争鸣的阶段，为后来的 CC 奠定了基础，提供了宝贵的知识储备。在这些标准之中，由于欧洲社会的大力推动，ITSEC 的应用最为广泛，直至现在也仍为欧洲一些国家所采用。

ITSEC 认为，系统或产品的保密性、完整性、可用性要求要通过实施一系列的技术性安全措施来满足，这些安全措施称为"安全执行功能"，此外，还要对这些功能具有适当的信心，这称为"保证"。保证则分为两方面：对安全执行功能的正确性的信心（从开发和运行的角度）以及对这些功能的有效性的信心。

除保证的概念外，ITSEC 还提出了若干新的概念。对系统或产品的评估将有利于用户对产品的选择，这种评估除需要有其明确目标以及充分定义的安全评估准则，还要有认证实体负责实施评估。对一个系统来说，可把其安全功能的评估视为在一个特定环境中采用 IT 系统的判断过程的一部分，这个过程称为认可，该过程涉及很多因素：系统安全性的保证、安全管理责任的确定、对相关技术和法律/法规要求的遵循、其他非技术性安全措施的充分性等。

ITSEC 主要讨论的是技术性安全措施，但它也谈到了某些非技术性措施，例如，与人员有关的安全操作流程、物理安全以及流程安全。

ITSEC 对 TOE 中的组件也做了进一步划分：TOE 中用来满足安全目标的组件，称为"安全执行"组件，例如，实现访问控制、审计、错误恢复等功能的组件；TOE 中某些组件虽然不属于安全执行组件，但是与安全功能的正确实施密切相关，这称为"安全相关"组件。

安全执行组件和安全相关组件的组合便是 TCSEC 的"可信计算基"（TCB）。

ITSEC 包含的安全功能要求共分为 10 大类，它们是由《德国国家标准》而来，其中 5 类要求与美国的 TCSEC 要求类似。在所有的安全功能要求类中，评估发起者（即受评方）必须定义用于评估的安全目标，即 TOE 中提供的安全执行功能。安全目标中还应包括其他相关信息，例如，TOE 的安全目标及这些目标可能遭到的可预见威胁，除此之外，也应包括用来实现这些安全执行功能的安全机制。

但安全执行功能只可能满足产品或系统安全目标的一个方面。除此之外，还需要保证手段，以确保安全目标能够通过所选择的安全执行功能和机制来实现。这就是对保证安全执行功能的有效性和正确性的评估。

（1）有效性评估将考察 TOE 提供的安全执行功能和机制是否能正确满足安全目标。有效性评估分为两部分：结构和操作。前者包括功能的适合性、功能的绑定（所选择的功能是否能协同工作）机制的强度、结构脆弱性，后者包括易用性和操作脆弱性；其中，机制的强度即对攻击的抵抗能力。ITSEC 定义了 3 个强度级：基本级、中级和高级。强度级的上升代表了对安全机制的信心的增强。

（2）正确性评估将考察安全执行功能和机制是否得到了正确实施。ITSEC 共为正确性评估划分了 7 个级别：E0～E6，代表了对正确性的信心的增长。

ITSEC 的评估级别便是正确性级别 E0～E6。E0～E6 包括如下内容（由 E0～E6 逐渐增强）。

E6：形式化验证。

E5：形式化分析。

E4：半形式化分析。

E3：数字化测试分析。

E2：数字化测试。

E1：功能测试。

E0：不能充分满足保证。

ITSEC 的 10 个安全功能类分别为：F-C1、F-C2、F-B1、F-B2、F-B3、F-IN、F-AV、F-DI、F-DC、F-DX。内容如下。

1. F-C1

目标：来自于 TCSECC1 级，提供自主访问控制。包括：

（1）标识和鉴别。

（2）访问控制（自主）。

2. F-C2

目标：来自于TCSECC2,提供更细粒度的访问控制,审计安全相关事件,提供资源分离。包括：

(1) 标识和鉴别。

(2) 访问控制。

(3) 可追究性。

(4) 审计。

(5) 客体重用。

3. F-B1

目标：来自于TCSECB1,通过敏感度标记实施强制访问控制。包括：

(1) 标识和鉴别。

(2) 访问控制(此级开始包括强制访问控制)。

(3) 可追究性。

(4) 审计。

(5) 客体重用。

4. F-B2

目标：来自于TCSECB2,强制访问控制扩展到了所有的主客体,强化了B1类的鉴别要求。包括：

(1) 强制机制。

(2) 标识和鉴别。

(3) 访问控制。

(4) 可追究性。

(5) 审计。

(6) 客体重用。

5. F-B3

目标：来自于TCSECB3和A1,在B2级之上提供了清晰的安全管理角色,审计得到了扩展,用来通知安全相关事件。包括：

(1) 强制机制。

(2) 标识和鉴别。

(3) 访问控制。

(4) 可追究性。

(5) 审计。

(6) 客体重用。

6. F-IN

目标：具有对数据和程序的高完整性要求,例如,在数据库TOE中应用。包括：

(1) 标识和鉴别。

(2) 访问控制。

(3) 可追究性。

(4) 审计。

7. F-AV

目标:具有对完整 TOE 或 TOE 特殊功能的高可用性要求,例如,在制造业的控制过程中应用。包括服务可靠性。

8. F-DI

目标:数据交换过程中的数据完整性保护。包括:

(1) 标识和鉴别。

(2) 可追究性。

(3) 审计。

(4) 数据交换。

9. F-DC

目标:数据交换过程中的数据保密性。例如,密码服务中使用。包括数据交换。

10. F-DX

目标:网络中交换信息的保密性和完整性。例如,敏感信息通过不安全的网络交换。包括:

(1) 标识和鉴别。

(2) 可追究性。

(3) 审计。

(4) 数据交换。

11. 英国发布的 ITSEC 出版物

欧盟曾在 1997 年发布了 ITSEC 评估互认可协定,并在 1999 年 4 月后发布了新的互认可协定第二版。在签署了互认可协定的国家中,双方的评估结果是互认的,在一个国家评估后,产品便没有必要在另外一个协定签署国再次评估。

ITSEC 的文献至今仍在广泛应用和更新。其中,英国发布的 ITSEC 出版物如下。

(1) IT 安全评估认证互认可协定 v2.0,1999 年 4 月。

(2) ITSEC 安全评估框架描述 UKSP01。

(3) 对商业评估机构(CLEF)的委任 UKSP02。

(4) 开发者指南第一部分(开发者在 ITSEC 中的角色)UKSP04/1。

(5) 开发者指南第二部分(开发者参考)UKSP04/2。

(6) 开发者指南第三部分(对开发者的建议)UKSP04/3。

(7) UKIT 安全评估框架 UKSP12。

(8) CMS 描述 UKSP16 第一部分。

(9) 影响分析及评估方法 UKSP16 第二部分。

其中,1996 年发布的基础性文件 UKSP01 在 2000 年 2 月又重新做了第四版修订,最大的改动便是增加了对 CC 最新动态的反应,由此可见 ITSEC 的生命力之强。

12.1.3　CC

随着贸易全球化和经济一体化的发展,更加统一的信息安全评估准则呼之欲出。早在 20 世纪 90 年代初,为了能集中世界各国安全评估准则的优点,集合成单一的、能被广泛接受的信息技术评估准则,国际标准化组织就已着手编写国际性的信息安全评估准则,但由于任务过于庞大以及协调困难,该工作一度进展缓慢。

直到 1993 年 6 月,在六国七方(英、加、法、德、荷、美的国家安全局及国家标准和技术研究所)的合作下,前述几个评估标准终于走到了一起,形成了《信息技术安全通用评估准则》,简称 CC(Common Criteria)。CC 的 0.9 版于 1994 年问世,而 1.0 版继而于 1996 年出版。1997 年,CC 编写机构提交了 CC 2.0 版的草案版,1998 年正式发行,1999 年,现在的 CC 2.1 版问世。CC 2.0 版于 1999 年 12 月被 ISO 批准为国际标准,编号为 ISO/IEC 15408。我国 2001 年将 CC 采用为国家标准,以编号 GB/T 18336—2001 发布。图 12-1 是对国际上信息安全评估标准发展的概括。

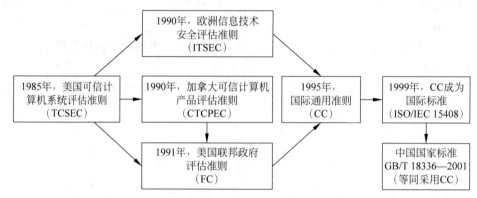

图 12-1　信息安全评估准则的国际发展

CC 吸收了各先进国家对现代信息系统安全的经验和知识,对信息安全的研究与应用产生了深刻影响。它分为 3 部分,其中,第一部分是介绍 CC 的基本概念和基本原理,第二部分提出了安全功能要求,第三部分提出了安全保证要求。后两部分构成了 CC 安全要求的全部:安全功能要求和安全保证要求,其中,安全保证的目的是确保安全功能的正确性和有效性,这是从 ITSEC 和 CTCPEC 中吸收的。同时,CC 还从 FC 中吸收了保护轮廓(PP)的概念,从而为 CC 的应用和发展提供了最大可能的空间和自由度。

CC 的功能要求和保证要求均以类-族-组件(Class-Family-Component)的结构表述。前者包括 11 个功能类(安全审计、通信、密码支持、用户数据保护、标识和鉴别、安全管理、隐秘、TSF 保护、资源利用、TOE 访问、可信路径/信道),后者包括 7 个保证类(配置管理、交付和运行、开发、指南文档、生命周期支持、测试、脆弱性评定)。

表 12-1 曾介绍过 CC 的 7 个基本保证类。每一保证类的安全保证族则如表 12-2 所示。

表 12-2　CC 的保证类及其内容

保 证 类	保 证 族	缩 写 名 称
ACM 类:配置管理	CM 自动化	ACM_AUT
	CM 能力	ACM_CAP
	CM 范围	ACM_SCP
ADO 类:交付和运行	交付	ADO_DEL
	安装、生成和启动	ADO_IGS

续表

保　证　类	保　证　族	缩　写　名　称
ADV 类：开发	功能规范	ADV_FSP
	高层设计	ADV_HLD
	实现表示	ADV_IMP
	TSF 内部	ADV_INT
	低层设计	ADV_LLD
	表示对应性	ADV_RCR
	安全策略模型	ADV_SPM
AGD 类：指南文档	管理员指南	AGD_ADM
	用户指南	AGD_USR
ALC 类：生命周期支持	开发安全	ALC_DVS
	缺陷纠正	ALC_FLR
	生命周期定义	ALC_LCD
	工具和技术	ALC_TAT
ATE 类：测试	覆盖范围	ATE_COV
	深度	ATE_DPT
	功能测试	ATE_FUN
	独立性测试	ATE_IND
AVA 类：脆弱性评定	隐蔽信道分析	AVA_CCA
	误用	AVA_MSU
	TOE 安全功能强度	AVA_SOF
	脆弱性分析	AVA_VLA

CC 通过对安全保证的评估而划分安全等级，每一等级对保证功能的要求各不相同。安全等级增强时，对保证组件的数目或者同一保证的强度的要求会增加。

CC 的安全等级简称 EAL（评估保证级），共分为 7 级 EAL，安全等级由 EAL1 到 EAL7 逐渐提高。

（1）EAL7：形式化验证的设计和测试。

（2）EAL6：半形式化验证的设计和测试。

（3）EAL5：半形式化设计和测试。

（4）EAL4：系统地设计、测试和评审。

（5）EAL3：系统地测试和检查。

（6）EAL2：结构测试。

（7）EAL1：功能测试。

下面给出各级的简要描述。

1．EAL1：功能测试

EAL1 适用于对正确操作需要一定信任的场合，但在该场合中对安全的威胁应视为并不严重。它还适用于需要独立的保证来支持以下论点的情况，该论点认为在人员或类似信息的保护方面已经给予足够的重视。EAL1 为用户提供了 TOE 的一个评估，包括依据一个规范的独立性测试和对所提供的指南文档的检查。预计在没有 TOE 开发者的帮助下，一个 EAL1 评估也能成功地进行而且所需费用最少。在这个级别上的一个评估应当提供这样的证据,即 TOE 的功能与其文档在形式上是一致的,并且对已标识的威胁提供了有效的保护。

2. EAL2:结构测试

在交付设计信息和测试结果时,EAL2 需要开发者的合作,但不应超出与良好商业运作保持一致性的范围,而要求开发方付出更多的努力。这样,就不需要增加过多的费用或时间的投入。因此,EAL2 适用于以下这种情况:在缺乏现成可用的完整的开发记录时,开发者或使用者需要一种低到中等级别的独立保证的安全性。在传统的保密系统或者同开发者的访问受到限制时,可能会出现以上这种情况。

3. EAL3:系统地测试和检查

EAL3 可使一个尽职尽责的开发者在设计阶段能从正确的安全工程中获得最大限度的保证,而不需要对现有的合理的开发实践做大规模的改变。EAL3 适用于以下这些情况:开发者或使用者需要一个中等级别的独立保证的安全性,以及在没有再次进行真正的工程实践的情况下,要求对 TOE 及其开发过程进行彻底调查。

4. EAL4:系统地设计、测试和评审

EAL4 可使开发者从正确的安全工程中获得最大限度的保证,这种安全工程基于良好的商业开发实践,这种实践虽然很严格,但并不需要大量专业知识、技巧和其他资源。在经济合理的条件下,对一个已经存在的生产线进行翻新时,EAL4 是所能达到的最高级别。因此 EAL4 适用于以下这两种情况:开发者或使用者对传统的商品化的 TOE 需要一个中等到高等级别的独立保证的安全性,以及准备负担额外的安全专用工程费用。

5. EAL5:半形式化设计和测试

EAL5 可使一个开发者从安全工程中获得最大限度的保证,这种安全工程所基于的严格的商业开发实践,是靠适度应用专业安全工程技术来支持的。设计和开发这样的 TOE 需要有达到 EAL5 保证的决心。相对于没有应用专业技术的严格开发而言,由 EAL5 要求引起的额外的开销也许不会很大。因此 EAL5 适用于以下这些情况:开发者和使用者在有计划的开发中需要一个高级别的独立保证的安全性,以及在没有由专业安全工程技术引起不合理开销的条件下,需要一种严格的开发手段。

6. EAL6:半形式化验证的设计和测试

EAL6 可使开发者通过把安全工程技术应用于严格的开发环境,而获得高度的保证,以便生产一个昂贵的 TOE 来保护高价值的资产对抗重大的风险。因此,EAL6 适用于以下情况:应用于高风险环境下的安全 TOE 的开发,在这里受保护的资源值得花费额外的开销。

7. EAL7:形式化验证的设计和测试

EAL7 适用于安全 TOE 的开发,该 TOE 将应用在风险非常高的地方或有高价值资产值得更高的开销的地方。EAL7 的实际应用目前只局限于一些 TOE,这些 TOE 非常关注能经受广泛的形式化分析的安全功能。

CC 代表了先进的信息安全评估标准的发展方向,基于 CC 的 IT 安全测评认证正在逐渐为更多的国家所采纳,CC 的互认可协定签署国也在不断增多。图 12-2 显示了基于 CC 的 IT 安全测评认证流程。

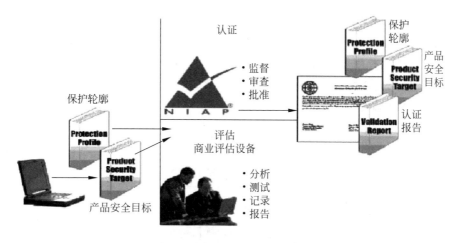

图 12-2 CC 的 IT 安全测评认证流程

12.2 计算机信息系统安全等级保护

12.2.1 计算机信息系统安全等级保护框架

1994 年 2 月 18 日发布的《中华人民共和国计算机信息系统安全保护条例》提出了我国的计算机信息系统将实行安全等级保护。这种保护是强制性的,将通过行政手段加以推行。这由我国计算机信息系统安全等级保护体系的必要性所决定:由于信息安全事关国家主权、政治、经济、军事、社会安全,对信息系统实施强制安全保护属于国家意志和政府行为。

等级保护制度的关键环节之一是基于先进的信息安全标准和法律、法规对信息安全的技术研究、产品生产、服务提供、市场运行等诸多环节加以管理,管理的手段之一便是对信息安全的评估以及建立在评估基础上的信息安全测评认证制度。如 12.1 节所述,世界各国在信息安全评估标准的研究上投入了巨大的精力,这些工作对信息安全技术的发展产生了很大影响。我国的 GB 17859—1999 及其后的系列标准也是在立足我国国情的基础上吸收国外先进标准的成果。我国的等级保护制度是国家信息安全保障体系建设的一项重要任务,其中,对信息安全产品和系统的评估和监管是等级保护制度推行的重要手段。本节介绍我国的计算机信息系统安全等级保护标准中提出的要求。分等级的安全保护是信息安全保护的客观要求。这体现了:

(1) 信息系统和经济价值保护的不同需求。

(2) 系统中信息敏感性的不同。

(3) 信息系统所属部门、单位重要性的不同。

(4) 各行业和部门应用性质的不同。

(5) 适度安全与消费合理的需求。

安全等级保护总体目标是确保信息系统安全正常运行和信息安全,并实现下述安全特性:信息的保密性、完整性、可用性、不可否认性、可控性等(其中,完整性、可用性、保密性为基本的安全特性要求)。

在公安部于 1999 年组织完成的 GB 17859《计算机信息系统安全保护等级划分准则》

中,划定了我国计算机信息系统安全保护的5个等级:第一级为用户自主保护级,第二级为系统审计保护级,第三级为安全标记保护级,第四级为结构化保护级,第五级为访问验证保护级,以第一级为基础逐级增强。

在此基础之上,等级保护的标准化建设开始全面展开。为了从总体上考虑问题,把握关键环节,形成安全控制机制,我国建立了如图12-3所示的计算机信息系统安全等级保护框架。

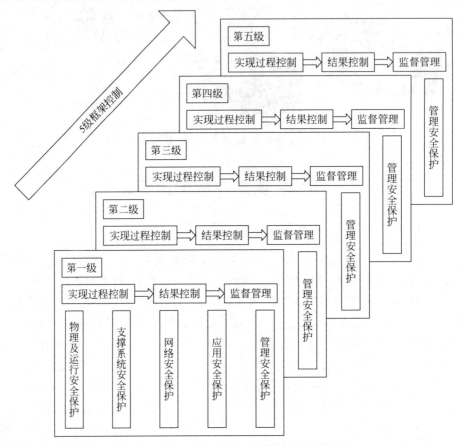

图 12-3　计算机信息系统安全等级保护框架构成

首先,图12-3体现了等级安全保护中的5个安全级别。其次,该图体现了等级保护的5个层面:物理及运行层、支撑系统层、网络层、应用层、管理层,这5个层面涵盖了计算机信息系统安全的全部内容。此外,还有等级保护工作中的5个关键环节:总体控制、设计和实现过程控制、设计和实现的结果控制、信息系统分层面安全控制、监督管理。

等级保护的工作程序则包括:

(1) 使用单位根据信息的敏感程度、应用性质和部门重要程度,确定其信息系统的安全保护等级。

(2) 根据安全保护等级,按照等级保护标准规范进行安全建设和安全管理。

(3) 等级系统和产品必须通过行政机关授权的机构进行评测。

(4) 行政机关对信息系统安全等级保护工作进行监督、检查。

为此,要实现等级保护的规范化、法制化、制度化,就必须以标准化为手段,围绕着以上等级保护框架,制定与之配套的如下类别的信息安全标准及相关工具。

（1）总体控制类（框架类标准）：解决安全保护等级划分问题，明确国家信息系统安全保护总的体系结构，明确安全等级保护模型，实现总体控制。

（2）设计和实现过程控制类（要求类标准）：面向安全产品研发和系统安全建设管理者，解决信息系统及产品的安全等级功能与安全保障的实现问题。

（3）设计和实现的结果控制类（评估类标准和专用工具）：面向专业测评者，解决专业测评机构对信息系统及产品的安全保护等级的实现结果评估方面的问题。

（4）信息系统分层面安全控制类（产品和系统层面标准）：安全等级保护的最终落脚点是解决国家重要领域的信息系统，即国家基础设施的安全问题，因此，必须注重信息系统的整体安全效应，从计算机信息系统实际构成，即物理及运行层、支撑系统层、网络层、应用层、管理层，分别采取安全保护措施，最终形成对系统和信息的整体保护，建设、管理、检测评估者都将从这 5 个层面把握信息系统的整体安全性，5 个层面的具体技术内容可随技术发展而发展。

（5）监督管理类（部分系统评估类标准和工具）：解决执法问题，实行信息系统安全等级保护制度是国家意志、政府行为，因此，执法部门将运用专门的标准和工具，依法对涉及国计民生的基础设施安全保护状况实施等级监督管理。

信息系统安全等级保护十三大重要标准包括：计算机信息系统安全等级保护划分准则（GB 17859—1999）（基础类标准）、信息系统安全等级保护实施指南（GB/T 25058—2010）（基础类标准）、信息系统安全保护等级定级指南（GB/T 22240—2008）（应用类定级标准）、信息系统安全等级保护基本要求（GB/T 22239—2008）（应用类建设标准）、信息系统通用安全技术要求（GB/T 20271—2006）（应用类定级标准）、信息系统等级保护安全设计技术要求（GB/T 25070—2010）（应用类建设标准）、信息系统安全等级保护测评要求（GB/T 28448—2012）（应用类测评标准）、信息系统安全等级保护测评过程指南（GB/T 28449—2012）（应用类测评标准）、信息系统安全管理要求（GB/T 20269—2006）（应用类管理标准）、信息系统安全工程管理要求（GB/T 20282—2006）（应用类管理标准）、信息安全技术网络安全等级保护基本要求（GBT 22239—2019）（基础类标准）、信息安全技术网络安全等级保护安全设计技术要求（GB/T 25070—2019）（应用类建设标准）、信息安全技术网络安全等级保护测评要求（GB/T 28448—2019）（应用类测评标准）。

12.2.2　GB 17859—1999

GB 17859—1999 中 5 个级别的内容如下。

1. 第一级：用户自主保护级

本级的计算机信息系统可信计算基通过隔离用户与数据，使用户具备自主安全保护能力。它具有多种形式的控制能力，对用户实施访问控制，即为用户提供可行的手段，保护用户和用户组信息，避免其他用户对数据的非法读写与破坏。

2. 第二级：系统审计保护级

与用户自主保护级相比，本级的计算机信息系统可信计算基实施了粒度更细的自主访问控制，它通过登录规程、审计安全性相关事件和隔离资源，使用户对自己的行为负责。

3. 第三级：安全标记保护级

本级的计算机信息系统可信计算基具有系统审计保护级的所有功能。此外，还须提供有关安全策略模型、数据标记以及主体对客体强制访问控制的非形式化描述，具有准确地标记输出信息的能力,消除通过测试发现的任何错误。

4. 第四级:结构化保护级

本级的计算机信息系统可信计算基建立于一个明确定义的形式化安全策略模型之上,它要求将第三级系统中的自主和强制访问控制扩展到所有主体与客体。此外,还要考虑隐蔽通道。本级的计算机信息系统可信计算基必须结构化为关键保护元素和非关键保护元素。计算机信息系统可信计算基的接口也必须明确定义,使其设计与实现能经受更充分的测试和更完整的复审。加强了鉴别机制;支持系统管理员和操作员的职能;提供可信设施管理;增强了配置管理控制。系统具有相当强的抗渗透能力。

5. 第五级:访问验证保护级

本级的计算机信息系统可信计算基满足访问监控器需求。访问监控器仲裁主体对客体的全部访问。访问监控器本身是抗篡改的,必须足够小,能够分析和测试。为了满足访问监控器需求,计算机信息系统可信计算基在其构造时,排除了那些对实施安全策略来说并非必要的代码;在设计和实现时,从系统工程角度将其复杂性降低到最低程度。支持安全管理员职能;扩充审计机制,当发生与安全相关的事件时发出信号;提供系统恢复机制。系统具有很高的抗渗透能力。

每一级的安全重点各不相同。在第一级,通过自主访问控制等安全机制,要求系统提供给每一个用户具有对自身所创建的数据信息进行安全保护的能力。首先,用户自己应能以各种形式访问这些数据信息。其次,用户应有权将这些数据信息的访问权转让给别的用户。

第二级重点强调了系统的审计功能,通过审计,要求每一个用户对自己的行为负责。同时,要求自主访问控制具有更细的访问控制粒度。

从第三级开始对安全功能的设置和安全强度的要求等方面均有明显的提高。首先,增加了标记和强制访问控制功能。同时,对身份鉴别、审计、数据完整性等安全功能均有更高的要求。

第四级重点强调的是通过结构化设计方法使安全功能具有更高的安全强度。在安全功能方面,该级要求将自主访问控制和强制访问控制的控制范围,从第三级的系统定义范围,扩展为系统所有的主、客体,并包括对输入、输出数据信息的控制。另外,该级要求通过"隐蔽信道分析"增强系统的安全性,通过"可信路径",规范数据信息的传输保护。

第五级重点强调"访问监控器"本身的可验证性。也是从安全功能的设计和实现方面提出更高要求。这里的访问监控器就是实现安全功能的安全机制。在安全功能方面,该级的可信路径提出了比第四级更高的要求。

GB 17859—1999 中各级提出的安全要求可以归为 10 个安全要素:自主访问控制、强制访问控制、标记、身份鉴别、客体重用、审计、数据完整性、隐蔽信道分析、可信路径、可信恢复。

在所有的信息安全评估标准中,不同安全等级的差异都体现在两方面:各级间要求的有无以及要求的强弱。GB 17859—1999 亦不例外。表 12-3 展示了 GB 17859—1999 中 10 个安全要素与安全等级的关系。

表 12-3　GB 17859—1999 中安全要素与安全等级的关系

安全要素	用户自主 保护级	系统审计 保护级	安全标记 保护级	结构化 保护级	访问验证 保护级
自主访问控制	+	++	++	+++	+++
强制访问控制			+	++	+++

续表

安全要素	用户自主 保护级	系统审计 保护级	安全标记 保护级	结构化 保护级	访问验证 保护级
标记			+	++	++
身份鉴别	+	++	+++	+++	++++
客体重用		+	+	+	+
审计		+	++	+++	++++
数据完整性	+	++	+++	+++	++++
隐蔽信道分析				+	+
可信路径				+	++
可信恢复	+	+	++	+++	++++

在 12.1 节谈到的若干个信息安全评估标准以及 GB 17859—1999 之间存在着一个大致的安全级别对照关系,如表 12-4 所示。之所以称其为"大致的",是因为 TCSEC 只关注保密性,而 ITSEC 和 CC 等标准的关注对象却已经超越了 TCSEC 的范围,而且这些标准的安全等级不再是简单地针对安全功能的评估,这种情况使得这几部标准的比较缺乏参照系。因此表 12-4 中反映的对照关系不是很精确,只能作为一种定性参考。

表 12-4　各标准间的级别对照

Information Technology Security Common Criteria 国际 CC 标准	Trusted Computer System Evaluation Criteria 美国 TCSEC	Information Technology Security Evaluation Criteria 欧洲 ITSEC	Canada Trusted Computer Product Evaluation Criteria 加拿大 CTCPEC	中国 GB 17859—1999
	D：低级保护	EO：不能充分满足保证	TO	
EALI：功能测试			T1	
EAL2：结构测试	C1：自主安全保护	E1：功能测试	T2	1：用户自主保护级
EAL3：系统地测试和检验	C2：受控访问控制	E2：数字化测试	T3	2：系统审计保护级
EALA：系统地设计、测试和评审	B1：标记安全保护	E3：数字化测试分析	T4	3：安全标记保护级
EAL5：半形式化设计和测试	B2：结构化保护	E4：半形式化分析	T5	4：结构化保护级
EAL6：半形式化验证的设计和测试	B3：安全区域	E5：形式化分析	T6	5：访问验证保护级
EAL7：形式化验证的设计和测试	A1：验证设计	E6：形式化验证	T7	

由表 12-4 以及 GB 17859—1999 中 5 个等级的内容可知,该标准更多的是吸收了 TCSEC 的内容。这是 GB 17859—1999 的一个明显不足,因为 TCSEC 缺乏对信息完整性、可用性以及安全保证的考虑。此外,GB 17859—1999 对计算机信息系统安全的 5 个层面关注不够,不利于对具体工作的指导,加之其语言抽象,不利于宣贯,也缺乏足够的可操作性,于是公安部在吸收 CC、结合国情的基础上颁布了与 GB 17859—1999 相配套的 GA/T 390《计算机信息系统安

全等级保护通用技术要求》(以下简称《通用技术要求》),相当于为 GB 17859—1999 做了进一步的解释,使计算机信息系统安全等级保护工作向前迈出了较大一步。

随着 CC 标准的不断普及,我国也在 2001 年发布了 GB/T 18336—2001 标准,这一标准等同采用 ISO/IEC 15408:《信息技术、安全技术、信息技术安全性评估准则》。在该标准中,主要提供了保护轮廓和安全目标。评估保证级(EAL)提供了一个速增的尺度,该尺度的确定权衡了所获得的保证以及达到该保证程度所需要的代价和可行性。GB/T 18336—2001标准确定了在评估结束时评估对象(TOE)保证的几个不同概念,以及在 TOE 运行使用过程中进行维护的几个不同概念。

在 GB/T 18336—2001 标准中包含安全功能类和安全保证类。安全功能类由审计类、加密类、通信类、用户数据保护类、表示和鉴别类、安全管理类、隐私权类、安全功能保护类、资源利用类、评估对象访问类和可信路径/通道类组成。安全保证类由保护轮廓评估类、安全目标评估类、配置管理类、交付和运行类、开发类、指导性文档类、生命周期支持类、测试类、脆弱性评估类和可信度维护类组成。

在 GB/T 18336—2001 中对 TOE 的保证登记定义了 7 个按等级排序的评估保证级。它们按级别排序,因为每一个 EAL 要比所有较低的 EAL 表达更多的保证。从 EAL1 到 EAL7的保证不断增加,靠替换成统一保证子类中的一个更高级别的保证组件(即增加严格性、范围或深度)和添加另外一个保证子类的保证组件(例如,添加新的要求)得以实现。从该标准中可以看到,对于级别低的划分更多的在于通用性和级别的判定,而所依据的划分因素也要广泛得多,甚至包含安全开发和脆弱性分析等因素。因此该标准通常能提供更为严格的保障。

GB/T 18336—2001 最新修订标准为 GB/T 18336—2015,GB/T 18336—2015 标准是由国家信息安全测评认证中心主持,与信息产业部电子第三十研究所、国家信息中心和复旦大学等单位共同起草的 GB/T 18336《信息技术 安全技术 信息技术安全性评估准则》(等同于 ISO/IEC 15408,通常简称通用准则——CC)已于 2001 年 3 月由国家质量技术监督局正式颁布,该标准是评估信息技术产品和系统安全性的基础准则。

2017 年,《中华人民共和国网络安全法》的正式实施,标志着等级保护 2.0 的正式启动。网络安全法明确"国家实行网络安全等级保护制度"。

随着信息技术的发展,等级保护对象已经从狭义的信息系统,扩展到网络基础设施、云计算平台/系统、大数据平台/系统、物联网、工业控制系统、采用移动互联技术的系统等,基于新技术和新手段提出新的分等级的技术防护机制和完善的管理手段是等级保护 2.0 标准必须考虑的内容。关键信息基础设施在网络安全等级保护制度的基础上,实行重点保护,基于等级保护提出的分等级的防护机制和管理手段提出关键信息基础设施的加强保护措施,确保等级保护标准和关键信息基础设施保护标准的顺利衔接也是等级保护 2.0 标准体系需要考虑的内容。

12.2.3　计算机信息系统安全等级保护通用技术要求

根据《中华人民共和国计算机信息系统安全保护条例》中关于计算机信息系统的规定,计算机信息系统是一个包括计算机、网络的各种软硬件,以及相关人员的操作行为在内的人机系统。为此,《通用技术要求》充分考虑了影响计算机信息系统安全的各个要素,从物理安全、运行安全和信息安全这 3 个安全功能方面对计算机信息系统安全等级 5 个层面所涉及的安全问题做了详细说明。并在此基础上，将 GB 17859—1999 的 5 个等级划分的要求映射到了《通用技术要求》的每一个安全要求之中。

《通用技术要求》的 3 个安全功能方面与安全等级 5 个层面的对应关系如图 12-4 所示。

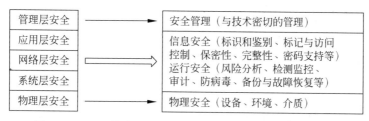

图 12-4 《通用技术要求》的安全功能与安全等级的对应关系

《通用技术要求》不但添加了安全管理、物理安全等重要内容，还吸收了 CC 等标准的优点，提出了 3 类安全保证要求：TCB 自身安全、TCB 设计与实现、TCB 安全管理，如图 12-5 所示。

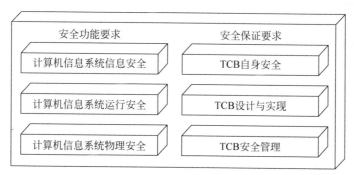

图 12-5 计算机信息系统安全子系统(TCB)结构

由 TCB 结构、5 个安全等级、5 个安全层面构成的《通用技术要求》体系结构如图 12-6 所示。

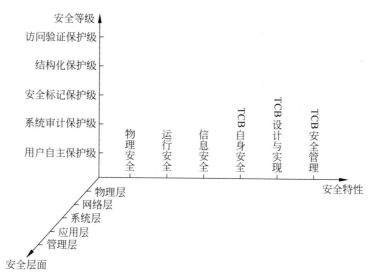

图 12-6 《通用技术要求》体系结构

对其中各项安全要求的解释如下。

1. 安全功能要求——物理安全

《通用技术要求》从环境、设备和记录介质等方面对物理安全提出了要求。

1) 环境安全

当前的计算机信息系统环境不再是简单的机房和场地,而变成了包括计算机和网络在内的所有设备所处的环境。除了传统的计算机场地的安全保护外,网络环境的安全保护也十分重要。环境安全包括中心机房的安全保护、通信线路的安全防护、安全管理中心的安全防护等。《通用技术要求》分别从这些方面对环境安全提出了要求。

2) 设备安全

设备安全包括设备的防盗、防毁和安全可用。为保证设备的安全可用,支持计算机信息系统运行的所有设备,包括计算机主机、外部设备、网络设备及其他辅助设备等,均应能提供可靠的运行支持,并通过故障容错和故障恢复等措施,支持计算机信息系统实现不间断运行。《通用技术要求》对这些方面提出了具体要求。

3) 记录介质安全

记录介质是存放数据信息的重要设施。《通用技术要求》从介质的保存、防盗、防毁、防非法复制、防发霉变质,以及介质数据的销毁和处理等方面对记录介质的安全保护提出了要求。

2. 安全功能要求——运行安全

1) 风险分析

要求系统在设计前和运行前均要进行静态分析,以发现系统的潜在安全隐患;此外,系统运行中还应实施动态分析,以发现运行期间产生的安全风险;而系统运行后的分析也可以提供有价值的风险分析报告。《通用技术要求》对这些内容提出了要求。

2) 安全检测与监控

安全检测与监控包括系统安全性检测分析和安全性监控。

安全性检测分析要求对支持计算机信息系统运行的网络系统、操作系统以及防火墙等重要组成部分,采用相应的检测、分析手段,进行安全性检测与分析,寻找其安全漏洞或薄弱环节。

安全监控要求设置监控管理中心和分布式探测器,实时监听网络数据流,监视和记录内、外部用户出入网络的相关操作,在发现违规模式和未授权访问时,报告监控中心。监控中心对收到的信息,根据安全策略进行分析,并做审计、报告、事件记录和报警等处理。

3) 安全审计

安全审计是系统安全运行的重要措施,它首先可以形成一种威慑力量,使攻击者望而生畏。同时,它为事后分析提供可追究性。安全审计要求识别、记录、存储和分析那些与安全相关活动有关的信息。审计记录的内容可用来检测、判断发生了哪些安全相关活动,以及这些活动是由哪个用户负责的。《通用技术要求》对安全审计从安全审计的自动响应、安全审计数据产生、安全审计分析、安全审计查阅、安全审计事件选择、安全审计事件存储等方面提出了详细的要求。

4) 病毒防杀

计算机病毒对计算机信息系统所带来的危害尽人皆知。网络环境下病毒更具破坏性。

《通用技术要求》要求通过严格管理,采用防杀结合的方法,采用整体防御措施,以及采用实时扫描、完整性保护和完整性检验等多层防御技术,提供全面的病毒防护功能,检测、发现和消除病毒,阻止病毒的扩散和传播。

5）备份与故障恢复

备份与故障恢复是实现信息系统安全运行的重要措施之一,是确保信息系统因各种不测事件受到破坏时,能尽快投入再使用并使系统中的信息受到保护的重要手段。《通用技术要求》从用户自我信息备份、增量信息备份、局部系统备份、热备份、全系统备份、主机系统远地备份等方面提出了相应的要求。

故障恢复是在备份功能的基础上提供过程和机制,以确保计算机信息系统失败或中断后,可以按要求进行保护性恢复。根据备份功能的设置情况,要求提供相应的故障恢复功能,以手动恢复和自动恢复两种方式实现,并特别强调对灾难性故障的恢复处理。

6）计算机信息系统应急计划与应急措施

为了以防万一,一个计算机信息系统投入运行时,必须有相应的应急计划和应急措施,以响应和处理可能出现的安全事件。应急计划包括在出现各种安全事件时应采取的措施。这些措施应是管理手段与技术手段的结合,包括建立安全事件管理机构、明确分工和责任、制定安全事件响应与处理计划以及事件处理过程示意图,以便迅速恢复被破坏的系统。

3. 安全功能要求——信息安全

1）标识和鉴别

标识用来标明用户的身份,确保用户在系统中的唯一性和可辨认性。通过为用户提供唯一标识,并将身份标识与该用户所有可审计行为相关联,便能够使用户对自己的行为负责。鉴别是对用户身份的真实性进行检查,用以防止假冒行为。另外,一些用户希望在其使用资源或服务时不暴露身份,以免被其他用户发现或滥用。这需要通过称为"隐秘"的机制实现。《通用技术要求》对标识和鉴别提出了详细要求。

2）交换鉴别

这里专指数据交换中参与者双方的身份的真实性鉴别,既确保信息传输的发起者不能否认发送过该信息,又确保信息接收者不能否认接收过该信息,即所谓的原发抗抵赖和接收抗抵赖。要求有相应的安全机制实现这种鉴别。当前受到普遍关注的以 PKI 为基础的 CA 认证系统,是实现这种鉴别的有效机制。

3）标记

标记是为系统中的主体和客体设置安全属性的机制。这些安全属性是实现自主访问控制和强制访问控制的基础。《通用技术要求》对标记提出了具体要求。

4）访问控制

访问控制是防止进入系统的用户越权访问其不应该访问的数据信息的有效措施。访问控制分为自主访问控制和强制访问控制。《通用技术要求》分别对其进行了描述。

5）存储数据的保密性与完整性保护

要求对以文件、数据库或其他形式存放在存储介质上的数据提供保密性保护,以防止其被泄露和/或窃取。存储数据的保密性保护,涉及物理层、操作系统层、数据库层等信息系统的各个层次。存储数据的完整性保护往往与保密性保护同步实现。《通用技术要求》对这些内容提出了详细要求。

6) 传输数据的保密性与完整性保护

这里的数据传输是指在网上进行的数据传输。"加密"是实现传输数据保护的有效方法,可以在网络的各个协议层实现。完备的传输数据保护应该是建立以 PKI 为基础的密码系统支持的数据传输"可信通道",同时支持传输数据的保密性和完整性保护。

7) 处理过程中数据的完整性、一致性保护

在计算机信息系统中处理的数据信息,通常以事务的完整性确保数据的完整性、一致性,即通过在各种异常情况的事务回退,确保每一个事务或者全部正确完成,或者全部不执行。数据库系统中所提供的分布式更新事务的"两阶段提交协议"是一个经典的实例。复制数据的完整性、一致性则通过"存储和前滚机制"保证故障恢复后复制事务立即执行,从而确保被复制服务器的数据在正式使用前与相关服务器的数据保持一致。

8) 剩余信息保护

在对资源进行动态管理的系统中,要求客体资源中的剩余信息不应引起信息的泄露。剩余信息保护要求确保已经被删除或被释放的客体中的信息不再是可用的,并且,新生成的客体确实不包含该客体以前的任何信息内容。《通用技术要求》对此提出了要求。

9) 密码支持

世界各国对密码的使用都有严格的管理,我国也不例外。密码的使用必须经国家密码主管部门批准。在此基础上,建立以 PKI 为基础的安全基础设施是实现信息安全保护的重要保证。密码支持对于用户的标识和鉴别、抗抵赖、数据传输加密保护、数据存储加密保护、传输数据的完整性保护、存储数据的完整性保护等都有着不可替代的作用。密码支持可用硬件、固件和/或软件从密钥管理和密码运算两方面实现。《通用技术要求》对密码支持提出了原则的要求。密码支持的具体要求将由国家密码主管部门制定。

4. 安全保证要求——TCB 自身安全

1) 物理安全保护

TCB 物理安全保护是指限制对安全功能模块的未授权的物理访问,及阻止和抵制对其进行未授权的物理修改和替换。要求安全功能应以一种可检测出物理篡改或对物理篡改进行抵抗的方法封装起来并使用。例如,根据保密性策略的要求,对于存储在某类存储介质上的安全子系统自身的数据信息,使其处于只读状态,从而保护其上的信息不被篡改。

2) 运行安全保护

TCB 在运行过程中,其自身安全必须得到应有的保护。要求每一个安全功能模块应具有运行过程中的自身保护功能。《通用技术要求》从失败保护、数据保护、参照仲裁、域保护、状态同步协议、时间戳以及自检等方面对运行安全保护提出了要求。同时,对运行中的 TCB,要求通过故障容错、服务优先级以及资源分配等措施,支持其所需资源(如处理机资源和/或存储资源)的可用性。

5. 安全保证要求——TCB 设计与实现

1) 开发设计

要求采用规范化的方法设计和实现 TCB。开发过程包括功能设计、高层设计、低层设计、实现表示、内部结构、表示的对应性以及安全策略模型化等。设计的规范风格有非形式化、半形式化和形式化 3 种。《通用技术要求》对这些均提出了详细要求。

2）文档设计

文档设计要求为使用者安全地管理和使用 TCB 提供用户指南和管理员指南,并在其中描述所有有关 TCB 安全应用方面的内容。管理员指南的目的是让负责设置、维护和管理 TCB 的人员以正确的方式,最大限度地保证 TCB 安全运行。用户指南是提供非安全管理人员、用户或其他通过外部接口使用 TCB 的人员(例如程序员)所使用的文档资料。

3）测试

测试有助于确定 TCB 是否满足其安全功能的要求。《通用技术要求》从测试范围、测试深度、功能测试和独立性测试等方面对测试提出了要求。

4）脆弱性评定

脆弱性是指用户能够发现缺陷的威胁。这些缺陷会导致对资源的非授权访问,对安全功能的影响或修改,或者干涉其他授权用户的权限。脆弱性评定要求对 TCB 设计和运行过程中存在的影响其安全性的各种因素,包括隐蔽通道的存在性、安全功能的误用或不正确设置的可能性、攻破系统的概率或排列机制的可能性以及在开发和操作中引入可利用脆弱性的可能性进行分析和评定。

5）配置管理与分发、操作

配置管理(Configuration Management,CM)要求应通过 CM 自动化、CM 能力和 CM 范围 3 方面来实现 TCB 各部分的完整性。

分发与操作要求通过对 TCB 进行正确的分发、安装、生成和启动,确保接收方所收到的产品正是发送者所发送的,没有任何修改,并将处于配置控制下的 TCB 的实现表示安全地转换为用户环境下的初始操作。

6）生命周期支持

生命周期支持要求在 TCB 的开发和维护阶段,通过生命周期定义、开发安全、缺陷纠正,以及工具和技术等方面的安全分析措施不断增强系统的安全性。

6. 安全保证要求——TCB 安全管理

1）安全角色的定义与管理

通过安全角色的定义、安全角色的限制和安全角色的担任等,给用户以不同的角色配置,确定这些角色的安全管理能力,以确保各类人员严格按照规定的权限实施操作。

2）安全功能管理

通过对与 TCB 相应的访问控制的管理,对与可追究性和鉴别控制相关的管理,对与可用性的控制的相关管理,对与路由控制和 TCB 资源维护有关的管理,使得授权用户能够建立和控制 TCB 的安全操作。

3）安全属性的管理

通过允许授权用户控制安全属性,有限制地提供授权用户对安全属性进行修改默认值、查询、修改、删除或其他操作的能力,并确保分配给安全属性的值的安全状态的有效性,实现安全属性的可用性。

4）安全功能数据的管理

安全功能数据是指安全功能模块运行所需的数据,其管理是指允许授权用户控制和管理这些数据。通过管理安全功能数据,允许安全管理角色中具有某个角色身份的用户去管理安全功能数据的值;通过安全功能数据界限的管理,确保在安全功能数据超过规定的限制时采取必要措施;通过安全功能数据的实现,确保分配给安全功能数据的值及其安全状态的有效性。

经过如上扩充后,《通用技术要求》不但吸收了国外先进标准的长处,而且也考虑了标准的全面性与实用性,并保持了与 GB 17859—1999 的协调,根据 GB 17859—1999 的 5 个安全等级,对上述 6 大类安全要求划分了清晰的安全级别。

12.2.4 等级保护 2.0 的标准体系

2017 年,《中华人民共和国网络安全法》的正式实施,标志着等级保护 2.0 的正式启动。网络安全法明确"国家实行网络安全等级保护制度"(第 21 条)、"国家对一旦遭到破坏、丧失功能或者数据泄露,可能严重危害国家安全、国计民生、公共利益的关键信息基础设施,在网络安全等级保护制度的基础上,实行重点保护"(第 31 条)。上述要求为网络安全等级保护赋予了新的含义,重新调整和修订等级保护 1.0 标准体系,配合网络安全法的实施和落地,指导用户按照网络安全等级保护制度的新要求,履行网络安全保护义务的意义重大。

等级保护 2.0 标准体系主要标准如下。

- 网络安全等级保护条例(总要求/上位文件)
- 计算机信息系统安全保护等级划分准则(GB 17859—1999)(上位标准)
- 信息安全技术 网络安全等级保护实施指南(GB/T 25058—2019)
- 信息安全技术 网络安全等级保护定级指南(GB/T 22240—2020)
- 信息安全技术 网络安全等级保护基本要求(GB/T 22239—2019)
- 信息安全技术 网络安全等级保护安全设计技术要求(GB/T 25070—2019)
- 信息安全技术 网络安全等级保护测评要求(GB/T 28448—2019)
- 信息安全技术 网络安全等级保护测评过程指南(GB/T 28449—2018)

1. 主要标准的特点和变化

1) 标准的主要特点

将对象范围由原来的信息系统改为等级保护对象(信息系统、通信网络设施和数据资源等),对象包括网络基础设施(广电网、电信网、专用通信网络等)、云计算平台/系统、大数据平台/系统、物联网、工业控制系统、采用移动互联技术的系统等。

在 1.0 标准的基础上进行了优化,同时针对云计算、移动互联、物联网、工业控制系统及大数据等新技术和新应用领域提出新要求,形成了安全通用要求+新应用安全扩展要求构成的标准要求内容。

采用了"一个中心,三重防护"的防护理念和分类结构,强化了建立纵深防御和精细防御体系的思想。

强化了密码技术和可信计算技术的使用,把可信验证列入各个级别并逐级提出各个环节的主要可信验证要求,强调通过密码技术、可信验证、安全审计和态势感知等建立主动防御体系的期望。

2) 标准的主要变化

名称由原来的《信息系统安全等级保护基本要求》改为《网络安全等级保护基本要求》。等级保护对象由原来的信息系统调整为基础信息网络、信息系统(含采用移动互联技术的系统)、云计算平台/系统、大数据应用/平台/资源、物联网和工业控制系统等。

将原来各个级别的安全要求分为安全通用要求和安全扩展要求,其中,安全扩展要求包括云计算安全扩展要求、移动互联安全扩展要求、物联网安全扩展要求以及工业控制系统安全扩展要求。安全通用要求是不管等级保护对象形态如何必须满足的要求。

基本要求中各级技术要求修订为"安全物理环境""安全通信网络""安全区域边界""安全计算环境""安全管理中心";各级管理要求修订为"安全管理制度""安全管理机构""安全管理人员""安全建设管理""安全运维管理"。

取消了原来安全控制点的 S、A、G 标注,增加一个附录 A"关于安全通用要求和安全扩展要求的选择和使用",描述等级保护对象的定级结果和安全要求之间的关系,说明如何根据定级的 S、A 结果选择安全要求的相关条款,简化了标准正文部分的内容。增加附录 C 描述等级保护安全框架和关键技术,附录 D 描述云计算应用场景,附录 E 描述移动互联应用场景,附录 F 描述物联网应用场景,附录 G 描述工业控制系统应用场景,附录 H 描述大数据应用场景。

2. 主要标准的框架和内容

1) 标准的框架结构

GB/T 22239—2019、GB/T 25070—2019 和 GB/T 28448—2019 三个标准采取了统一的框架结构。例如,GB/T 22239—2019 采用的框架结构如图 12-7 所示。

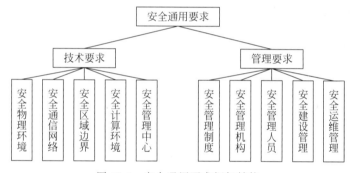

图 12-7　安全通用要求框架结构

安全通用要求细分为技术要求和管理要求。其中,技术要求包括"安全物理环境""安全通信网络""安全区域边界""安全计算环境""安全管理中心";管理要求包括"安全管理制度""安全管理机构""安全管理人员""安全建设管理""安全运维管理"。

2) 安全通用要求

安全通用要求针对共性化保护需求提出,无论等级保护对象以何种形式出现,需要根据安全保护等级实现相应级别的安全通用要求。安全扩展要求针对个性化保护需求提出,等级保护对象需要根据安全保护等级、使用的特定技术或特定的应用场景实现安全扩展要求。等级保护对象的安全保护需要同时落实安全通用要求和安全扩展要求提出的措施。

(1) 安全物理环境。

针对物理机房提出的安全控制要求。主要对象为物理环境、物理设备和物理设施等;涉及的安全控制点包括物理位置的选择、物理访问控制、防盗窃和防破坏、防雷击、防火、防水和防潮、防静电、温湿度控制、电力供应和电磁防护。

(2) 安全通信网络。

针对通信网络提出的安全控制要求。主要对象为广域网、城域网和局域网等;涉及的安全控制点包括网络架构、通信传输和可信验证。

（3）安全区域边界。

针对网络边界提出的安全控制要求。主要对象为系统边界和区域边界等；涉及的安全控制点包括边界防护、访问控制、入侵防范、恶意代码防范、安全审计和可信验证。

（4）安全计算环境。

针对边界内部提出的安全控制要求。主要对象为边界内部的所有对象，包括网络设备、安全设备、服务器设备、终端设备、应用系统、数据对象和其他设备等；涉及的安全控制点包括身份鉴别、访问控制、安全审计、入侵防范、恶意代码防范、可信验证、数据完整性、数据保密性、数据备份与恢复、剩余信息保护和个人信息保护。

（5）安全管理中心。

针对整个系统提出的安全管理方面的技术控制要求，通过技术手段实现集中管理；涉及的安全控制点包括系统管理、审计管理、安全管理和集中管控。

（6）安全管理制度。

针对整个管理制度体系提出的安全控制要求，涉及的安全控制点包括安全策略、管理制度、制定和发布以及评审和修订。

（7）安全管理机构。

针对整个管理组织架构提出的安全控制要求，涉及的安全控制点包括岗位设置、人员配备、授权和审批、沟通和合作以及审核和检查。

（8）安全管理人员。

针对人员管理提出的安全控制要求，涉及的安全控制点包括人员录用、人员离岗、安全意识教育和培训以及外部人员访问管理。

（9）安全建设管理。

针对安全建设过程提出的安全控制要求，涉及的安全控制点包括定级和备案、安全方案设计、安全产品采购和使用、自行软件开发、外包软件开发、工程实施、测试验收、系统交付、等级测评和服务供应商管理。

（10）安全运维管理。

针对安全运维过程提出的安全控制要求，涉及的安全控制点包括环境管理、资产管理、介质管理、设备维护管理、漏洞和风险管理、网络和系统安全管理、恶意代码防范管理、配置管理、密码管理、变更管理、备份与恢复管理、安全事件处置、应急预案管理和外包运维管理。

3）安全扩展要求

安全扩展要求是采用特定技术或特定应用场景下的等级保护对象需要增加实现的安全要求。包括以下四方面。

（1）云计算安全扩展要求是针对云计算平台提出的安全通用要求之外额外需要实现的安全要求。主要内容包括“基础设施的位置”“虚拟化安全保护”“镜像和快照保护”“云计算环境管理”“云服务商选择”等。

（2）移动互联安全扩展要求是针对移动终端、移动应用和无线网络提出的安全要求，与安全通用要求一起构成针对采用移动互联技术的等级保护对象的完整安全要求。主要内容包括“无线接入点的物理位置”“移动终端管控”“移动应用管控”“移动应用软件采购”“移动应用软件开发”等。

（3）物联网安全扩展要求是针对感知层提出的特殊安全要求，与安全通用要求一起构成针对物联网的完整安全要求。主要内容包括"感知结点的物理防护""感知结点设备安全""网关结点设备安全""感知结点的管理""数据融合处理"等。

（4）工业控制系统安全扩展要求主要是针对现场控制层和现场设备层提出的特殊安全要求，它们与安全通用要求一起构成针对工业控制系统的完整安全要求。主要内容包括"室外控制设备防护""工业控制系统网络架构安全""拨号使用控制""无线使用控制""控制设备安全"等。

12.3　信息系统安全风险评估

前述内容是在信息系统安全评估的基础上，包括国际标准和国家标准对产品与系统评估提出的技术要求。在对一个具体的信息系统进行评估时，需要一套详细的流程、方法和工具。绝对的安全是不存在的，因此，信息系统安全评估必定是一种对系统安全风险的评估，信息安全建设的目标之一是使系统的安全风险可接受，对不可接受的风险进行减缓、回避或转移。本节将介绍信息系统安全风险评估。

12.3.1　风险评估的概念

风险评估是风险管理方法学中的第一个过程。应使用风险评估来确定潜在威胁的程度以及贯穿整个系统生命周期中的信息相关风险。该过程的输出可以帮助我们确定适当的安全控制，从而在风险减缓过程中减缓或消除风险。

风险是可能性和影响的函数，前者指给定的威胁源利用一个特定的潜在脆弱性的可能性，后者指不利事件对机构产生的影响。

12.3.2　风险评估的步骤

为了确定未来的不利事件发生的可能性，必须要对信息系统面临的威胁、可能的脆弱性以及信息系统中部署的安全控制一起进行分析。影响是指因为一个威胁攻击脆弱性而造成的危害程度。影响级别由对使命的潜在影响所支配，并因此使受影响的信息资产和资源产生了相对的价值（例如，信息系统组件和数据的关键性和敏感性）。风险评估方法主要包括以下9个步骤。

步骤1：描述系统特征。

步骤2：识别威胁。

步骤3：识别脆弱性。

步骤4：分析安全控制。

步骤5：确定可能性。

步骤6：分析影响。

步骤7：确定风险。

步骤8：对安全控制提出建议。

步骤9：记录评估结果。

第1步完成之后，第2～4步和第6步可以并行操作。图12-8显示了这些步骤以及每一步骤的输入和输出。

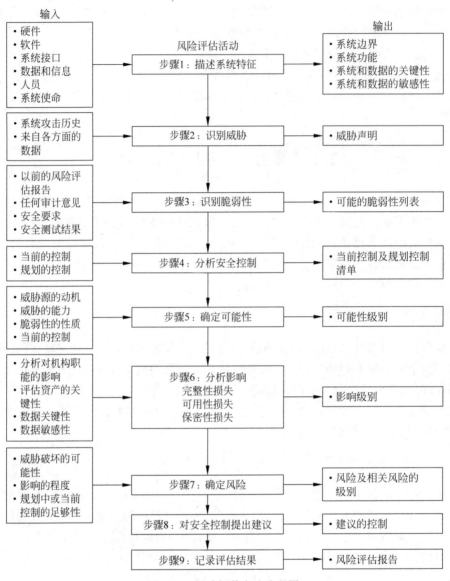

图 12-8 风险评估方法流程图

1. 步骤 1：描述系统特征

在对信息系统的风险进行评估中,第一步是定义工作范围。在该步骤中,要确定信息系统的边界以及组成系统的资源和信息。对信息系统的特征进行描述后便确立了风险评估工作的范围,刻画了对系统的运行进行授权(或认可)的边界,并为风险定义提供了必要的信息(如硬件、软件、系统连通性、负责部门或支持人员)。

识别信息系统风险时,要求对系统的运行环境有着非常深入的理解。因此从事风险评估的人员必须首先收集系统相关信息,通常这些信息分为如下几类。

(1) 硬件。

(2) 软件。

（3）系统接口（如内部和外部连接）。

（4）数据和信息。

（5）信息系统的支持和使用人员。

对于处在启动或规划阶段的系统，系统信息可以从设计或需求文档中获得。对于处于开发阶段的系统，有必要为未来的信息系统定义关键的安全规则和属性。系统设计文档和系统安全计划可以为开发阶段的信息系统提供有用的安全信息。

对于运行中的信息系统，要从其运行环境中收集信息系统的数据，包括系统配置、记录或未记录的流程和实践措施方面的数据。因此，对系统描述可以以底层基础设施提供的安全或信息系统的未来安全计划为基础。

（1）可以使用下列技术的一项或多项在其运行边界内获取相关的信息系统信息。

（2）调查问卷：要收集相关信息，风险评估人员可以设计一套关于信息系统中规划或正在使用的管理和运行类控制的调查问卷。可将这套调查问卷发给信息系统的技术和非技术类管理人员，这些人员对信息系统起到了各自不同的设计或支持作用。调查问卷也可以在现场参观和面谈时使用。

（3）现场面谈：和信息系统的支持或管理人员面谈有助于风险评估人员收集有用的信息系统信息（例如，系统是如何运行和管理的）。现场参观也能让风险评估人员观察并收集到信息系统在物理、环境和运行方面的信息。对于那些仍处在设计阶段的系统，现场参观将是一种面对面的数据收集过程，并可提供机会来评价信息系统将运行的物理环境。

（4）文档审查：政策文档（例如，法律文档、指令等）、系统文档（例如，系统用户指南、系统管理员手册、系统设计和需求文档等）、安全相关的文档（例如，以前的审计报告、风险评估报告、系统测试结果、系统安全计划、安全策略等）可以提供关于信息系统已经使用或计划使用的安全控制方面的有用信息。对机构使命的影响进行分析或评估资产的关键后，可以得到系统和数据的关键性和敏感性方面的信息。

（5）使用自动扫描工具：一些主动的技术方法可以用来有效地收集系统信息。例如，网络映射工具可以识别出运行在一大群主机上的服务，并提供一个快速的方法来为目标信息系统建立轮廓。

信息收集工作可以贯穿于整个风险评估过程，从第 1 步（系统特征描述）一直到第 9 步（结果记录）。

步骤 1 的输出：被评估的信息系统的特征、对信息系统环境的描述、对系统边界的刻画。

2．步骤 2：识别威胁

威胁是指某个特定威胁源成功地攻击一个特定脆弱性的潜力。脆弱性是一个可能被偶然触发或故意攻击的薄弱环节。如果没有脆弱性，威胁源无法造成风险；在确定威胁的可能性时，应该考虑威胁源、潜在的脆弱性和现有的控制。

威胁源被定义为任何可能危害一个信息系统的环境或事件。常见的威胁源有自然、人或环境，参见图 12-9。

威胁源按照其性质一般可分为自然威胁、人为威胁和环境威胁 3 种。信息系统根据自身应用的特点和地理位置可能会面对不同的威胁源。在评估威胁源时，要考虑可能危害信息系统及其处理环境的所有潜在威胁源。例如，尽管位于沙漠地区的信息系统面临的威胁

常见的威胁源

- 自然威胁：洪水、地震、飓风、泥石流、雪崩、电风暴及其他类似事件。
- 人为威胁：由人激发或引发的事件，例如无意识行为（粗心的数据录入）或故意行为（网络攻击、恶意软件上传、对秘密信息的未授权访问）。
- 环境威胁：长时间电力故障、污染、化学液体泄漏等。

图 12-9　常见威胁源

声明中可能没有包括"自然洪水"——因为这种事件的发生可能性很低，但是像水管爆裂这种环境威胁可能会很快淹掉机房，并因此给机构的信息资产和资源带来破坏。通过故意行为(例如，恶意人员或心怀不满人员故意攻击)或者非故意行为(例如，疏忽和错误)，人也可以成为威胁源。一次故意攻击可能是：①通过恶意的攻击来获得对信息系统的未授权访问(例如通过口令猜测)，以达到破坏系统和数据的完整性、可用性或保密性的目的；或②非恶意的，但仍然是有目的地试图去回避系统安全。后一种故意攻击的例子是程序员写了一段特洛伊木马程序来绕过系统安全，从而"完成工作"。

攻击的动机和资源使得人成为潜在的危险威胁源之一。这些信息对一个机构研究其面临的人为威胁环境并定制人为威胁声明非常有用。另外，以下方法也有助于标识人为威胁：审查系统的破坏历史、安全违规报告、事故报告；在信息收集过程中与系统管理员、技术支持人员、用户面谈。这些方法也有助于识别出可能对信息系统及其数据造成破坏的人为威胁源，这可能是脆弱性所在。

为了确定脆弱性被攻击利用的可能性，在识别出潜在的威胁源后，要对其发起一次成功攻击所需的动机、资源和能力做出估计。

应该为机构及其处理环境(例如，终端用户计算习惯)定制威胁声明或潜在威胁源清单。总的来说，自然威胁(例如，洪水、地震、风暴)方面的信息应该很容易获取。已知威胁也已被各方面识别出来，入侵检测工具也很普遍了，政府和业界正不断地收集安全事件数据，因此，这些进展均提高了实际对威胁进行评估的能力。信息来源一般包括(但不限于)以下方面。

(1) 政府主管部门(例如，国家信息安全主管机构)。

(2) 信息安全研究机构。

(3) 大众媒体，尤其是基于 Web 的资源。

步骤 2 的输出：威胁声明，其中包括对威胁源的记录，该威胁源可能会利用系统的脆弱性发动攻击。

3. 步骤 3：识别脆弱性

对信息系统的威胁分析必须包含对系统环境中的脆弱性进行的分析。本步骤的目标是制定系统中可能会被威胁源利用的脆弱性(缺陷或薄弱环节)的列表。

脆弱性：系统安全流程、设计、实现或内部控制中的缺陷或薄弱环节，它们可能被利用(偶然触发或故意攻击)，从而导致安全破坏或对系统安全策略的违犯。识别系统脆弱性可以有以下几种建议的方法：使用脆弱性源、测试系统安全性能，以及制定安全要求核对表。应该注意，脆弱性类型以及用来判断脆弱性的方法学往往会随着信息系统的性质及其所处的系统生命周期阶段的不同而有所不同。

(1) 如果信息系统还没有被设计，脆弱性搜寻应该集中在机构的安全策略、规划好的安全流程、系统要求定义以及对厂商或开发者的安全分析(例如白皮书)上。

（2）如果信息系统正在实现过程中，对脆弱性的识别应该扩展到能包括更具体的信息，例如，在安全设计文档中规划好的安全特性以及系统认证测试和评估的结果。

（3）如果系统已经在运行，脆弱性识别过程应该包括对信息系统中用来提供安全保护的安全特性、安全控制、技术和流程的分析。

1）使用脆弱性源

可以用信息收集技术来识别信息系统处理环境中的技术和非技术脆弱性。对其他业界资源（例如，标识系统缺陷和 Bug 的厂商 Web 主页）进行检查也对于准备面谈和开发调查问卷有好处，这些手段可以用来标识某些特定的信息系统（例如，特定操作系统的一个具体版本）的脆弱性。Internet 是另一个获得已知系统脆弱性信息的来源，厂商会通过它来发布系统脆弱性并提供热修复办法、服务包、补丁文件以及其他可消除或减缓脆弱性的矫正措施。所记录下的系统脆弱性源将得到全面的分析，这些脆弱性源包括（但不限于）以下内容。

（1）信息系统在以前经过的风险评估的文档。

（2）信息系统审计报告、系统异常报告、安全检查报告、系统测试和评价报告等。

（3）脆弱性列表，例如，NISTI-CAT 脆弱性数据库（http://icat.nist.gov）。

（4）安全顾问机构。

（5）厂商顾问。

（6）商业计算机事件/应急响应小组和邮件列表（例如，SecurityFocus.com 论坛邮件）。

（7）系统软件安全分析。

2）测试系统安全性能

基于信息系统的关键性和可用的资源（例如，所分配的资金、可以获得的技术、测试人员所掌握的技术），可以采用系统测试等主动方法来有效地识别系统脆弱性，这些测试方法包括：

（1）自动化脆弱性扫描工具。

（2）系统测试和评估。

（3）渗透性测试。

自动化的脆弱性扫描工具可用来对一组主机或一个网络进行扫描，以找出已知的脆弱性（例如，允许匿名 FTP、sendmail 中继等服务的系统）。但是要注意到有些由自动化脆弱性扫描工具识别出来的可能的脆弱性可能无法表示系统环境中的真实脆弱性。例如，某些扫描工具在对脆弱性评级时，没有考虑现场的环境和需求。有些由这类扫描工具标记出来的脆弱性在特定现场可能并不是真正的脆弱性，而不过是它们所在的环境要求这样配置罢了。因此这种测试方法可能会产生误报。

ST&E 是另一种用来在风险评估过程中识别信息系统脆弱性的技术，它包括制定并执行测试计划（例如，测试脚本、测试流程和预期的测试结果）。系统安全测试的意图是测试信息系统的安全控制在运行环境中的有效性，其目的是保证所采用的控制满足已获批准的软件和硬件安全规范，并实现机构的安全策略和业界标准。

渗透性测试可以用来补充对安全控制的检测，并保证信息系统的各个不同方面都是安全的。当在风险评估过程中采用渗透性测试时，可以用它评估信息系统对故意回避系统安全的攻击进行抵御的能力，其目的是从威胁源的角度来对信息系统进行测试，以识别出信息系统保护计划中可能被疏忽的环节。这类可选安全测试的结果将有助于对系统脆弱性的识别。

3)制定安全要求核对表

本步中,风险评估人员将判断信息系统的安全要求以及系统描述过程中所收集的安全要求是否能被现有或所规划的安全控制所满足。一般情况下,系统安全要求可以用表格形式表示,其中,对每项要求都要解释系统设计或实现是否确实能满足安全控制的要求。

安全要求核对表包含基本的安全标准,可以用来对给定系统中的资产(人员、硬件、软件、信息)、非自动化流程、过程、信息传输方式中的脆弱性进行系统化的评估和识别:

(1)管理。

(2)运行。

(3)技术。

本过程的结果便是安全要求核对表。可以通过各项国家政策和标准等来源(但不限于这些)来编辑这样一个核对表。

步骤3的输出:有可能被潜在的威胁源所利用的系统脆弱性(观察报告)清单。

4. 步骤4:分析安全控制

本步的目标是对已经实现或规划中的安全控制进行分析——机构通过这些控制来减小或消除一个威胁源利用系统脆弱性的可能性(或概率)。

要产生一个总体的可能性评级,以说明一个潜在的脆弱性在相关威胁环境(见步骤5)下被攻击的可能性,便需要分析当前已经实现或计划实现的安全控制。例如,如果威胁源的兴趣或能力级别很低,或者如果有效的安全控制可以消除或减轻危害的后果,那么一个脆弱性(例如,系统或流程中的薄弱环节)被用来发动攻击的可能性就低。下面分别讨论安全控制方法、控制类别和控制分析技术。

1)安全控制方法

安全控制包括对技术和非技术方法的运用。技术类控制是那些融入计算机硬件、软件或固件中的保护措施(例如,访问控制机制、标识和鉴别机制、加密方法、入侵检测软件等);非技术控制包括管理类和运行类控制(例如,安全策略、操作流程、人员、物理和环境安全)。

2)控制类别

安全控制的技术和非技术方法还可进一步分为预防性或检测性的。这两个子类解释如下。

(1)预防类控制将阻止对安全策略的违犯,包括访问控制实施、加密和鉴别。

(2)检测类控制将对安全策略的违犯或企图发出警告,包括审计跟踪、入侵检测方法和校验和。

3)控制分析技术

制定一个安全要求核对表或使用一个已有的核对表将有助于以一种有效且系统化的方式对安全控制进行分析。安全要求核对表可以用来验证安全是否与既有的法规和政策相一致。因此,在机构的控制环境发生变化(例如,安全策略、方法和要求发生变化)后,有必要对核对表进行更新,以确保其有效性。

步骤4的输出:信息系统已经实现或计划实现的控制清单,这些控制用来降低系统的脆弱性被攻击的可能性并降低负面事件的影响。

5. 步骤5:确定可能性

本步要产生一个总体的可能性评级,以说明一个潜在的脆弱性在相关威胁环境下被攻击的可能性,下列支配因素应该在本步考虑到。

(1)威胁源的动机和能力。

(2)脆弱性的性质。

(3)安全控制的存在和有效性。

一个潜在的脆弱性被一个给定威胁源攻击的可能性可以用高、中、低来表示。表 12-5 描述了这 3 个可能性级别。

表 12-5 可能性的定义

可能性级别	可能性描述
高	威胁源具有强烈的动机和足够的能力,防止脆弱性被利用的控制是无效的
中	威胁源具有一定的动机和能力,但是已经部署的安全控制可以阻止对脆弱性的成功利用
低	威胁源缺少动机和能力,或者已经部署的安全控制能够防止,至少能有效地阻止对脆弱性的利用

步骤 5 的输出:可能性级别(高、中或低)。

6. 步骤 6:分析影响

度量风险级别的下一主要步骤便是确定对脆弱性的一次成功攻击所产生的负面影响。在开始影响分析过程之前,有必要获得以下必要信息。

(1)系统使命(例如,信息系统的处理过程)。

(2)系统和数据的关键性(系统对机构的价值和重要性)。

(3)系统和数据的敏感性。

这些信息可以从现有的机构文档中获得,例如,使命影响分析报告或资产关键性评估报告。使命影响分析[对有些机构又称为业务影响分析(BIA)]将根据对资产关键性和敏感性的定量或定性评估而对机构资产面临的破坏级别进行排序。资产关键性评估活动将对关键或敏感的机构信息资产(例如,硬件、软件、系统、服务以及相关的技术资产)进行标识和排序,是这些资产支持了机构的关键使命。

如果没有这些文档,或对机构信息资产的类似评估还没有开始进行,则可以根据系统和数据的可用性、完整性和保密性保护级别来确定其敏感性。不管用何种方法来确定敏感级,系统和信息的所有者都要负责判断其系统和信息可能遭到的影响级别。因此,在分析影响时,最好同系统和信息的所有者商谈。

对安全事件的负面影响可以用完整性、可用性和保密性 3 个安全目的(一个或几个的组合)的损失或降低来描述。下面列出了每个安全目的的简要描述以及它们未被满足后可能带来的后果(或影响)。

(1)完整性损失:系统和数据的完整性是指要求对信息进行保护,防止其遭到不适当的修改。如果对系统和数据进行了未授权(无论是有意还是无意的)的改动,则完整性便遭到了破坏。如果对系统或数据的这种完整性损失不加以修正,继续使用被感染的系统或被破坏的数据,便有可能会导致不精确性、欺诈或错误的决策。此外,对完整性的破坏往往是对可用性和保密性进行成功攻击的第一步。因为上述这些原因,完整性损失降低了信息系统的保证。

(2)可用性损失:如果一个使命关键性信息系统对其端用户是不可用的,那么机构的使命就会受影响。例如，系统功能和运行有效性的损失可能会延误生产时间，因此便妨碍了端用户在支持机构使命方面的功能发挥。

（3）保密性损失：系统和数据的保密性是指对信息进行保护，防止未经授权的泄露。保密信息的未授权泄露带来的影响范围很广，可以从破坏国家安全到泄露公民隐私。未授权的、非预期的或故意泄露信息有可能会导致公众信心下降、处于难堪境地或使机构面临法律诉讼。

有些有形影响可以通过营收损失、修复系统的成本、修复由破坏而引发的问题所需要的努力程度等定量测出。其他影响（例如，公众信心损失、信用损失、机构利益的破坏）则不能用具体的计量单位来度量，而只能通过定性手段进行度量，或用高、中、低影响等术语来描述。因为这种讨论具有通用特点，本指南只是用定性的分类方法来描述事件影响（见表 12-6）。在进行影响分析时，应该考虑定性和定量评估的优缺点。

表 12-6　影响级别的定义

影 响 级 别	影 响 定 义
高	对脆弱性的利用：①可能导致有形资产或资源的高成本损失；②可能严重违犯、危害或阻碍机构的使命、声誉或利益；③可能导致人员死亡或严重伤害
中	对脆弱性的利用：①可能导致有形资产或资源的损失；②可能违犯、危害或阻碍机构的使命、声誉或利益；③可能导致人员伤害
低	对脆弱性的利用：①可能导致某些有形资产或资源的损失；②可能对机构的使命、声誉或利益造成值得注意的影响

定性影响分析的优点是它可对风险进行排序并能够对那些需要立即改善的环节进行标识。定性影响分析的缺点是它没有对影响大小给出具体的定量量度，因此使得对控制进行成本效益分析变得很困难。

定量影响分析的主要优点是它对影响大小进行量度，使得可以用成本效益分析来控制成本。缺点是它依赖于用来表示度量的数字范围，定量影响分析的结果的含义可能因而会比较模糊，还要以定性的方式对结果做解释。在确定影响大小时还经常要考虑其他因素，包括（但不限于）：

（1）对威胁源在一段时间内（例如一年）利用脆弱性的频率进行估计。

（2）威胁源每次利用脆弱性发起攻击时的近似成本。

（3）经过对一次特定影响进行主观分析后给出的加权因素。

步骤 6 的输出：影响大小（高、中、低）。

7. 步骤 7：确定风险

这一步的目的是评估信息系统的风险级别。确定一个特定的威胁/脆弱性带来的风险时，可以将其表示为以下参数构成的函数。

（1）给定的威胁源试图攻击一个给定的系统脆弱性的可能性。

（2）一个威胁源成功攻击了这个系统的脆弱性后所造成的影响的程度。

（3）规划中或现有的安全控制对于降低或消除风险的充分性。

（4）度量风险，首先必须制定一个风险尺度和风险级别矩阵。

1）风险级别矩阵

将威胁的可能性（例如概率）及威胁影响的级别相乘后便得出了最终的使命风险。

表 12-7 显示了如何根据威胁的可能性和威胁影响来确定总的风险等级。下面是一个关于威胁的可能性(高、中、低)和威胁影响(高、中、低)的 3×3 矩阵。根据现场要求和风险评估要求的粒度,有些情况下也可能使用 4×4 或 5×5 的矩阵,后者可以包括一个很低/很高的威胁可能性和一个很低/很高的威胁影响,从而产生一个很低/很高的风险级别。"很高"的风险级别可能要求系统关闭或停止所有的信息系统集成及测试工作。

表 12-7　风险级别矩阵

威胁可能性	影　　响		
	低(10)	中(50)	高(100)
高(1.0)	低 10×1.0=10	中 50×1.0=50	高 100×1.0=100
中(0.5)	低 10×0.5=5	中 50×0.5=25	中 100×0.5=50
低(0.1)	低 10×0.1=1	低 50×0.1=5	低 100×0.1=10

表 12-7 中的矩阵范例描述了高、中或低的总体风险级别是如何得出的。这种风险级别或等级的确定可能是主观性的。这种判断的基本原理可以用每个可能性级别上分配的概率值和每个影响级别上分配的影响值来解释。例如:

(1) 赋予每个威胁可能性级上的概率为 1.0 时表示高,0.5 表示中,0.1 表示低。

(2) 赋予每个影响级上的值为 100 时表示高,50 表示中,10 表示低。

2) 风险级别描述

表 12-8 描述了上述矩阵中的风险级别。这种表示为高、中、低的风险尺度代表了如果给定的脆弱性被利用来攻击时,信息系统、设施或流程可能暴露出的风险程度或级别。风险尺度也表示了高级管理人员和系统所有者对每种风险级别必须采取的行动。

表 12-8　风险尺度和必要行动

风 险 级 别	风险描述和必要行为
高	如果一个观察报告或结论被评估为高风险,那么对纠正措施便有强烈的要求,一个现有系统可能要继续运行,但是必须尽快部署纠正行动计划
中	如果一个观察报告被评估为中风险,那么便要求有纠正行动,必须在一个合理的时间段内制定一个计划来实施这些行动
低	如果一个观察报告被评估为低风险,那么系统的 DAA 就必须确定是否还需要采取纠正行动或者是否接受风险

步骤 7 的输出:风险级别(高、中、低)。

8. 步骤 8:对安全控制提出建议

在这一步里,将针对机构的运行提出可用来减缓或消除已识别的风险的安全控制。这些控制建议的目标是降低信息系统的风险级别,使其达到一个可接受的水平。在对安全控制以及减缓或消除已识别风险的备选方案提出建议时,应该考虑下列因素。

(1) 所建议的选项的有效性(如系统的兼容性)。

(2) 法律法规。

(3) 机构策略。

(4) 运行影响。

(5) 安全性和可靠性。

控制建议是风险评估过程的结果,并为风险减缓过程提供了输入。在此后的风险减缓过程中,所建议的流程和技术类安全控制将得到评估、优先级排序并实现。

应该注意的是,并非所有可能的建议控制都可以实现并降低损失。针对具体机构,要确定哪一个控制是需要且合适的,要对建议的控制实施成本效益分析,从而论证这些控制在成本上是合理的。另外,在风险减缓过程中,对引入这些建议控制所带来的运行影响(例如对系统性能的影响)和可行性(例如技术要求、用户的接受程度)等方面也要仔细评估。

步骤 8 的输出:减缓风险的控制建议及备选解决方案。

9. 步骤 9:记录评估结果

一旦风险评估全部结束(威胁源和系统脆弱性已经被识别出来,风险也得到了评估,控制建议也已经提出),该过程的结果应该被记录到官方报告或简报里。

风险评估报告是一份管理报告,它可以帮助高级管理人员、使命责任人对策略、流程、预算以及系统的运行和管理变更做出决策。不同于审计或调查报告(它们是为了检查错误行为),风险评估报告并非以一种非难的方式,而是以一种系统和分析的方法来评估风险,这样高级管理人员才能理解风险并为降低和修正可能出现的损失而分配资源。

步骤 9 的输出:风险评估报告,它描述了威胁和脆弱性和风险度量,并为安全控制的实现提供了建议。

习　　题

1. TCSEC 依据的安全模型是什么?该模型的主要要求是什么?该模型针对的是哪一种安全属性?

2. 简述 TCSEC 的安全级别及其名称。

3. ITSEC 比 TCSEC 有了哪些进步?

4. 简述 ITSEC 的级别及其名称。

5. 请用图示表明信息安全评估标准的国际发展。

6. CC 由哪几部分构成?各部分的名称是什么?

7. CC 的功能类包括哪些?保证类包括哪些?

8. 简述 CC 的安全级别及其名称。

9. 简述我国的计算机信息系统安全等级保护框架。

10. GB 17859—1999 分为几个级别?各级的主要内容是什么?各级强调了哪些安全功能?

11. GB 17859—1999 提出的安全功能可归纳为哪 10 个安全要素?

12. 以图示表示 TCSEC、ITSEC、CC、GB 17859—1999 等标准之间的安全等级对应关系。

13. 简述(或以图示)《计算机信息系统安全等级保护通用技术要求》的体系结构。

14. 《计算机信息系统安全等级保护通用技术要求》提出了哪些功能要求?哪些保证要求?

15. 风险评估包括哪些步骤?

16. 在描述信息系统特征时,需要记录哪些信息?如何获取这些信息?

17. 什么是威胁?常见的信息系统安全威胁源包括哪些?

18. 在风险评估中,如何分析影响?举例说明如何对影响进行分级。

19. 风险级别矩阵由哪些因素确定?

图书资源支持

感谢您一直以来对清华版图书的支持和爱护。为了配合本书的使用，本书提供配套的资源，有需求的读者请扫描下方的"书圈"微信公众号二维码，在图书专区下载，也可以拨打电话或发送电子邮件咨询。

如果您在使用本书的过程中遇到了什么问题，或者有相关图书出版计划，也请您发邮件告诉我们，以便我们更好地为您服务。

我们的联系方式：

清华大学出版社计算机与信息分社网站：https://www.shuimushuhui.com/

地　　址：北京市海淀区双清路学研大厦 A 座 714

邮　　编：100084

电　　话：010-83470236　010-83470237

客服邮箱：2301891038@qq.com

QQ：2301891038（请写明您的单位和姓名）

资源下载：关注公众号"书圈"下载配套资源。

资源下载、样书申请

书圈

图书案例

清华计算机学堂

观看课程直播